I0471904

ISBN 978-1-291-28391-4

© 2013 Ricci Pier Paolo. Tutti i diritti sono riservati.
© 2013 Ricci Pier Paolo. All rights reserved.

In copertina foto Nasa ©, On the cover photo Nasa ©

INTRODUZIONE

Questo libro, il primo di una serie di dieci, rappresenta una estesa trattazione di quanto presente sul mio sito riguardo le congiunzioni ed i fenomeni planetari. Vengono qui esaminati tutti gli aspetti delle congiunzioni tra pianeti, Luna, asteroidi e stelle, su di un arco temporale molto esteso, dal 1900 al 10000.
Ovviamente dato che l'era contemporanea è il ventunesimo secolo viene dato il più ampio spazio a questo periodo, riservando il resto delle tabelle agli storici, agli studiosi di statistica astronomica o ai più curiosi.
Si trovano le classiche congiunzioni tra pianeti, ma anche quelle reciproche tra pianeti e stelle, tra pianeti e Luna, quelle con gli asteroidi e tra gli asteroidi stessi, e tanto tanto altro in più, come i raggruppamenti planetari, dedicati a foto eccezionali ed anche uniche vista la loro rarità.
Inoltre sono anche presenti simulazioni grafiche rappresentative di eventi particolarmente notevoli, e capitoli di "stranezze astronomiche" che tanto piacciono ai media per esaltare spettacoli che comunque si ripetono su scale temporali più o meno lunghe.
Questo non è un manuale tecnico e di difficile lettura, ma una descrizione completa e molto dettagliata su quello che il cielo ci offre durante la nostra vita, quindi ogni tabella è pronta all'uso ed ogni evento riportato sarà facilmente visibile ad occhio nudo od eventualmente con un modestissimo binocolo.
Un'opera per astrofili, per astronomi, per professionisti o semplici appassionati.

INTRODUCTION

This book, the first in a series of ten, is an extended discussion of that on my website about the conjunctions and planetary phenomena. All aspects of conjunctions between planets, Moon, asteroids and stars, on a very extensive period of time, from 1900 to 10000, are examined here.
Since the contemporary era is the twenty-first century, for this reason the most room is given to this period, reserving the rest of the tables for historians, astronomical statisticians or the curious.
We find the usual conjunctions between planets, but also between stars and planets, between planets and the Moon, asteroids, and those between asteroids themselves and much, much more, as the planetary groupings, dedicated to exceptional photos and which are unique because of their rarity.
In addition there are also graphic simulations representing events particularly remarkable, and chapters of "astronomical oddities" that the media like to highlight. However, these events are repeated in time.
This is not a technical and difficult to read manual, but a complete and very detailed description of what the sky gives us throughout our lives, so each table is ready for use, and each reported event will be easily visible to the naked eye or possibly with a simple pair of binoculars.
The book is for stargazing astronomers and professionals.

CONGIUNZIONI TRA PIANETI
CONJUNCTIONS BETWEEN PLANETS
2000-2100

```
GG MM AAAA : data nel formato giorno/mese/anno
HH MM : ore e minuti
DIST° : distanza minima in gradi tra i corpi
ELONG° : elongazione dal Sole dei corpi
MAG1 : magnitudine del primo corpo
MAG2 : magnitudine del secondo corpo
PIANETI : corpi coinvolti : MErcurio, VEnere, MArte, GIove,
                            SAturno, URano, NEttuno
```

Sono elencate tutte le congiunzioni in cui i corpi distano meno di 5°.

```
GG MM AAAA : date in the format dd/mm/yyyy
HH MM : hours and minutes
DIST° : minima distance in ° between the bodies
ELONG° : elongation from the Sun of the bodies
MAG1 : magnitude of the 1st body
MAG2 : magnitude of the 2th body
PIANETI : planets : MErcury, VEnus, MArs, GI (Jupiter),
                    SAturn, URanus, NEptune
```

All the conjunctions are listed if the bodies have distance less then 5°.

GG	MM	AAAA	HH	MM	DIST°	ELONG°	MAG1	MAG2	PIANETI	
21	1	2000	6	5	2.324	3	-1.1	8.0	ME	NE
28	1	2000	10	34	1.236	9	-1.2	5.9	ME	UR
22	2	2000	7	44	0.492	28	-3.8	8.0	VE	NE
4	3	2000	0	38	0.065	25	-3.8	5.9	VE	UR
16	3	2000	2	45	2.133	23	0.5	-3.8	ME	VE
6	4	2000	5	47	1.042	24	1.3	-2.0	MA	GI
15	4	2000	19	9	2.265	21	1.3	0.5	MA	SA
28	4	2000	14	56	0.298	12	-1.1	-3.9	ME	VE
8	5	2000	17	59	0.807	1	-1.9	-1.9	ME	GI
9	5	2000	18	4	2.126	2	-1.9	0.5	ME	SA
17	5	2000	10	31	0.012	7	-3.9	-1.9	VE	GI
18	5	2000	12	10	1.189	7	-3.9	0.5	VE	SA
19	5	2000	10	49	1.087	12	-1.2	1.4	ME	MA
28	5	2000	14	28	1.148	15	-1.9	0.5	GI	SA
21	6	2000	20	11	0.305	3	-3.9	1.5	VE	MA
2	7	2000	9	12	4.945	6	2.9	-3.9	ME	VE
10	8	2000	12	48	0.080	12	-1.2	1.6	ME	MA
12	12	2000	10	17	2.454	44	-4.1	8.0	VE	NE
24	12	2000	6	57	1.232	46	-4.2	5.9	VE	UR
14	1	2001	2	16	2.134	12	-1.0	8.0	ME	NE
22	1	2001	20	18	0.359	17	-0.7	5.9	ME	UR
15	2	2001	23	30	4.346	6	2.2	5.9	ME	UR
10	3	2001	10	28	0.132	27	0.3	5.9	ME	UR
7	5	2001	3	4	3.545	15	-0.9	0.5	ME	SA
16	5	2001	11	31	2.776	21	-0.0	-1.9	ME	GI
17	6	2001	7	59	3.521	2	4.3	-1.8	ME	GI
13	7	2001	8	48	1.881	21	-0.0	-1.8	ME	GI
15	7	2001	8	9	0.723	42	-4.0	0.5	VE	SA
6	8	2001	0	29	1.192	39	-3.9	-1.9	VE	GI
29	10	2001	22	13	0.588	19	-0.5	-3.9	ME	VE
4	11	2001	0	9	0.652	17	-0.7	-3.9	ME	VE
5	11	2001	15	26	2.102	83	0.1	7.9	MA	NE
26	11	2001	19	59	0.749	77	0.3	5.8	MA	UR
9	1	2002	15	29	1.236	19	-0.5	8.0	ME	NE
25	1	2002	18	49	1.289	3	-3.9	8.0	VE	NE
26	1	2002	8	39	4.399	3	2.9	-3.9	ME	VE
26	1	2002	20	45	3.198	2	3.2	8.0	ME	NE
7	2	2002	15	17	0.711	6	-3.9	5.9	VE	UR
24	2	2002	14	30	0.490	26	0.2	8.0	ME	NE
9	3	2002	8	50	1.160	22	-0.0	5.9	ME	UR
4	5	2002	5	18	2.196	30	1.5	0.5	MA	SA
7	5	2002	10	18	2.387	28	-3.8	0.5	VE	SA
10	5	2002	19	8	0.294	28	-3.8	1.5	VE	MA
3	6	2002	22	35	1.636	34	-3.8	-1.8	VE	GI
2	7	2002	12	5	0.221	19	-0.3	0.5	ME	SA
3	7	2002	13	19	0.807	12	1.7	-1.7	MA	GI
20	7	2002	15	47	1.233	1	-1.8	-1.7	ME	GI
25	7	2002	15	14	0.643	5	-1.5	1.7	ME	MA
10	10	2002	13	25	2.833	20	-0.2	1.7	ME	MA
6	12	2002	12	14	1.554	41	-4.7	1.5	VE	MA
21	2	2003	5	14	1.522	21	-0.1	8.0	ME	NE
4	3	2003	21	2	1.441	14	-0.6	5.9	ME	UR
12	3	2003	18	48	0.184	40	-3.9	8.0	VE	NE

GG	MM	AAAA	HH	MM	DIST°	ELONG°	MAG1	MAG2	PIANETI	
28	3	2003	12	47	0.044	37	-3.9	5.9	VE	UR
14	5	2003	8	43	1.991	100	-0.3	7.9	MA	NE
26	5	2003	17	31	2.184	23	0.7	-3.8	ME	VE
21	6	2003	7	23	0.388	16	-0.7	-3.9	ME	VE
22	6	2003	18	5	3.100	118	-1.3	5.8	MA	UR
30	6	2003	23	51	1.545	5	-1.8	0.5	ME	SA
8	7	2003	7	52	0.824	11	-3.9	0.5	VE	SA
26	7	2003	3	45	0.358	20	-0.2	-1.7	ME	GI
21	8	2003	10	16	0.530	1	-3.9	-1.6	VE	GI
7	10	2003	19	33	3.598	135	-2.1	5.7	MA	UR
30	12	2003	17	27	1.807	33	-3.9	8.0	VE	NE
15	1	2004	7	48	0.867	36	-3.9	5.9	VE	UR
15	2	2004	16	51	1.899	13	-0.6	8.0	ME	NE
27	2	2004	6	42	1.337	5	-1.1	5.9	ME	UR
25	5	2004	5	55	1.585	37	1.6	0.4	MA	SA
12	6	2004	21	43	1.310	7	-1.6	-1.6	ME	VE
26	6	2004	23	32	2.098	10	-1.3	0.5	ME	SA
11	7	2004	0	15	0.158	22	-0.1	1.7	ME	MA
31	8	2004	20	16	1.935	45	-4.2	0.4	VE	SA
27	9	2004	0	10	0.179	4	1.7	-1.6	MA	GI
29	9	2004	1	41	0.608	6	-1.4	-1.6	ME	GI
29	9	2004	20	6	0.760	5	-1.4	1.7	ME	MA
5	11	2004	1	59	0.548	34	-3.9	-1.6	VE	GI
5	12	2004	23	24	1.188	28	-3.9	1.5	VE	MA
31	12	2004	8	12	1.148	22	-0.2	-3.9	ME	VE
13	1	2005	6	19	0.315	19	-0.3	-3.9	ME	VE
8	2	2005	10	2	1.986	5	-1.0	8.0	ME	NE
15	2	2005	0	23	0.925	11	-3.9	8.0	VE	NE
20	2	2005	6	21	0.914	5	-1.4	5.9	ME	UR
4	3	2005	8	37	0.644	7	-3.9	5.9	VE	UR
30	3	2005	1	0	4.251	1	4.5	-3.9	ME	VE
13	4	2005	12	14	1.200	66	0.7	7.9	MA	NE
15	5	2005	11	1	1.101	74	0.4	5.9	MA	UR
26	6	2005	2	35	1.280	23	-3.8	0.5	VE	SA
26	6	2005	12	34	1.361	22	-0.0	0.5	ME	SA
27	6	2005	16	2	0.065	23	0.1	-3.8	ME	VE
1	9	2005	21	44	1.224	39	-3.9	-1.6	VE	GI
5	10	2005	19	41	1.311	13	-0.6	-1.6	ME	GI
1	2	2006	20	56	1.840	4	-1.2	8.0	ME	NE
14	2	2006	15	32	0.023	14	-1.1	5.9	ME	UR
26	3	2006	11	30	1.831	47	-4.4	8.0	VE	NE
27	3	2006	22	41	1.530	25	0.5	5.9	ME	UR
18	4	2006	10	13	0.298	45	-4.1	5.9	VE	UR
18	6	2006	6	26	0.555	42	1.6	0.5	MA	SA
10	8	2006	20	56	2.192	21	-0.3	-3.9	ME	VE
21	8	2006	0	19	0.495	11	-1.3	0.5	ME	SA
26	8	2006	23	37	0.071	16	-3.9	0.5	VE	SA
15	9	2006	18	42	0.142	12	-0.7	1.6	ME	MA
22	10	2006	12	25	3.875	24	0.1	-1.7	ME	GI
25	10	2006	7	4	0.667	1	-3.9	1.6	VE	MA
1	11	2006	8	51	3.162	16	0.5	-1.6	ME	GI
7	11	2006	18	24	1.125	3	4.0	-3.9	ME	VE
11	11	2006	13	58	0.577	6	2.1	1.5	ME	MA

GG	MM	AAAA	HH	MM	DIST°	ELONG°	MAG1	MAG2	PIANETI	
15	11	2006	20	14	0.429	5	-3.9	-1.6	VE	GI
10	12	2006	6	43	0.967	15	-0.6	1.4	ME	MA
10	12	2006	17	13	0.124	15	-0.6	-1.6	ME	GI
11	12	2006	15	26	0.794	16	1.4	-1.6	MA	GI
19	1	2007	2	45	1.350	20	-3.9	8.0	VE	NE
26	1	2007	14	35	1.363	13	-1.1	8.0	ME	NE
7	2	2007	19	12	0.673	25	-3.9	5.9	VE	UR
12	2	2007	16	33	4.380	20	-0.0	5.9	ME	UR
25	3	2007	17	18	0.946	44	1.0	8.0	MA	NE
1	4	2007	17	13	1.521	25	0.2	5.9	ME	UR
29	4	2007	4	29	0.685	51	0.9	5.9	MA	UR
1	7	2007	9	36	0.663	43	-4.5	0.5	VE	SA
18	8	2007	13	50	0.465	3	-1.5	0.6	ME	SA
14	10	2007	19	0	2.857	46	-4.5	0.5	VE	SA
20	12	2007	20	13	1.797	2	-0.9	-1.7	ME	GI
22	1	2008	23	21	0.271	19	-0.4	8.0	ME	NE
1	2	2008	12	14	0.589	32	-3.9	-1.8	VE	GI
1	2	2008	21	48	3.182	9	1.0	8.0	ME	NE
27	2	2008	8	48	1.134	26	0.3	-3.8	ME	VE
6	3	2008	23	43	0.568	24	-3.8	8.0	VE	NE
9	3	2008	6	57	0.907	26	0.2	8.0	ME	NE
24	3	2008	13	35	0.969	20	-0.2	-3.8	ME	VE
27	3	2008	20	15	1.602	18	-0.4	5.9	ME	UR
28	3	2008	22	50	0.686	19	-3.9	5.9	VE	UR
7	6	2008	14	54	2.894	0	5.0	-3.9	ME	VE
10	7	2008	17	37	0.641	47	1.5	0.5	MA	SA
13	8	2008	17	1	0.221	18	-3.9	0.6	VE	SA
15	8	2008	19	23	0.634	16	-0.5	0.6	ME	SA
20	8	2008	20	52	0.931	20	-0.2	-3.9	ME	VE
7	9	2008	3	20	2.531	27	0.3	1.5	ME	MA
12	9	2008	2	47	0.303	26	-3.8	1.5	VE	MA
12	9	2008	16	31	3.561	26	0.3	-3.8	ME	VE
22	9	2008	24	0	4.050	22	0.4	1.5	ME	MA
29	11	2008	2	1	0.550	2	-0.8	1.3	ME	MA
1	12	2008	8	45	2.013	43	-4.0	-1.9	VE	GI
27	12	2008	14	0	1.387	46	-4.2	8.0	VE	NE
31	12	2008	14	49	1.223	19	-0.5	-1.9	ME	GI
18	1	2009	9	36	3.251	5	2.2	-1.8	ME	GI
22	1	2009	21	5	1.213	47	-4.5	5.9	VE	UR
27	1	2009	10	20	4.317	14	0.7	1.2	ME	MA
17	2	2009	16	19	0.560	19	1.1	-1.9	MA	GI
24	2	2009	5	32	0.614	24	0.1	-1.9	ME	GI
2	3	2009	0	41	0.593	22	-0.1	1.1	ME	MA
5	3	2009	8	37	1.573	20	-0.2	8.0	ME	NE
8	3	2009	12	45	0.762	23	1.1	8.0	MA	NE
22	3	2009	5	38	1.269	9	-1.1	5.9	ME	UR
15	4	2009	10	3	0.433	31	1.0	5.9	MA	UR
24	4	2009	16	6	4.131	33	-4.5	1.0	VE	MA
27	5	2009	9	27	0.390	100	-2.3	7.9	GI	NE
21	6	2009	5	21	1.974	45	-4.1	1.0	VE	MA
9	7	2009	16	54	0.562	142	-2.6	7.8	GI	NE
17	8	2009	6	17	2.938	27	0.3	0.6	ME	SA
23	9	2009	15	5	4.218	5	2.2	0.7	ME	SA

GG	MM	AAAA	HH	MM	DIST°	ELONG°	MAG1	MAG2	PIANETI	
8	10	2009	7	12	0.302	18	-0.6	0.7	ME	SA
13	10	2009	10	59	0.514	22	-3.9	0.7	VE	SA
21	12	2009	9	24	0.527	55	-2.1	7.9	GI	NE
5	1	2010	7	46	3.428	2	3.6	-3.9	ME	VE
8	2	2010	5	36	1.002	7	-3.9	8.0	VE	NE
17	2	2010	2	16	0.535	9	-3.9	-1.9	VE	GI
27	2	2010	13	48	1.705	12	-0.7	8.0	ME	NE
4	3	2010	4	18	0.612	12	-3.9	5.9	VE	UR
8	3	2010	2	16	1.073	6	-1.2	-1.9	ME	GI
15	3	2010	22	11	0.660	1	-1.6	5.9	ME	UR
4	4	2010	8	24	2.996	20	-0.5	-3.9	ME	VE
8	6	2010	8	16	0.437	77	-2.2	5.9	GI	UR
31	7	2010	6	26	1.761	53	1.3	0.6	MA	SA
8	8	2010	10	36	2.734	46	-4.2	0.6	VE	SA
19	8	2010	4	37	1.879	46	-4.3	1.4	VE	MA
18	9	2010	23	21	0.809	177	-2.8	5.7	GI	UR
8	10	2010	11	17	0.531	7	-1.3	0.7	ME	SA
20	11	2010	15	56	1.659	19	-0.4	1.2	ME	MA
14	12	2010	0	24	1.018	13	0.5	1.2	ME	MA
4	1	2011	15	34	0.519	73	-2.2	5.9	GI	UR
20	2	2011	23	19	0.989	4	-1.2	1.1	ME	MA
21	2	2011	1	27	1.574	4	-1.2	8.0	ME	NE
21	2	2011	4	21	0.587	4	1.1	8.0	MA	NE
9	3	2011	15	42	0.326	11	-1.4	5.9	ME	UR
15	3	2011	20	20	1.974	16	-0.8	-2.0	ME	GI
27	3	2011	1	33	0.147	36	-3.9	8.0	VE	NE
3	4	2011	20	56	0.214	12	1.1	5.9	MA	UR
12	4	2011	21	40	2.836	5	3.3	-2.0	ME	GI
19	4	2011	18	21	0.620	16	1.3	1.1	ME	MA
23	4	2011	2	14	0.852	30	-3.8	5.9	VE	UR
1	5	2011	4	10	0.362	18	1.1	-2.0	MA	GI
8	5	2011	5	37	1.431	27	0.4	-3.8	ME	VE
11	5	2011	14	49	0.568	26	-3.8	-2.0	VE	GI
11	5	2011	20	11	2.052	26	0.3	-2.0	ME	GI
18	5	2011	6	46	1.358	24	0.1	-3.8	ME	VE
21	5	2011	8	16	2.131	22	-0.0	1.1	ME	MA
23	5	2011	9	26	0.993	23	-3.8	1.1	VE	MA
29	9	2011	23	7	1.279	12	-3.9	0.8	VE	SA
6	10	2011	20	13	1.682	6	-1.0	0.8	ME	SA
1	11	2011	22	47	1.967	20	-0.2	-3.9	ME	VE
13	11	2011	8	27	1.962	23	-0.1	-3.9	ME	VE
13	1	2012	15	46	1.081	36	-3.9	8.0	VE	NE
10	2	2012	2	9	0.304	41	-4.0	5.9	VE	UR
14	2	2012	7	30	1.198	5	-1.4	8.0	ME	NE
4	3	2012	21	27	2.423	19	-0.4	5.9	ME	UR
13	3	2012	22	27	2.999	46	-4.2	-2.0	VE	GI
19	3	2012	0	20	4.226	5	2.7	5.9	ME	UR
22	4	2012	18	23	2.000	27	0.3	5.9	ME	UR
22	5	2012	5	32	0.384	6	-1.7	-1.9	ME	GI
1	6	2012	20	19	0.192	7	-1.7	-1.5	ME	VE
15	8	2012	8	29	2.680	62	1.0	0.7	MA	SA
5	10	2012	5	2	3.147	18	-0.3	0.8	ME	SA
27	11	2012	1	12	0.526	29	-3.9	0.8	VE	SA

GG	MM	AAAA	HH	MM	DIST°	ELONG°	MAG1	MAG2	PIANETI	
4	2	2013	21	4	0.406	16	1.0	8.0	MA	NE
6	2	2013	23	34	0.412	14	-1.0	8.0	ME	NE
8	2	2013	16	33	0.257	15	-1.0	1.0	ME	MA
25	2	2013	22	1	4.119	11	0.8	1.1	ME	MA
28	2	2013	13	28	0.723	7	-3.9	8.0	VE	NE
7	3	2013	7	53	4.833	6	2.6	-3.9	ME	VE
19	3	2013	18	7	2.384	26	0.5	8.0	ME	NE
22	3	2013	18	18	0.011	6	1.1	5.9	MA	UR
28	3	2013	23	12	0.658	1	-3.9	5.9	VE	UR
7	4	2013	5	53	0.638	2	-3.9	1.2	VE	MA
20	4	2013	10	2	1.848	21	-0.2	5.9	ME	UR
8	5	2013	1	21	0.398	5	-1.7	1.2	ME	MA
24	5	2013	21	2	1.357	15	-0.9	-3.9	ME	VE
27	5	2013	6	51	2.364	17	-0.6	-1.8	ME	GI
28	5	2013	18	38	0.999	16	-3.9	-1.8	VE	GI
20	6	2013	7	36	1.915	22	0.7	-3.8	ME	VE
22	7	2013	6	49	0.785	24	1.4	-1.8	MA	GI
18	9	2013	15	56	3.476	43	-4.0	0.8	VE	SA
8	10	2013	7	31	4.968	26	0.1	0.8	ME	SA
30	10	2013	11	41	3.521	7	2.5	0.8	ME	SA
26	11	2013	1	29	0.311	18	-0.6	0.8	ME	SA
4	2	2014	12	40	2.528	19	-0.2	8.0	ME	NE
22	3	2014	18	39	1.189	26	0.2	8.0	ME	NE
12	4	2014	3	34	0.661	45	-4.2	7.9	VE	NE
15	4	2014	0	7	1.248	12	-1.0	5.9	ME	UR
15	5	2014	23	21	1.182	40	-3.9	5.9	VE	UR
2	8	2014	18	53	0.944	7	-1.7	-1.7	ME	GI
18	8	2014	5	12	0.198	18	-3.9	-1.7	VE	GI
25	8	2014	18	19	3.416	75	0.5	0.7	MA	SA
17	10	2014	21	22	2.358	2	4.2	-3.9	ME	VE
12	11	2014	23	59	1.543	5	-3.9	0.9	VE	SA
26	11	2014	0	32	1.630	7	-0.9	0.9	ME	SA
11	1	2015	0	59	0.642	19	-0.6	-3.9	ME	VE
20	1	2015	0	15	0.213	36	1.0	7.9	MA	NE
1	2	2015	17	47	0.776	24	-3.9	8.0	VE	NE
22	2	2015	6	23	0.411	28	-3.9	1.1	VE	MA
4	3	2015	18	42	0.088	31	-3.9	5.9	VE	UR
11	3	2015	15	58	0.264	24	1.2	5.9	MA	UR
18	3	2015	8	24	1.493	19	-0.2	8.0	ME	NE
8	4	2015	12	45	0.462	2	-1.7	5.9	ME	UR
22	4	2015	19	46	1.269	14	-1.1	1.3	ME	MA
27	5	2015	2	56	1.563	5	3.6	1.4	ME	MA
1	7	2015	3	50	0.334	43	-4.5	-1.7	VE	GI
16	7	2015	4	30	0.136	9	-1.6	1.6	ME	MA
7	8	2015	7	35	0.528	15	-0.7	-1.6	ME	GI
17	10	2015	22	38	0.377	40	1.6	-1.7	MA	GI
25	10	2015	23	39	1.025	47	-4.4	-1.7	VE	GI
3	11	2015	7	39	0.679	46	-4.3	1.5	VE	MA
25	11	2015	1	58	2.684	5	-0.8	0.9	ME	SA
9	1	2016	4	16	0.085	36	-3.9	0.9	VE	SA
11	3	2016	6	14	1.378	11	-0.8	8.0	ME	NE
20	3	2016	17	36	0.491	20	-3.8	8.0	VE	NE
31	3	2016	20	13	0.559	8	-1.6	5.9	ME	UR

GG	MM	AAAA	HH	MM	DIST°	ELONG°	MAG1	MAG2	PIANETI	
22	4	2016	21	13	0.807	12	-3.9	5.9	VE	UR
13	5	2016	18	18	0.383	7	3.2	-3.9	ME	VE
16	7	2016	22	47	0.512	11	-1.1	-3.9	ME	VE
20	8	2016	6	17	3.792	28	0.4	-1.6	ME	GI
24	8	2016	15	42	4.353	98	-0.4	0.7	MA	SA
27	8	2016	22	32	0.067	22	-3.8	-1.6	VE	GI
11	10	2016	10	4	0.792	12	-1.1	-1.6	ME	GI
29	10	2016	22	22	2.999	37	-3.9	0.9	VE	SA
23	11	2016	16	12	3.436	15	-0.5	0.9	ME	SA
1	1	2017	6	55	0.019	59	0.8	7.9	MA	NE
12	1	2017	21	5	0.363	47	-4.4	7.9	VE	NE
26	2	2017	23	58	0.569	43	1.1	5.9	MA	UR
4	3	2017	11	40	1.030	2	-1.3	8.0	ME	NE
26	3	2017	10	32	2.100	17	-0.6	5.9	ME	UR
28	4	2017	12	20	0.093	13	1.7	5.9	ME	UR
3	6	2017	5	9	1.690	46	-4.3	5.9	VE	UR
28	6	2017	19	25	0.775	9	-1.4	1.6	ME	MA
5	9	2017	0	6	3.183	13	0.6	1.7	ME	MA
16	9	2017	18	44	0.055	17	-0.7	1.7	ME	MA
5	10	2017	16	37	0.206	23	-3.9	1.7	VE	MA
18	10	2017	7	39	0.930	7	-0.9	-1.6	ME	GI
13	11	2017	8	25	0.262	14	-3.9	-1.6	VE	GI
7	12	2017	2	23	1.239	13	0.6	0.9	ME	SA
15	12	2017	12	1	2.184	6	2.1	-3.9	ME	VE
25	12	2017	17	8	1.131	4	-3.9	0.9	VE	SA
7	1	2018	0	28	0.201	59	1.3	-1.8	MA	GI
13	1	2018	5	46	0.641	20	-0.2	0.9	ME	SA
21	2	2018	18	46	0.539	10	-3.9	8.0	VE	NE
25	2	2018	12	48	0.428	7	-1.5	8.0	ME	NE
4	3	2018	5	41	1.058	13	-1.2	-3.9	ME	VE
19	3	2018	8	18	3.823	17	0.1	-3.9	ME	VE
29	3	2018	0	51	0.068	19	-3.9	5.9	VE	UR
2	4	2018	12	50	1.268	94	0.2	0.7	MA	SA
13	5	2018	12	37	2.204	23	-0.0	5.9	ME	UR
29	10	2018	6	33	3.137	22	-0.1	-1.7	ME	GI
27	11	2018	21	12	0.425	1	5.0	-1.6	ME	GI
7	12	2018	14	9	0.036	88	0.0	7.9	MA	NE
21	12	2018	19	54	0.835	20	-0.3	-1.7	ME	GI
13	1	2019	11	47	1.718	10	-0.7	0.9	ME	SA
22	1	2019	15	16	2.406	46	-4.2	-1.8	VE	GI
13	2	2019	5	39	0.977	65	0.9	5.8	MA	UR
18	2	2019	12	20	1.085	43	-4.0	0.9	VE	SA
19	2	2019	5	26	0.671	15	-1.0	8.0	ME	NE
2	4	2019	19	49	0.384	26	0.5	8.0	ME	NE
10	4	2019	6	5	0.285	33	-3.8	7.9	VE	NE
16	4	2019	19	0	4.276	31	0.3	-3.8	ME	VE
8	5	2019	15	32	1.265	14	-0.8	5.9	ME	UR
18	5	2019	16	35	1.079	23	-3.8	5.9	VE	UR
18	6	2019	17	59	0.220	24	0.2	1.6	ME	MA
5	7	2019	23	9	3.766	19	0.9	1.7	ME	MA
24	8	2019	16	55	0.291	3	-3.9	1.7	VE	MA
3	9	2019	15	57	0.642	1	-1.5	1.7	ME	MA
13	9	2019	13	3	0.285	8	-1.0	-3.9	ME	VE

GG	MM	AAAA	HH	MM	DIST°	ELONG°	MAG1	MAG2	PIANETI	
31	10	2019	4	36	2.548	20	0.2	-3.9	ME	VE
24	11	2019	12	31	1.405	26	-3.8	-1.8	VE	GI
11	12	2019	9	30	1.796	30	-3.9	0.9	VE	SA
2	1	2020	15	9	1.499	5	-0.8	-1.7	ME	GI
12	1	2020	9	9	2.036	1	-1.0	0.9	ME	SA
27	1	2020	20	5	0.068	40	-4.0	7.9	VE	NE
8	3	2020	15	38	2.202	45	-4.2	5.9	VE	UR
20	3	2020	10	39	0.707	67	0.8	-2.0	MA	GI
31	3	2020	17	32	0.905	71	0.7	0.8	MA	SA
4	4	2020	0	20	1.324	25	0.2	8.0	ME	NE
1	5	2020	3	58	0.297	4	-1.7	5.9	ME	UR
22	5	2020	9	45	0.880	19	-0.4	-3.6	ME	VE
13	6	2020	11	53	1.628	92	-0.2	7.9	MA	NE
21	12	2020	18	22	0.102	30	-1.9	0.9	GI	SA
10	1	2021	4	10	1.610	13	-0.9	0.9	ME	SA
11	1	2021	18	33	1.412	14	-0.9	-1.9	ME	GI
20	1	2021	18	56	1.615	96	0.1	5.8	MA	UR
6	2	2021	6	55	0.378	12	-3.9	0.9	VE	SA
11	2	2021	14	44	0.430	11	-3.9	-1.9	VE	GI
13	2	2021	9	33	4.561	10	1.4	-3.9	ME	VE
15	2	2021	13	45	3.850	14	0.9	-1.9	ME	GI
23	2	2021	7	32	4.069	27	0.3	0.9	ME	SA
5	3	2021	5	56	0.325	27	0.3	-1.9	ME	GI
14	3	2021	4	9	0.368	3	-3.9	8.0	VE	NE
30	3	2021	3	31	1.284	18	-0.4	8.0	ME	NE
23	4	2021	1	11	0.239	7	-3.9	5.9	VE	UR
24	4	2021	5	58	0.741	6	-1.8	5.9	ME	UR
25	4	2021	17	14	1.159	8	-1.7	-3.9	ME	VE
29	5	2021	3	16	0.401	17	1.2	-3.9	ME	VE
13	7	2021	13	36	0.469	28	-3.8	1.7	VE	MA
19	8	2021	3	19	0.071	16	-0.5	1.7	ME	MA
10	10	2021	4	31	2.408	1	4.7	1.6	ME	MA
10	11	2021	15	25	0.963	11	-1.0	1.6	ME	MA
29	12	2021	4	53	4.217	17	-0.7	-3.6	ME	VE
13	1	2022	4	14	3.370	20	-0.1	0.9	ME	SA
2	3	2022	15	41	0.671	23	-0.0	0.8	ME	SA
16	3	2022	2	30	3.896	48	-4.4	1.0	VE	MA
21	3	2022	6	33	1.171	12	-0.8	-1.9	ME	GI
23	3	2022	18	8	0.930	10	-1.0	8.0	ME	NE
29	3	2022	0	52	2.102	47	-4.3	0.8	VE	SA
5	4	2022	1	43	0.306	53	0.9	0.8	MA	SA
12	4	2022	14	50	0.099	29	-2.0	7.9	GI	NE
18	4	2022	2	18	1.972	16	-0.8	5.9	ME	UR
27	4	2022	19	12	0.007	43	-4.0	7.9	VE	NE
30	4	2022	20	57	0.230	43	-4.0	-2.0	VE	GI
18	5	2022	6	25	0.523	62	0.7	7.9	MA	NE
29	5	2022	10	28	0.582	65	0.6	-2.1	MA	GI
11	6	2022	23	28	1.533	34	-3.8	5.8	VE	UR
2	8	2022	0	35	1.310	81	0.2	5.8	MA	UR
26	9	2022	23	50	3.176	7	1.9	-3.9	ME	VE
21	11	2022	4	11	1.274	7	-0.7	-3.9	ME	VE
29	12	2022	7	27	1.402	17	-0.0	-3.9	ME	VE
22	1	2023	22	15	0.345	22	-3.9	0.8	VE	SA

(1)

	GG	MM	AAAA	HH	MM	DIST°	ELONG°	MAG1	MAG2	PIANETI	
(2)	15	2	2023	12	27	0.012	28	-3.9	7.9	VE	NE
	2	3	2023	5	6	0.489	31	-3.9	-2.0	VE	GI
	2	3	2023	14	30	0.875	12	-0.7	0.8	ME	SA
	16	3	2023	17	29	0.377	1	-1.5	8.0	ME	NE
	28	3	2023	4	54	1.280	11	-1.4	-2.0	ME	GI
	30	3	2023	21	11	1.219	37	-3.9	5.8	VE	UR
	5	6	2023	0	28	2.717	24	0.1	5.8	ME	UR
	1	7	2023	7	8	3.565	45	-4.5	1.6	VE	MA
	13	8	2023	7	4	4.721	31	0.4	1.6	ME	MA
	29	10	2023	13	24	0.329	6	-0.8	1.5	ME	MA
	27	12	2023	21	50	3.562	12	0.8	1.3	ME	MA
	27	1	2024	16	29	0.244	20	-0.2	1.2	ME	MA
	22	2	2024	9	47	0.624	26	-3.8	1.1	VE	MA
	28	2	2024	15	15	0.188	2	-1.4	0.8	ME	SA
	8	3	2024	14	40	0.436	9	-1.5	8.0	ME	NE
	21	3	2024	23	17	0.321	19	-3.9	0.8	VE	SA
	3	4	2024	13	10	0.264	16	-3.9	8.0	VE	NE
	10	4	2024	20	37	0.440	37	1.0	0.7	MA	SA
	19	4	2024	12	52	1.664	12	1.7	-3.9	ME	VE
	21	4	2024	3	10	0.508	20	-1.9	5.8	GI	UR
	29	4	2024	4	32	0.034	41	1.0	7.9	MA	NE
	18	5	2024	11	58	0.447	5	-3.9	5.8	VE	UR
	23	5	2024	8	20	0.190	3	-3.9	-1.9	VE	GI
	31	5	2024	7	27	1.278	16	-0.7	5.8	ME	UR
	4	6	2024	10	34	0.113	12	-1.2	-1.9	ME	GI
	17	6	2024	10	48	0.880	4	-1.9	-3.9	ME	VE
	15	7	2024	14	26	0.534	57	0.8	5.8	MA	UR
	14	8	2024	14	54	0.306	66	0.7	-2.1	MA	GI
	18	1	2025	17	31	2.173	47	-4.5	0.7	VE	SA
	31	1	2025	21	22	3.251	46	-4.6	7.9	VE	NE
	25	2	2025	9	50	1.438	13	-1.2	0.7	ME	SA
	2	3	2025	12	5	1.838	17	-0.8	7.9	ME	NE
	31	3	2025	19	52	3.161	11	1.6	8.0	ME	NE
	10	4	2025	13	44	2.005	25	0.6	0.7	ME	SA
	16	4	2025	23	25	0.680	27	0.5	7.9	ME	NE
	28	4	2025	22	57	3.716	41	-4.6	0.7	VE	SA
	3	5	2025	14	26	2.028	42	-4.6	7.9	VE	NE
	24	5	2025	23	24	0.125	6	-1.7	5.8	ME	UR
	8	6	2025	19	9	1.966	12	-1.2	-1.8	ME	GI
	4	7	2025	13	51	2.352	43	-4.0	5.8	VE	UR
	6	7	2025	6	22	0.973	102	0.5	7.9	SA	NE
	12	8	2025	6	40	0.860	36	-3.9	-1.9	VE	GI
	19	10	2025	20	34	1.957	22	-0.1	1.4	ME	MA
	13	11	2025	3	45	1.220	15	0.5	1.3	ME	MA
	25	11	2025	0	35	0.981	10	1.0	-3.9	ME	VE
	8	1	2026	3	14	0.174	1	-3.9	1.1	VE	MA
	18	1	2026	6	35	0.961	2	-1.0	1.1	ME	MA
	29	1	2026	13	57	0.682	6	-1.2	-3.9	ME	VE
	20	2	2026	19	59	0.831	29	0.7	7.9	SA	NE
	27	2	2026	21	46	4.512	13	0.6	-3.9	ME	VE
	7	3	2026	11	27	0.067	14	-3.9	7.9	VE	NE
	8	3	2026	13	17	0.911	15	-3.9	0.7	VE	SA
	15	3	2026	19	10	3.366	15	1.1	1.1	ME	MA

GG	MM	AAAA	HH	MM	DIST°	ELONG°	MAG1	MAG2	PIANETI	
13	4	2026	5	27	0.319	21	1.1	7.9	MA	NE
17	4	2026	1	54	1.316	24	0.1	7.9	ME	NE
19	4	2026	22	16	1.194	22	1.1	0.7	MA	SA
20	4	2026	11	30	0.460	23	-0.0	0.7	ME	SA
20	4	2026	22	53	1.651	22	-0.1	1.1	ME	MA
24	4	2026	1	23	0.753	26	-3.8	5.8	VE	UR
17	5	2026	23	24	0.895	4	-1.9	5.8	ME	UR
9	6	2026	19	49	1.608	37	-3.9	-1.8	VE	GI
4	7	2026	6	13	0.105	38	1.1	5.8	MA	UR
15	8	2026	10	44	0.552	13	-1.2	-1.7	ME	GI
16	11	2026	2	6	1.193	88	0.6	-2.0	MA	GI
11	4	2027	18	18	0.954	17	-0.5	7.9	ME	NE
19	4	2027	12	36	0.564	10	-1.1	0.6	ME	SA
24	4	2027	10	54	0.235	29	-3.8	7.9	VE	NE
7	5	2027	18	45	0.605	26	-3.8	0.6	VE	SA
11	5	2027	11	17	1.861	14	-1.0	5.8	ME	UR
14	6	2027	2	47	0.710	16	-3.9	5.8	VE	UR
1	7	2027	7	54	4.555	11	1.8	-3.9	ME	VE
11	8	2027	6	27	0.510	1	-1.7	-3.9	ME	VE
19	8	2027	23	9	0.623	9	-1.1	-1.6	ME	GI
26	8	2027	2	58	0.495	4	-3.9	-1.6	VE	GI
11	10	2027	14	15	3.783	16	0.7	-3.9	ME	VE
25	11	2027	0	41	0.310	27	-3.8	1.1	VE	MA
8	1	2028	23	38	0.679	16	-0.8	1.1	ME	MA
26	1	2028	23	30	3.305	12	0.5	1.0	ME	MA
11	2	2028	10	47	1.201	43	-4.0	7.9	VE	NE
28	2	2028	20	23	3.426	45	-4.1	0.5	VE	SA
28	3	2028	0	28	0.633	2	1.1	7.9	MA	NE
4	4	2028	1	15	0.384	8	-1.2	7.9	ME	NE
8	4	2028	8	41	0.633	4	-1.6	1.1	ME	MA
12	4	2028	10	34	4.525	44	-4.5	5.7	VE	UR
15	4	2028	13	13	2.067	5	-1.8	0.6	ME	SA
30	4	2028	21	33	1.786	9	1.2	0.6	MA	SA
7	5	2028	14	50	2.622	21	0.1	5.8	ME	UR
23	5	2028	5	51	2.456	14	1.6	-3.1	ME	VE
3	6	2028	12	16	2.894	3	4.6	5.8	ME	UR
3	6	2028	12	48	0.391	3	0.0	5.8	VE	UR
13	6	2028	22	28	2.031	19	-3.6	1.3	VE	MA
23	6	2028	20	38	0.193	21	1.3	5.8	MA	UR
25	6	2028	0	14	3.597	23	0.4	5.8	ME	UR
29	6	2028	17	50	3.249	23	0.1	1.3	ME	MA
17	7	2028	15	29	4.349	43	-4.5	5.7	VE	UR
27	8	2028	21	29	2.175	26	0.2	-1.6	ME	GI
8	9	2028	11	27	2.260	44	-4.1	1.4	VE	MA
4	10	2028	2	28	2.975	3	3.3	-1.6	ME	GI
22	10	2028	13	24	0.953	17	-0.7	-1.6	ME	GI
10	11	2028	0	55	0.612	32	-3.9	-1.6	VE	GI
23	1	2029	7	24	3.696	15	0.6	-3.9	ME	VE
27	3	2029	13	54	0.218	2	-1.7	-3.9	ME	VE
27	3	2029	18	39	0.348	2	-1.7	7.9	ME	NE
27	3	2029	21	30	0.109	2	-3.9	7.9	VE	NE
13	4	2029	17	11	4.034	18	-0.6	0.5	ME	SA
24	4	2029	21	25	1.560	9	-3.9	0.5	VE	SA

GG	MM	AAAA	HH	MM	DIST°	ELONG°	MAG1	MAG2	PIANETI	
5	5	2029	14	42	1.738	11	1.9	-3.9	ME	VE
19	5	2029	9	58	0.439	15	-3.9	5.8	VE	UR
24	5	2029	3	51	1.229	16	1.4	0.5	ME	SA
24	6	2029	1	4	1.241	17	-0.6	5.8	ME	UR
19	7	2029	14	39	1.631	82	0.5	-1.9	MA	GI
7	9	2029	12	2	1.724	42	-4.0	-1.7	VE	GI
30	10	2029	22	53	0.573	1	-1.0	-1.6	ME	GI
29	11	2029	10	27	1.924	42	-4.7	0.9	VE	MA
12	3	2030	21	48	0.945	18	1.1	7.9	MA	NE
20	3	2030	13	16	1.335	11	-1.4	7.9	ME	NE
25	3	2030	9	19	1.220	15	-1.0	1.2	ME	MA
17	4	2030	19	19	2.774	9	2.1	1.2	ME	MA
12	5	2030	23	15	0.295	40	-3.9	7.9	VE	NE
16	5	2030	12	38	2.035	3	1.3	0.5	MA	SA
8	6	2030	19	12	0.301	17	-0.6	0.5	ME	SA
15	6	2030	13	16	0.423	5	1.4	5.7	MA	UR
17	6	2030	23	59	0.081	8	-1.6	5.7	ME	UR
19	6	2030	1	47	0.186	6	-1.7	1.4	ME	MA
24	6	2030	23	41	0.310	31	-3.8	0.5	VE	SA
9	7	2030	14	5	1.056	27	-3.8	5.7	VE	UR
5	8	2030	20	55	0.709	20	-3.9	1.6	VE	MA
6	9	2030	7	9	3.395	12	1.0	-3.9	ME	VE
7	10	2030	13	53	0.088	4	-1.3	-3.9	ME	VE
9	11	2030	10	59	2.581	17	-0.4	-1.7	ME	GI
20	11	2030	15	11	0.600	8	-3.9	-1.7	VE	GI
9	12	2030	22	41	0.699	13	0.6	-3.9	ME	VE
28	12	2030	9	59	2.630	22	-0.0	-1.7	ME	GI
1	3	2031	11	11	0.885	31	-3.9	7.9	VE	NE
14	3	2031	22	12	2.992	18	-0.6	7.9	ME	NE
8	4	2031	5	3	3.596	5	3.0	7.9	ME	NE
16	4	2031	5	8	3.424	40	-4.0	0.4	VE	SA
28	4	2031	13	3	2.282	42	-4.0	5.7	VE	UR
1	5	2031	4	24	1.283	27	0.4	7.9	ME	NE
6	6	2031	10	42	1.897	3	-1.9	0.5	ME	SA
11	6	2031	0	58	1.019	3	-1.9	5.7	ME	UR
25	7	2031	17	42	1.557	24	0.7	-4.0	ME	VE
29	9	2031	0	57	2.205	76	0.3	-2.0	MA	GI
15	1	2032	8	11	1.195	11	-0.6	-1.8	ME	GI
7	2	2032	2	18	0.342	29	-3.9	-1.8	VE	GI
25	2	2032	5	12	1.286	38	1.1	7.9	MA	NE
27	3	2032	11	28	2.658	17	0.9	-3.9	VE	VE
17	4	2032	9	29	0.088	12	-3.9	7.9	VE	NE
28	4	2032	21	42	1.165	23	-0.0	7.9	ME	NE
20	5	2032	7	17	0.499	4	-1.8	-3.9	ME	VE
1	6	2032	19	34	0.992	11	-1.2	1.5	ME	MA
2	6	2032	10	51	2.845	12	-1.2	0.5	ME	SA
3	6	2032	10	17	1.705	13	-1.1	5.7	ME	UR
4	6	2032	2	48	1.809	11	1.5	0.5	MA	SA
6	6	2032	22	19	0.613	10	1.5	5.7	MA	UR
13	6	2032	11	16	1.360	3	-3.9	0.5	VE	SA
14	6	2032	9	51	0.194	3	-3.9	5.7	VE	UR
22	6	2032	13	27	0.213	6	-3.9	1.6	VE	MA
28	6	2032	17	3	1.185	10	0.5	5.7	SA	UR

	GG	MM	AAAA	HH	MM	DIST°	ELONG°	MAG1	MAG2	PIANETI	
(3)	23	8	2032	4	25	0.004	13	-1.1	1.7	ME	MA
	8	12	2032	7	43	1.847	45	-4.1	-2.0	VE	GI
	24	1	2033	5	46	1.407	8	-1.2	-1.9	ME	GI
	23	4	2033	4	5	0.521	15	-0.7	7.9	ME	NE
	25	5	2033	22	54	0.235	46	-4.3	7.9	VE	NE
	29	5	2033	23	20	1.981	22	-0.1	5.7	ME	UR
	4	6	2033	6	38	2.412	23	0.2	0.5	ME	SA
	6	7	2033	5	51	4.270	3	3.5	0.5	ME	SA
	26	7	2033	18	45	1.479	20	0.0	0.5	ME	SA
	3	8	2033	8	40	1.570	37	-3.9	5.7	VE	UR
	13	8	2033	10	17	0.346	35	-3.8	0.4	VE	SA
	5	11	2033	6	28	0.162	15	0.2	-3.9	ME	VE
	1	12	2033	10	18	0.182	80	0.2	-2.2	MA	GI
	14	12	2033	8	24	0.866	5	-0.8	-3.9	ME	VE
	6	2	2034	13	23	1.694	60	0.9	7.9	MA	NE
	7	2	2034	4	38	4.529	8	1.4	-3.9	ME	VE
	22	2	2034	23	33	0.414	12	-3.9	-1.9	VE	GI
	21	3	2034	6	16	0.762	18	-3.9	7.9	VE	NE
	3	4	2034	2	47	1.314	18	-0.4	-2.0	ME	GI
	16	4	2034	3	47	0.229	6	-1.5	7.9	ME	NE
	12	5	2034	7	50	0.432	31	-3.8	1.5	VE	MA
	22	5	2034	0	2	1.454	33	-3.8	5.7	VE	UR
	30	5	2034	16	2	0.777	25	1.6	5.7	MA	UR
	4	6	2034	0	13	2.025	36	-3.9	0.5	VE	SA
	26	6	2034	22	33	1.113	17	1.7	0.5	MA	SA
	17	7	2034	21	37	1.095	18	-0.5	5.7	ME	UR
	27	7	2034	18	14	0.993	9	-1.6	0.5	ME	SA
	7	8	2034	18	18	0.618	4	-1.6	1.7	ME	MA
	13	11	2034	11	32	2.616	30	-4.5	1.6	VE	MA
	30	12	2034	9	56	2.744	47	-4.4	1.4	VE	MA
	24	3	2035	16	12	0.545	18	-2.0	7.9	GI	NE
	8	4	2035	16	19	1.098	4	-1.8	7.9	ME	NE
	10	4	2035	7	39	0.818	5	-1.8	-2.0	ME	GI
	8	5	2035	14	40	0.028	25	-3.8	7.9	VE	NE
	17	5	2035	20	29	0.500	23	-3.8	-2.0	VE	GI
	7	6	2035	5	18	2.989	17	1.2	-3.9	ME	VE
	11	7	2035	18	15	0.009	8	-3.9	5.7	VE	UR
	12	7	2035	7	53	0.341	9	-1.6	5.7	ME	UR
	13	7	2035	1	16	0.418	8	-1.7	-3.9	ME	VE
	24	7	2035	22	24	1.220	6	-1.5	0.5	ME	SA
	3	8	2035	10	31	0.494	2	-3.9	0.5	VE	SA
	12	1	2036	7	37	2.225	90	0.2	7.9	MA	NE
	18	2	2036	0	7	1.936	75	0.8	-2.2	MA	GI
	26	2	2036	16	35	2.668	45	-4.1	7.9	VE	NE
	23	3	2036	4	42	3.981	46	-4.4	-2.0	VE	GI
	31	3	2036	11	1	2.207	13	-1.3	7.9	ME	NE
	22	5	2036	8	43	0.926	41	1.6	5.6	MA	UR
	4	6	2036	13	58	0.522	8	-2.0	-1.9	VE	GI
	12	6	2036	23	16	0.205	20	-0.2	-3.7	ME	VE
	17	6	2036	0	56	0.780	17	-0.6	-1.9	ME	GI
	4	7	2036	13	1	1.104	2	-1.8	5.7	ME	UR
	20	7	2036	2	32	0.117	22	1.7	0.5	MA	SA
	22	7	2036	11	24	0.259	20	-0.3	0.5	ME	SA

	GG	MM	AAAA	HH	MM	DIST°	ELONG°	MAG1	MAG2	PIANETI	
	23	7	2036	15	17	0.040	20	-0.2	1.7	ME	MA
	24	7	2036	1	1	3.527	45	-4.4	-2.0	VE	GI
	25	8	2036	18	12	2.591	45	-4.1	5.6	VE	UR
	30	9	2036	16	14	0.821	40	-3.9	0.5	VE	SA
	13	10	2036	9	23	0.822	7	-1.3	1.7	ME	MA
	7	12	2036	5	26	1.153	25	-3.9	1.5	VE	MA
	3	1	2037	11	24	2.558	19	0.1	-3.9	ME	VE
	22	2	2037	1	39	0.845	7	-1.0	-3.9	ME	VE
	26	3	2037	20	26	4.016	19	-0.3	7.9	ME	NE
	10	4	2037	16	51	0.659	5	-3.9	7.9	VE	NE
	12	4	2037	1	28	3.626	6	3.1	-3.9	ME	VE
	15	4	2037	6	11	3.810	2	5.5	7.9	ME	NE
	13	5	2037	22	49	1.593	26	0.4	7.9	ME	NE
	3	6	2037	6	26	1.134	19	-3.9	-1.8	VE	GI
	16	6	2037	12	14	1.002	23	-3.8	5.6	VE	UR
	21	6	2037	21	16	1.608	6	-1.7	-1.8	ME	GI
	28	6	2037	0	24	1.469	12	-1.1	5.6	ME	UR
	16	7	2037	11	48	0.612	85	-0.0	7.9	MA	NE
	18	7	2037	14	50	4.978	31	0.3	-3.8	ME	VE
	22	7	2037	9	41	0.039	32	-3.8	0.6	VE	SA
	27	7	2037	3	58	3.026	28	0.4	0.6	ME	SA
	8	9	2037	11	18	0.377	53	-1.9	5.6	GI	UR
(4)	15	9	2037	21	32	0.005	15	-0.9	0.6	ME	SA
	19	2	2038	17	44	0.057	139	-2.4	5.4	GI	UR
(5)	30	3	2038	21	52	0.021	100	-2.2	5.5	GI	UR
	11	5	2038	13	23	0.881	21	-0.1	7.9	ME	NE
	14	5	2038	3	31	1.083	58	1.4	5.6	MA	UR
	22	5	2038	23	24	1.014	54	1.5	-1.8	MA	GI
	27	5	2038	20	28	0.296	36	-3.8	7.9	VE	NE
	23	6	2038	0	49	1.331	21	-0.1	5.6	ME	UR
	30	6	2038	9	55	0.508	25	0.2	-1.7	ME	GI
	7	8	2038	4	45	0.178	19	-3.9	5.6	VE	UR
	12	8	2038	3	8	0.932	26	1.7	0.6	MA	SA
	17	8	2038	16	1	2.872	16	0.3	-3.9	ME	VE
	23	8	2038	4	49	0.317	15	-3.9	-1.7	VE	GI
	26	8	2038	18	31	0.230	18	-0.5	-1.7	ME	GI
	3	9	2038	18	8	0.351	12	-1.3	-3.9	ME	VE
	14	9	2038	8	25	0.169	3	-1.5	0.6	ME	SA
	20	9	2038	16	35	0.436	7	-3.9	0.6	VE	SA
	29	9	2038	20	10	0.209	10	-0.7	1.6	ME	MA
	25	10	2038	23	3	0.638	2	-3.9	1.5	VE	MA
	19	11	2038	14	5	0.537	8	1.6	-3.9	ME	VE
	26	11	2038	11	0	1.733	8	1.5	1.4	ME	MA
	25	12	2038	18	20	0.801	17	-0.5	1.3	ME	MA
	15	3	2039	16	9	1.839	35	-3.9	7.9	VE	NE
	5	5	2039	9	36	0.011	13	-0.9	7.9	ME	NE
	1	6	2039	13	56	2.156	45	-4.3	5.6	VE	UR
	23	6	2039	4	54	0.395	59	0.8	7.9	MA	NE
	25	6	2039	1	51	0.983	24	0.6	5.6	ME	UR
	11	8	2039	0	15	0.766	18	-0.5	5.6	ME	UR
	1	9	2039	20	21	0.692	2	-1.4	-1.6	ME	GI
	12	9	2039	12	38	1.306	11	-0.8	0.7	ME	SA
	2	11	2039	11	34	0.225	46	-4.2	-1.7	VE	GI

GG	MM	AAAA	HH	MM	DIST°	ELONG°	MAG1	MAG2	PIANETI	
15	11	2039	7	35	0.555	44	-4.1	0.6	VE	SA
6	3	2040	3	9	2.532	22	0.5	-3.8	ME	VE
20	4	2040	20	14	0.306	11	-1.1	-3.9	ME	VE
27	4	2040	2	27	0.868	4	-1.7	7.9	ME	NE
1	5	2040	7	25	0.516	8	-3.9	7.9	VE	NE
1	5	2040	18	57	1.327	78	1.0	5.5	MA	UR
21	6	2040	10	54	3.993	6	3.0	-3.9	ME	VE
12	7	2040	22	29	0.730	12	-3.9	5.6	VE	UR
5	8	2040	1	36	0.645	9	-1.5	5.6	ME	UR
18	8	2040	1	50	0.579	37	1.5	-1.6	MA	GI
31	8	2040	1	33	1.829	32	1.5	0.7	MA	SA
1	9	2040	17	41	0.168	25	-3.8	-1.6	VE	GI
6	9	2040	17	59	1.473	27	-3.8	0.7	VE	SA
7	9	2040	21	5	1.469	21	-0.1	-1.6	ME	GI
11	9	2040	12	11	3.086	23	-0.0	0.7	ME	SA
13	9	2040	4	7	0.221	28	-3.8	1.5	VE	MA
20	9	2040	15	45	2.315	26	0.2	1.5	ME	MA
10	10	2040	20	28	3.402	20	0.4	1.4	ME	MA
31	10	2040	10	3	1.131	21	-1.6	0.7	GI	SA
15	12	2040	9	3	0.718	1	-0.9	1.3	ME	MA
11	2	2041	5	11	4.349	14	0.8	1.1	ME	MA
19	3	2041	2	6	1.026	22	-0.1	1.1	ME	MA
19	4	2041	11	30	1.818	6	-1.8	7.9	ME	NE
5	6	2041	3	3	0.911	38	1.0	7.9	MA	NE
12	6	2041	20	37	0.839	45	-4.1	7.9	VE	NE
28	6	2041	15	17	2.014	43	-4.0	1.0	VE	MA
29	7	2041	13	27	1.120	2	-1.7	5.6	ME	UR
2	9	2041	7	37	0.325	30	-3.8	5.6	VE	UR
19	10	2041	13	54	0.221	18	-0.4	-3.9	ME	VE
27	10	2041	20	21	0.572	16	-0.8	-3.9	ME	VE
2	11	2041	11	49	0.962	88	0.5	5.5	MA	UR
3	11	2041	8	4	0.584	12	-1.0	0.8	ME	SA
5	11	2041	6	36	0.882	14	-3.9	0.8	VE	SA
12	11	2041	12	56	0.199	7	-1.0	-1.6	ME	GI
18	11	2041	0	17	0.136	11	-3.9	-1.6	VE	GI
17	1	2042	6	37	3.919	4	2.6	-3.9	ME	VE
1	4	2042	5	33	2.411	117	-0.1	5.4	MA	UR
4	4	2042	4	15	1.476	22	-3.9	7.9	VE	NE
12	4	2042	9	22	2.968	15	-1.0	7.9	ME	NE
21	6	2042	15	36	1.358	40	-3.9	5.6	VE	UR
23	7	2042	6	5	1.132	12	-1.0	5.6	ME	UR
27	8	2042	2	13	3.967	47	-4.5	1.3	VE	MA
16	9	2042	0	4	2.462	41	1.3	0.8	MA	SA
30	10	2042	15	25	1.237	28	1.2	-1.7	MA	GI
2	11	2042	6	27	1.769	2	-1.0	0.8	ME	SA
21	11	2042	14	26	2.145	11	-0.7	-1.7	ME	GI
7	12	2042	3	41	1.431	18	-0.5	1.1	ME	MA
23	12	2042	14	24	0.931	47	-4.5	0.8	VE	SA
28	12	2042	0	36	1.823	13	0.5	1.1	ME	MA
29	1	2043	12	17	2.007	45	-4.1	-1.8	VE	GI
9	3	2043	1	30	0.894	4	-1.3	1.1	ME	MA
10	4	2043	2	53	4.687	19	0.2	7.9	ME	NE
23	4	2043	10	52	3.915	7	3.3	7.9	ME	NE

GG	MM	AAAA	HH	MM	DIST°	ELONG°	MAG1	MAG2	PIANETI	
7	5	2043	6	24	1.175	16	1.4	1.1	ME	MA
14	5	2043	21	28	1.489	23	0.7	-3.8	ME	VE
20	5	2043	20	27	1.281	19	1.2	7.9	MA	NE
22	5	2043	17	39	0.287	21	-3.8	7.9	VE	NE
25	5	2043	12	41	0.980	20	-3.8	1.2	VE	MA
27	5	2043	8	1	1.643	25	0.3	7.9	ME	NE
4	6	2043	13	58	2.325	22	-0.0	1.2	ME	MA
14	6	2043	1	18	0.288	15	-0.9	-3.9	ME	VE
18	7	2043	3	36	0.639	21	-0.2	5.6	ME	UR
9	8	2043	18	50	0.582	1	-3.9	5.6	VE	UR
19	10	2043	9	49	0.742	64	1.2	5.5	MA	UR
21	10	2043	22	34	2.016	20	-3.9	0.9	VE	SA
1	11	2043	8	2	2.977	11	-0.6	0.9	ME	SA
29	11	2043	21	34	1.515	29	-3.8	-1.8	VE	GI
27	1	2044	16	20	0.842	17	-0.3	-1.8	ME	GI
14	3	2044	1	45	4.266	46	-4.3	7.9	VE	NE
22	5	2044	23	53	0.487	20	-0.3	7.9	ME	NE
2	6	2044	18	34	0.550	9	-1.4	-2.2	ME	VE
15	7	2044	16	56	1.072	27	0.4	5.6	ME	UR
3	9	2044	8	35	0.236	18	-0.5	5.6	ME	UR
26	9	2044	19	3	2.805	52	1.0	0.8	MA	SA
27	9	2044	8	4	0.497	40	-3.9	5.5	VE	UR
31	10	2044	23	11	4.111	21	-0.2	0.9	ME	SA
6	12	2044	18	46	0.661	11	0.8	0.9	ME	SA
18	12	2044	9	21	0.632	22	-0.2	0.9	ME	SA
18	12	2044	14	17	0.695	22	-3.9	0.9	VE	SA
3	1	2045	3	39	0.145	18	-0.4	-3.9	ME	VE
4	1	2045	10	9	0.508	27	1.0	-1.9	MA	GI
6	2	2045	2	22	1.375	1	-1.2	-1.9	ME	GI
17	2	2045	2	52	0.497	7	-3.9	-1.9	VE	GI
23	2	2045	20	42	0.743	15	-1.0	1.1	ME	MA
13	3	2045	1	58	4.112	12	1.0	1.1	ME	MA
20	3	2045	1	5	4.747	1	4.1	-3.9	ME	VE
9	4	2045	4	44	0.614	5	-3.9	1.2	VE	MA
24	4	2045	13	4	1.216	10	-3.9	7.9	VE	NE
5	5	2045	7	7	1.596	2	1.3	7.9	MA	NE
16	5	2045	10	33	0.536	11	-1.2	7.9	ME	NE
22	5	2045	2	58	0.282	5	-1.8	1.3	ME	MA
22	6	2045	8	53	0.426	25	0.2	-3.8	ME	VE
16	7	2045	11	50	0.921	31	-3.8	5.5	VE	UR
30	8	2045	4	57	0.930	9	-1.5	5.6	ME	UR
10	10	2045	9	24	0.641	47	1.5	5.5	MA	UR
14	10	2045	13	4	4.858	47	-4.3	0.8	VE	SA
21	12	2045	15	39	1.214	14	-0.6	0.9	ME	SA
18	2	2046	1	35	3.358	20	-0.2	-2.0	ME	GI
15	4	2046	3	41	1.506	23	-0.0	-2.0	ME	GI
8	5	2046	0	1	0.535	40	-3.9	-2.0	VE	GI
8	5	2046	21	45	1.482	2	-1.9	7.9	ME	NE
11	6	2046	11	31	0.103	33	-3.8	7.9	VE	NE
2	8	2046	20	39	1.386	20	-0.3	-3.9	ME	VE
24	8	2046	2	7	1.032	1	-1.6	5.6	ME	UR
5	9	2046	17	22	0.545	11	-3.9	5.6	VE	UR
4	10	2046	3	18	2.899	67	0.6	0.8	MA	SA

GG	MM	AAAA	HH	MM	DIST°	ELONG°	MAG1	MAG2	PIANETI	
29	10	2046	19	41	1.908	4	3.4	-3.9	ME	VE
3	12	2046	18	12	1.690	12	-3.9	0.9	VE	SA
21	12	2046	1	58	2.208	3	-0.8	0.9	ME	SA
25	2	2047	4	13	0.299	31	-3.9	1.1	VE	MA
8	3	2047	9	44	0.883	34	-3.9	-2.0	VE	GI
18	3	2047	8	10	0.876	26	1.2	-2.0	MA	GI
30	3	2047	3	52	2.750	38	-3.9	7.9	VE	NE
20	4	2047	22	2	1.900	18	1.3	7.9	MA	NE
23	4	2047	15	18	0.421	1	-1.8	-1.9	ME	GI
1	5	2047	5	31	2.444	8	-1.7	7.9	ME	NE
6	5	2047	11	41	1.230	14	-1.1	1.4	ME	MA
15	6	2047	13	31	3.875	3	3.9	1.5	ME	MA
22	7	2047	21	12	0.657	69	-2.2	7.9	GI	NE
29	7	2047	4	45	0.073	10	-1.5	1.6	ME	MA
18	8	2047	2	39	0.701	11	-0.9	5.5	ME	UR
4	10	2047	11	0	0.536	32	1.6	5.5	MA	UR
19	10	2047	13	33	1.045	46	-4.3	5.5	VE	UR
7	11	2047	11	41	0.120	45	-4.2	1.5	VE	MA
16	11	2047	21	11	0.565	175	-2.8	7.8	GI	NE
20	12	2047	2	42	2.689	8	-0.9	0.9	ME	SA
30	1	2048	14	18	0.073	30	-3.9	0.9	VE	SA
17	2	2048	15	12	1.357	26	0.2	-3.9	ME	VE
24	2	2048	12	14	0.906	73	-2.2	7.9	GI	NE
16	3	2048	2	49	0.965	19	-0.3	-3.9	ME	VE
23	4	2048	10	49	3.531	17	-0.7	7.9	ME	NE
30	4	2048	22	54	3.206	21	-0.1	-1.9	ME	GI
15	5	2048	5	23	0.959	4	-3.9	7.9	VE	NE
25	5	2048	23	37	0.848	2	5.0	-1.9	ME	GI
27	5	2048	14	58	1.611	0	5.9	-3.9	ME	VE
28	5	2048	21	45	0.369	1	-3.9	-1.9	VE	GI
27	6	2048	21	52	1.901	22	-0.0	-1.9	ME	GI
11	8	2048	18	19	0.700	20	-3.9	5.5	VE	UR
12	8	2048	2	31	0.064	20	-0.2	5.5	ME	UR
12	8	2048	13	10	0.846	21	-0.2	-3.8	ME	VE
3	10	2048	7	46	2.993	89	-0.2	0.7	MA	SA
21	11	2048	13	12	2.780	43	-4.0	0.9	VE	SA
19	12	2048	5	39	2.406	18	-0.5	0.9	ME	SA
14	1	2049	6	39	3.092	5	2.2	0.9	ME	SA
5	2	2049	10	9	0.399	25	0.1	0.9	ME	SA
5	4	2049	1	51	2.229	36	1.3	7.9	MA	NE
30	4	2049	14	25	4.141	12	1.9	7.9	ME	NE
8	6	2049	11	45	1.458	24	0.2	7.9	ME	NE
11	6	2049	15	4	0.990	17	1.6	-1.8	MA	GI
29	6	2049	4	23	0.838	43	-4.0	7.9	VE	NE
5	7	2049	3	14	1.264	1	-1.9	-1.8	ME	GI
11	7	2049	22	45	0.702	7	-1.5	1.7	ME	MA
9	8	2049	15	8	1.661	27	0.3	5.5	ME	UR
18	8	2049	2	3	0.561	33	-3.8	-1.8	VE	GI
15	9	2049	2	5	3.389	6	2.1	5.5	ME	UR
27	9	2049	12	1	0.039	18	-0.4	1.7	ME	MA
27	9	2049	22	46	0.457	18	-0.4	5.5	ME	UR
28	9	2049	10	32	0.405	18	1.7	5.5	MA	UR
2	10	2049	10	38	0.626	22	-3.9	5.5	VE	UR

GG	MM	AAAA	HH	MM	DIST°	ELONG°	MAG1	MAG2	PIANETI	
6	10	2049	6	36	0.298	21	-3.9	1.7	VE	MA
27	12	2049	8	58	2.838	1	4.1	-3.9	ME	VE
15	1	2050	7	16	0.848	4	-3.9	0.9	VE	SA
8	2	2050	0	44	1.147	17	-0.3	0.9	ME	SA
26	3	2050	20	48	3.741	21	-0.5	-3.9	ME	VE
18	4	2050	5	51	2.123	26	-3.9	7.9	VE	NE
16	5	2050	4	13	1.631	107	-0.6	0.6	MA	SA
4	6	2050	6	39	0.013	17	-0.6	7.9	ME	NE
15	6	2050	19	20	1.494	39	-3.9	-1.8	VE	GI
10	7	2050	16	40	0.897	21	-0.2	-1.7	ME	GI
25	7	2050	16	36	0.454	45	-4.2	5.5	VE	UR
24	9	2050	18	32	1.126	10	-1.3	5.5	ME	UR
7	2	2051	4	49	1.368	6	-0.9	0.9	ME	SA
13	3	2051	8	30	0.586	37	-3.9	0.8	VE	SA
19	3	2051	12	17	2.640	57	1.2	7.9	MA	NE
25	4	2051	0	15	0.869	27	0.4	-3.8	ME	VE
12	5	2051	5	10	1.145	23	-0.0	-3.8	ME	VE
28	5	2051	8	24	1.079	9	-1.5	7.9	ME	NE
5	6	2051	20	4	0.644	17	-3.9	7.9	VE	NE
29	6	2051	19	27	0.171	24	0.1	1.7	ME	MA
25	8	2051	0	48	0.339	6	-3.9	1.7	VE	MA
30	8	2051	19	44	0.423	7	-3.9	-1.6	VE	GI
8	9	2051	1	58	0.031	1	1.7	-1.6	MA	GI
8	9	2051	14	10	0.626	9	-3.9	5.5	VE	UR
14	9	2051	16	43	0.760	4	-1.5	-1.6	ME	GI
16	9	2051	22	44	0.682	2	-1.5	1.7	ME	MA
19	9	2051	3	16	0.830	1	-1.4	5.5	ME	UR
23	9	2051	17	44	0.244	4	1.7	5.5	MA	UR
20	10	2051	20	34	1.966	20	-0.2	-3.9	ME	VE
9	11	2051	5	39	0.370	48	-1.7	5.5	GI	UR
2	1	2052	7	44	0.764	37	-3.9	0.8	VE	SA
5	2	2052	9	1	0.801	6	-1.3	0.8	ME	SA
7	5	2052	11	54	0.474	76	0.4	0.7	MA	SA
19	5	2052	15	29	2.019	2	-1.9	7.9	ME	NE
22	5	2052	17	29	1.539	5	-1.9	-0.8	ME	VE
29	5	2052	24	0	0.641	107	-2.1	5.4	GI	UR
2	6	2052	16	19	1.629	12	-2.8	7.9	VE	NE
3	7	2052	2	31	2.396	40	-4.5	7.9	VE	NE
12	9	2052	13	9	0.214	10	-0.9	5.5	ME	UR
19	9	2052	21	24	1.015	15	-0.5	-1.6	ME	GI
28	10	2052	11	15	0.857	33	-3.9	5.5	VE	UR
14	11	2052	22	40	0.620	29	-3.9	-1.6	VE	GI
3	2	2053	13	37	1.098	17	-0.7	0.8	ME	SA
24	2	2053	1	23	3.294	84	0.6	7.9	MA	NE
25	2	2053	16	52	4.984	5	2.7	-3.9	ME	VE
27	2	2053	19	47	0.103	4	-3.9	0.8	VE	SA
26	3	2053	5	43	0.162	27	0.3	0.8	ME	SA
8	5	2053	11	34	1.710	14	-3.9	7.9	VE	NE
12	5	2053	0	18	2.913	10	-1.4	7.9	ME	NE
17	5	2053	17	1	1.508	16	-0.8	-3.9	ME	VE
8	6	2053	23	52	0.752	22	0.6	-3.9	ME	VE
14	7	2053	12	56	0.482	31	-3.8	1.7	VE	MA
16	8	2053	21	31	0.185	39	-3.9	5.5	VE	UR

GG	MM	AAAA	HH	MM	DIST°	ELONG°	MAG1	MAG2	PIANETI	
1	9	2053	14	45	0.141	15	-0.6	1.7	ME	MA
7	9	2053	17	37	0.714	19	-0.3	5.5	ME	UR
13	9	2053	11	30	2.299	44	-4.0	-1.7	VE	GI
17	9	2053	22	28	0.049	9	1.7	5.5	MA	UR
13	10	2053	12	1	4.335	20	0.4	-1.6	ME	GI
25	10	2053	13	55	1.013	3	3.7	1.6	ME	MA
24	11	2053	7	16	0.730	12	1.5	-1.6	MA	GI
24	11	2053	18	15	0.250	13	-0.8	-1.6	ME	GI
25	11	2053	2	31	0.955	13	-0.8	1.5	ME	MA
26	12	2053	15	14	4.549	6	-0.9	-1.5	ME	VE
25	3	2054	18	3	2.299	47	-4.2	1.0	VE	MA
28	3	2054	10	43	0.518	18	-0.4	0.7	ME	SA
24	4	2054	19	55	0.756	42	-4.0	0.7	VE	SA
5	5	2054	17	2	3.811	19	-0.4	7.9	ME	NE
11	5	2054	12	58	0.389	57	0.8	0.7	MA	SA
25	6	2054	22	45	0.194	29	-3.8	7.9	VE	NE
23	8	2054	13	56	0.521	83	0.2	7.9	MA	NE
4	9	2054	20	59	2.183	26	0.2	5.5	ME	UR
5	10	2054	12	17	0.675	2	-3.9	5.6	VE	UR
8	10	2054	19	55	3.088	2	4.4	-3.9	ME	VE
12	10	2054	13	40	1.253	9	1.4	5.6	ME	UR
22	10	2054	18	21	1.205	18	-0.4	5.5	ME	UR
25	11	2054	11	3	0.767	11	-3.9	-1.7	VE	GI
4	12	2054	2	49	1.770	4	-0.8	-1.7	ME	GI
2	1	2055	20	8	1.022	20	-0.5	-3.9	ME	VE
14	2	2055	17	24	0.946	30	-3.9	0.7	VE	SA
26	3	2055	18	5	0.316	6	-1.3	0.7	ME	SA
14	4	2055	2	38	3.504	41	-4.0	7.9	VE	NE
21	6	2055	9	7	1.078	22	0.0	7.9	ME	NE
26	8	2055	22	46	3.428	29	0.4	1.6	ME	MA
12	9	2055	15	49	0.186	24	1.6	5.5	MA	UR
20	10	2055	16	53	1.189	11	-1.1	5.6	ME	UR
13	11	2055	21	16	0.456	4	-0.8	1.4	ME	MA
22	11	2055	16	59	1.307	43	-4.1	5.5	VE	UR
16	12	2055	11	23	1.950	20	-0.4	-1.8	ME	GI
3	1	2056	10	50	2.250	5	2.0	-1.8	ME	GI
11	1	2056	14	1	4.066	12	0.8	1.2	ME	MA
1	2	2056	22	1	0.700	18	1.2	-1.8	MA	GI
8	2	2056	6	4	0.342	23	-0.1	-1.8	ME	GI
12	2	2056	13	4	0.120	26	-3.9	-1.8	VE	GI
13	2	2056	18	22	0.211	21	-0.2	1.1	ME	MA
25	2	2056	0	47	0.418	23	-3.9	1.1	VE	MA
22	3	2056	22	20	1.845	9	-1.6	0.7	ME	SA
14	4	2056	10	39	0.772	11	-3.9	0.7	VE	SA
2	5	2056	23	4	0.870	6	3.2	-3.9	ME	VE
19	5	2056	4	21	1.146	41	1.0	0.6	MA	SA
29	5	2056	3	23	1.352	2	-3.9	7.9	VE	NE
15	6	2056	8	57	0.488	15	-0.8	7.9	ME	NE
9	7	2056	4	26	0.607	12	-1.0	-3.9	ME	VE
31	7	2056	13	41	1.126	58	0.9	7.9	MA	NE
11	9	2056	3	20	0.087	29	-3.8	5.5	VE	UR
14	10	2056	13	43	0.543	2	-1.2	5.6	ME	UR
15	12	2056	18	7	1.497	46	-4.2	-2.0	VE	GI

GG	MM	AAAA	HH	MM	DIST°	ELONG°	MAG1	MAG2	PIANETI	
19	2	2057	3	50	1.346	5	-1.1	-1.9	ME	GI
23	3	2057	12	13	4.770	20	-0.2	0.6	ME	SA
14	5	2057	22	12	0.837	25	0.2	0.6	ME	SA
7	6	2057	9	5	0.098	45	-4.1	0.5	VE	SA
8	6	2057	3	12	1.560	6	-1.7	7.9	ME	NE
14	7	2057	15	54	0.560	40	-3.9	7.9	VE	NE
5	9	2057	10	37	0.474	39	1.4	5.5	MA	UR
9	10	2057	8	10	0.256	8	-0.9	5.6	ME	UR
1	11	2057	4	20	0.847	14	-3.9	5.6	VE	UR
4	11	2057	13	42	1.857	21	-0.2	1.3	ME	MA
27	11	2057	16	51	0.211	14	0.5	1.2	ME	MA
6	12	2057	14	33	1.545	5	2.4	-3.9	ME	VE
10	1	2058	1	55	0.052	3	-3.9	1.1	VE	MA
4	2	2058	1	5	1.010	3	-1.1	1.1	ME	MA
24	2	2058	21	11	1.084	14	-1.1	-3.9	ME	VE
27	2	2058	15	43	1.285	16	-0.9	-2.0	ME	GI
28	2	2058	17	16	0.249	15	-3.9	-2.0	VE	GI
25	3	2058	3	35	4.034	3	3.4	-2.0	ME	GI
31	3	2058	15	23	2.407	15	1.3	1.1	ME	MA
2	4	2058	3	28	1.950	23	-3.9	0.6	VE	SA
12	4	2058	10	23	0.157	17	1.1	-2.0	MA	GI
25	4	2058	9	39	1.677	27	0.3	-2.0	ME	GI
2	5	2058	10	44	2.613	30	-3.8	7.9	VE	NE
6	5	2058	10	14	1.868	22	-0.1	1.1	ME	MA
16	5	2058	0	33	0.569	14	-0.9	0.6	ME	SA
31	5	2058	8	11	2.418	4	-1.9	7.9	ME	NE
31	5	2058	15	42	1.663	27	1.1	0.5	MA	SA
15	7	2058	9	14	1.465	38	1.2	7.9	MA	NE
4	10	2058	16	17	1.221	16	-0.4	5.6	ME	UR
9	12	2058	14	54	1.960	46	-4.6	5.5	VE	UR
7	4	2059	4	26	3.602	31	0.3	-3.8	ME	VE
7	5	2059	1	27	0.037	7	-1.5	-1.9	ME	GI
13	5	2059	5	0	2.088	2	-1.9	0.5	ME	SA
23	5	2059	19	58	0.388	19	-3.8	-2.0	VE	GI
23	5	2059	20	45	3.162	13	-1.1	7.9	ME	NE
2	6	2059	14	10	0.881	17	-3.9	0.5	VE	SA
19	6	2059	20	27	0.974	12	-3.9	7.9	VE	NE
28	8	2059	13	34	0.854	55	1.1	5.5	MA	UR
4	9	2059	22	42	0.190	9	-1.0	-3.9	ME	VE
24	9	2059	8	3	2.750	118	-2.6	0.2	GI	SA
1	10	2059	13	15	2.468	24	0.1	5.6	ME	UR
8	10	2059	5	49	0.034	18	-3.9	5.6	VE	UR
21	10	2059	21	42	3.085	21	0.2	-3.9	ME	VE
8	11	2059	6	48	0.754	11	0.8	5.6	ME	UR
16	11	2059	8	41	1.879	19	-0.3	5.6	ME	UR
27	11	2059	12	33	0.449	30	-3.8	1.1	VE	MA
24	1	2060	23	42	0.140	16	-0.8	1.0	ME	MA
9	2	2060	23	51	3.666	12	0.5	1.0	ME	MA
7	4	2060	23	34	1.123	42	-2.0	0.5	GI	SA
23	4	2060	2	29	0.473	4	-1.7	1.2	ME	MA
9	5	2060	12	0	3.464	15	-0.9	0.5	ME	SA
11	5	2060	11	7	2.553	17	-0.7	-1.9	ME	GI
12	5	2060	2	53	2.209	17	-0.6	-3.4	ME	VE

GG	MM	AAAA	HH	MM	DIST°	ELONG°	MAG1	MAG2	PIANETI	
14	5	2060	13	54	4.537	14	-3.0	-1.9	VE	GI
17	5	2060	4	55	3.743	20	-0.2	7.9	ME	NE
20	5	2060	4	53	4.626	6	-1.0	0.5	VE	SA
31	5	2060	6	46	0.231	13	-2.8	1.3	VE	MA
16	6	2060	2	48	1.792	16	1.3	0.5	MA	SA
27	6	2060	13	24	0.910	18	-1.9	7.9	GI	NE
30	6	2060	1	1	1.696	20	1.4	7.9	MA	NE
1	7	2060	1	38	0.792	20	1.4	-1.9	MA	GI
12	7	2060	23	18	4.223	23	0.2	1.4	ME	MA
20	7	2060	10	56	2.295	45	-4.4	0.4	VE	SA
27	7	2060	22	37	2.278	46	-4.3	7.9	VE	NE
4	8	2060	11	35	2.865	46	-4.2	-2.0	VE	GI
11	9	2060	9	39	1.809	42	-4.0	1.4	VE	MA
14	11	2060	18	30	1.126	14	-0.8	5.6	ME	UR
27	11	2060	6	19	1.164	26	-3.9	5.6	VE	UR
4	2	2061	0	47	4.473	9	1.5	-3.9	ME	VE
18	4	2061	5	0	1.211	9	-1.6	-3.9	ME	VE
18	5	2061	1	56	0.824	17	1.1	-3.9	ME	VE
21	5	2061	3	39	1.920	18	-3.9	0.5	VE	SA
22	5	2061	11	11	2.063	18	-3.9	7.9	VE	NE
7	6	2061	3	50	0.115	4	0.5	8.0	SA	NE
8	6	2061	17	41	1.236	22	-3.8	-1.8	VE	GI
3	7	2061	1	29	0.561	20	-0.2	7.9	ME	NE
4	7	2061	18	34	0.346	19	-0.3	0.5	ME	SA
18	7	2061	8	45	0.897	7	-1.7	-1.8	ME	GI
16	8	2061	0	17	1.432	76	0.6	5.5	MA	UR
18	9	2061	3	16	2.127	45	-4.1	5.6	VE	UR
10	11	2061	3	11	0.226	5	-1.0	5.6	ME	UR
17	12	2061	6	10	2.657	16	-0.6	-3.5	ME	VE
8	4	2062	13	28	1.351	15	-1.0	1.2	ME	MA
5	5	2062	16	45	1.138	8	2.6	1.3	ME	MA
16	6	2062	10	44	1.877	3	1.5	8.0	MA	NE
27	6	2062	8	19	0.966	13	-1.1	7.9	ME	NE
2	7	2062	10	38	0.123	7	-1.7	1.5	ME	MA
3	7	2062	11	17	1.476	6	-1.8	0.5	ME	SA
6	7	2062	11	0	1.457	8	1.5	0.5	MA	SA
10	7	2062	5	46	0.507	25	-3.8	7.9	VE	NE
22	7	2062	9	8	0.431	21	-3.8	0.5	VE	SA
22	7	2062	17	43	0.971	15	-0.7	-1.7	ME	GI
6	8	2062	15	9	0.583	18	-3.9	1.6	VE	MA
28	8	2062	2	20	0.401	12	-3.9	-1.7	VE	GI
17	9	2062	17	27	3.820	6	2.2	-3.9	ME	VE
26	9	2062	20	53	0.498	34	1.6	-1.7	MA	GI
3	11	2062	12	56	0.201	6	-3.9	5.6	VE	UR
5	11	2062	4	29	0.646	5	-0.8	5.6	ME	UR
10	11	2062	16	55	1.194	8	-0.7	-3.9	ME	VE
20	12	2062	5	52	0.729	17	-0.0	-3.9	ME	VE
24	2	2063	6	7	1.226	104	0.2	5.5	MA	UR
29	4	2063	18	51	3.960	44	-4.1	7.9	VE	NE
18	5	2063	8	54	3.280	45	-4.2	0.4	VE	SA
27	5	2063	22	59	1.352	163	-1.9	5.4	MA	UR
19	6	2063	20	55	1.930	4	-1.9	8.0	ME	NE
30	6	2063	10	52	2.010	9	-1.4	0.5	ME	SA

GG	MM	AAAA	HH	MM	DIST°	ELONG°	MAG1	MAG2	PIANETI	
14	7	2063	14	46	2.622	116	-0.9	5.5	MA	UR
16	7	2063	15	27	4.514	23	0.0	-4.0	ME	VE
7	8	2063	8	45	4.267	28	0.5	-1.6	ME	GI
27	9	2063	4	45	0.825	11	-1.3	-1.6	ME	GI
31	10	2063	13	43	1.534	13	-0.5	5.6	ME	UR
8	11	2063	22	49	0.272	44	-4.1	-1.7	VE	GI
23	12	2063	5	17	1.708	37	-3.9	5.6	VE	UR
9	4	2064	1	54	2.598	12	1.7	-3.9	ME	VE
2	6	2064	2	6	2.038	14	1.5	7.9	MA	NE
9	6	2064	20	3	0.943	4	-1.8	-3.9	ME	VE
11	6	2064	2	3	2.636	6	-1.7	8.0	ME	NE
12	6	2064	1	43	1.627	5	-3.9	8.0	VE	NE
15	6	2064	1	58	0.890	11	-1.3	1.6	ME	MA
23	6	2064	6	32	0.122	8	-3.9	1.6	VE	MA
28	6	2064	19	2	1.274	22	-0.0	0.5	ME	SA
10	7	2064	1	40	0.955	13	-3.9	0.5	VE	SA
28	7	2064	14	22	0.724	3	1.7	0.5	MA	SA
4	9	2064	15	12	0.103	15	-0.9	1.7	ME	MA
6	9	2064	12	8	0.436	28	-3.8	-1.6	VE	GI
2	10	2064	7	15	0.654	8	-0.8	-1.6	ME	GI
11	10	2064	0	29	1.277	36	-3.9	5.6	VE	UR
27	10	2064	2	18	2.481	21	-0.1	5.6	ME	UR
5	12	2064	10	42	2.462	16	0.2	5.6	ME	UR
18	12	2064	15	54	0.091	53	1.4	-1.7	MA	GI
31	1	2065	12	48	0.551	71	1.0	5.6	MA	UR
3	6	2065	20	36	3.154	15	-0.8	8.0	ME	NE
29	7	2065	15	7	0.184	36	-3.8	7.9	VE	NE
23	8	2065	10	2	0.428	12	-1.3	0.5	ME	SA
9	9	2065	17	38	0.213	26	-3.8	0.5	VE	SA
13	10	2065	3	46	3.249	24	0.0	-1.6	ME	GI
2	11	2065	3	14	3.192	20	0.3	5.7	ME	UR
11	11	2065	14	5	0.906	1	7.2	-1.6	ME	GI
16	11	2065	2	44	0.358	9	1.1	-3.9	ME	VE
22	11	2065	12	46	0.004	8	-3.9	-1.6	VE	GI
29	11	2065	16	32	0.419	6	-3.9	5.7	VE	UR
6	12	2065	0	15	0.873	19	-0.5	-1.6	ME	GI
10	12	2065	18	18	0.976	17	-0.6	5.7	ME	UR
20	1	2066	3	0	0.687	56	-1.8	5.6	GI	UR
20	1	2066	23	12	0.820	7	-1.1	-3.9	ME	VE
18	2	2066	6	49	4.206	13	0.4	-3.9	ME	VE
13	5	2066	23	31	0.574	33	-3.9	1.5	VE	MA
16	5	2066	21	3	2.858	34	-3.9	7.9	VE	NE
19	5	2066	10	37	2.206	32	1.5	7.9	MA	NE
29	5	2066	21	50	3.301	22	0.0	7.9	ME	NE
10	6	2066	5	25	1.937	25	0.6	1.6	ME	MA
25	6	2066	7	54	0.707	148	-2.4	5.5	GI	UR
3	7	2066	5	20	0.301	43	-4.0	0.5	VE	SA
20	8	2066	22	5	0.613	2	-1.5	1.7	ME	MA
21	8	2066	1	5	0.401	3	-1.5	0.6	ME	SA
21	8	2066	9	5	0.211	2	1.7	0.6	MA	SA
21	8	2066	15	59	0.510	93	-2.0	5.6	GI	UR
6	12	2066	14	9	0.077	8	-0.8	5.7	ME	UR
16	12	2066	17	24	1.418	3	-0.8	-1.7	ME	GI

GG	MM	AAAA	HH	MM	DIST°	ELONG°	MAG1	MAG2	PIANETI	
7	1	2067	1	25	2.667	46	-4.3	1.4	VE	MA
14	1	2067	9	42	2.776	46	-4.2	5.7	VE	UR
19	1	2067	14	55	0.151	51	1.3	5.6	MA	UR
4	2	2067	17	47	1.614	43	-4.0	-1.8	VE	GI
3	3	2067	18	26	0.624	65	0.9	-1.9	MA	GI
20	6	2067	4	35	4.012	11	1.9	-3.9	ME	VE
3	7	2067	19	21	1.213	8	-3.9	8.0	VE	NE
15	7	2067	11	56	0.003	18	-0.4	8.0	ME	NE
3	8	2067	10	23	0.557	1	-1.7	-3.9	ME	VE
19	8	2067	5	31	0.691	16	-0.5	0.6	ME	SA
28	8	2067	16	32	0.293	8	-3.9	0.6	VE	SA
2	10	2067	5	38	4.349	17	0.7	-3.9	ME	VE
5	11	2067	20	48	0.818	25	-3.8	5.7	VE	UR
1	12	2067	19	32	0.927	1	-0.8	5.7	ME	UR
5	12	2067	8	0	1.577	32	-3.9	-1.8	VE	GI
27	12	2067	4	25	1.951	15	-0.8	-1.8	ME	GI
30	1	2068	10	24	3.769	12	0.9	-1.8	ME	GI
17	2	2068	14	8	0.675	26	0.2	-1.8	ME	GI
3	5	2068	15	20	2.418	50	1.4	7.9	MA	NE
10	5	2068	19	46	2.717	16	1.2	-3.3	ME	VE
8	7	2068	4	40	1.354	10	-1.4	8.0	ME	NE
5	8	2068	13	39	0.059	19	-0.3	1.7	ME	MA
14	8	2068	21	26	1.557	45	-4.1	7.9	VE	NE
19	8	2068	10	5	2.913	26	0.2	0.6	ME	SA
11	9	2068	11	48	1.120	7	1.7	0.7	MA	SA
22	9	2068	5	39	4.023	3	3.5	1.7	ME	MA
27	9	2068	23	14	3.681	8	1.6	0.7	ME	SA
10	10	2068	6	2	0.370	18	-0.5	0.7	ME	SA
26	10	2068	14	35	0.519	32	-3.9	0.6	VE	SA
27	10	2068	4	35	0.874	8	-1.1	1.6	ME	MA
26	11	2068	2	17	1.657	10	-0.7	5.7	ME	UR
8	12	2068	10	35	1.105	22	-3.9	1.5	VE	MA
25	12	2068	9	51	0.700	18	-3.9	5.7	VE	UR
9	1	2069	0	38	0.135	32	1.4	5.7	MA	UR
14	1	2069	2	21	3.481	14	0.7	-3.9	ME	VE
22	2	2069	17	56	0.522	4	-3.9	-1.9	VE	GI
4	3	2069	5	9	1.338	11	-0.8	-1.9	ME	GI
19	3	2069	17	39	0.163	2	-1.6	-3.9	ME	VE
24	4	2069	22	3	2.763	11	1.7	-3.9	ME	VE
11	5	2069	13	18	0.675	64	0.7	-2.1	MA	GI
5	6	2069	11	36	2.211	22	-3.8	8.0	VE	NE
30	6	2069	13	50	2.137	1	-1.9	8.0	ME	NE
17	8	2069	7	43	1.830	40	-3.9	0.7	VE	SA
10	10	2069	20	39	0.539	7	-1.3	0.7	ME	SA
22	10	2069	17	37	3.970	47	-4.5	5.7	VE	UR
22	11	2069	2	37	2.269	18	-0.4	5.7	ME	UR
17	12	2069	4	17	0.283	13	0.6	-3.0	ME	VE
3	1	2070	12	39	3.907	23	0.0	5.7	ME	UR
8	1	2070	23	54	3.293	23	-0.1	-4.1	ME	VE
11	3	2070	23	41	0.681	11	-1.4	-2.0	ME	GI
15	4	2070	8	54	2.782	73	1.1	7.9	MA	NE
15	5	2070	1	56	0.710	37	-3.9	-2.0	VE	GI
22	6	2070	21	13	2.634	9	-1.5	8.0	ME	NE

GG	MM	AAAA	HH	MM	DIST°	ELONG°	MAG1	MAG2	PIANETI	
24	7	2070	7	56	0.760	20	-3.8	8.0	VE	NE
27	8	2070	16	17	3.949	11	1.1	-3.9	ME	VE
29	9	2070	1	26	0.145	3	-1.4	-3.9	ME	VE
30	9	2070	9	18	1.834	13	1.6	0.8	MA	SA
9	10	2070	6	2	1.684	6	-1.0	0.8	ME	SA
13	10	2070	19	51	1.110	3	-3.9	0.8	VE	SA
14	10	2070	7	3	0.290	9	-0.8	1.5	ME	MA
26	10	2070	17	15	0.599	5	-3.9	1.5	VE	MA
30	11	2070	21	45	0.604	14	0.5	5.7	ME	UR
1	12	2070	0	4	0.046	13	0.6	-3.9	ME	VE
1	12	2070	5	42	0.491	13	-3.9	5.7	VE	UR
11	12	2070	4	50	2.700	9	1.2	1.4	ME	MA
30	12	2070	23	23	0.355	15	1.3	5.7	MA	UR
5	1	2071	8	36	0.787	20	-0.3	5.7	ME	UR
10	1	2071	21	56	0.517	18	-0.4	1.3	ME	MA
15	3	2071	1	8	1.337	37	-3.9	-2.0	VE	GI
16	5	2071	16	45	3.910	45	-4.2	7.9	VE	NE
20	5	2071	7	58	0.399	13	-1.0	-1.9	ME	GI
15	6	2071	23	24	2.873	17	-0.6	8.0	ME	NE
13	7	2071	9	56	1.151	24	0.6	-4.0	ME	VE
26	7	2071	4	1	0.119	63	0.7	-2.1	MA	GI
8	10	2071	13	6	3.117	17	-0.3	0.8	ME	SA
8	10	2071	15	18	1.439	90	0.2	7.9	MA	NE
10	12	2071	5	18	0.132	39	-4.0	0.8	VE	SA
1	1	2072	15	16	0.346	12	-0.6	5.8	ME	UR
20	1	2072	8	6	1.087	30	-3.9	5.7	VE	UR
6	3	2072	15	19	4.082	116	-0.1	7.9	MA	NE
17	3	2072	9	8	3.219	17	0.9	-3.9	ME	VE
12	5	2072	16	9	0.517	3	-1.8	-3.9	ME	VE
24	5	2072	1	59	2.046	11	-1.3	-1.9	ME	GI
3	6	2072	15	53	0.547	3	-3.9	-1.9	VE	GI
10	6	2072	18	22	2.512	24	0.2	8.0	ME	NE
25	6	2072	22	30	1.728	10	-3.9	8.0	VE	NE
4	7	2072	21	25	4.721	12	1.7	-3.9	ME	VE
27	7	2072	13	32	3.237	19	0.6	8.0	ME	NE
14	9	2072	9	32	0.115	31	-3.8	1.5	VE	MA
29	9	2072	20	15	2.654	34	-3.8	0.8	VE	SA
4	10	2072	23	45	2.178	24	0.1	1.4	ME	MA
10	10	2072	4	42	4.850	25	0.1	0.8	ME	SA
14	10	2072	13	27	2.262	22	1.4	0.8	MA	SA
26	10	2072	19	5	2.483	18	0.4	1.4	ME	MA
3	11	2072	7	51	3.026	5	3.4	0.9	ME	SA
9	11	2072	2	8	2.146	42	-4.0	5.7	VE	UR
28	11	2072	4	39	0.235	18	-0.6	0.8	ME	SA
20	12	2072	18	59	0.535	2	1.2	5.8	MA	UR
26	12	2072	22	8	1.104	3	-0.8	5.8	ME	UR
1	1	2073	1	26	0.875	1	-0.9	1.2	ME	MA
26	2	2073	3	46	4.138	14	1.0	1.1	ME	MA
4	4	2073	18	17	1.373	22	-0.1	1.0	ME	MA
17	6	2073	22	16	0.904	19	-1.8	8.0	GI	NE
3	7	2073	16	23	1.941	41	-3.9	1.1	VE	MA
26	7	2073	17	46	0.525	16	-0.7	8.0	ME	NE
31	7	2073	5	27	0.427	12	-1.2	-1.7	ME	GI

GG	MM	AAAA	HH	MM	DIST°	ELONG°	MAG1	MAG2	PIANETI	
13	8	2073	3	45	0.170	32	-3.8	8.0	VE	NE
23	8	2073	18	54	0.294	30	-3.8	-1.8	VE	GI
13	9	2073	20	3	1.392	62	1.0	7.9	MA	NE
22	10	2073	2	8	0.952	78	0.8	-2.0	MA	GI
27	10	2073	5	51	0.392	14	0.3	-3.9	ME	VE
26	11	2073	16	36	1.219	6	-3.9	0.9	VE	SA
28	11	2073	8	19	1.581	8	-0.9	0.9	ME	SA
4	12	2073	1	18	0.748	4	-0.9	-3.9	ME	VE
21	12	2073	23	34	1.635	6	-0.9	5.8	ME	UR
26	12	2073	15	22	0.231	1	-3.9	5.8	VE	UR
28	1	2074	23	33	4.092	9	1.1	-3.9	ME	VE
31	5	2074	12	51	2.772	38	-3.9	7.9	VE	NE
22	6	2074	2	37	1.266	42	-4.0	-1.7	VE	GI
19	7	2074	23	48	1.604	8	-1.6	8.0	ME	NE
4	8	2074	10	45	0.965	9	-1.2	-1.6	ME	GI
26	10	2074	4	13	2.377	32	1.2	0.9	MA	SA
27	11	2074	9	57	2.627	4	-0.8	0.9	ME	SA
11	12	2074	2	3	0.692	20	1.1	5.8	MA	UR
17	12	2074	9	22	1.927	14	-0.7	5.8	ME	UR
23	12	2074	15	54	1.070	17	-0.6	1.1	ME	MA
10	1	2075	21	23	2.482	13	0.4	1.1	ME	MA
19	1	2075	13	44	1.032	45	-4.1	0.9	VE	SA
12	2	2075	16	56	1.720	41	-4.0	5.8	VE	UR
24	3	2075	16	13	0.747	3	-1.5	1.1	ME	MA
26	5	2075	0	26	3.047	17	1.3	1.2	ME	MA
26	5	2075	19	9	2.166	17	1.2	-3.8	ME	VE
27	5	2075	11	41	0.948	17	-3.9	1.2	VE	MA
18	6	2075	5	11	2.547	22	-0.0	1.3	ME	MA
5	7	2075	12	15	0.458	7	-1.7	-3.9	ME	VE
12	7	2075	8	6	2.154	2	-1.8	8.0	ME	NE
17	7	2075	15	49	1.309	3	-3.9	8.0	VE	NE
13	8	2075	15	25	1.852	27	0.3	-1.6	ME	GI
28	8	2075	20	41	1.418	42	1.4	7.9	MA	NE
4	9	2075	10	24	0.317	10	-3.9	-1.6	VE	GI
17	9	2075	9	24	4.303	1	4.0	-1.6	ME	GI
8	10	2075	18	2	0.816	16	-0.8	-1.6	ME	GI
12	11	2075	4	58	2.360	28	-3.8	0.9	VE	SA
26	11	2075	21	59	3.356	14	-0.6	0.9	ME	SA
3	12	2075	2	34	1.378	32	-3.9	5.8	VE	UR
15	12	2075	9	23	1.504	20	-0.3	5.8	ME	UR
29	12	2075	13	23	2.099	7	1.6	5.8	ME	UR
30	1	2076	4	21	0.598	24	-0.0	5.8	ME	UR
2	6	2076	15	14	1.851	22	-0.1	-3.9	ME	VE
27	6	2076	17	33	1.153	89	0.4	-1.9	MA	GI
3	7	2076	19	43	2.405	11	-1.2	8.0	ME	NE
30	8	2076	23	2	0.841	43	-4.0	7.9	VE	NE
14	10	2076	22	50	0.335	2	-1.1	-1.6	ME	GI
2	11	2076	15	13	2.183	46	1.0	0.9	MA	SA
19	11	2076	15	20	0.583	26	-3.9	-1.6	VE	GI
29	11	2076	8	53	0.849	39	1.0	5.8	MA	UR
29	11	2076	23	43	3.092	21	-0.2	0.9	ME	SA
11	12	2076	5	39	0.580	11	0.9	0.9	ME	SA
25	12	2076	7	0	2.340	18	0.1	-3.9	ME	VE

GG	MM	AAAA	HH	MM	DIST°	ELONG°	MAG1	MAG2	PIANETI	
8	1	2077	5	31	0.755	14	-3.9	0.9	VE	SA
15	1	2077	8	35	0.536	21	-0.2	0.9	ME	SA
20	1	2077	20	0	0.012	11	-3.9	5.8	VE	UR
26	1	2077	1	53	0.592	16	-0.4	5.8	ME	UR
13	2	2077	5	34	0.920	6	-1.0	-3.9	ME	VE
10	3	2077	15	36	1.126	16	-0.9	1.1	ME	MA
29	3	2077	2	55	3.802	11	1.3	1.2	ME	MA
1	4	2077	19	41	4.290	6	2.7	-3.9	ME	VE
11	4	2077	1	29	0.572	8	-3.9	1.2	VE	MA
4	6	2077	22	5	0.190	5	-1.8	1.4	ME	MA
19	6	2077	13	39	2.102	26	-3.8	8.0	VE	NE
27	6	2077	6	21	2.333	19	-0.3	8.0	ME	NE
14	8	2077	2	39	1.418	25	1.5	8.0	MA	NE
19	9	2077	19	24	2.947	46	-4.1	-1.7	VE	GI
24	10	2077	0	54	2.576	19	-0.3	-1.6	ME	GI
6	12	2077	3	57	2.737	26	-4.2	0.9	VE	SA
11	12	2077	22	48	2.041	20	-0.1	-1.6	ME	GI
2	1	2078	10	40	4.335	17	-0.4	-3.6	ME	VE
15	1	2078	18	37	1.650	11	-0.6	0.9	ME	SA
21	1	2078	10	3	1.220	8	-0.8	5.8	ME	UR
24	2	2078	7	50	3.152	47	-4.5	0.9	VE	SA
3	3	2078	7	12	3.334	47	-4.4	5.8	VE	UR
23	6	2078	17	49	1.440	25	0.3	8.0	ME	NE
7	8	2078	6	21	0.895	16	-3.9	8.0	VE	NE
7	8	2078	6	23	3.422	16	0.5	-3.9	ME	VE
10	8	2078	14	51	1.646	19	0.2	8.0	ME	NE
27	8	2078	6	34	0.364	11	-1.4	-3.9	ME	VE
12	9	2078	7	45	2.369	78	0.3	-2.0	MA	GI
8	11	2078	1	6	1.709	62	0.7	0.8	MA	SA
10	11	2078	15	36	1.320	9	1.5	-3.9	ME	VE
16	11	2078	14	43	1.066	60	0.7	5.8	MA	UR
30	11	2078	7	42	0.920	14	-3.9	-1.7	VE	GI
24	12	2078	7	53	1.384	20	-3.9	0.9	VE	SA
27	12	2078	10	51	0.949	20	-3.9	5.8	VE	UR
29	12	2078	9	14	1.065	9	-0.7	-1.7	ME	GI
14	1	2079	16	24	1.968	0	-1.0	0.9	ME	SA
16	1	2079	5	34	1.538	1	-1.0	5.9	ME	UR
27	2	2079	0	56	0.434	39	0.9	5.8	SA	UR
28	2	2079	6	14	0.142	34	-3.9	1.1	VE	MA
19	5	2079	23	14	1.143	13	-1.1	1.4	ME	MA
5	6	2079	20	14	2.861	44	-4.5	7.9	VE	NE
1	8	2079	6	20	1.396	8	1.6	8.0	MA	NE
7	8	2079	19	38	0.922	14	-1.0	8.0	ME	NE
11	8	2079	1	31	0.000	11	-1.3	1.6	ME	MA
31	8	2079	22	16	0.219	139	0.5	5.7	SA	UR
7	9	2079	6	43	4.539	43	-4.6	8.0	VE	NE
22	10	2079	3	56	0.162	89	0.7	5.8	SA	UR
10	11	2079	13	34	0.238	43	-4.1	1.6	VE	MA
8	1	2080	11	25	1.812	9	-1.0	-1.8	ME	GI
11	1	2080	1	24	1.552	10	-1.0	5.9	ME	UR
13	1	2080	9	22	1.545	12	-1.0	0.9	ME	SA
31	1	2080	18	2	0.184	10	-1.8	5.9	GI	UR
15	2	2080	13	58	0.188	24	-3.9	5.9	VE	UR

GG	MM	AAAA	HH	MM	DIST°	ELONG°	MAG1	MAG2	PIANETI	
18	2	2080	2	57	0.076	23	-3.9	-1.9	VE	GI
20	2	2080	14	57	0.060	23	-3.9	0.9	VE	SA
25	2	2080	7	53	2.819	21	0.4	-3.9	ME	VE
15	3	2080	1	43	0.100	44	-1.9	0.8	GI	SA
12	4	2080	23	39	0.328	10	-1.2	-3.9	ME	VE
10	6	2080	11	18	2.820	6	3.1	-3.9	ME	VE
9	7	2080	18	30	1.620	14	-3.9	8.0	VE	NE
30	7	2080	18	33	1.678	5	-1.8	8.0	ME	NE
1	10	2080	20	56	2.962	119	-2.5	0.6	GI	SA
27	10	2080	13	18	1.635	87	-0.1	5.8	MA	UR
7	11	2080	15	17	1.056	83	0.1	0.7	MA	SA
14	11	2080	10	25	0.865	81	0.1	-2.2	MA	GI
7	12	2080	23	34	1.904	46	-4.2	5.8	VE	UR
16	12	2080	9	7	1.280	47	-4.3	0.8	VE	SA
24	12	2080	13	51	0.802	47	-4.4	-2.0	VE	GI
6	1	2081	4	39	0.917	18	-0.6	5.9	ME	UR
15	1	2081	15	37	2.314	19	-0.2	0.9	ME	SA
27	1	2081	2	37	4.045	2	3.3	5.9	ME	UR
21	2	2081	19	53	0.452	26	0.2	5.9	ME	UR
4	3	2081	18	47	0.606	24	0.0	0.8	ME	SA
17	3	2081	1	34	1.352	17	-0.4	-1.9	ME	GI
20	4	2081	23	18	2.557	44	-4.6	-2.0	VE	GI
18	7	2081	17	40	1.356	8	1.7	8.0	MA	NE
23	7	2081	4	2	1.970	4	-1.6	8.0	ME	NE
25	7	2081	1	49	0.648	6	-1.5	1.7	ME	MA
27	8	2081	8	13	0.423	28	-3.8	8.0	VE	NE
6	10	2081	19	48	0.377	18	-3.9	1.7	VE	MA
9	10	2081	4	25	1.667	19	-0.2	1.7	ME	MA
9	10	2081	18	11	0.245	18	-0.3	-3.9	ME	VE
20	10	2081	8	54	0.517	15	-0.9	-3.9	ME	VE
8	1	2082	6	22	3.351	5	2.3	-3.9	ME	VE
21	1	2082	5	19	0.691	8	-3.9	5.9	VE	UR
5	2	2082	7	59	0.177	11	-3.9	0.8	VE	SA
19	2	2082	20	40	0.854	21	-0.2	5.9	ME	UR
4	3	2082	21	48	0.836	13	-0.7	0.8	ME	SA
6	3	2082	19	50	0.028	18	-3.9	-2.0	VE	GI
25	3	2082	2	29	0.310	5	-1.7	-2.0	ME	GI
11	5	2082	11	51	1.227	97	-0.2	5.8	MA	UR
15	6	2082	12	19	2.280	41	-4.0	8.0	VE	NE
1	7	2082	13	3	2.586	121	-1.5	0.5	MA	SA
15	7	2082	21	0	1.963	13	-0.9	8.0	ME	NE
6	10	2082	8	22	2.821	140	-2.2	0.4	MA	SA
27	1	2083	4	6	1.757	80	0.5	-2.3	MA	GI
15	2	2083	7	59	1.327	12	-0.6	5.9	ME	UR
2	3	2083	23	16	0.151	2	-1.4	0.8	ME	SA
11	3	2083	10	5	0.410	35	-3.9	5.9	VE	UR
5	4	2083	1	57	0.450	30	-3.8	0.8	VE	SA
3	5	2083	11	53	0.665	23	0.7	-3.8	ME	VE
29	5	2083	23	14	0.241	16	-3.9	-1.9	VE	GI
2	6	2083	0	33	0.982	18	-0.5	-1.9	ME	GI
6	6	2083	16	26	0.214	14	-1.0	-3.9	ME	VE
6	7	2083	2	18	1.308	24	1.7	8.0	MA	NE
9	7	2083	16	22	1.577	21	-0.1	8.0	ME	NE

GG	MM	AAAA	HH	MM	DIST°	ELONG°	MAG1	MAG2	PIANETI	
11	7	2083	20	16	0.062	23	-0.0	1.7	ME	MA
31	7	2083	9	8	1.227	1	-3.9	8.0	VE	NE
25	8	2083	9	0	0.379	8	-3.9	1.7	VE	MA
30	9	2083	8	34	0.732	4	-1.4	1.7	ME	MA
29	12	2083	8	55	1.238	38	-3.9	5.9	VE	UR
25	1	2084	22	5	1.092	43	-4.0	0.7	VE	SA
9	2	2084	22	12	1.429	3	-1.1	5.9	ME	UR
28	2	2084	15	41	1.438	13	-1.2	0.7	ME	SA
13	4	2084	0	16	3.436	26	0.7	0.7	ME	SA
16	4	2084	15	37	0.692	66	0.7	5.8	MA	UR
23	5	2084	13	45	2.397	12	-1.2	-2.6	ME	VE
6	6	2084	5	51	1.615	5	-1.8	-1.8	ME	GI
13	6	2084	23	58	0.087	81	0.2	0.5	MA	SA
5	7	2084	20	9	0.171	26	0.4	8.0	ME	NE
6	8	2084	23	21	4.697	4	2.9	8.0	ME	NE
13	8	2084	6	6	2.242	45	-4.1	-1.9	VE	GI
23	8	2084	6	31	0.496	19	-0.2	8.0	ME	NE
15	9	2084	0	27	0.270	40	-3.9	8.0	VE	NE
10	12	2084	18	52	1.200	21	-0.3	-3.9	ME	VE
24	12	2084	5	10	0.013	17	-0.5	-3.9	ME	VE
3	2	2085	5	46	1.207	7	-1.3	5.9	ME	UR
15	2	2085	0	55	0.551	5	-3.9	5.9	VE	UR
22	3	2085	8	36	0.835	5	-3.9	0.7	VE	SA
22	4	2085	16	12	0.483	23	-0.0	0.7	ME	SA
29	4	2085	18	10	1.411	61	1.3	-1.9	MA	GI
14	6	2085	5	54	1.291	26	-3.8	-1.8	VE	GI
14	6	2085	12	58	1.450	26	0.2	-3.8	ME	VE
15	6	2085	22	31	1.100	24	0.3	-1.8	ME	GI
21	6	2085	18	11	1.264	41	1.6	8.0	MA	NE
3	7	2085	16	14	1.705	30	-3.8	8.0	VE	NE
13	7	2085	17	24	4.999	4	3.1	-1.7	ME	GI
15	7	2085	15	25	0.478	33	-3.8	1.7	VE	MA
11	8	2085	21	26	0.402	18	-0.5	-1.7	ME	GI
18	8	2085	19	7	1.142	12	-1.2	8.0	ME	NE
15	9	2085	8	35	0.205	13	-0.6	1.6	ME	MA
1	11	2085	6	53	0.476	83	-2.0	7.9	GI	NE
9	11	2085	15	52	0.317	5	2.6	1.5	ME	MA
10	12	2085	1	22	0.874	14	-0.7	1.4	ME	MA
24	12	2085	2	4	3.707	7	-0.8	-1.7	ME	VE
10	1	2086	15	43	0.712	155	-2.5	7.8	GI	NE
29	1	2086	3	41	0.434	15	-0.9	5.9	ME	UR
14	3	2086	18	27	0.651	27	0.3	5.9	ME	UR
1	4	2086	23	57	0.830	44	-4.1	5.9	VE	UR
2	4	2086	3	51	1.380	44	-4.1	1.0	VE	MA
2	4	2086	4	22	0.540	44	1.0	5.9	MA	UR
21	4	2086	21	41	0.550	11	-1.1	0.6	ME	SA
20	5	2086	13	25	0.401	35	-3.8	0.6	VE	SA
10	6	2086	0	35	0.695	55	-1.8	8.0	GI	NE
19	6	2086	12	10	0.912	61	0.7	0.5	MA	SA
26	7	2086	22	4	0.849	18	-0.5	-3.9	ME	VE
11	8	2086	14	36	1.564	3	-1.7	8.0	ME	NE
17	8	2086	8	52	0.941	3	-1.5	-1.6	ME	GI
21	8	2086	0	14	0.877	12	-3.9	8.0	VE	NE

(7)

GG	MM	AAAA	HH	MM	DIST°	ELONG°	MAG1	MAG2	PIANETI	
1	9	2086	21	27	0.445	9	-3.9	-1.6	VE	GI
20	10	2086	19	32	2.676	5	3.1	-3.9	ME	VE
21	1	2087	16	17	0.890	27	-3.9	5.9	VE	UR
11	3	2087	8	40	2.504	37	-3.9	0.5	VE	SA
15	3	2087	19	30	1.163	24	0.1	5.9	ME	UR
18	4	2087	22	47	2.045	4	-1.8	0.6	ME	SA
6	6	2087	11	39	1.257	60	1.4	7.9	MA	NE
30	7	2087	0	30	0.277	41	1.5	-1.7	MA	GI
4	8	2087	3	24	1.597	6	-1.4	8.0	ME	NE
24	8	2087	3	33	1.080	22	-0.0	-1.6	ME	GI
8	9	2087	17	12	2.824	28	0.3	1.5	ME	MA
29	9	2087	8	38	2.074	46	-4.4	8.0	VE	NE
16	10	2087	15	39	2.629	19	-0.0	-1.6	ME	GI
14	11	2087	20	53	0.580	42	-4.0	-1.7	VE	GI
29	11	2087	17	3	0.606	3	-0.8	1.3	ME	MA
26	1	2088	6	24	4.368	13	0.9	1.2	ME	MA
8	2	2088	1	15	1.518	25	0.1	-3.9	ME	VE
27	2	2088	13	54	0.231	20	-3.9	1.1	VE	MA
1	3	2088	23	7	0.667	21	-0.1	1.1	ME	MA
7	3	2088	8	49	0.963	18	-0.3	-3.9	ME	VE
10	3	2088	15	52	1.468	16	-0.5	5.9	ME	UR
11	3	2088	16	19	0.509	17	-3.9	5.9	VE	UR
19	3	2088	23	32	0.424	25	1.1	5.9	MA	UR
15	4	2088	22	10	3.941	17	-0.7	0.5	ME	SA
9	5	2088	0	20	1.286	3	-3.9	0.5	VE	SA
16	5	2088	17	3	0.266	1	7.8	-3.9	ME	VE
29	5	2088	23	10	2.608	20	1.1	0.5	ME	SA
30	6	2088	13	1	1.463	46	1.0	0.5	MA	SA
23	7	2088	13	34	1.285	18	-3.9	8.0	VE	NE
27	7	2088	2	45	1.336	15	-0.7	8.0	ME	NE
4	8	2088	12	7	0.775	21	-0.1	-3.8	ME	VE
11	9	2088	10	13	0.744	31	-3.8	-1.6	VE	GI
27	10	2088	13	43	0.005	5	-1.1	-1.6	ME	GI
14	12	2088	0	8	2.867	120	-0.4	7.9	MA	NE
8	1	2089	21	1	0.670	46	-4.6	5.9	VE	UR
5	3	2089	3	36	1.351	7	-1.1	5.9	ME	UR
11	4	2089	8	35	3.794	42	-4.6	5.9	VE	UR
15	5	2089	1	8	1.448	85	0.8	7.9	MA	NE
11	6	2089	3	7	0.218	18	-0.5	0.5	ME	SA
7	7	2089	5	15	0.307	39	-3.9	0.5	VE	SA
21	7	2089	6	59	0.655	23	0.0	8.0	ME	NE
10	9	2089	6	25	0.529	24	-3.9	8.0	VE	NE
20	9	2089	12	41	4.343	22	-0.5	-3.9	ME	VE
13	10	2089	14	38	1.219	30	1.3	-1.7	MA	GI
5	11	2089	0	53	2.082	13	-0.6	-1.6	ME	GI
20	11	2089	18	39	1.693	20	-0.3	1.2	ME	MA
27	11	2089	5	53	0.158	5	-3.9	-1.6	VE	GI
11	12	2089	22	2	0.707	14	0.4	1.2	ME	MA
18	12	2089	11	14	2.181	0	4.5	-3.9	ME	VE
12	1	2090	3	19	0.067	6	-3.9	1.1	VE	MA
14	2	2090	22	33	0.726	14	-3.9	5.9	VE	UR
20	2	2090	12	40	0.974	3	-1.2	1.1	ME	MA
27	2	2090	2	5	0.924	3	-1.5	5.9	ME	UR

GG	MM	AAAA	HH	MM	DIST°	ELONG°	MAG1	MAG2	PIANETI	
8	3	2090	12	6	0.294	6	1.1	5.9	MA	UR
18	3	2090	3	50	4.567	22	-0.5	-3.9	ME	VE
17	4	2090	2	59	1.026	14	1.4	1.1	ME	MA
28	4	2090	6	54	2.645	32	-3.9	0.5	VE	SA
21	5	2090	7	4	2.036	22	-0.1	1.1	ME	MA
8	6	2090	21	25	1.838	4	-1.9	0.5	ME	SA
1	7	2090	1	14	1.296	44	-4.1	8.0	VE	NE
17	7	2090	8	52	1.549	35	1.2	0.4	MA	SA
19	7	2090	4	19	1.226	27	0.4	8.0	ME	NE
5	9	2090	6	35	0.257	17	-0.5	8.0	ME	NE
2	11	2090	12	37	1.256	73	1.0	7.9	MA	NE
10	1	2091	18	47	0.661	15	-0.5	-1.7	ME	GI
10	2	2091	22	29	1.229	40	-4.0	-1.8	VE	GI
21	2	2091	4	32	0.057	12	-1.2	5.9	ME	UR
5	4	2091	20	42	0.563	29	-3.8	5.9	VE	UR
13	4	2091	10	17	0.259	27	0.4	-3.8	ME	VE
5	5	2091	8	28	1.018	22	-0.1	-3.8	ME	VE
5	6	2091	20	44	2.760	12	-1.2	0.5	ME	SA
28	6	2091	17	35	1.008	7	-3.9	0.5	VE	SA
14	8	2091	0	44	0.958	6	-3.9	8.0	VE	NE
30	8	2091	18	14	1.165	10	-1.4	8.0	ME	NE
9	10	2091	21	16	1.905	21	-0.2	-3.9	ME	VE
30	11	2091	6	58	0.588	33	-3.9	1.0	VE	MA
11	12	2091	4	34	1.577	35	-3.9	-1.9	VE	GI
20	12	2091	1	9	0.795	28	1.0	-1.9	MA	GI
21	1	2092	6	39	1.669	2	-1.1	-1.8	ME	GI
24	1	2092	11	20	0.178	43	-4.1	5.9	VE	UR
9	2	2092	13	5	0.422	16	-0.9	1.0	ME	MA
18	2	2092	15	55	2.477	19	-0.3	5.9	ME	UR
24	2	2092	8	1	3.892	13	0.5	1.1	ME	MA
25	2	2092	4	19	0.134	13	1.1	5.9	MA	UR
6	4	2092	17	24	1.560	27	0.2	5.9	ME	UR
7	5	2092	11	29	0.331	4	-1.8	1.2	ME	MA
12	5	2092	14	7	3.313	4	-1.9	-0.5	ME	VE
18	5	2092	1	9	2.541	6	-1.6	1.3	VE	MA
6	6	2092	2	46	2.358	23	0.2	0.5	ME	SA
13	7	2092	3	37	4.452	7	2.3	0.5	ME	SA
28	7	2092	13	14	1.792	20	0.1	0.5	ME	SA
6	8	2092	3	19	1.168	27	1.5	0.5	MA	SA
22	8	2092	13	12	1.273	1	-1.6	8.0	ME	NE
24	8	2092	15	59	1.280	43	-4.0	0.4	VE	SA
13	9	2092	16	34	1.446	40	-3.9	1.5	VE	MA
29	9	2092	11	40	0.106	37	-3.9	8.0	VE	NE
14	10	2092	20	25	0.894	51	1.4	8.0	MA	NE
2	2	2093	7	23	2.609	19	-0.2	-1.9	ME	GI
16	2	2093	5	28	4.977	4	2.8	-3.9	ME	VE
28	2	2093	13	46	0.499	1	-3.9	-1.9	VE	GI
11	3	2093	14	43	0.692	2	-3.9	5.9	VE	UR
29	3	2093	6	27	1.376	23	-0.0	-2.0	ME	GI
3	4	2093	12	23	1.679	20	-0.3	5.9	ME	UR
10	5	2093	18	28	1.685	17	-0.6	-3.9	ME	VE
17	5	2093	20	14	0.346	61	-2.1	5.9	GI	UR
28	5	2093	12	6	0.409	22	0.6	-3.9	ME	VE

GG	MM	AAAA	HH	MM	DIST°	ELONG°	MAG1	MAG2	PIANETI	
16	6	2093	19	55	1.550	27	-3.8	0.5	VE	SA
17	7	2093	21	9	1.014	34	-3.8	8.0	VE	NE
30	7	2093	4	12	0.918	9	-1.5	0.5	ME	SA
15	8	2093	6	21	1.065	8	-1.2	8.0	ME	NE
21	10	2093	20	16	0.753	145	-2.7	5.7	GI	UR
6	12	2093	10	2	0.598	99	-2.4	5.8	GI	UR
14	12	2093	14	46	2.356	5	-0.8	-1.0	ME	VE
12	2	2094	13	39	0.067	32	1.1	5.9	MA	UR
27	2	2094	14	29	0.630	28	1.1	-2.0	MA	GI
29	3	2094	1	59	1.322	11	-1.0	5.9	ME	UR
7	4	2094	10	49	0.002	2	-1.7	-2.0	ME	GI
22	4	2094	10	15	1.368	15	-1.0	1.3	ME	MA
28	4	2094	21	57	0.723	39	-3.9	5.9	VE	UR
21	5	2094	21	33	0.772	34	-3.8	-2.0	VE	GI
24	5	2094	9	16	1.092	6	3.1	1.4	ME	MA
15	7	2094	15	9	0.065	8	-1.6	1.6	ME	MA
27	7	2094	8	58	1.143	6	-1.5	0.5	ME	SA
7	8	2094	7	3	0.465	15	-3.9	1.6	VE	MA
8	8	2094	12	15	0.574	17	-0.5	8.0	ME	NE
17	8	2094	14	28	0.237	12	-3.9	0.5	VE	SA
29	8	2094	7	19	0.441	22	1.6	0.5	MA	SA
3	9	2094	14	29	0.693	7	-3.9	8.0	VE	NE
29	9	2094	16	7	3.788	1	4.3	-3.9	ME	VE
30	9	2094	18	12	0.648	33	1.6	8.0	MA	NE
24	12	2094	23	38	1.447	21	-0.5	-3.9	ME	VE
15	2	2095	16	1	0.227	33	-3.9	5.9	VE	UR
21	3	2095	19	1	1.829	39	-3.9	-2.0	VE	GI
22	3	2095	18	48	0.703	1	-1.6	5.9	ME	UR
16	4	2095	9	22	3.478	20	-0.1	-1.9	ME	GI
5	5	2095	15	20	1.914	6	3.6	-1.9	ME	GI
13	6	2095	6	24	1.884	22	0.0	-1.9	ME	GI
25	7	2095	19	37	0.189	19	-0.3	0.5	ME	SA
3	8	2095	1	31	0.364	24	0.1	8.0	ME	NE
10	10	2095	16	52	1.841	46	-4.3	0.5	VE	SA
16	10	2095	11	28	0.752	46	-4.2	8.0	VE	NE
17	12	2095	10	11	3.405	107	0.3	7.9	SA	NE
30	1	2096	18	11	0.330	52	1.0	5.9	MA	UR
15	3	2096	8	28	0.238	9	-1.5	5.9	ME	UR
5	4	2096	10	1	0.771	10	-3.9	5.9	VE	UR
22	4	2096	7	56	2.020	6	3.1	-3.9	ME	VE
21	5	2096	2	27	1.121	21	1.5	-1.9	MA	GI
9	6	2096	3	48	0.706	7	-3.9	-1.8	VE	GI
19	6	2096	14	2	1.212	1	-1.9	-1.8	ME	GI
23	6	2096	22	24	0.033	11	-3.9	1.6	VE	MA
28	6	2096	6	12	0.794	10	-1.3	1.6	ME	MA
1	7	2096	12	8	0.708	13	-1.0	-3.9	ME	VE
28	7	2096	18	46	2.860	28	0.4	0.6	ME	SA
31	7	2096	20	25	2.672	28	0.5	8.0	ME	NE
4	8	2096	14	47	0.061	22	-3.8	0.6	VE	SA
6	8	2096	7	23	0.734	22	-3.8	8.0	VE	NE
8	8	2096	1	40	4.825	23	0.6	-3.8	ME	VE
27	8	2096	4	59	0.825	3	0.6	8.0	SA	NE
1	9	2096	22	50	3.697	11	1.0	1.7	ME	MA

GG	MM	AAAA	HH	MM	DIST°	ELONG°	MAG1	MAG2	PIANETI	
16	9	2096	18	19	0.207	16	-0.8	1.7	ME	MA
16	9	2096	20	6	0.648	16	-0.8	8.0	ME	NE
16	9	2096	23	48	0.431	16	1.7	8.0	MA	NE
18	9	2096	3	13	0.053	15	-0.9	0.6	ME	SA
20	9	2096	14	21	0.423	18	1.7	0.6	MA	SA
10	3	2097	11	46	1.954	18	-0.6	5.9	ME	UR
2	4	2097	17	12	3.170	4	3.4	5.9	ME	UR
27	4	2097	13	9	2.028	27	0.4	5.9	ME	UR
18	5	2097	4	28	0.896	46	-4.2	5.9	VE	UR
25	6	2097	7	12	1.450	21	-0.2	-1.7	ME	GI
20	8	2097	20	17	4.301	21	0.3	-1.7	ME	GI
29	8	2097	2	53	0.072	27	-3.8	-1.7	VE	GI
10	9	2097	18	14	0.999	8	-1.5	8.0	ME	NE
16	9	2097	17	59	0.203	3	-1.5	0.7	ME	SA
23	9	2097	22	34	0.472	20	-3.9	8.0	VE	NE
4	10	2097	13	18	0.469	18	-3.9	0.6	VE	SA
27	11	2097	17	34	0.857	4	2.9	-3.9	ME	VE
13	1	2098	1	1	0.686	77	0.5	5.8	MA	UR
17	2	2098	14	43	1.134	16	-1.0	-3.9	ME	VE
11	3	2098	15	1	0.278	21	-3.9	5.9	VE	UR
26	4	2098	21	48	1.988	22	-0.1	5.9	ME	UR
15	5	2098	19	26	0.721	36	-3.9	1.5	VE	MA
19	6	2098	14	56	0.070	25	0.3	1.6	ME	MA
28	6	2098	16	27	0.892	44	-4.1	-1.7	VE	GI
17	7	2098	12	19	0.302	45	-4.2	8.0	VE	NE
4	8	2098	15	53	3.542	46	-4.4	0.6	VE	SA
18	8	2098	9	41	0.262	6	1.7	-1.6	MA	GI
30	8	2098	7	52	0.907	3	-1.6	-1.6	ME	GI
3	9	2098	3	8	0.629	1	-1.5	1.7	ME	MA
3	9	2098	15	9	0.832	1	-1.5	8.0	ME	NE
4	9	2098	16	51	0.218	1	1.7	8.0	MA	NE
14	9	2098	21	57	1.330	11	-0.8	0.7	ME	SA
11	10	2098	20	2	1.212	13	1.7	0.7	MA	SA
16	10	2098	19	53	0.087	40	-1.7	8.0	GI	NE
16	11	2098	2	17	1.902	44	-4.7	0.7	VE	SA
12	1	2099	1	19	2.481	45	-4.1	1.4	VE	MA
28	3	2099	16	31	3.080	30	0.3	-3.8	ME	VE
21	4	2099	19	22	1.344	14	-0.8	5.9	ME	UR
1	5	2099	2	0	0.973	22	-3.8	5.9	VE	UR
7	5	2099	7	35	0.964	115	-2.1	7.9	GI	NE
2	8	2099	21	49	3.056	109	-1.1	5.8	MA	UR
27	8	2099	12	13	0.100	10	-1.0	-3.9	ME	VE
27	8	2099	13	45	0.412	10	-1.0	8.0	ME	NE
27	8	2099	13	52	0.515	10	-3.9	8.0	VE	NE
5	9	2099	1	2	0.651	16	-0.4	-1.6	ME	GI
9	9	2099	1	30	0.174	13	-3.9	-1.6	VE	GI
14	9	2099	18	25	3.063	22	-0.0	0.7	ME	SA
21	9	2099	4	0	1.277	17	-3.9	0.7	VE	SA
12	10	2099	12	16	3.570	22	0.3	-3.8	ME	VE
16	11	2099	11	5	0.986	144	-1.9	5.7	MA	UR

(1) Venere avrà un diametro di 17.4", Nettuno 2", distanza minima 25.1", pertanto non vi sarà una occultazione

(2) Venere avrà un diametro di 11.7", Nettuno 2", distanza minima 43.2", pertanto non vi sarà una occultazione

(3) Mercurio avrà un diametro di 5.6", Marte 3.6", distanza minima 14.4", pertanto non vi sarà una occultazione

(4) Mercurio avrà un diametro di 6", Saturno 16", distanza minima 18", pertanto non vi sarà una occultazione

(5) Giove avrà un diametro di 39", Urano 3.7", distanza minima 75.6", pertanto non vi sarà una occultazione

(6) Occultazione

(7) Mercurio avrà un diametro di 5.3", Venere 10.5", distanza minima 46.7", pertanto non vi sarà una occultazione

(1) Venus will have a diameter of 17.4", Neptune of 2", minima distance 25.1", so there won't be an occultation

(2) Venus will have a diameter of 11.7", Neptune of 2", minima distance 43.2", so there won't bea n occultation

(3) Mercury will have a diameter of 5.6", Mars of 3.6", minima distance 14.4", so there won't be an occultation

(4) Mercury will have a diameter of 6", Saturn of 16", minima distance 18", so there won't be an occultation

(5) Jupiter will have a diameter of 39", Uranus of 3.7", minima distance 75.6", so there won't be an occultation

(6) Occultation

(7) Mercury will have a diameter of 5.3", Venus of 10.5", minima distance 46.7", so there won't be an occultation

(6) Occultazione di Giove da parte di Venere   (C) Skychart

(6) Occultation of Jupiter by Venus

CONGIUNZIONI TRA PIANETI
CONJUNCTIONS BETWEEN PLANETS
2100-2200

```
GG MM AAAA : data nel formato giorno/mese/anno
HH MM : ore e minuti
DIST° : distanza minima in gradi tra i corpi
ELONG° : elongazione dal Sole dei corpi
MAG1 : magnitudine del primo corpo
MAG2 : magnitudine del secondo corpo
PIANETI : corpi coinvolti : MErcurio, VEnere, MArte, GIove,
                            SAturno, URano, NEttuno
```

Sono elencate tutte le congiunzioni in cui i corpi distano meno di 0.5°


```
GG MM AAAA : date in the format dd/mm/yyyy
HH MM : hours and minutes
DIST° : minima distance in ° between the bodies
ELONG° : elongation from the Sun of the bodies
MAG1 : magnitude of the 1st body
MAG2 : magnitude of the 2th body
PIANETI : planets : MErcury, VEnus, MArs, GI (Jupiter),
                    SAturn, URanus, NEptune
```

All the conjunctions are listed if the bodies have distance less then 0.5°

GG	MM	AAAA	HH	MM	DIST°	ELONG°	MAG1	MAG2	PIANETI	
19	8	2100	18	16	0.140	17	-0.4	1.7	ME	MA
21	8	2100	2	45	0.275	18	-0.3	8.0	ME	NE
23	8	2100	9	52	0.002	16	1.7	8.0	MA	NE
14	10	2100	12	34	0.272	33	-3.9	8.0	VE	NE
9	11	2100	22	49	0.374	11	-1.0	-1.6	ME	GI
6	4	2101	8	21	0.384	9	-3.9	5.9	VE	UR
8	4	2101	15	21	0.461	7	-1.7	5.9	ME	UR
2	8	2101	5	20	0.044	38	-3.9	8.0	VE	NE
10	8	2102	15	11	0.238	33	1.6	8.0	MA	NE
18	9	2102	1	55	0.357	3	-3.9	8.0	VE	NE
30	10	2102	3	53	0.391	7	-0.8	1.5	ME	MA
12	12	2102	4	22	0.065	18	-0.0	-3.9	ME	VE
23	1	2103	11	25	0.111	21	-0.2	-1.8	ME	GI
28	1	2103	14	35	0.135	19	-0.3	1.2	ME	MA
1	11	2103	22	17	0.015	44	-4.1	8.0	VE	NE
2	1	2104	9	25	0.210	32	-3.9	0.9	VE	SA
24	2	2104	17	32	0.236	20	-3.9	-1.9	VE	GI
26	7	2104	14	43	0.499	50	1.4	8.0	MA	NE
21	8	2104	1	18	0.000	27	-3.8	8.0	VE	NE
15	9	2104	21	25	0.279	3	-1.3	8.0	ME	NE
16	9	2104	20	26	0.018	33	-3.8	1.4	VE	MA
26	3	2105	13	48	0.064	16	1.1	-1.9	MA	GI
9	5	2105	2	11	0.386	6	-1.6	5.9	ME	UR
5	6	2105	4	28	0.168	31	1.1	5.9	MA	UR
9	9	2105	1	32	0.312	11	-0.8	8.0	ME	NE
8	10	2105	10	26	0.263	16	-3.9	8.0	VE	NE
8	11	2105	4	54	0.303	9	1.4	-3.9	ME	VE
13	3	2106	17	20	0.229	22	-3.9	-2.0	VE	GI
21	4	2106	18	1	0.325	8	-1.4	-2.0	ME	GI
26	5	2107	1	27	0.135	13	1.2	5.8	MA	UR
5	6	2107	16	36	0.078	13	-3.9	-1.9	VE	GI
11	9	2107	1	3	0.067	14	-3.9	8.0	VE	NE
13	10	2107	21	9	0.433	17	-0.1	8.0	ME	NE
28	10	2108	5	26	0.245	29	-3.9	8.0	VE	NE
12	3	2109	20	26	0.095	3	-1.6	-3.9	ME	VE
2	5	2109	0	44	0.267	16	-3.9	5.8	VE	UR
15	5	2109	16	46	0.399	3	1.3	5.8	MA	UR
19	6	2109	11	49	0.116	6	-1.8	1.4	ME	MA
5	10	2109	3	19	0.228	5	-1.3	8.0	ME	NE
4	12	2109	18	6	0.191	64	1.3	8.0	MA	NE
25	12	2109	11	9	0.481	18	0.1	-3.7	ME	VE
1	6	2110	22	33	0.220	8	-1.6	5.8	ME	UR
7	9	2110	14	56	0.453	5	-3.9	-1.6	VE	GI
21	9	2110	16	11	0.197	2	-1.4	-3.9	ME	VE
28	9	2110	7	54	0.339	4	-1.1	8.0	ME	NE
1	10	2110	10	8	0.099	2	-3.9	8.0	VE	NE
13	12	2110	3	45	0.155	58	0.7	0.7	MA	SA
4	3	2111	13	58	0.070	37	-3.9	1.1	VE	MA
24	8	2111	18	42	0.090	13	-1.2	1.7	ME	MA
18	9	2111	11	51	0.342	10	-0.8	-1.6	ME	GI
18	10	2111	14	43	0.347	13	-1.6	8.0	GI	NE
13	11	2111	23	18	0.482	41	-4.0	1.6	VE	MA
16	11	2111	11	42	0.316	41	-4.0	8.0	VE	NE

GG	MM	AAAA	HH	MM	DIST°	ELONG°	MAG1	MAG2	PIANETI	
18	11	2111	19	44	0.254	43	1.6	8.0	MA	NE
1	12	2111	3	39	0.022	48	1.5	-1.7	MA	GI
14	3	2112	10	22	0.228	15	-3.9	0.8	VE	SA
28	3	2112	23	3	0.066	28	0.3	0.8	ME	SA
27	5	2112	16	1	0.027	4	-3.9	5.8	VE	UR
8	10	2113	7	52	0.444	16	-3.9	1.7	VE	MA
21	10	2113	18	44	0.067	12	-3.9	8.0	VE	NE
3	12	2113	0	1	0.318	2	-3.9	-1.7	VE	GI
30	3	2114	2	12	0.326	7	-1.3	0.7	ME	SA
23	10	2114	23	5	0.300	12	-1.1	8.0	ME	NE
28	11	2114	4	57	0.159	46	-4.5	8.0	VE	NE
23	6	2115	16	12	0.200	7	-3.9	5.7	VE	UR
26	6	2115	0	3	0.006	9	-1.5	5.7	ME	UR
28	6	2115	22	41	0.498	6	-1.8	-3.9	ME	VE
25	7	2115	9	4	0.045	21	-0.1	1.7	ME	MA
26	8	2115	18	8	0.411	11	-3.9	1.7	VE	MA
17	10	2115	14	8	0.292	4	-1.2	8.0	ME	NE
27	7	2116	19	20	0.231	87	-0.1	0.4	MA	SA
10	11	2116	17	17	0.062	26	-3.9	8.0	VE	NE
24	2	2117	16	10	0.030	11	-1.3	-1.9	ME	GI
7	3	2117	5	42	0.432	3	-3.9	-1.9	VE	GI
17	7	2117	23	4	0.448	36	-3.8	1.6	VE	MA
30	9	2117	10	36	0.274	11	-0.7	1.6	ME	MA
7	7	2118	7	19	0.065	61	0.7	-2.1	MA	GI
19	7	2118	19	33	0.428	18	-3.9	5.7	VE	UR
20	8	2118	17	47	0.383	10	-1.5	-3.9	ME	VE
8	10	2118	15	7	0.102	93	0.1	5.6	MA	UR
30	11	2119	12	32	0.357	38	-3.9	8.0	VE	NE
2	3	2120	3	45	0.059	17	-3.9	1.1	VE	MA
6	4	2120	1	8	0.364	9	-1.2	-3.9	ME	VE
7	7	2120	22	49	0.491	20	-0.2	0.5	ME	SA
16	7	2120	19	3	0.254	13	-1.2	-1.8	ME	GI
19	7	2120	9	34	0.281	10	-1.5	5.7	ME	UR
17	8	2120	20	22	0.390	36	-1.8	5.6	GI	UR
19	9	2120	9	40	0.255	67	0.9	5.6	MA	UR
4	11	2120	11	38	0.112	11	-1.0	8.0	ME	NE
5	8	2121	18	56	0.063	31	-3.8	0.5	VE	SA
4	9	2121	7	9	0.111	24	-3.8	-1.7	VE	GI
13	10	2121	18	7	0.476	14	-1.0	-3.9	ME	VE
4	11	2121	0	6	0.472	9	-3.9	8.0	VE	NE
15	1	2122	6	59	0.181	9	-3.9	1.1	VE	MA
6	7	2122	22	18	0.301	45	-4.2	-1.7	VE	GI
9	9	2122	16	40	0.401	48	1.3	5.6	MA	UR
11	2	2123	0	39	0.327	155	0.0	5.4	SA	UR
23	4	2123	11	6	0.183	23	0.7	-3.8	ME	VE
28	4	2123	16	50	0.211	78	0.3	5.5	SA	UR
31	5	2123	5	23	0.159	13	-1.1	-3.9	ME	VE
3	6	2123	20	55	0.428	99	0.2	-2.0	MA	GI
22	7	2123	0	18	0.458	1	-3.9	5.6	VE	UR
14	9	2123	15	28	0.002	16	-3.9	-1.6	VE	GI
1	10	2123	3	3	0.070	4	-1.1	-1.6	ME	GI
22	5	2124	12	53	0.213	4	-1.8	1.3	ME	MA
29	6	2124	2	42	0.312	25	0.4	5.6	ME	UR

GG	MM	AAAA	HH	MM	DIST°	ELONG°	MAG1	MAG2	PIANETI	
26	8	2124	18	34	0.360	12	-1.2	0.5	ME	SA
1	9	2124	15	29	0.477	32	1.5	5.6	MA	UR
1	10	2124	11	2	0.244	43	1.5	0.5	MA	SA
24	11	2124	1	13	0.226	22	-3.9	8.0	VE	NE
30	11	2124	0	48	0.402	20	-3.9	-1.6	VE	GI
15	12	2124	12	13	0.144	17	-0.5	-3.9	ME	VE
15	7	2125	0	45	0.234	35	-3.8	0.5	VE	SA
24	8	2125	11	35	0.342	2	-1.5	0.6	ME	SA
22	11	2125	8	40	0.294	18	-0.6	8.0	ME	NE
12	12	2125	3	21	0.182	6	-1.3	-1.7	VE	GI
29	7	2126	16	9	0.001	9	-1.5	1.6	ME	MA
8	8	2126	21	8	0.354	12	-3.9	1.6	VE	MA
17	8	2126	19	53	0.350	10	-3.9	5.6	VE	UR
26	8	2126	21	32	0.496	18	1.6	5.6	MA	UR
12	9	2126	18	19	0.355	3	-3.9	0.6	VE	SA
23	1	2127	3	9	0.491	77	1.0	8.0	MA	NE
14	10	2127	0	49	0.464	18	-0.4	0.7	ME	SA
14	12	2127	6	16	0.201	35	-3.9	8.0	VE	NE
1	3	2128	8	8	0.356	17	-3.9	-1.9	VE	GI
25	6	2128	14	33	0.054	13	-3.9	1.6	VE	MA
20	8	2128	20	46	0.464	4	1.7	5.6	MA	UR
29	9	2128	6	29	0.278	17	-0.6	1.7	ME	MA
9	3	2129	16	13	0.239	5	-1.6	-2.0	ME	GI
15	5	2129	5	13	0.340	46	-4.2	-2.1	VE	GI
13	9	2129	12	35	0.335	21	-3.9	5.6	VE	UR
30	6	2130	23	6	0.019	24	0.2	1.7	ME	MA
7	7	2130	6	1	0.458	45	-4.2	5.5	VE	UR
16	8	2130	3	40	0.386	9	1.7	5.6	MA	UR
20	12	2130	15	5	0.473	46	-4.2	0.8	VE	SA
3	4	2131	12	5	0.315	27	0.4	-3.8	ME	VE
11	6	2131	14	16	0.100	9	-3.9	-1.9	VE	GI
2	12	2131	6	41	0.151	19	-0.5	0.8	ME	SA
5	12	2131	8	44	0.088	18	-0.6	8.0	ME	NE
6	2	2132	23	27	0.486	80	0.7	8.0	SA	NE
10	8	2132	10	21	0.258	23	1.7	5.5	MA	UR
2	9	2132	5	0	0.208	16	-0.5	1.7	ME	MA
9	10	2132	16	14	0.427	32	-3.9	5.5	VE	UR
11	10	2132	7	53	0.240	37	0.8	8.0	SA	NE
28	7	2133	23	55	0.376	39	-3.9	5.5	VE	UR
20	8	2133	7	47	0.102	19	-0.3	5.5	ME	UR
3	12	2133	14	13	0.010	4	-0.8	-0.7	ME	VE
10	7	2134	6	18	0.075	46	1.5	-1.7	MA	GI
5	8	2134	5	31	0.078	37	1.6	5.5	MA	UR
12	9	2134	6	45	0.424	3	-3.9	-1.6	VE	GI
4	10	2134	7	39	0.162	17	-0.2	5.5	ME	UR
15	10	2134	19	38	0.301	28	-1.6	5.5	GI	UR
29	10	2134	9	2	0.490	10	-3.9	1.5	VE	MA
14	2	2135	16	6	0.301	20	-0.2	1.1	ME	MA
13	10	2135	19	54	0.196	3	-1.2	-1.6	ME	GI
17	12	2135	6	12	0.030	8	1.4	0.9	ME	SA
27	12	2135	18	48	0.067	31	-3.9	8.0	VE	NE
19	1	2136	10	21	0.425	22	-0.2	0.9	ME	SA
23	1	2136	9	52	0.321	25	-3.9	0.9	VE	SA

GG	MM	AAAA	HH	MM	DIST°	ELONG°	MAG1	MAG2	PIANETI	
28	7	2136	21	17	0.168	52	1.4	5.5	MA	UR
23	8	2136	6	21	0.282	29	-3.8	5.5	VE	UR
18	9	2136	13	30	0.183	36	-3.9	1.4	VE	MA
20	9	2137	22	58	0.193	8	-0.9	5.5	ME	UR
19	11	2137	20	40	0.132	3	3.5	-3.9	ME	VE
7	12	2137	17	7	0.475	1	-3.9	-1.7	VE	GI
26	12	2137	1	8	0.478	13	-0.6	-1.7	ME	GI
25	1	2139	22	57	0.015	17	-0.8	1.0	ME	MA
6	3	2139	8	5	0.347	33	-3.9	0.9	VE	SA
24	4	2139	12	51	0.411	3	-1.7	1.2	ME	MA
20	8	2139	5	8	0.011	11	-1.0	-3.9	ME	VE
19	9	2139	13	28	0.283	19	-3.9	5.6	VE	UR
25	10	2139	8	38	0.391	14	0.3	5.6	ME	UR
14	1	2140	16	9	0.242	23	-1.9	0.8	GI	SA
10	1	2141	18	8	0.281	37	1.0	0.8	MA	SA
10	2	2141	8	25	0.318	30	1.1	-2.0	MA	GI
19	2	2141	22	28	0.029	1	-3.9	0.8	VE	SA
13	3	2141	5	4	0.315	6	-3.9	-2.0	VE	GI
22	3	2141	23	55	0.451	2	-1.5	-2.0	ME	GI
15	4	2141	16	14	0.442	14	-3.9	1.3	VE	MA
2	7	2141	20	42	0.055	6	-1.7	1.5	ME	MA
6	3	2142	6	30	0.122	2	-1.4	0.8	ME	SA
16	10	2142	3	5	0.374	7	-3.9	5.6	VE	UR
17	10	2142	18	0	0.249	6	-0.9	5.6	ME	UR
2	1	2143	18	44	0.492	23	-0.2	8.0	ME	NE
8	3	2143	3	40	0.347	40	-4.0	1.2	VE	MA
6	9	2143	7	30	0.197	14	-1.0	1.7	ME	MA
10	1	2144	5	19	0.367	28	-3.9	8.0	VE	NE
1	6	2145	10	17	0.131	43	-4.0	0.6	VE	SA
9	9	2145	8	18	0.250	21	-3.9	-1.7	VE	GI
8	10	2145	18	52	0.498	13	-3.9	1.7	VE	MA
15	12	2145	19	15	0.194	37	1.5	5.6	MA	UR
21	8	2146	8	8	0.233	17	-0.4	-1.6	ME	GI
18	11	2146	10	46	0.266	7	-1.0	5.6	ME	UR
28	1	2147	15	31	0.449	40	-4.0	8.0	VE	NE
7	8	2147	5	53	0.137	20	-0.2	1.7	ME	MA
27	8	2147	4	4	0.433	13	-3.9	1.7	VE	MA
19	9	2147	7	21	0.204	19	-3.9	-1.6	VE	GI
20	10	2147	15	43	0.480	5	1.6	-1.6	MA	GI
26	10	2147	7	19	0.497	9	-1.1	-1.6	ME	GI
8	12	2147	9	9	0.085	21	1.5	5.6	MA	UR
14	6	2148	9	32	0.123	18	-0.5	0.5	ME	SA
4	12	2148	18	56	0.271	17	-3.9	-1.6	VE	GI
15	1	2149	15	23	0.021	23	-0.1	8.0	ME	NE
4	3	2149	22	7	0.015	5	-1.5	-3.9	ME	VE
19	7	2149	12	47	0.386	38	-3.9	1.6	VE	MA
14	10	2149	21	23	0.354	9	-0.7	1.5	ME	MA
29	11	2149	22	15	0.333	5	1.4	5.7	MA	UR
3	12	2149	11	57	0.214	8	1.5	-1.7	ME	GI
5	12	2149	3	59	0.166	6	-1.5	1.4	VE	MA
6	1	2150	20	45	0.086	19	-0.3	-1.7	ME	GI
11	1	2150	18	44	0.410	17	-0.4	1.3	ME	MA
14	4	2150	2	10	0.301	39	-3.9	1.0	VE	MA

GG	MM	AAAA	HH	MM	DIST°	ELONG°	MAG1	MAG2	PIANETI	
13	9	2150	9	42	0.246	2	-1.5	-3.9	ME	VE
13	11	2150	15	15	0.334	15	-3.9	5.7	VE	UR
21	6	2151	16	59	0.273	24	0.6	-4.0	ME	VE
14	12	2151	19	15	0.025	10	-0.7	5.7	ME	UR
28	1	2152	9	15	0.268	16	-0.8	-1.9	ME	GI
4	3	2152	15	4	0.092	14	-3.9	1.1	VE	MA
7	3	2152	4	49	0.432	14	-3.9	-1.9	VE	GI
9	3	2152	8	27	0.282	15	1.1	-1.9	MA	GI
1	9	2153	10	51	0.044	22	-3.9	0.5	VE	SA
15	11	2153	3	15	0.497	3	-1.0	-3.9	ME	VE
9	12	2153	8	52	0.082	3	-3.9	5.7	VE	UR
17	1	2154	13	31	0.285	12	-3.9	1.1	VE	MA
29	7	2154	3	18	0.124	18	-0.4	0.5	ME	SA
5	11	2154	15	8	0.266	67	1.2	0.4	MA	SA
11	2	2155	13	49	0.066	36	-3.9	8.0	VE	NE
5	5	2155	12	54	0.135	17	1.2	-3.9	ME	VE
17	6	2155	5	38	0.273	6	-3.9	-1.9	VE	GI
20	8	2155	9	7	0.156	12	-3.9	0.6	VE	SA
22	9	2155	7	29	0.115	16	-0.8	0.6	ME	SA
5	6	2156	7	57	0.121	4	-1.8	1.4	ME	MA
20	9	2156	2	54	0.233	4	-1.5	0.7	ME	SA
18	10	2156	22	36	0.500	28	-3.9	0.6	VE	SA
25	11	2156	13	2	0.473	62	1.3	0.6	MA	SA
3	1	2157	20	52	0.161	10	-3.9	5.8	VE	UR
8	1	2157	16	21	0.290	14	-0.5	5.8	ME	UR
10	12	2157	8	15	0.361	18	-0.5	-3.6	ME	VE
9	8	2158	9	48	0.250	10	-3.9	1.6	VE	MA
11	8	2158	13	51	0.073	10	-1.4	1.6	ME	MA
13	8	2158	4	31	0.406	9	-1.5	-3.9	ME	VE
2	9	2158	18	17	0.015	12	-0.8	-1.6	ME	GI
16	9	2158	21	8	0.358	1	-3.9	-1.6	VE	GI
11	11	2158	0	35	0.145	42	1.6	-1.7	MA	GI
3	12	2159	8	22	0.337	35	-3.9	0.8	VE	SA
29	1	2160	21	51	0.413	22	-3.9	5.8	VE	UR
29	3	2160	0	28	0.412	8	-1.2	-3.9	ME	VE
20	5	2160	14	7	0.144	6	3.3	-3.9	ME	VE
26	6	2160	7	2	0.138	16	-3.9	1.6	VE	MA
8	10	2160	19	34	0.498	18	-0.2	1.7	ME	MA
2	1	2161	3	19	0.026	15	0.1	8.0	ME	NE
28	1	2161	1	55	0.436	59	1.2	-1.8	MA	GI
7	4	2161	1	19	0.380	83	0.4	5.7	MA	UR
6	10	2161	2	9	0.447	13	-1.1	-3.9	ME	VE
12	7	2162	18	6	0.052	23	0.0	1.7	ME	MA
16	1	2163	10	54	0.196	3	-1.8	5.9	GI	UR
25	2	2163	9	30	0.246	33	-3.9	8.0	VE	NE
1	3	2163	15	4	0.258	32	-3.9	-1.9	VE	GI
20	3	2163	11	28	0.392	58	0.9	5.8	MA	UR
23	5	2163	16	29	0.121	12	-1.1	-3.9	ME	VE
15	9	2164	23	7	0.272	14	-0.6	1.6	ME	MA
8	11	2164	17	49	0.050	4	3.3	1.5	ME	MA
6	12	2164	1	47	0.241	16	-0.6	-3.9	ME	VE
29	1	2165	14	6	0.443	3	-3.9	5.9	VE	UR
6	3	2165	17	33	0.427	37	1.1	5.9	MA	UR

GG	MM	AAAA	HH	MM	DIST°	ELONG°	MAG1	MAG2	PIANETI	
19	3	2165	0	40	0.156	9	-3.9	-2.0	VE	GI
18	6	2165	11	5	0.241	60	0.7	-2.1	MA	GI
14	7	2166	9	27	0.374	16	-0.7	-3.9	ME	VE
30	10	2166	8	38	0.419	13	-3.9	1.4	VE	MA
23	2	2167	7	17	0.429	18	1.1	5.9	MA	UR
2	7	2167	5	3	0.041	13	-1.1	-1.8	ME	GI
13	2	2168	5	49	0.243	18	-3.9	0.9	VE	SA
24	2	2168	8	52	0.324	15	-3.9	5.9	VE	UR
20	9	2168	13	57	0.389	38	-3.9	1.3	VE	MA
10	12	2168	17	47	0.385	15	0.3	1.2	ME	MA
29	12	2168	6	40	0.223	43	-4.7	5.9	VE	UR
31	1	2169	22	26	0.300	3	1.1	0.9	MA	SA
11	2	2169	5	1	0.393	1	1.1	5.9	MA	UR
14	9	2169	5	30	0.347	18	-3.9	-1.6	VE	GI
28	1	2170	18	5	0.341	16	-3.9	0.8	VE	SA
15	2	2170	22	16	0.494	1	0.8	5.9	SA	UR
15	9	2170	11	32	0.214	5	-1.2	-1.6	ME	GI
20	11	2170	9	40	0.253	47	-4.4	-1.7	VE	GI
30	1	2171	22	38	0.318	19	1.0	5.9	MA	UR
5	2	2171	15	9	0.481	14	-1.0	5.9	ME	UR
11	3	2171	4	49	0.433	29	-3.8	8.0	VE	NE
20	3	2171	16	5	0.275	27	-3.8	5.9	VE	UR
28	3	2171	15	53	0.365	25	-3.8	0.8	VE	SA
31	3	2171	11	55	0.057	28	0.3	0.8	ME	SA
8	5	2171	21	28	0.264	3	-1.8	1.2	ME	MA
24	9	2171	1	26	0.439	22	-3.8	-1.6	VE	GI
6	11	2171	19	35	0.093	12	0.7	-1.6	ME	GI
10	3	2172	13	45	0.148	27	0.3	8.0	ME	NE
9	12	2172	13	45	0.124	14	-3.9	-1.6	VE	GI
17	1	2173	23	12	0.203	39	1.0	5.9	MA	UR
1	4	2173	9	10	0.327	7	-1.3	0.7	ME	SA
17	4	2173	9	37	0.354	17	-3.9	1.3	VE	MA
16	7	2173	1	39	0.002	7	-1.7	1.6	ME	MA
29	3	2174	10	57	0.143	41	-3.9	8.0	VE	NE
12	4	2174	22	3	0.278	38	-3.9	5.9	VE	UR
13	5	2174	2	32	0.498	31	-3.8	0.6	VE	SA
4	1	2175	1	46	0.047	60	0.8	5.9	MA	UR
18	9	2175	15	5	0.323	15	-0.9	1.7	ME	MA
19	1	2176	11	54	0.389	31	-2.0	8.0	GI	NE
28	2	2176	20	0	0.121	11	-1.3	5.9	ME	UR
12	3	2176	21	30	0.461	10	-3.9	-1.9	VE	GI
1	5	2176	15	27	0.279	48	-2.0	5.9	GI	UR
21	5	2176	15	27	0.458	16	-0.7	0.6	ME	SA
13	12	2176	8	7	0.057	89	0.0	5.8	MA	UR
3	5	2177	1	27	0.183	46	-4.2	5.9	VE	UR
29	6	2177	21	29	0.010	36	-3.8	0.5	VE	SA
5	2	2178	17	16	0.495	18	-0.6	8.0	ME	NE
23	2	2178	9	23	0.494	23	-3.9	5.9	VE	UR
25	3	2179	1	13	0.464	26	-3.8	8.0	VE	NE
22	6	2179	16	51	0.436	2	-3.9	-1.8	VE	GI
12	8	2179	1	3	0.079	12	-0.9	-3.9	ME	VE
20	8	2179	9	20	0.213	18	-0.3	1.7	ME	MA
27	8	2179	14	44	0.445	16	-3.9	1.7	VE	MA

GG	MM	AAAA	HH	MM	DIST°	ELONG°	MAG1	MAG2	PIANETI	
13	1	2180	17	4	0.415	45	-4.2	7.9	VE	NE
9	9	2180	7	36	0.462	35	-3.9	-1.8	VE	GI
23	3	2181	2	19	0.155	7	-1.6	5.9	ME	UR
18	6	2181	10	54	0.475	52	1.5	-1.8	MA	GI
21	7	2181	10	20	0.279	40	-3.9	1.6	VE	MA
25	7	2181	7	9	0.119	24	0.1	-1.7	ME	GI
29	10	2181	18	17	0.453	8	-0.8	1.5	ME	MA
28	1	2182	11	24	0.036	18	-0.3	1.2	ME	MA
9	4	2182	23	4	0.351	35	1.0	7.9	MA	NE
12	4	2182	23	32	0.180	37	-3.9	7.9	VE	NE
18	4	2182	10	36	0.039	36	-3.9	1.0	VE	MA
9	8	2182	8	32	0.405	8	-3.9	0.5	VE	SA
21	9	2182	10	12	0.262	4	-3.9	-1.6	VE	GI
28	9	2182	5	35	0.408	2	-1.4	-1.6	ME	GI
30	1	2183	11	11	0.377	35	-3.9	7.9	VE	NE
23	2	2183	1	19	0.069	12	-1.2	8.0	ME	NE
30	8	2183	1	22	0.289	13	-1.2	0.5	ME	SA
7	3	2184	1	34	0.224	11	-3.9	1.1	VE	MA
17	3	2184	16	54	0.454	9	-3.9	8.0	VE	NE
24	3	2184	5	2	0.068	15	1.1	8.0	MA	NE
8	5	2184	0	24	0.210	24	1.1	5.9	MA	UR
27	7	2184	18	9	0.111	26	-3.8	0.6	VE	SA
26	8	2184	20	40	0.290	2	-1.6	0.6	ME	SA
9	12	2184	14	23	0.305	11	-0.8	-1.6	ME	GI
28	4	2185	9	45	0.420	46	-4.2	7.9	VE	NE
26	9	2185	16	15	0.408	13	-3.9	0.6	VE	SA
10	1	2186	3	3	0.438	18	-0.7	1.1	ME	MA
19	1	2186	22	57	0.379	15	-3.9	1.0	VE	MA
18	2	2186	18	46	0.230	22	-3.9	8.0	VE	NE
8	3	2186	22	27	0.201	5	1.1	8.0	MA	NE
20	3	2186	10	35	0.299	29	-3.9	5.9	VE	UR
15	4	2186	11	18	0.367	5	-1.8	5.9	ME	UR
27	4	2186	5	7	0.069	6	1.2	5.9	MA	UR
10	1	2187	16	33	0.099	99	0.4	0.4	MA	SA
7	3	2187	9	13	0.017	29	-3.8	-1.9	VE	GI
7	4	2187	21	44	0.333	22	-3.8	8.0	VE	NE
10	4	2187	3	52	0.101	167	-1.4	0.3	MA	SA
24	1	2188	15	56	0.032	31	1.0	-2.0	MA	GI
21	2	2188	13	22	0.479	24	1.1	7.9	MA	NE
12	3	2188	22	3	0.012	5	-1.6	8.0	ME	NE
15	4	2188	21	40	0.340	12	1.2	5.9	MA	UR
10	5	2188	21	19	0.123	51	-2.1	7.9	GI	NE
18	6	2188	21	37	0.049	5	-1.8	1.4	ME	MA
24	2	2189	22	37	0.078	6	-1.4	-3.9	ME	VE
10	3	2189	23	13	0.113	9	-3.9	8.0	VE	NE
25	3	2189	0	28	0.046	12	-3.9	-2.0	VE	GI
14	4	2189	0	13	0.077	17	-3.9	5.9	VE	UR
27	4	2190	9	18	0.276	34	-3.8	7.9	VE	NE
16	5	2190	0	1	0.484	8	-1.5	5.9	ME	UR
17	6	2190	2	49	0.373	22	-3.8	-1.9	VE	GI
9	8	2190	20	43	0.154	7	-3.9	1.7	VE	MA
24	8	2190	8	3	0.164	12	-1.3	1.7	ME	MA
5	9	2190	5	30	0.295	1	-1.5	-3.9	ME	VE

GG	MM	AAAA	HH	MM	DIST°	ELONG°	MAG1	MAG2	PIANETI	
4	12	2190	6	32	0.056	19	-0.5	0.9	ME	SA
10	6	2191	17	28	0.239	23	0.5	-3.9	ME	VE
25	12	2191	7	49	0.454	28	-3.9	0.9	VE	SA
31	3	2192	10	28	0.050	5	-3.9	7.9	VE	NE
9	5	2192	7	8	0.136	6	-3.9	5.8	VE	UR
26	6	2192	23	28	0.219	19	-3.9	1.7	VE	MA
1	4	2193	5	16	0.020	3	-1.5	7.9	ME	NE
14	5	2193	13	58	0.242	44	-4.0	7.9	VE	NE
5	8	2193	19	18	0.223	18	-0.3	-1.6	ME	GI
19	9	2193	1	28	0.403	15	-3.9	-1.6	VE	GI
5	11	2193	13	36	0.381	3	-1.0	-3.9	ME	VE
25	7	2194	3	45	0.141	22	-0.1	1.7	ME	MA
1	10	2194	14	31	0.301	1	1.7	-1.6	MA	GI
21	1	2195	10	28	0.303	22	-0.1	0.9	ME	SA
4	2	2195	19	51	0.261	35	-3.9	0.9	VE	SA
21	4	2195	19	50	0.060	18	-3.9	7.9	VE	NE
4	6	2195	23	11	0.364	6	-3.9	5.8	VE	UR
8	6	2195	20	54	0.324	10	-1.4	5.8	ME	UR
6	11	2195	9	34	0.284	153	-2.0	5.6	MA	UR
30	9	2196	0	56	0.340	12	-0.6	1.6	ME	MA
14	12	2196	6	10	0.030	11	-3.9	-1.7	VE	GI
21	12	2196	12	2	0.246	17	-0.5	-1.7	ME	GI
1	6	2197	17	52	0.211	52	0.8	7.9	MA	NE
27	8	2197	11	20	0.490	74	0.5	5.7	MA	UR
20	4	2198	12	53	0.134	10	-1.1	7.9	ME	NE
11	5	2198	16	51	0.174	30	-3.8	7.9	VE	NE
5	8	2198	14	45	0.434	8	-1.6	-3.9	ME	VE
31	10	2198	10	7	0.338	15	-3.9	1.4	VE	MA
21	2	2199	5	21	0.486	14	1.1	-1.9	MA	GI
28	2	2199	18	1	0.060	16	1.1	0.9	MA	SA
10	3	2199	20	4	0.465	25	0.1	0.8	ME	SA
7	4	2199	23	7	0.417	50	-2.0	0.8	GI	SA
14	8	2199	7	55	0.042	53	1.1	5.7	MA	UR
6	3	2200	12	14	0.112	10	-3.9	0.8	VE	SA
19	3	2200	19	53	0.441	7	-3.9	-1.9	VE	GI
21	3	2200	21	33	0.471	7	-1.2	-3.9	ME	VE
15	4	2200	5	17	0.444	2	-3.9	7.9	VE	NE
2	7	2200	23	17	0.099	11	-1.4	5.7	ME	UR

CONGIUNZIONI MULTIPLE
3 PIANETI
MULTIPLE CONJUNCTIONS
3 PLANETS
2000-2100

```
GG MM AAAA : data nel formato giorno/mese/anno
HH MM : ore e minuti
DIST° : distanza minima in gradi tra i corpi
ELONG° : elongazione dal Sole dei corpi
MAG : magnitudine del corpo più debole
PIANETI : corpi coinvolti : MErcurio, VEnere, MArte, GIove,
                            SAturno, URano, NEttuno
```

Sono elencate tutte le congiunzioni in cui i corpi distano meno di 5°


```
GG MM AAAA : date in the format dd/mm/yyyy
HH MM : hours and minutes
DIST° : minima distance in ° between the bodies
ELONG° : elongation from the Sun of the bodies
MAG : magnitude of the less bright body
PIANETI : planets : MErcury, VEnus, MArs, GI (Jupiter),
                    SAturn, URanus, NEptune
```

All the conjunctions are listed if the bodies have distance less then 5°

	GG	MM	AAAA	HH	MM	DIST°	ELONG°	MAG	PIANETI		
	9	5	2000	7	22	2.386	0	0.5	ME	GI	SA
	18	5	2000	2	0	1.615	6	0.5	VE	GI	SA
	26	1	2002	8	17	4.400	2	8.0	ME	VE	NE
	7	5	2002	10	32	2.822	28	1.5	VE	MA	SA
	29	9	2004	5	34	1.039	5	1.7	ME	MA	GI
	26	6	2005	9	43	1.371	23	0.5	ME	VE	SA
	10	12	2006	16	42	1.022	15	1.4	ME	MA	GI
	8	3	2008	0	51	2.802	24	8.0	ME	VE	NE
	28	3	2008	1	48	1.699	18	5.9	ME	VE	UR
	15	8	2008	10	35	2.559	16	0.6	ME	VE	SA
	10	9	2008	8	56	3.569	25	1.5	ME	VE	MA
	10	9	2008	10	43	3.582	25	1.5	ME	VE	MA
	24	2	2009	6	7	3.666	21	1.1	ME	MA	GI
	5	3	2009	8	37	2.487	20	8.0	ME	MA	NE
	8	8	2010	2	6	4.714	46	1.3	VE	MA	SA
	21	2	2011	1	21	1.574	4	8.0	ME	MA	NE
	11	5	2011	17	3	2.056	26	0.3	ME	VE	GI
	21	5	2011	11	47	2.134	22	1.1	ME	VE	MA
	7	2	2013	0	46	1.672	14	8.0	ME	MA	NE
	28	3	2013	11	29	4.698	1	5.9	VE	MA	UR
	27	5	2013	10	53	2.378	16	-0.6	ME	VE	GI
	25	10	2015	21	38	3.646	43	1.6	VE	MA	GI
	25	2	2018	1	5	4.832	7	8.0	ME	VE	NE
	10	1	2021	20	16	2.295	12	0.9	ME	GI	SA
	13	2	2021	11	13	4.564	10	1.4	ME	VE	GI
	24	4	2021	4	13	1.803	6	5.9	ME	VE	UR
	22	3	2022	19	38	4.103	9	8.0	ME	GI	NE
	28	4	2022	19	14	3.031	41	7.9	VE	GI	NE
	14	4	2025	10	50	4.534	24	7.9	ME	SA	NE
	1	5	2025	20	58	4.017	41	7.9	VE	SA	NE
	7	3	2026	22	29	1.506	14	7.9	VE	SA	NE
	15	4	2026	18	20	4.689	19	7.9	MA	SA	NE
	17	4	2026	0	32	3.336	21	7.9	ME	MA	NE
	18	4	2026	14	39	4.928	21	7.9	ME	SA	NE
	20	4	2026	11	56	1.690	22	1.1	ME	MA	SA
	3	6	2028	9	32	3.280	3	5.8	ME	VE	UR
	3	6	2028	9	36	3.278	3	5.8	ME	VE	UR
	25	6	2028	0	32	3.739	22	5.8	ME	MA	UR
	27	3	2029	18	50	0.348	2	7.9	ME	VE	NE
	18	6	2030	4	37	1.714	6	5.7	ME	MA	UR
	2	6	2032	8	2	2.854	11	1.5	ME	MA	SA
	2	6	2032	23	23	3.009	12	5.7	ME	SA	UR
	3	6	2032	4	4	2.394	11	5.7	ME	MA	UR
	5	6	2032	20	40	2.043	9	5.7	MA	SA	UR
	13	6	2032	23	57	1.577	3	5.7	VE	SA	UR
	14	6	2032	7	24	4.654	3	5.7	VE	MA	UR
	9	4	2035	7	58	3.197	3	7.9	ME	GI	NE
	12	7	2035	7	3	0.789	8	5.7	ME	VE	UR
(1)	22	7	2036	15	28	1.290	19	1.7	ME	MA	SA
	11	4	2037	23	37	4.502	4	7.9	ME	VE	NE
	16	5	2038	11	36	4.017	55	5.6	MA	GI	UR
	25	8	2038	7	12	3.850	14	-0.4	ME	VE	GI
	25	8	2038	8	6	3.821	14	-0.4	ME	VE	GI

	GG	MM	AAAA	HH	MM	DIST°	ELONG°	MAG	PIANETI		
	6	9	2040	19	40	4.065	27	1.5	VE	MA	SA
	9	9	2040	22	23	4.960	19	0.7	ME	GI	SA
	31	10	2040	6	31	4.080	17	0.7	ME	GI	SA
	3	11	2041	18	58	2.358	12	0.8	ME	VE	SA
	22	5	2043	14	18	1.775	19	7.9	VE	MA	NE
(2)	18	12	2044	15	6	1.321	22	0.9	ME	VE	SA
	27	5	2048	15	29	1.634	0	5.9	ME	VE	GI
	12	8	2048	0	4	0.872	20	5.5	ME	VE	UR
	27	9	2049	23	41	0.481	18	5.5	ME	MA	UR
	2	10	2049	11	18	2.353	20	5.5	VE	MA	UR
	30	8	2051	10	11	3.648	4	1.7	VE	MA	GI
	15	9	2051	4	56	3.012	2	1.7	ME	MA	GI
	18	9	2051	19	10	2.870	1	5.5	ME	MA	UR
	11	5	2053	18	58	4.661	10	7.9	ME	VE	NE
	24	11	2053	19	36	0.987	13	1.5	ME	MA	GI
	8	10	2054	20	54	4.217	2	5.6	ME	VE	UR
	8	2	2056	8	6	3.555	19	1.1	ME	MA	GI
	9	2	2056	20	32	4.579	22	-0.1	ME	VE	GI
	27	2	2058	19	14	1.820	15	-0.9	ME	VE	GI
	10	5	2060	8	26	3.771	14	0.5	ME	GI	SA
	12	5	2060	1	23	4.861	16	-0.6	ME	VE	GI
	30	6	2060	5	41	1.700	20	7.9	MA	GI	NE
	19	5	2061	10	49	4.381	15	1.3	ME	VE	SA
	21	5	2061	21	53	2.165	17	7.9	VE	SA	NE
	3	7	2061	19	48	2.456	19	7.9	ME	SA	NE
	3	7	2062	6	15	2.263	6	1.5	ME	MA	SA
	4	11	2062	17	56	2.290	4	5.6	ME	VE	UR
	11	6	2064	3	11	2.638	5	8.0	ME	VE	NE
	14	6	2064	15	41	4.892	6	1.6	ME	VE	MA
	16	5	2066	22	51	2.859	33	7.9	VE	MA	NE
	21	8	2066	0	29	0.628	2	1.7	ME	MA	SA
	14	1	2067	17	9	4.310	45	5.7	VE	MA	UR
	1	12	2070	1	11	0.614	13	5.7	ME	VE	UR
	5	1	2071	7	12	3.795	16	5.7	ME	MA	UR
	10	10	2072	12	14	4.859	23	1.4	ME	MA	SA
	27	12	2072	1	45	4.405	1	5.8	ME	MA	UR
	27	11	2073	21	52	2.126	6	0.9	ME	VE	SA
	17	12	2074	10	58	4.596	14	5.8	ME	MA	UR
	26	5	2075	16	3	3.090	17	1.2	ME	VE	MA
	7	8	2078	15	49	3.439	16	8.0	ME	VE	NE
	26	12	2078	1	8	3.654	18	5.8	VE	SA	UR
	15	1	2079	12	26	2.452	0	5.9	ME	SA	UR
	8	8	2079	7	41	4.525	10	8.0	ME	MA	NE
	10	1	2080	1	38	3.830	7	5.9	ME	GI	UR
	12	1	2080	3	15	3.624	9	5.9	ME	SA	UR
	16	2	2080	11	4	2.746	22	5.9	VE	GI	UR
	19	2	2080	15	8	2.656	22	0.9	VE	GI	SA
	10	11	2080	9	19	4.193	81	0.7	MA	GI	SA
	23	7	2081	12	15	3.185	4	8.0	ME	MA	NE
	8	10	2081	15	40	1.692	17	1.7	ME	VE	MA
	1	6	2083	15	44	3.250	15	-0.4	ME	VE	GI
	9	7	2083	21	10	2.604	21	8.0	ME	MA	NE
	15	6	2085	0	51	1.512	24	0.3	ME	VE	GI

GG	MM	AAAA	HH	MM	DIST°	ELONG°	MAG	PIANETI		
2	4	2086	1	30	1.380	44	5.9	VE	MA	UR
1	3	2088	11	21	1.924	20	1.1	ME	VE	MA
10	3	2088	21	22	1.624	16	5.9	ME	VE	UR
26	7	2088	14	36	4.462	15	8.0	ME	VE	NE
24	2	2092	3	10	3.897	13	5.9	ME	MA	UR
28	6	2096	11	13	2.599	9	1.6	ME	VE	MA
30	7	2096	13	5	3.211	26	8.0	ME	SA	NE
5	8	2096	14	7	2.081	21	8.0	VE	SA	NE
16	9	2096	20	3	0.648	16	8.0	ME	MA	NE
17	9	2096	10	7	2.064	15	8.0	ME	SA	NE
17	9	2096	22	51	1.416	15	1.7	ME	MA	SA
18	9	2096	5	34	2.130	16	8.0	MA	SA	NE
3	9	2098	13	15	0.845	1	8.0	ME	MA	NE
27	8	2099	13	40	0.515	10	8.0	ME	VE	NE
5	9	2099	20	48	4.483	12	-0.4	ME	VE	GI

(1)(2) Raggruppamenti molto stretti tra 3 pianeti

(1)(2) Very close groupings between 3 planets

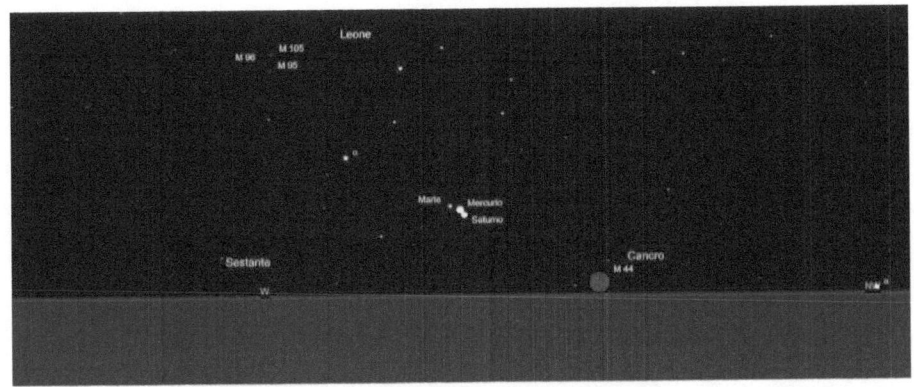

(1) Mercurio, Marte e Saturno   (C) Skychart

(1) Mercury, Mars and Saturn

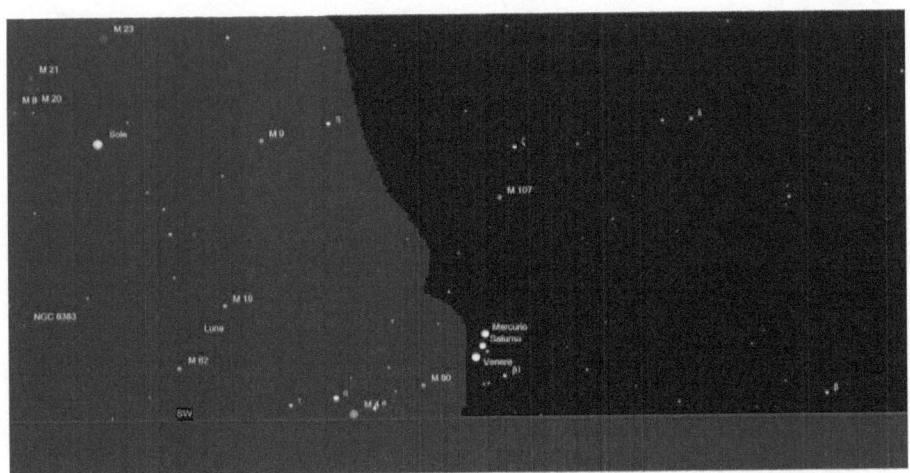

(2) Mercurio, Venere e Saturno   (C) Skychart

(2) Mercury, Venus and Saturn

CONGIUNZIONI MULTIPLE
3 PIANETI
MULTIPLE CONJUNCTIONS
3 PLANETS
2100-5000

```
GG MM AAAA : data nel formato giorno/mese/anno
HH MM : ore e minuti
DIST° : distanza minima in gradi tra i corpi
ELONG° : elongazione dal Sole dei corpi
MAG : magnitudine del corpo più debole
PIANETI : corpi coinvolti : MErcurio, VEnere, MArte, GIove,
                            SAturno, URano, NEttuno
```

Sono elencate tutte le congiunzioni in cui i corpi distano meno di 1°

```
GG MM AAAA : date in the format dd/mm/yyyy
HH MM : hours and minutes
DIST° : minima distance in ° between the bodies
ELONG° : elongation from the Sun of the bodies
MAG : magnitude of the less bright body
PIANETI : planets : MErcury, VEnus, MArs, GI (Jupiter),
                    SAturn, URanus, NEptune
```

All the conjunctions are listed if the bodies have distance less then 1°

GG	MM	AAAA	HH	MM	DIST°	ELONG°	MAG	PIANETI		
9	9	2122	16	3	0.932	48	5.6	MA	SA	UR
14	12	2196	6	22	0.856	11	1.4	VE	MA	GI
9	3	2201	14	18	0.988	2	1.1	ME	MA	SA
28	7	2203	12	6	0.798	20	5.7	MA	GI	UR
24	9	2217	13	51	0.681	12	5.5	VE	GI	UR
6	6	2235	18	42	0.810	3	1.4	ME	VE	MA
6	4	2272	12	18	0.534	3	-1.8	ME	VE	GI
8	11	2284	0	43	0.866	14	8.0	ME	VE	NE
10	7	2286	17	19	0.436	8	5.7	VE	GI	UR
5	12	2301	10	30	0.859	44	1.5	VE	MA	GI
8	1	2312	9	8	0.921	16	8.0	VE	SA	NE
9	2	2342	14	58	0.646	15	8.0	ME	GI	NE
6	4	2342	15	45	0.936	28	5.9	VE	GI	UR
3	2	2346	7	50	0.924	30	8.0	VE	MA	NE
23	5	2361	22	36	0.514	1	5.8	ME	MA	UR
26	10	2364	0	13	0.847	11	0.7	ME	VE	SA
23	8	2382	4	0	0.936	6	5.6	ME	MA	UR
22	2	2406	10	16	0.938	1	1.1	ME	MA	SA
19	3	2422	20	32	0.930	27	5.9	ME	VE	UR
2	5	2438	5	30	0.609	16	1.4	ME	VE	GI
27	7	2457	19	58	0.620	9	5.6	VE	MA	UR
3	3	2502	16	28	0.687	25	5.9	ME	VE	UR
4	3	2508	11	14	0.756	3	8.0	GI	UR	NE
17	4	2508	9	41	0.559	45	7.9	VE	UR	NE
6	2	2509	17	17	0.789	25	8.0	VE	UR	NE
18	2	2521	6	31	0.966	39	7.9	MA	GI	NE
30	7	2521	22	55	0.963	4	1.6	ME	VE	MA
3	10	2557	1	23	0.920	1	5.5	ME	MA	UR
14	1	2577	10	3	0.754	21	0.9	ME	GI	SA
14	2	2582	2	25	0.785	23	5.8	ME	VE	UR
17	2	2591	19	1	0.926	8	5.9	ME	GI	UR
21	8	2638	11	9	0.629	28	5.5	VE	MA	UR
7	3	2641	7	57	0.997	15	1.1	ME	MA	SA
19	9	2655	11	35	0.820	18	0.6	ME	VE	SA
8	12	2655	16	5	0.980	2	5.7	VE	MA	UR
28	3	2671	10	7	0.852	27	8.0	ME	SA	NE
4	4	2671	8	10	0.866	34	8.0	MA	SA	NE
3	3	2675	1	33	0.655	6	8.0	VE	MA	NE
8	1	2681	6	13	0.656	71	7.9	MA	UR	NE
19	3	2681	22	39	0.896	2	8.0	ME	UR	NE
25	8	2684	9	7	0.630	3	0.5	ME	VE	SA
3	8	2713	2	13	0.522	11	1.7	VE	MA	SA
19	9	2716	23	1	0.775	6	0.6	ME	VE	SA
26	11	2728	16	54	0.633	33	5.5	MA	GI	UR
14	11	2732	15	27	0.659	3	5.6	ME	MA	UR
13	1	2752	1	40	0.935	18	5.9	ME	VE	UR
19	9	2762	22	41	0.634	5	8.0	ME	MA	NE
28	3	2766	1	48	0.826	1	5.9	ME	VE	UR
25	10	2805	14	21	0.985	33	5.5	VE	MA	UR
29	10	2810	9	37	0.877	14	5.5	ME	VE	UR
11	3	2846	5	42	0.928	2	5.9	ME	VE	UR
29	4	2852	15	50	0.941	22	7.9	VE	UR	NE
17	7	2884	19	27	0.775	1	1.6	ME	VE	MA

GG	MM	AAAA	HH	MM	DIST°	ELONG°	MAG	PIANETI		
5	9	2888	7	32	0.965	8	5.5	ME	MA	UR
27	4	2889	23	26	0.389	1	-1.7	ME	VE	GI
3	11	2930	3	13	0.573	4	-1.2	ME	VE	GI
20	3	2937	2	48	0.811	8	0.8	ME	VE	SA
16	11	2941	21	21	0.732	19	8.0	ME	VE	NE
27	1	2945	5	10	0.567	20	-0.2	ME	VE	GI
20	9	2999	20	13	0.652	8	1.7	ME	VE	MA
31	3	3004	6	3	0.576	19	8.0	VE	MA	NE
20	6	3046	1	30	0.919	37	5.6	MA	GI	UR
14	5	3066	21	6	0.803	37	1.0	VE	MA	GI
30	3	3102	7	35	0.693	8	1.1	ME	MA	GI
30	4	3103	23	54	0.909	22	5.9	ME	VE	UR
23	12	3104	23	21	0.861	16	0.9	ME	VE	SA
14	3	3149	2	23	0.350	9	1.1	ME	MA	GI
7	3	3169	8	55	0.790	7	8.0	ME	VE	NE
23	6	3175	15	20	0.907	3	-1.9	ME	VE	GI
26	2	3196	18	13	0.763	9	1.0	ME	MA	GI
27	4	3212	13	58	0.686	80	5.6	GI	SA	UR
6	7	3247	12	56	0.828	6	1.5	ME	VE	MA
19	5	3354	7	48	0.770	17	7.9	ME	VE	NE
9	9	3362	2	45	0.599	14	1.7	ME	VE	MA
27	5	3364	23	29	0.841	4	7.9	ME	GI	NE
26	1	3369	8	19	0.946	12	1.1	ME	VE	MA
19	10	3424	3	8	0.575	9	8.0	ME	VE	NE
25	1	3431	12	43	0.781	21	0.9	VE	GI	SA
19	3	3431	14	44	0.736	8	5.9	VE	MA	UR
9	8	3450	0	59	0.536	22	0.5	ME	GI	SA
18	8	3450	11	53	0.820	14	0.5	VE	GI	SA
2	9	3474	10	47	0.724	10	5.6	ME	GI	UR
8	3	3482	14	19	0.763	25	8.0	ME	VE	NE
16	11	3488	1	16	0.761	3	5.6	VE	GI	UR
21	5	3506	7	1	0.167	6	-1.6	ME	VE	GI
28	2	3522	16	44	0.617	24	0.9	ME	VE	SA
16	6	3530	16	54	0.991	17	7.9	ME	GI	NE
1	9	3533	0	33	0.932	5	-1.5	ME	VE	GI
11	6	3538	4	40	0.770	2	5.8	ME	VE	UR
24	11	3547	15	10	0.298	9	-1.1	ME	VE	GI
6	2	3550	0	50	0.716	19	0.9	ME	GI	SA
16	2	3562	21	17	0.875	24	-0.0	ME	VE	GI
17	7	3567	8	32	0.896	32	1.6	VE	MA	SA
9	10	3595	20	32	0.391	17	1.7	ME	VE	MA
19	6	3626	13	10	0.896	11	5.8	VE	GI	UR
11	8	3632	4	38	0.608	12	5.7	ME	VE	UR
11	9	3645	10	55	0.621	17	5.5	ME	VE	UR
4	3	3669	22	52	0.500	30	0.9	VE	GI	SA
5	7	3680	19	38	0.735	18	0.5	ME	VE	SA
20	9	3715	21	29	0.600	13	0.5	ME	VE	SA
13	9	3723	4	32	0.824	3	1.7	ME	MA	GI
15	10	3747	10	41	0.933	4	0.6	ME	VE	SA
29	5	3749	23	9	0.811	4	1.2	ME	VE	MA
2	8	3759	10	40	0.729	44	1.6	VE	MA	GI
1	3	3762	8	15	0.549	6	5.9	VE	MA	UR
14	7	3792	1	14	0.621	7	-1.7	ME	VE	GI

GG	MM	AAAA	HH	MM	DIST°	ELONG°	MAG	PIANETI		
26	9	3862	18	33	0.440	19	1.6	VE	MA	SA
9	10	3866	16	22	0.904	1	1.7	ME	MA	GI
27	7	3875	2	52	0.907	16	7.9	VE	GI	NE
15	4	3907	10	48	0.719	39	0.8	VE	GI	SA
10	6	3909	4	50	0.539	10	2.0	ME	VE	MA
7	9	3917	15	49	0.921	34	8.0	VE	MA	NE
30	9	3958	0	40	0.499	11	1.7	ME	VE	MA
20	11	3962	13	9	0.892	5	1.6	ME	MA	GI
17	2	3967	6	52	0.704	24	0.8	VE	GI	SA
4	9	3973	1	33	0.740	7	5.6	ME	MA	UR
4	5	3998	6	23	0.942	27	8.0	ME	SA	NE
8	5	4000	23	7	0.839	9	0.7	ME	VE	SA
31	8	4008	10	0	0.980	22	-0.1	ME	VE	GI
19	8	4041	2	43	0.792	34	7.9	VE	GI	NE
10	8	4054	12	18	0.992	2	8.0	GI	UR	NE
27	12	4062	19	2	0.539	19	1.2	ME	VE	MA
29	5	4075	3	22	0.879	17	1.2	ME	VE	GI
16	12	4105	23	13	0.812	9	8.0	ME	GI	NE
16	5	4112	16	22	0.831	1	1.1	ME	VE	MA
3	4	4114	2	27	0.893	26	5.9	VE	MA	UR
11	6	4123	5	20	0.283	10	-1.2	ME	VE	GI
18	3	4157	2	15	0.849	8	8.0	VE	GI	NE
13	12	4164	11	31	0.648	14	-0.9	ME	VE	GI
19	1	4170	22	37	0.487	11	5.7	ME	MA	UR
14	9	4225	20	40	0.939	14	8.0	VE	UR	NE
20	7	4226	9	34	0.896	40	8.0	VE	UR	NE
5	10	4246	5	46	0.550	12	8.0	VE	MA	NE
6	8	4259	15	26	0.825	14	1.6	ME	VE	MA
5	4	4291	22	49	0.966	15	0.8	ME	VE	SA
8	6	4291	10	9	0.291	2	6.1	ME	VE	UR
2	8	4304	5	27	0.893	34	0.5	VE	GI	SA
9	8	4304	7	42	0.850	2	5.7	ME	MA	UR
2	3	4317	7	42	0.973	17	8.0	VE	MA	NE
18	9	4321	14	22	0.545	6	1.7	ME	VE	MA
13	4	4323	3	37	0.930	10	8.0	VE	GI	NE
8	3	4347	4	10	0.814	17	5.8	VE	SA	UR
19	4	4347	17	36	0.927	6	1.0	VE	MA	GI
27	4	4363	11	27	0.921	4	5.9	ME	VE	UR
2	10	4396	4	35	0.820	15	8.0	VE	UR	NE
3	11	4396	3	50	0.935	45	8.0	MA	UR	NE
23	8	4397	9	17	0.948	24	8.0	ME	UR	NE
21	2	4404	1	9	0.664	23	0.9	ME	GI	SA
7	10	4406	21	40	0.681	24	5.6	VE	MA	UR
4	8	4409	23	52	0.291	12	-1.3	ME	VE	GI
12	12	4427	6	11	0.968	16	8.0	ME	SA	NE
31	1	4451	21	28	0.814	18	8.0	VE	GI	NE
25	6	4467	15	53	0.811	19	5.8	ME	VE	UR
1	9	4481	6	48	0.908	13	1.7	ME	MA	SA
5	5	4489	13	34	0.841	28	8.0	VE	GI	NE
2	4	4490	4	15	0.577	5	8.0	ME	MA	NE
19	5	4497	6	31	0.630	25	7.9	ME	VE	NE
2	10	4511	9	26	0.714	6	1.7	ME	MA	SA
17	9	4565	21	4	0.919	3	5.6	ME	GI	UR

GG	MM	AAAA	HH	MM	DIST°	ELONG°	MAG	PIANETI		
20	10	4567	13	26	0.663	16	8.0	VE	UR	NE
16	6	4568	12	33	0.277	103	7.9	MA	UR	NE
15	4	4585	22	38	0.422	27	0.8	ME	VE	SA
24	2	4617	9	42	0.956	36	8.0	VE	GI	NE
26	7	4622	18	9	0.850	20	1.6	ME	VE	MA
21	9	4625	18	5	0.863	18	-0.4	ME	VE	GI
14	7	4635	16	8	0.951	4	5.8	ME	MA	UR
31	3	4646	1	5	0.862	8	8.0	VE	MA	NE
27	5	4655	12	12	0.375	44	7.9	VE	GI	NE
9	2	4672	19	14	0.762	19	0.9	ME	VE	SA
27	9	4695	13	46	0.928	13	-1.0	ME	VE	GI
8	9	4716	14	8	0.285	2	1.7	VE	MA	SA
7	11	4738	16	42	0.821	18	5.6	ME	VE	UR
7	11	4738	18	35	0.655	18	8.0	ME	UR	NE
7	11	4738	19	56	0.829	18	8.0	VE	UR	NE
7	11	4738	22	16	0.472	18	8.0	ME	VE	NE
29	8	4739	23	57	0.747	50	8.0	MA	UR	NE
2	7	4740	10	59	0.600	15	-0.9	ME	VE	GI
20	11	4744	5	14	0.974	17	8.0	ME	GI	NE
2	12	4750	21	9	0.815	16	8.0	ME	SA	NE
3	4	4770	21	6	0.677	26	5.9	ME	MA	UR
9	4	4774	19	33	0.649	4	1.0	VE	MA	GI
10	11	4799	23	0	0.698	6	1.7	ME	VE	MA
1	3	4809	2	34	0.895	18	8.0	ME	GI	NE
8	8	4812	23	55	0.769	20	5.6	ME	MA	UR
2	8	4814	10	49	0.941	35	5.6	VE	MA	UR
2	3	4817	5	19	0.935	21	1.3	VE	MA	SA
8	2	4846	2	31	0.840	5	5.8	VE	SA	UR
5	3	4849	5	38	0.835	18	5.8	VE	MA	UR
6	4	4849	8	25	0.793	26	1.1	ME	MA	SA
13	8	4885	2	23	0.978	26	8.0	ME	GI	NE
25	11	4909	1	34	0.972	19	8.0	VE	UR	NE
6	2	4945	1	38	0.905	17	8.0	ME	VE	NE
13	10	4979	8	5	0.796	41	5.6	MA	GI	UR
6	10	4981	8	39	0.746	26	5.6	VE	MA	UR
18	9	4987	7	1	0.167	17	5.6	ME	MA	UR

CONGIUNZIONI MULTIPLE
4 PIANETI
MULTIPLE CONJUNCTIONS
4 PLANETS
2000-2100

```
GG MM AAAA : data nel formato giorno/mese/anno
HH MM : ore e minuti
DIST° : distanza minima in gradi tra i corpi
ELONG° : elongazione dal Sole dei corpi
MAG : magnitudine del corpo più debole
PIANETI : corpi coinvolti : MErcurio, VEnere, MArte, GIove,
                            SAturno, URano, NEttuno
```

Sono elencate tutte le congiunzioni in cui i corpi distano meno
di 5°


```
GG MM AAAA : date in the format dd/mm/yyyy
HH MM : hours and minutes
DIST° : minima distance in ° between the bodies
ELONG° : elongation from the Sun of the bodies
MAG : magnitude of the less bright body
PIANETI : planets : MErcury, VEnus, MArs, GI (Jupiter),
                    SAturn, URanus, NEptune
```

All the conjunctions are listed if the bodies have distance less
then 5°

	GG	MM	AAAA	HH	MM	DIST°	ELONG°	MAG	PIANETI
(1)	18	4	2026	9	55	4.911	21	7.9	ME MA SA NE
(2)	2	6	2032	22	50	2.995	11	5.7	ME MA SA UR
	17	9	2096	10	30	2.065	15	8.0	ME MA SA NE

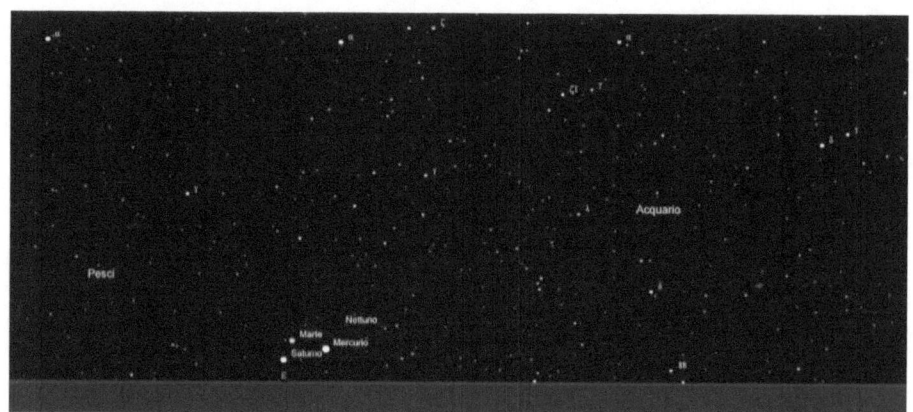

(1) Mercurio, Marte, Saturno e Nettuno   (C) Skychart

(1) Mercury, Mars, Saturn and Neptune

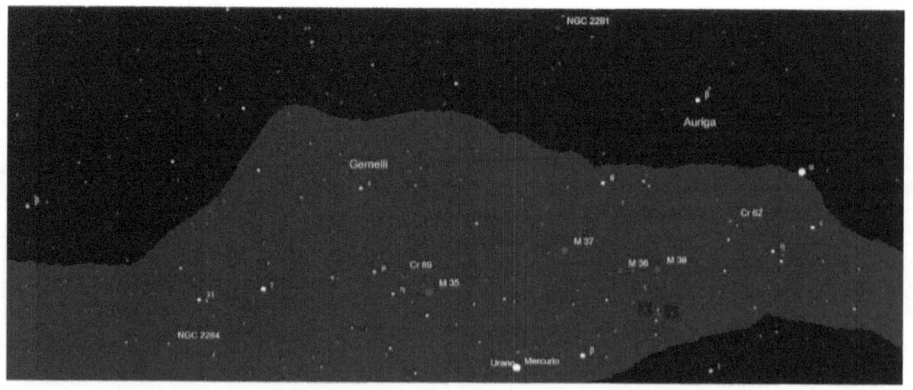

(2) Mercurio, Marte, Saturno e Urano   (C) Skychart

(2) Mercury, Mars, Saturn and Uranus

CONGIUNZIONI MULTIPLE
4 PIANETI
MULTIPLE CONJUNCTIONS
4 PLANETS
2100-10000

GG MM AAAA : data nel formato giorno/mese/anno
HH MM : ore e minuti
DIST° : distanza minima in gradi tra i corpi
ELONG° : elongazione dal Sole dei corpi
MAG : magnitudine del corpo più debole
PIANETI : corpi coinvolti : MErcurio, VEnere, MArte, GIove,
          SAturno, URano, NEttuno

Sono elencate tutte le congiunzioni in cui i corpi distano meno di 3°

GG MM AAAA : date in the format dd/mm/yyyy
HH MM : hours and minutes
DIST° : minima distance in ° between the bodies
ELONG° : elongation from the Sun of the bodies
MAG : magnitude of the less bright body
PIANETI : planets : MErcury, VEnus, MArs, GI (Jupiter),
          SAturn, URanus, NEptune

All the conjunctions are listed if the bodies have distance less then 3°

GG	MM	AAAA	HH	MM	DIST°	ELONG°	MAG	PIANETI			
3	5	2201	9	30	2.961	12	7.9	ME	MA	GI	NE
5	4	2342	23	9	1.699	27	5.9	ME	VE	GI	UR
3	2	2378	0	31	2.870	32	1.0	VE	MA	GI	SA
17	9	2563	7	4	2.731	44	5.6	VE	MA	GI	UR
5	12	2623	3	0	2.168	0	6.0	ME	VE	MA	GI
17	11	2730	13	56	2.452	15	5.6	ME	VE	MA	UR
13	11	2777	21	59	1.991	16	8.0	ME	MA	SA	NE
26	9	2894	7	34	2.266	15	5.5	ME	GI	SA	UR
31	1	2994	19	12	1.585	16	8.0	ME	GI	SA	NE
17	6	3046	15	5	1.768	38	5.6	VE	MA	GI	UR
26	5	3196	4	48	2.350	9	7.9	ME	MA	UR	NE
10	5	3198	19	30	2.905	8	7.9	MA	GI	UR	NE
11	5	3198	13	4	2.451	7	7.9	ME	MA	GI	NE
11	5	3198	20	53	2.923	7	7.9	ME	MA	GI	UR
11	5	3198	21	5	2.923	7	7.9	ME	MA	UR	NE
11	5	3198	21	17	2.923	7	7.9	ME	GI	UR	NE
12	5	3198	7	16	1.673	8	5.9	ME	MA	GI	UR
25	1	3431	18	11	2.312	21	0.9	ME	VE	GI	SA
31	8	3533	10	30	2.862	3	1.7	ME	VE	MA	GI
23	10	3571	19	41	2.689	22	5.6	ME	MA	GI	UR
5	1	3668	10	12	2.166	11	1.2	ME	VE	MA	SA
4	6	3711	1	4	2.980	29	7.9	VE	SA	UR	NE
31	7	3711	23	28	2.875	19	7.9	ME	SA	UR	NE
25	3	3765	22	23	2.837	16	5.9	ME	VE	GI	UR
27	7	3875	13	23	2.669	16	7.9	VE	MA	GI	NE
16	8	3896	23	36	1.790	9	8.0	ME	VE	MA	NE
2	3	3965	6	31	1.998	15	1.3	ME	VE	MA	GI
10	8	4054	17	52	1.964	2	8.0	ME	GI	UR	NE
8	4	4178	20	19	2.599	32	7.9	VE	MA	SA	NE
14	9	4225	16	15	1.413	13	8.0	VE	MA	UR	NE
7	1	4285	14	53	2.168	1	8.0	VE	GI	SA	NE
24	8	4300	4	20	1.442	32	5.7	VE	MA	SA	UR
1	1	4499	22	59	2.778	19	5.6	ME	VE	MA	UR
27	3	4614	19	22	2.690	11	1.1	ME	VE	MA	SA
7	11	4738	19	29	0.826	18	8.0	ME	VE	UR	NE
18	1	4819	0	20	2.638	4	1.9	ME	VE	MA	GI
10	9	5098	18	40	0.979	6	0.5	ME	VE	GI	SA
20	2	5105	1	50	2.073	13	5.9	ME	MA	GI	UR
2	6	5118	13	39	2.900	31	5.9	MA	GI	SA	UR
30	10	5162	3	53	0.947	12	5.6	ME	VE	MA	UR
30	10	5162	11	25	2.285	12	5.6	ME	MA	SA	UR
30	10	5162	15	33	2.248	12	5.6	ME	VE	MA	SA
30	10	5162	15	53	2.249	12	5.6	ME	VE	SA	UR
30	10	5162	23	58	2.134	12	1.7	ME	VE	MA	SA
31	10	5162	4	55	2.272	11	5.6	VE	MA	SA	UR
11	10	5242	5	0	1.789	12	5.6	ME	VE	GI	UR
12	11	5396	19	48	2.580	14	8.0	ME	GI	SA	NE
4	12	5427	14	47	2.501	16	1.7	ME	VE	MA	SA
23	8	5570	5	23	2.702	22	5.6	VE	MA	SA	UR
2	6	5648	23	49	1.461	27	7.9	ME	VE	SA	NE
30	8	5690	20	54	2.038	20	7.9	ME	MA	GI	NE
23	1	5874	3	14	2.944	5	1.5	VE	MA	GI	SA
23	1	5874	20	56	2.653	7	1.5	ME	VE	MA	SA

GG	MM	AAAA	HH	MM	DIST°	ELONG°	MAG	PIANETI			
25	1	5874	21	5	2.020	6	1.5	ME	VE	MA	GI
12	1	5921	4	34	2.236	5	8.0	ME	MA	GI	NE
9	3	5936	15	6	1.698	28	8.0	VE	MA	UR	NE
24	5	5971	14	54	2.531	25	8.0	ME	VE	SA	NE
23	4	6151	9	8	2.903	37	7.9	MA	GI	SA	NE
17	3	6280	23	14	2.224	1	8.0	ME	VE	UR	NE
25	5	6414	21	8	2.323	10	1.0	ME	VE	MA	SA
10	7	6478	17	27	2.741	5	5.8	ME	VE	SA	UR
28	4	6617	0	33	2.898	21	8.0	ME	VE	MA	NE
9	6	6638	13	19	2.397	8	5.9	ME	VE	MA	UR
7	1	6728	1	42	2.442	14	1.5	VE	MA	GI	SA
9	8	6732	3	32	2.429	6	5.8	ME	VE	MA	UR
22	11	6749	1	57	2.882	29	5.6	VE	MA	SA	UR
19	5	6796	17	53	2.596	8	8.0	ME	SA	UR	NE
30	5	6796	9	41	2.807	18	8.0	VE	SA	UR	NE
28	7	6832	7	50	2.992	2	7.9	ME	VE	SA	NE
29	5	6967	0	49	2.661	3	8.0	ME	MA	UR	NE
14	5	6969	9	16	1.697	14	7.9	ME	MA	GI	NE
21	5	6969	10	9	2.540	10	5.9	VE	MA	GI	UR
29	6	6975	14	0	1.408	16	7.9	ME	VE	SA	NE
16	8	6994	20	47	2.502	19	7.9	ME	VE	GI	NE
14	6	7298	12	4	2.737	11	7.9	ME	MA	SA	NE
16	6	7298	12	52	2.240	14	7.9	ME	VE	SA	NE
19	2	7409	2	49	1.249	21	1.2	ME	VE	MA	SA
8	1	7431	22	57	2.865	24	5.5	VE	MA	SA	UR
31	12	7521	6	6	2.722	13	5.6	ME	GI	SA	UR
21	12	7581	13	0	2.849	35	1.4	VE	MA	GI	SA
6	5	7621	17	58	2.156	15	8.0	ME	GI	SA	NE
6	7	7800	6	40	1.177	10	7.9	ME	VE	SA	NE
18	7	7825	7	53	2.787	31	7.9	MA	GI	UR	NE
6	11	7838	9	3	1.940	16	5.6	ME	MA	SA	UR
4	4	7907	22	26	2.810	39	8.0	VE	MA	SA	NE
31	5	8152	15	11	1.843	8	1.0	ME	VE	MA	SA
12	9	8156	2	59	2.705	37	5.8	VE	GI	SA	UR
11	10	8169	5	12	1.624	11	8.0	ME	VE	MA	NE
11	10	8169	8	12	1.432	11	8.0	ME	MA	UR	NE
11	10	8169	11	56	1.469	11	8.0	ME	VE	MA	UR
11	10	8169	12	6	1.461	11	5.7	ME	VE	MA	UR
11	10	8169	12	24	1.446	11	8.0	ME	VE	UR	NE
12	10	8169	11	51	1.309	12	8.0	VE	MA	UR	NE
23	2	8400	11	22	2.196	2	8.0	ME	VE	MA	NE
22	5	8475	0	35	2.954	8	5.9	ME	VE	SA	UR
23	5	8475	14	48	2.994	9	0.8	ME	VE	GI	SA
16	9	8895	0	6	1.122	2	1.3	ME	VE	MA	SA
16	2	8923	9	50	2.012	21	1.4	ME	VE	MA	GI
9	10	8927	21	35	2.712	6	5.7	ME	VE	SA	UR
3	8	9070	20	10	2.732	17	1.2	ME	MA	GI	SA

CONGIUNZIONI MULTIPLE
5 PIANETI
MULTIPLE CONJUNCTIONS
5 PLANETS
1900-10000

GG MM AAAA : data nel formato giorno/mese/anno
HH MM : ore e minuti
DIST° : distanza minima in gradi tra i corpi
ELONG° : elongazione dal Sole dei corpi
MAG : magnitudine del corpo più debole
PIANETI : corpi coinvolti : MErcurio, VEnere, MArte, GIove,
          SAturno, URano, NEttuno

Sono elencate tutte le congiunzioni in cui i corpi distano meno di 10°

GG MM AAAA : date in the format dd/mm/yyyy
HH MM : hours and minutes
DIST° : minima distance in ° between the bodies
ELONG° : elongation from the Sun of the bodies
MAG : magnitude of the less bright body
PIANETI : planets : MErcury, VEnus, MArs, GI (Jupiter),
          SAturn, URanus, NEptune

All the conjunctions are listed if the bodies have distance less then 10°

	GG	MM	AAAA	HH	MM	DIST°	ELONG°	MAG	PIANETI
	9	5	1941	16	57	8.028	2	5.8	ME VE GI SA UR
	10	1	1994	2	17	7.519	1	8.0	ME VE MA UR NE
	8	2	1997	12	31	8.499	13	8.0	ME VE GI UR NE
(1)	8	9	2040	10	7	9.469	20	1.5	ME VE MA GI SA
	13	2	2169	5	32	8.841	1	8.0	ME MA SA UR NE
	10	3	2342	10	44	9.215	4	8.0	ME MA GI UR NE
	2	4	2342	9	30	9.857	25	8.0	ME VE GI UR NE
	2	5	2438	21	59	8.456	8	5.9	ME VE MA GI UR
	2	11	2480	14	1	7.366	2	5.6	ME VE MA GI UR
	3	11	2480	16	44	7.695	2	5.6	ME VE MA GI UR
	29	7	2713	14	10	4.989	10	5.6	ME VE MA SA UR
	26	1	2814	4	7	5.760	10	8.0	ME VE MA SA NE
	4	6	3194	8	59	3.773	24	7.9	ME VE MA UR NE
	11	5	3198	21	1	2.923	7	7.9	ME MA GI UR NE
	5	9	3211	19	36	5.888	41	5.7	VE MA GI SA UR
	13	1	3337	8	18	8.630	7	5.8	ME VE MA GI UR
	13	1	3337	7	34	8.564	7	5.8	ME VE MA GI UR
	30	4	3364	9	37	7.886	14	7.9	ME VE GI UR NE
	21	9	3394	8	6	9.778	10	5.5	ME VE MA SA UR
	4	1	3668	16	24	6.972	6	5.7	ME VE MA SA UR
	4	1	3668	20	36	6.982	6	5.7	ME VE MA SA UR
	26	10	3819	17	1	8.514	1	5.6	ME VE MA GI UR
	26	10	3819	18	56	8.468	1	5.6	ME VE MA GI UR
	4	4	3848	15	47	8.499	24	5.9	ME VE GI SA UR
	27	7	3875	21	8	5.383	16	7.9	ME VE MA GI NE
	5	2	3965	10	55	7.130	12	8.0	ME VE MA GI NE
	19	5	4016	1	59	8.438	2	7.9	ME VE MA GI NE
	10	12	4105	4	19	7.845	1	8.0	VE MA GI SA NE
	18	12	4105	8	6	6.959	4	8.0	ME MA GI SA NE
	22	9	4737	7	25	9.496	20	8.0	ME VE MA UR NE
	25	11	4959	9	7	8.089	16	1.5	ME VE MA GI SA
	11	10	4979	16	29	7.875	39	5.6	VE MA GI SA UR
	30	10	5162	15	33	2.248	12	5.6	ME VE MA SA UR
	6	4	5201	5	6	7.430	10	5.9	ME VE MA GI UR
	6	12	5587	20	3	9.117	2	5.6	ME VE MA GI UR
	22	1	5755	5	5	7.629	14	8.0	ME VE GI SA NE
	24	1	5874	14	18	3.088	6	1.5	ME VE MA GI SA
	29	1	5934	16	34	8.276	1	8.0	ME GI SA UR NE
	3	2	5934	10	58	8.766	2	8.0	VE GI SA UR NE
	31	1	5934	3	25	8.568	1	8.0	ME VE GI SA UR
	30	1	5934	23	3	8.685	1	5.7	ME VE GI SA UR
	31	1	5934	10	45	8.456	3	8.0	ME VE GI SA NE
	31	1	5934	3	0	8.580	1	8.0	ME VE SA UR NE
	31	1	5934	10	21	7.014	1	8.0	ME VE GI UR NE
	20	3	5934	21	57	6.735	43	8.0	VE MA SA UR NE
	23	1	5935	17	16	5.606	11	8.0	ME VE SA UR NE
	8	3	5936	5	48	5.733	23	8.0	ME VE MA UR NE
	16	4	6151	19	21	6.479	40	7.9	VE MA GI SA NE
	10	10	6251	5	0	8.291	25	5.5	ME VE MA SA UR
	25	4	6617	2	8	9.589	18	8.0	ME VE MA UR NE
	25	4	6617	1	54	9.589	18	8.0	ME VE MA UR NE
	1	5	6617	12	31	7.456	18	8.0	ME VE MA SA NE
	5	1	6728	17	1	3.872	14	1.5	ME VE MA GI SA

GG	MM	AAAA	HH	MM	DIST°	ELONG°	MAG	PIANETI
8	12	6930	19	14	9.821	5	5.6	ME VE MA SA UR
15	5	6969	20	49	6.836	9	7.9	ME VE MA GI NE
16	5	6969	23	29	7.242	10	7.9	ME VE GI UR NE
15	5	6969	7	41	3.832	14	7.9	ME MA GI UR NE
20	5	6969	1	50	3.917	9	7.9	VE MA GI UR NE
16	5	6969	23	38	7.244	10	7.9	ME VE MA GI UR
16	5	6969	23	35	7.249	10	7.9	ME VE MA UR NE
17	5	6969	17	48	7.483	10	5.9	ME VE MA GI UR
15	5	6969	21	14	6.877	9	7.9	ME VE MA GI NE
16	5	6969	23	39	7.265	10	7.9	ME VE MA GI UR
17	5	6969	16	49	7.409	10	5.9	ME VE MA GI UR
16	5	6969	22	48	7.149	10	7.9	ME VE GI UR NE
15	5	6969	10	1	3.833	14	7.9	ME MA GI UR NE
16	5	6969	22	54	7.150	10	7.9	ME VE MA GI UR
17	5	6969	16	34	6.257	10	5.9	ME VE MA GI UR
16	5	6969	7	15	5.115	9	7.9	ME VE MA GI NE
17	5	6969	2	58	6.215	10	7.9	ME VE MA UR NE
16	5	6969	9	14	3.850	13	7.9	ME MA GI UR NE
17	5	6969	3	46	6.175	10	7.9	ME VE MA GI UR
16	5	6969	21	59	3.860	12	7.9	ME MA GI UR NE
13	9	7157	14	30	8.343	14	5.7	ME VE MA SA UR
14	3	7204	10	52	9.986	5	5.8	ME MA GI SA UR
15	6	7298	19	48	3.348	11	7.9	ME VE MA SA NE
2	5	7442	2	47	9.086	6	8.0	ME VE GI SA NE
14	7	7477	6	17	8.993	8	7.9	ME VE SA UR NE
31	1	7612	13	19	6.936	6	5.7	ME VE MA SA UR
4	6	7621	19	46	7.926	5	8.0	ME VE GI SA NE
5	11	7838	14	44	5.130	15	5.6	ME MA GI SA UR
3	11	7838	9	8	6.362	12	1.5	ME VE MA GI SA
3	11	7838	9	56	6.396	12	5.6	ME VE MA GI UR
4	11	7838	2	26	7.086	12	5.6	ME VE GI SA UR
1	11	7838	22	35	5.482	12	5.6	VE MA GI SA UR
4	11	7838	3	0	7.110	12	5.6	ME VE MA GI SA
5	11	7838	4	11	5.592	12	5.6	ME VE MA SA UR
5	11	7838	14	20	5.141	15	5.6	ME MA GI SA UR
22	11	8019	0	4	8.980	22	5.5	ME VE MA SA UR
5	1	8078	22	2	9.994	16	1.7	ME VE MA GI SA
5	1	8078	23	12	9.988	17	1.7	ME VE MA GI SA
11	10	8169	11	56	1.469	11	8.0	ME VE MA UR NE
7	6	8385	15	24	9.154	22	5.9	ME VE MA SA UR
22	5	8475	15	45	4.910	8	5.9	ME VE GI SA UR
14	10	8681	6	45	9.500	25	8.0	VE MA GI UR NE
10	1	8701	16	39	7.268	25	5.6	ME VE MA SA UR
10	7	8737	16	54	8.389	2	5.9	ME VE MA GI UR
8	8	8833	20	38	7.266	15	5.8	ME VE MA GI UR
9	8	8833	0	9	7.165	15	5.8	ME VE MA GI UR
9	8	8833	0	57	7.143	15	5.8	ME VE MA GI UR
3	12	8850	23	34	9.638	3	8.0	ME VE MA UR NE
3	12	8850	23	45	9.647	3	8.0	ME VE MA UR NE
18	2	9199	21	13	7.685	26	8.0	VE MA SA UR NE
21	10	9320	21	23	6.878	11	8.0	ME VE MA GI NE
5	3	9551	22	40	6.586	1	8.0	ME VE MA GI NE
15	2	9587	8	58	9.087	23	1.3	ME VE MA GI SA

```
GG MM AAAA    HH MM    DIST°   ELONG°   MAG        PIANETI

11 12 9606     5  9    6.165    14      1.5     ME VE MA GI SA
11 12 9606    23 26    5.394    14      1.5     ME VE MA GI SA
14 12 9606     8 47    5.300    14      5.6     ME VE MA GI UR
12 12 9606    22 51    7.194    13      5.6     ME VE MA SA UR
13 12 9606     7 18    7.173    13      5.6     ME VE GI SA UR
13 12 9606     7  2    7.174    13      5.6     ME VE MA GI SA
12 12 9606    11  9    7.223    12      5.6     ME MA GI SA UR
16 12 9606     4 29    7.002    16      5.6     VE MA GI SA UR
14 12 9606     8 36    5.317    14      5.6     ME VE MA GI UR
12 12 9606    22 57    7.194    13      5.6     ME VE MA SA UR
13 12 9606     7  3    7.174    13      5.6     ME VE MA GI SA
11  1 9692    22  2    8.718     5      8.0     ME VE MA GI NE
 7  4 9880    13 40    2.699    25      8.0     VE MA SA UR NE
 2  8 9952     2 35    9.478     8      7.9     ME VE MA SA NE
 1  8 9952    19  7    9.354     8      7.9     ME VE MA SA NE
 1  8 9952    16 20    9.185     8      7.9     ME VE MA SA NE
```

(1) Tutti i pianeti visibili ad occhio nudo in questo secolo
(1) All the visible naked planets in this century

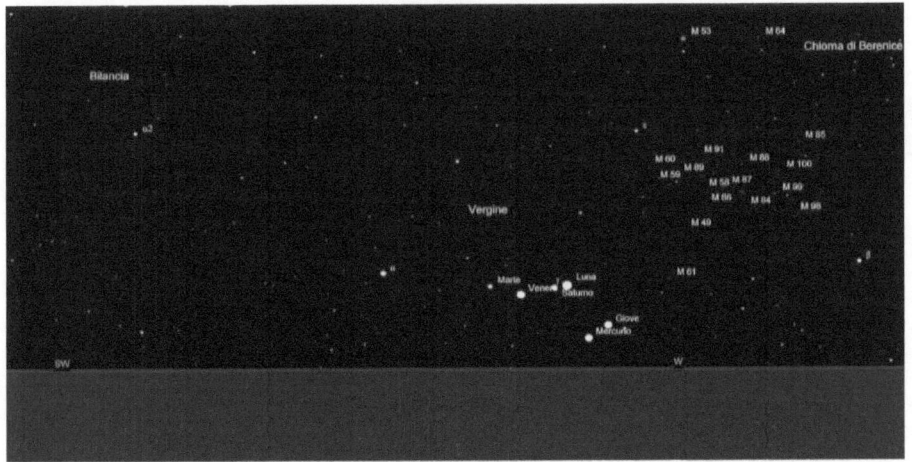

(1) Mercurio, Venere, Marte, Giove e Saturno   (C) Skychart
(1) Mercury, Venus, Mars, Jupiter and Saturn

CONGIUNZIONI MULTIPLE
6 PIANETI
MULTIPLE CONJUNCTIONS
6 PLANETS
1900-10000

GG MM AAAA : data nel formato giorno/mese/anno
HH MM : ore e minuti
DIST° : distanza minima in gradi tra i corpi
ELONG° : elongazione dal Sole dei corpi
MAG : magnitudine del corpo più debole
PIANETI : corpi coinvolti : MErcurio, VEnere, MArte, GIove,
SAturno, URano, NEttuno

Sono elencate tutte le congiunzioni in cui i corpi distano meno di 10°

GG MM AAAA : date in the format dd/mm/yyyy
HH MM : hours and minutes
DIST° : minima distance in ° between the bodies
ELONG° : elongation from the Sun of the bodies
MAG : magnitude of the less bright body
PIANETI : planets : MErcury, VEnus, MArs, GI (Jupiter),
SAturn, URanus, NEptune

All the conjunctions are listed if the bodies have distance less then 10°

GG	MM	AAAA	HH	MM	DIST°	ELONG°	MAG	PIANETI
31	1	5934	3	25	8.568	1	8.0	ME VE GI SA UR NE
17	5	6969	3	46	6.175	10	7.9	ME VE MA GI UR NE
4	11	7838	3	0	7.110	12	5.6	ME VE MA GI SA UR
13	12	9606	7	2	7.174	13	5.6	ME VE MA GI SA UR

CONGIUNZIONI PIANETI-LUNA
CONJUNCTIONS PLANETS-MOON
2000-2100

GG MM AAAA : data nel formato giorno/mese/anno
HH MM : ore e minuti
DIST° : distanza minima in gradi tra i corpi
ELONG° : elongazione dal Sole dei corpi
MAG : magnitudine del pianeta
MAGL : magnitudine della Luna
PIANETI : corpi coinvolti : MErcurio, VEnere, MArte, GIove,
SAturno, URano, NEttuno

Sono elencate tutte le congiunzioni in cui i corpi distano meno di 1°

La luna non è indicata in quanto è presente in tutte le congiunzioni di questa tabella

GG MM AAAA : date in the format dd/mm/yyyy
HH MM : hours and minutes
DIST° : minima distance in ° between the bodies
ELONG° : elongation from the Sun of the bodies
MAG1 : magnitude of the planet
MAGL : magnitude of the Moon
PIANETI : planets : MErcury, VEnus, MArs, GI (Jupiter),
SAturn, URanus, NEptune

All the conjunctions are listed if the bodies have distance less then 1°

The Moon isn't indicated in the table because it is always present

GG	MM	AAAA	HH	MM	DIST°	ELONG°	MAG	MAGL	PIANETA
8	1	2000	5	43	0.213	16	8.0	-7.3	NE
9	1	2000	5	1	0.402	27	5.9	-8.4	UR
4	2	2000	14	20	0.294	11	8.0	-6.4	NE
5	2	2000	14	24	0.535	1	5.9	-1.9	UR
2	3	2000	23	56	0.422	37	8.0	-9.0	NE
4	3	2000	1	3	0.689	26	5.9	-8.3	UR
4	3	2000	1	6	0.626	26	-3.8	-8.3	VE
30	3	2000	9	45	0.655	64	7.9	-10.1	NE
31	3	2000	12	11	0.930	52	5.9	-9.7	UR
26	4	2000	18	43	0.943	90	7.9	-10.8	NE
29	7	2000	17	13	0.821	20	-0.1	-7.8	ME
30	7	2000	11	54	0.625	9	1.6	-6.1	MA
28	8	2000	3	21	0.900	18	1.7	-7.6	MA
19	6	2001	22	0	0.860	21	0.5	-7.9	SA
21	6	2001	3	32	0.728	5	-1.8	-4.8	GI
17	7	2001	13	28	0.573	44	0.4	-9.5	SA
17	7	2001	17	35	0.265	42	-4.0	-9.4	VE
19	7	2001	0	11	0.190	25	-1.9	-8.3	GI
19	7	2001	13	9	0.986	18	-0.5	-7.6	ME
14	8	2001	2	56	0.209	68	0.4	-10.3	SA
15	8	2001	19	47	0.380	46	-1.9	-9.6	GI
10	9	2001	12	49	0.191	93	0.3	-11.0	SA
12	9	2001	12	24	0.955	68	-2.0	-10.4	GI
7	10	2001	18	44	0.511	120	0.2	-11.6	SA
23	10	2001	20	11	0.121	87	-0.1	-10.7	MA
3	11	2001	22	17	0.615	148	0.1	-12.3	SA
1	12	2001	2	5	0.469	177	0.0	-12.7	SA
14	12	2001	6	13	0.822	7	-3.9	-5.7	VE
28	12	2001	7	53	0.214	153	0.0	-12.4	SA
24	1	2002	15	38	0.075	124	0.1	-11.7	SA
26	1	2002	18	56	0.909	151	-2.6	-12.4	GI
21	2	2002	0	21	0.171	96	0.2	-11.0	SA
23	2	2002	2	12	0.864	121	-2.4	-11.7	GI
20	3	2002	9	37	0.444	70	0.3	-10.3	SA
16	4	2002	19	49	0.770	45	0.4	-9.4	SA
14	5	2002	18	49	0.625	27	1.5	-8.4	MA
14	5	2002	23	15	0.840	29	-3.8	-8.6	VE
12	6	2002	11	52	0.942	19	1.6	-7.6	MA
5	12	2002	4	18	0.596	12	-0.7	-6.7	ME
27	1	2003	14	59	0.410	61	1.2	-10.2	MA
29	5	2003	3	57	0.116	22	-3.8	-7.8	VE
17	7	2003	8	1	0.310	135	-2.0	-11.9	MA
6	10	2003	15	40	0.983	137	-2.1	-12.0	MA
26	10	2003	19	53	0.072	18	-3.9	-7.7	VE
25	11	2003	3	16	0.265	17	-0.5	-7.6	ME
26	2	2004	2	16	0.827	68	0.9	-10.2	MA
25	3	2004	23	28	0.784	57	1.2	-9.9	MA
21	5	2004	12	11	0.330	25	-4.1	-8.1	VE
14	10	2004	14	25	0.147	6	-0.9	-5.3	ME
9	11	2004	16	32	0.895	38	-1.6	-9.2	GI
10	11	2004	1	31	0.164	33	-3.9	-8.9	VE
11	11	2004	3	59	0.413	19	1.6	-7.8	MA
14	11	2004	3	0	0.896	21	-0.2	-8.0	ME

GG	MM	AAAA	HH	MM	DIST°	ELONG°	MAG	MAGL	PIANETA
7	12	2004	10	58	0.304	61	-1.7	-10.2	GI
4	1	2005	1	21	0.318	86	-1.9	-10.8	GI
31	1	2005	10	1	0.820	113	-2.1	-11.4	GI
26	3	2005	14	53	0.875	171	-2.4	-12.6	GI
22	4	2005	17	1	0.545	159	-2.3	-12.5	GI
19	5	2005	22	4	0.316	130	-2.2	-11.8	GI
31	5	2005	9	44	0.455	78	0.3	-10.6	MA
16	6	2005	6	29	0.363	-10.	-2.0	-11.1	GI
13	7	2005	17	40	0.670	80	-1.9	-10.5	GI
7	9	2005	8	28	0.561	40	-3.9	-9.2	VE
4	10	2005	11	21	0.801	12	-0.6	-6.6	ME
24	4	2006	14	0	0.401	44	-4.1	-9.6	VE
21	5	2006	11	11	0.845	76	5.9	-10.6	UR
17	6	2006	17	4	0.562	-10.	5.8	-11.2	UR
14	7	2006	22	53	0.347	128	5.8	-11.9	UR
27	7	2006	18	0	0.960	29	1.7	-8.4	MA
11	8	2006	6	10	0.279	155	5.7	-12.5	UR
25	8	2006	13	7	0.485	19	1.7	-7.5	MA
7	9	2006	15	4	0.350	178	5.7	-12.8	UR
21	9	2006	14	36	0.827	-10.	-3.9	-6.1	VE
5	10	2006	0	25	0.445	150	5.7	-12.5	UR
1	11	2006	8	36	0.422	122	5.8	-11.8	UR
28	11	2006	15	3	0.226	95	5.8	-11.1	UR
25	12	2006	21	11	0.068	67	5.9	-10.4	UR
6	1	2007	19	6	0.826	142	0.1	-12.1	SA
20	1	2007	17	26	0.694	21	-3.9	-8.0	VE
22	1	2007	5	27	0.338	41	5.9	-9.4	UR
2	2	2007	23	43	0.833	171	0.1	-12.6	SA
18	2	2007	16	54	0.522	14	5.9	-7.2	UR
2	3	2007	2	22	0.995	159	0.1	-12.4	SA
18	3	2007	6	22	0.663	12	5.9	-6.8	UR
14	4	2007	1	28	0.459	48	0.9	-9.7	MA
14	4	2007	19	28	0.851	38	5.9	-9.2	UR
22	5	2007	19	34	0.737	78	0.4	-10.5	SA
18	6	2007	15	12	0.536	45	-4.4	-9.5	VE
19	6	2007	8	8	0.352	54	0.5	-9.8	SA
16	7	2007	22	33	0.038	30	0.5	-8.6	SA
12	8	2007	16	17	0.207	4	-1.7	-4.2	ME
13	8	2007	13	12	0.391	7	0.6	-5.5	SA
10	9	2007	2	51	0.737	16	0.6	-7.3	SA
17	11	2007	11	57	0.910	85	7.9	-10.8	NE
14	12	2007	18	29	0.611	57	7.9	-10.0	NE
24	12	2007	3	4	0.893	176	-1.7	-12.8	MA
9	1	2008	15	42	0.277	14	-0.9	-7.0	ME
11	1	2008	1	35	0.389	30	8.0	-8.7	NE
7	2	2008	10	45	0.270	4	8.0	-4.1	NE
5	3	2008	14	10	0.170	27	0.2	-8.5	ME
5	3	2008	19	9	0.218	24	-3.8	-8.2	VE
5	3	2008	21	49	0.172	23	8.0	-8.1	NE
2	4	2008	9	15	0.002	50	8.0	-9.7	NE
29	4	2008	19	14	0.272	76	7.9	-10.5	NE
10	5	2008	13	54	0.234	70	1.2	-10.4	MA
27	5	2008	2	44	0.559	-10.	7.9	-11.1	NE

GG	MM	AAAA	HH	MM	DIST°	ELONG°	MAG	MAGL	PIANETA
23	6	2008	8	7	0.751	128	7.9	-11.7	NE
20	7	2008	12	47	0.796	155	7.8	-12.3	NE
16	8	2008	18	17	0.736	178	7.8	-12.6	NE
13	9	2008	1	22	0.694	151	7.8	-12.3	NE
10	10	2008	9	43	0.782	124	7.9	-11.7	NE
1	12	2008	15	35	0.779	43	-4.0	-9.3	VE
29	12	2008	3	46	0.634	18	-0.6	-7.5	ME
29	12	2008	9	28	0.599	20	-1.9	-7.7	GI
25	1	2009	2	45	0.692	13	1.2	-6.8	MA
26	1	2009	4	37	0.033	2	-1.8	-2.2	GI
22	2	2009	21	20	0.988	25	0.1	-8.2	ME
23	2	2009	0	31	0.681	23	-1.9	-8.0	GI
22	4	2009	13	23	0.953	33	-4.5	-8.9	VE
16	5	2010	10	17	0.084	30	-3.8	-8.7	VE
11	9	2010	12	57	0.319	44	-4.6	-9.5	VE
5	11	2010	8	25	0.162	12	-2.9	-6.9	VE
6	12	2010	21	41	0.524	14	1.2	-7.1	MA
30	6	2011	7	35	0.085	13	-3.9	-6.8	VE
27	7	2011	16	51	0.474	39	1.3	-9.1	MA
28	10	2011	2	11	0.223	18	-0.3	-7.7	ME
15	7	2012	3	3	0.498	46	-2.0	-9.4	GI
20	7	2012	7	34	0.527	14	1.6	-7.0	ME
11	8	2012	20	32	0.110	68	-2.1	-10.2	GI
13	8	2012	19	52	0.552	46	-4.3	-9.4	VE
8	9	2012	11	7	0.623	91	-2.3	-10.8	GI
19	9	2012	20	36	0.148	51	1.1	-9.8	MA
5	10	2012	21	0	0.913	117	-2.5	-11.4	GI
2	11	2012	1	10	0.891	145	-2.7	-12.1	GI
29	11	2012	0	59	0.634	175	-2.7	-12.5	GI
26	12	2012	0	15	0.415	154	-2.7	-12.3	GI
22	1	2013	3	9	0.494	124	-2.5	-11.6	GI
18	2	2013	11	46	0.897	97	-2.3	-11.0	GI
9	5	2013	13	59	0.418	5	1.2	-4.6	MA
9	5	2013	19	12	0.286	2	-1.8	-3.1	ME
8	7	2013	11	45	0.095	5	3.7	-4.6	ME
8	9	2013	20	52	0.416	41	-3.9	-9.3	VE
3	11	2013	6	52	0.019	3	3.5	-4.0	ME
1	12	2013	22	33	0.426	15	-0.7	-7.3	ME
29	12	2013	1	7	0.906	47	0.8	-9.7	SA
25	1	2014	13	49	0.558	73	0.7	-10.6	SA
21	2	2014	22	13	0.301	-10.	0.6	-11.2	SA
26	2	2014	5	18	0.345	44	-4.6	-9.6	VE
21	3	2014	3	15	0.242	127	0.5	-11.8	SA
17	4	2014	7	14	0.376	155	0.4	-12.4	SA
14	5	2014	12	8	0.564	176	0.4	-12.7	SA
10	6	2014	18	37	0.616	148	0.5	-12.3	SA
26	6	2014	11	59	0.267	-10.	2.1	-6.3	ME
6	7	2014	1	30	0.202	96	0.0	-11.0	MA
8	7	2014	2	16	0.435	121	0.5	-11.6	SA
4	8	2014	10	31	0.070	95	0.6	-11.0	SA
31	8	2014	19	8	0.351	70	0.7	-10.3	SA
28	9	2014	4	41	0.718	45	0.8	-9.5	SA
22	10	2014	21	32	0.682	12	0.7	-6.6	ME

GG MM AAAA	HH MM	DIST°	ELONG°	MAG	MAGL	PIANETA
23 10 2014	21 13	0.065	1	-3.9	-1.4	VE
25 10 2014	16 4	0.999	21	0.9	-7.9	SA
29 12 2014	4 29	0.919	95	5.8	-11.1	UR
25 1 2015	11 33	0.588	68	5.9	-10.4	UR
21 2 2015	22 8	0.299	41	5.9	-9.5	UR
21 3 2015	11 16	0.107	15	5.9	-7.3	UR
21 3 2015	22 43	0.928	22	1.2	-8.1	MA
18 4 2015	0 36	0.035	11	5.9	-6.5	UR
15 5 2015	12 3	0.213	36	5.9	-9.1	UR
11 6 2015	20 42	0.465	61	5.9	-10.2	UR
15 6 2015	2 28	0.044	19	0.9	-7.7	ME
9 7 2015	3 11	0.747	86	5.8	-10.8	UR
19 7 2015	0 55	0.398	34	-4.5	-8.8	VE
5 8 2015	9 15	0.965	112	5.8	-11.5	UR
29 9 2015	1 23	0.969	167	5.7	-12.7	UR
8 10 2015	20 8	0.663	45	-4.5	-9.4	VE
11 10 2015	11 22	0.897	17	-0.1	-7.3	ME
26 10 2015	10 51	0.874	165	5.7	-12.7	UR
22 11 2015	19 10	0.900	137	5.7	-12.2	UR
6 12 2015	2 39	0.092	60	1.4	-10.0	MA
7 12 2015	17 20	0.637	42	-4.0	-9.3	VE
6 4 2016	8 8	0.661	16	-3.9	-7.5	VE
3 6 2016	10 5	0.724	24	0.5	-8.3	ME
9 7 2016	9 41	0.812	61	-1.7	-10.0	GI
4 8 2016	21 53	0.540	25	0.2	-8.2	ME
6 8 2016	3 24	0.200	39	-1.6	-9.1	GI
2 9 2016	22 10	0.355	18	-1.6	-7.4	GI
29 9 2016	10 13	0.672	18	-0.4	-7.4	ME
30 9 2016	16 46	0.858	4	-1.6	-4.2	GI
9 11 2016	14 24	0.952	112	7.9	-11.5	NE
6 12 2016	21 42	0.665	84	7.9	-10.8	NE
3 1 2017	4 1	0.377	57	7.9	-10.0	NE
3 1 2017	6 39	0.233	58	0.8	-10.1	MA
30 1 2017	11 20	0.190	30	8.0	-8.7	NE
26 2 2017	20 58	0.094	3	8.0	-3.9	NE
26 3 2017	8 24	0.005	23	8.0	-8.2	NE
22 4 2017	19 56	0.189	49	7.9	-9.7	NE
20 5 2017	5 47	0.450	75	7.9	-10.5	NE
16 6 2017	13 5	0.696	-10.	7.9	-11.1	NE
13 7 2017	18 20	0.829	128	7.8	-11.7	NE
25 7 2017	9 13	0.838	27	0.3	-8.4	ME
9 8 2017	23 7	0.820	154	7.8	-12.3	NE
6 9 2017	5 1	0.737	178	7.8	-12.6	NE
18 9 2017	0 41	0.531	28	-3.8	-8.5	VE
18 9 2017	19 48	0.133	18	1.7	-7.5	MA
18 9 2017	23 21	0.029	16	-0.8	-7.3	ME
3 10 2017	12 40	0.710	152	7.8	-12.3	NE
30 10 2017	21 26	0.837	124	7.8	-11.7	NE
16 2 2018	16 30	0.532	9	-3.9	-6.1	VE
8 9 2018	22 47	0.889	11	-1.3	-6.7	ME
16 11 2018	4 53	0.951	96	-0.4	-11.0	MA
5 1 2019	18 43	0.871	3	0.9	-3.9	SA
31 1 2019	17 37	0.090	45	-4.2	-9.5	VE

GG	MM	AAAA	HH	MM	DIST°	ELONG°	MAG	MAGL	PIANETA
2	2	2019	7	5	0.621	28	0.9	-8.4	SA
5	2	2019	7	9	0.188	5	-1.3	-4.7	ME
1	3	2019	18	28	0.312	53	0.8	-9.7	SA
29	3	2019	5	0	0.053	79	0.8	-10.5	SA
25	4	2019	14	31	0.372	-10.	0.7	-11.1	SA
22	5	2019	22	18	0.519	131	0.6	-11.8	SA
19	6	2019	3	50	0.441	159	0.5	-12.4	SA
4	7	2019	5	41	0.087	19	1.7	-7.8	MA
16	7	2019	7	17	0.222	173	0.5	-12.5	SA
31	7	2019	20	46	0.587	4	-3.9	-4.4	VE
12	8	2019	9	54	0.039	146	0.5	-12.1	SA
8	9	2019	13	43	0.040	118	0.6	-11.5	SA
5	10	2019	20	38	0.255	92	0.7	-10.9	SA
2	11	2019	7	24	0.593	66	0.8	-10.2	SA
28	11	2019	10	58	0.724	23	-1.8	-8.1	GI
29	11	2019	21	8	0.927	40	0.9	-9.3	SA
26	12	2019	7	32	0.181	1	-1.7	-1.7	GI
29	12	2019	1	57	0.981	34	-3.9	-8.9	VE
23	1	2020	2	42	0.358	21	-1.8	-7.9	GI
18	2	2020	13	26	0.752	58	1.1	-10.0	MA
19	2	2020	19	41	0.928	43	-1.8	-9.4	GI
18	3	2020	8	26	0.738	67	0.8	-10.3	MA
19	6	2020	8	33	0.712	23	-3.9	-8.0	VE
9	8	2020	8	40	0.688	115	-1.3	-11.3	MA
6	9	2020	4	46	0.024	136	-2.1	-11.9	MA
3	10	2020	4	1	0.660	165	-2.6	-12.4	MA
12	12	2020	21	7	0.751	25	-3.9	-8.4	VE
14	12	2020	10	53	0.954	3	-0.8	-3.9	ME
17	4	2021	12	11	0.132	59	1.3	-9.9	MA
12	5	2021	22	31	0.682	12	-3.9	-6.6	VE
3	12	2021	0	53	0.655	18	1.5	-7.8	MA
4	12	2021	12	44	0.024	3	-0.8	-4.0	ME
31	12	2021	19	53	0.926	27	1.4	-8.6	MA
7	3	2022	6	47	0.772	55	5.8	-9.9	UR
3	4	2022	17	53	0.525	29	5.8	-8.5	UR
1	5	2022	4	29	0.366	4	5.9	-4.1	UR
27	5	2022	3	4	0.181	38	-3.9	-9.0	VE
28	5	2022	13	54	0.233	21	5.9	-7.8	UR
22	6	2022	19	8	0.844	70	0.5	-10.3	MA
24	6	2022	22	16	0.047	46	5.8	-9.4	UR
21	7	2022	15	56	0.971	78	0.3	-10.5	MA
22	7	2022	6	13	0.221	71	5.8	-10.3	UR
18	8	2022	14	16	0.518	97	5.7	-11.0	UR
14	9	2022	22	28	0.736	123	5.7	-11.6	UR
12	10	2022	6	13	0.787	151	5.6	-12.3	UR
24	10	2022	16	6	0.344	-10.	-1.1	-6.3	ME
25	10	2022	12	6	0.003	1	-3.9	-1.7	VE
8	11	2022	12	41	0.697	179	5.6	-12.6	UR
24	11	2022	14	42	0.911	9	-0.7	-6.2	ME
5	12	2022	17	33	0.603	152	5.6	-12.3	UR
8	12	2022	4	15	0.535	177	-1.9	-12.6	MA
1	1	2023	21	47	0.655	124	5.7	-11.7	UR
3	1	2023	19	53	0.523	145	-1.3	-12.2	MA

```
GG MM AAAA    HH MM    DIST°   ELONG°   MAG    MAGL    PIANETA

29  1 2023     3 29    0.880     96      5.7   -11.0    UR
31  1 2023     4 29    0.103    119     -0.4   -11.5    MA
22  3 2023    20 22    0.473     15     -2.0    -7.3    GI
24  3 2023    10 33    0.100     35     -3.9    -9.0    VE
19  4 2023    17 27    0.108      6     -2.0    -5.2    GI
17  5 2023    12 41    0.718     26     -2.0    -8.4    GI
16  9 2023    20  1    0.584     20      1.6    -7.6    MA
14 10 2023     8 51    0.593      4     -1.2    -4.4    ME
15 10 2023    15 26    0.902    -10.     1.5    -6.3    MA
 9 11 2023    10 35    0.886     46     -4.2    -9.4    VE
15  1 2024    21 11    0.838     60      7.9   -10.2    NE
12  2 2024     7 17    0.598     33      7.9    -9.0    NE
10  3 2024    19 50    0.459      7      8.0    -5.6    NE
11  3 2024     3 25    0.901     11     -1.4    -6.7    ME
 7  4 2024     8 31    0.372     20      8.0    -7.9    NE
 7  4 2024    16 19    0.344     15     -3.9    -7.3    VE
 3  5 2024    23 12    0.745     57      0.7   -10.1    SA
 4  5 2024    19  9    0.242     46      7.9    -9.6    NE
 5  5 2024     2 17    0.171     42      1.0    -9.4    MA
31  5 2024     8 28    0.336     82      0.6   -10.7    SA
 1  6 2024     2 56    0.018     71      7.9   -10.5    NE
27  6 2024    14 58    0.068    -10.     0.5   -11.3    SA
28  6 2024     8 43    0.261     97      7.9   -11.1    NE
24  7 2024    20 30    0.347    134      0.4   -12.0    SA
25  7 2024    14 28    0.499    123      7.8   -11.8    NE
21  8 2024     2 43    0.407    161      0.3   -12.6    SA
21  8 2024    21 50    0.610    150      7.8   -12.4    NE
17  9 2024    10 10    0.271    170      0.3   -12.8    SA
18  9 2024     7  6    0.583    177      7.8   -12.8    NE
14 10 2024    18  9    0.101    142      0.4   -12.3    SA
15 10 2024    17  6    0.516    155      7.8   -12.6    NE
11 11 2024     1 40    0.079    114      0.5   -11.6    SA
12 11 2024     1 57    0.546    127      7.8   -11.9    NE
 8 12 2024     8 42    0.272     86      0.6   -10.9    SA
 9 12 2024     8 39    0.732     99      7.9   -11.2    NE
18 12 2024     9 19    0.867    141     -1.1   -12.2    MA
 4  1 2025    16 52    0.604     60      0.6   -10.2    SA
14  1 2025     3 50    0.220    175     -1.4   -12.7    MA
 1  2 2025     4  2    0.960     35      0.7    -9.1    SA
 9  2 2025    19 51    0.766    147     -1.0   -12.3    MA
 1  3 2025     4 23    0.342     16     -0.9    -7.4    ME
30  6 2025     1 17    0.186     59      1.3   -10.0    MA
19  9 2025    12 32    0.728     27     -3.9    -8.4    VE
16  2 2026    18 18    0.708      9      1.1    -6.1    MA
18  2 2026    23 11    0.119     18     -0.5    -7.6    ME
17  6 2026    20 32    0.270     39     -3.9    -9.2    VE
 8  9 2026    18 45    0.774     31     -1.7    -8.8    GI
14  9 2026    11 36    0.480     41     -4.6    -9.3    VE
 6 10 2026    10 25    0.158     53     -1.8    -9.9    GI
 2 11 2026    13 40    0.966     81      0.8   -10.7    MA
 2 11 2026    22 47    0.485     76     -1.9   -10.6    GI
 7 11 2026    10 44    0.951     22     -4.0    -7.9    VE
 8  1 2027     5 19    0.475      5     -1.0    -4.6    ME
```

GG	MM	AAAA	HH	MM	DIST°	ELONG°	MAG	MAGL	PIANETA
8	2	2027	3	56	0.319	17	-0.1	-7.3	ME
19	3	2027	9	27	0.869	139	-2.3	-12.2	GI
15	4	2027	14	20	0.916	112	-2.2	-11.5	GI
1	8	2027	15	59	0.287	11	-1.4	-6.6	ME
2	8	2027	5	27	0.604	3	-3.9	-3.6	VE
30	11	2027	13	37	0.864	28	-3.8	-8.5	VE
28	12	2027	16	37	0.696	-10.	-0.9	-6.1	ME
29	12	2027	11	53	0.514	18	1.1	-7.5	MA
27	1	2028	16	42	0.844	12	0.7	-6.5	ME
23	2	2028	0	6	0.202	26	0.2	-8.3	ME
30	3	2028	4	38	0.924	46	-4.4	-9.5	VE
25	5	2028	5	52	0.769	12	-2.6	-6.6	VE
17	8	2028	18	42	0.351	37	1.4	-9.1	MA
15	9	2028	17	43	0.986	43	-4.0	-9.5	VE
13	1	2029	7	47	0.783	17	-3.9	-7.4	VE
11	2	2029	4	23	0.969	26	0.1	-8.3	ME
9	9	2029	8	16	0.746	13	1.3	-7.0	ME
29	9	2029	7	1	0.916	-10.	5.6	-11.2	UR
11	10	2029	1	45	0.858	46	-4.2	-9.7	VE
11	10	2029	16	16	0.060	54	0.9	-10.0	MA
26	10	2029	12	24	0.737	135	5.6	-11.9	UR
22	11	2029	16	25	0.732	163	5.5	-12.5	UR
19	12	2029	20	45	0.838	168	5.5	-12.5	UR
16	1	2030	2	35	0.892	139	5.6	-12.0	UR
12	2	2030	10	0	0.770	111	5.6	-11.3	UR
11	3	2030	18	28	0.491	83	5.7	-10.6	UR
4	4	2030	15	2	0.884	19	-0.1	-7.6	ME
8	4	2030	3	19	0.178	57	5.7	-9.9	UR
5	5	2030	12	14	0.067	32	5.7	-8.6	UR
1	6	2030	2	40	0.334	2	1.4	-2.4	MA
1	6	2030	21	19	0.231	7	5.7	-5.3	UR
29	6	2030	6	45	0.378	18	5.7	-7.4	UR
26	7	2030	16	35	0.583	43	5.7	-9.2	UR
23	8	2030	2	26	0.869	68	5.7	-10.2	UR
29	8	2030	1	54	0.751	5	3.5	-4.8	ME
25	11	2030	13	38	0.593	4	-1.7	-4.5	GI
25	11	2030	22	9	0.719	9	-3.9	-6.3	VE
23	12	2030	10	55	0.013	18	-1.7	-7.8	GI
20	1	2031	6	37	0.637	41	-1.7	-9.5	GI
24	3	2031	10	53	0.110	16	0.4	-7.3	ME
26	3	2031	4	17	0.866	36	-3.9	-9.0	VE
24	4	2031	14	48	0.705	33	0.5	-8.8	SA
22	5	2031	4	44	0.331	-10.	0.5	-6.2	SA
18	6	2031	18	4	0.007	13	0.5	-6.7	SA
30	6	2031	6	37	0.350	118	-0.9	-11.6	MA
16	7	2031	6	37	0.364	36	0.4	-8.9	SA
12	8	2031	18	24	0.748	59	0.4	-9.9	SA
13	9	2031	10	33	0.369	38	-4.6	-9.0	VE
17	10	2031	14	17	0.205	16	-0.4	-7.3	ME
10	1	2032	7	49	0.768	35	-3.9	-9.1	VE
12	3	2032	7	19	0.300	9	1.7	-6.2	ME
9	5	2032	1	16	0.726	6	-3.9	-5.3	VE
1	12	2032	5	23	0.582	20	-0.4	-7.8	ME

GG	MM	AAAA	HH	MM	DIST°	ELONG°	MAG	MAGL	PIANETA
27	12	2032	13	1	0.442	60	1.3	-10.1	MA
3	2	2033	1	34	0.278	44	-4.7	-9.6	VE
1	3	2033	4	10	0.094	4	3.3	-4.7	ME
26	4	2033	6	19	0.489	40	-4.6	-9.4	VE
28	4	2033	9	8	0.869	-10.	-1.2	-6.5	ME
23	6	2033	11	3	0.149	44	-4.1	-9.5	VE
20	11	2033	11	32	0.569	18	-0.6	-7.4	ME
29	12	2033	17	5	0.781	99	7.9	-11.2	NE
25	1	2034	8	13	0.276	64	0.8	-10.3	MA
25	1	2034	22	45	0.477	72	7.9	-10.5	NE
17	2	2034	22	43	0.556	14	1.0	-7.1	ME
22	2	2034	6	26	0.242	45	7.9	-9.6	NE
21	3	2034	17	8	0.114	18	7.9	-7.7	NE
21	3	2034	17	55	0.712	18	-3.9	-7.8	VE
18	4	2034	5	40	0.030	8	7.9	-6.0	NE
18	4	2034	13	4	0.940	4	-1.6	-4.6	ME
14	5	2034	15	34	0.841	49	-2.1	-9.8	GI
15	5	2034	17	50	0.104	34	7.9	-9.0	NE
11	6	2034	7	33	0.303	71	-2.2	-10.5	GI
12	6	2034	3	49	0.320	59	7.9	-10.1	NE
8	7	2034	19	1	0.100	94	-2.4	-11.0	GI
9	7	2034	11	2	0.566	85	7.9	-10.8	NE
5	8	2034	2	8	0.256	119	-2.6	-11.6	GI
5	8	2034	16	27	0.746	111	7.8	-11.4	NE
1	9	2034	6	24	0.111	146	-2.8	-12.3	GI
1	9	2034	22	5	0.793	138	7.8	-12.1	NE
28	9	2034	10	8	0.225	176	-2.8	-12.8	GI
29	9	2034	5	33	0.726	165	7.8	-12.7	NE
10	10	2034	17	59	0.497	18	1.7	-7.4	MA
25	10	2034	15	18	0.472	154	-2.8	-12.5	GI
26	10	2034	14	59	0.658	167	7.8	-12.7	NE
21	11	2034	22	34	0.378	124	-2.6	-11.8	GI
23	11	2034	0	55	0.721	139	7.8	-12.2	NE
19	12	2034	7	44	0.064	97	-2.4	-11.1	GI
20	12	2034	9	26	0.943	111	7.8	-11.5	NE
15	1	2035	18	52	0.685	72	-2.2	-10.5	GI
2	9	2035	14	5	0.397	7	-3.9	-5.4	VE
11	11	2035	4	29	0.083	123	-1.4	-11.7	MA
20	7	2036	6	30	0.457	44	-4.5	-9.5	VE
24	7	2036	16	21	0.786	18	0.5	-7.6	SA
24	7	2036	20	11	0.660	20	1.7	-7.9	MA
24	7	2036	22	16	0.443	21	-0.1	-8.0	ME
18	8	2036	12	3	0.430	45	-4.2	-9.6	VE
21	8	2036	8	42	0.495	5	0.6	-5.0	SA
17	9	2036	1	20	0.188	42	-4.0	-9.5	VE
18	9	2036	0	25	0.205	29	0.5	-8.7	SA
15	10	2036	13	35	0.118	53	0.5	-9.9	SA
11	11	2036	23	10	0.441	78	0.4	-10.7	SA
9	12	2036	5	59	0.659	-10.	0.3	-11.4	SA
5	1	2037	12	16	0.664	133	0.2	-12.1	SA
1	2	2037	19	37	0.463	162	0.1	-12.7	SA
14	2	2037	9	48	0.240	9	-3.9	-5.9	VE
1	3	2037	3	43	0.229	168	0.1	-12.8	SA

GG	MM	AAAA	HH	MM	DIST°	ELONG°	MAG	MAGL	PIANETA
28	3	2037	11	17	0.170	139	0.2	-12.2	SA
10	4	2037	2	6	0.042	61	0.8	-10.0	MA
24	4	2037	17	49	0.348	111	0.3	-11.5	SA
22	5	2037	0	24	0.675	85	0.4	-10.8	SA
14	7	2037	22	13	0.954	25	0.2	-8.3	ME
15	7	2037	7	36	0.535	30	-3.8	-8.7	VE
6	9	2037	1	30	0.546	51	-1.9	-9.8	GI
6	9	2037	2	6	0.897	51	5.6	-9.8	UR
3	10	2037	12	14	0.618	77	5.6	-10.6	UR
3	10	2037	17	26	0.015	74	-2.0	-10.5	GI
30	10	2037	19	10	0.337	-10.	5.5	-11.2	UR
31	10	2037	4	22	0.406	99	-2.2	-11.1	GI
26	11	2037	23	55	0.175	131	5.5	-11.9	UR
27	11	2037	10	6	0.567	126	-2.4	-11.8	GI
24	12	2037	4	55	0.190	160	5.4	-12.6	UR
24	12	2037	12	46	0.386	156	-2.5	-12.5	GI
20	1	2038	11	51	0.307	171	5.4	-12.7	UR
20	1	2038	15	34	0.003	173	-2.6	-12.7	GI
3	2	2038	16	45	0.303	7	-0.9	-5.4	ME
16	2	2038	20	24	0.354	143	5.4	-12.2	UR
16	2	2038	20	38	0.281	143	-2.5	-12.2	GI
16	3	2038	4	22	0.227	114	-2.3	-11.5	GI
16	3	2038	5	8	0.221	114	5.5	-11.5	UR
12	4	2038	12	58	0.055	87	5.5	-10.8	UR
12	4	2038	14	20	0.132	88	-2.1	-10.8	GI
9	5	2038	15	50	0.970	59	1.4	-10.0	MA
9	5	2038	20	12	0.353	62	5.6	-10.1	UR
10	5	2038	2	19	0.639	65	-1.9	-10.2	GI
6	6	2038	3	56	0.583	36	5.6	-9.0	UR
7	6	2038	4	15	0.803	49	1.5	-9.6	MA
3	7	2038	13	13	0.738	12	5.6	-6.6	UR
30	7	2038	7	34	0.570	21	-3.8	-7.9	VE
31	7	2038	0	15	0.877	13	5.6	-6.8	UR
24	12	2038	19	36	0.798	17	-0.5	-7.6	ME
27	12	2038	7	33	0.630	17	-3.9	-7.6	VE
22	1	2039	16	49	0.006	25	1.2	-8.4	MA
24	1	2039	13	1	0.787	3	-1.1	-3.7	ME
27	5	2039	5	33	0.236	45	-4.3	-9.4	VE
13	8	2039	11	19	0.251	72	0.5	-10.3	MA
4	12	2039	7	25	0.621	141	-1.2	-12.0	MA
12	12	2039	19	40	0.633	40	-4.0	-9.4	VE
14	12	2039	20	48	0.013	12	-0.7	-6.8	ME
21	3	2040	15	49	0.317	-10.	0.4	-11.0	MA
9	5	2040	18	59	0.933	16	7.9	-7.2	NE
10	5	2040	16	15	0.774	6	-3.9	-5.0	VE
6	6	2040	2	41	0.856	41	7.9	-9.2	NE
3	7	2040	9	31	0.695	67	7.9	-10.2	NE
30	7	2040	16	35	0.442	92	7.9	-10.9	NE
27	8	2040	0	35	0.174	119	7.8	-11.5	NE
23	9	2040	9	18	0.004	146	7.8	-12.2	NE
20	10	2040	17	39	0.010	173	7.8	-12.7	NE
2	11	2040	22	42	0.881	23	0.7	-8.1	SA
3	11	2040	7	48	0.683	18	-0.3	-7.6	ME

GG MM AAAA	HH MM	DIST°	ELONG°	MAG	MAGL	PIANETA
5 11 2040	17 13	0.162	12	1.4	-6.7	MA
7 11 2040	21 22	0.654	40	-3.9	-9.4	VE
17 11 2040	0 28	0.071	159	7.8	-12.5	NE
30 11 2040	13 48	0.597	48	0.7	-9.6	SA
3 12 2040	20 54	0.882	6	-0.8	-5.3	ME
14 12 2040	5 38	0.103	130	7.8	-11.9	NE
28 12 2040	3 11	0.207	74	0.6	-10.5	SA
28 12 2040	12 36	0.990	69	-1.8	-10.4	GI
10 1 2041	10 39	0.020	-10.	7.9	-11.2	NE
24 1 2041	12 49	0.239	-10.	0.5	-11.1	SA
25 1 2041	1 43	0.427	94	-2.0	-11.0	GI
6 2 2041	17 48	0.274	75	7.9	-10.6	NE
20 2 2041	18 17	0.590	128	0.4	-11.8	SA
21 2 2041	8 59	0.010	121	-2.2	-11.6	GI
6 3 2041	3 58	0.539	48	7.9	-9.7	NE
19 3 2041	21 16	0.704	157	0.3	-12.4	SA
20 3 2041	11 26	0.094	150	-2.3	-12.3	GI
2 4 2041	15 52	0.717	21	7.9	-8.0	NE
16 4 2041	0 13	0.577	174	0.3	-12.6	SA
16 4 2041	12 5	0.125	178	-2.4	-12.6	GI
30 4 2041	3 23	0.816	5	7.9	-4.7	NE
1 5 2041	21 18	0.798	18	-0.6	-7.5	ME
13 5 2041	4 48	0.364	146	0.4	-12.2	SA
13 5 2041	14 11	0.463	150	-2.3	-12.3	GI
26 5 2041	7 16	0.421	46	-4.3	-9.6	VE
27 5 2041	1 50	0.489	36	1.0	-9.0	MA
27 5 2041	13 0	0.918	30	7.9	-8.7	NE
9 6 2041	11 35	0.252	119	0.5	-11.5	SA
9 6 2041	19 46	0.650	123	-2.2	-11.6	GI
6 7 2041	20 11	0.334	93	0.6	-10.8	SA
7 7 2041	5 3	0.553	97	-2.0	-10.9	GI
3 8 2041	6 1	0.579	68	0.7	-10.2	SA
3 8 2041	17 17	0.207	73	-1.8	-10.4	GI
30 8 2041	16 43	0.892	44	0.7	-9.3	SA
31 8 2041	7 35	0.276	51	-1.7	-9.6	GI
27 9 2041	23 30	0.797	29	-1.6	-8.5	GI
23 10 2041	11 20	0.063	18	-0.6	-7.5	ME
23 10 2041	12 46	0.532	17	-3.9	-7.4	VE
9 1 2042	14 50	0.648	143	-0.9	-12.1	MA
5 2 2042	5 49	0.195	175	-1.3	-12.6	MA
3 3 2042	18 52	0.953	146	-0.9	-12.2	MA
21 3 2042	4 6	0.974	8	-1.1	-6.1	ME
23 3 2042	2 9	0.264	19	-3.9	-7.9	VE
21 4 2042	12 23	0.364	20	-0.2	-7.9	ME
20 8 2042	4 15	0.121	49	1.3	-9.5	MA
12 10 2042	17 8	0.758	15	-0.9	-7.0	ME
11 3 2043	6 33	0.045	2	-1.4	-3.2	ME
7 4 2043	12 2	0.819	32	-3.8	-8.9	VE
9 4 2043	1 48	0.842	-10.	1.1	-6.4	MA
11 4 2043	2 9	0.311	18	0.3	-7.7	ME
4 9 2043	4 22	0.441	8	-3.9	-5.6	VE
24 11 2043	7 0	0.507	81	0.9	-10.7	MA
3 1 2044	16 22	0.946	37	-3.9	-9.0	VE

GG	MM	AAAA	HH	MM	DIST°	ELONG°	MAG	MAGL	PIANETA
29	2	2044	5	47	0.972	5	-1.5	-4.7	ME
30	3	2044	7	41	0.570	12	1.2	-6.8	ME
1	4	2044	19	8	0.785	45	-4.5	-9.6	VE
30	4	2044	6	45	0.032	34	-4.5	-9.0	VE
22	8	2044	12	46	0.954	7	5.6	-5.7	UR
19	9	2044	0	23	0.804	32	5.5	-8.9	UR
16	10	2044	9	21	0.587	58	5.5	-10.1	UR
12	11	2044	16	4	0.287	84	5.5	-10.8	UR
9	12	2044	22	27	0.014	112	5.4	-11.5	UR
6	1	2045	6	25	0.187	140	5.4	-12.3	UR
19	1	2045	13	35	0.892	15	-1.9	-7.1	GI
20	1	2045	7	43	0.330	23	1.0	-8.0	MA
2	2	2045	15	55	0.170	169	5.3	-12.8	UR
16	2	2045	7	15	0.124	8	-3.9	-5.6	VE
16	2	2045	9	3	0.276	7	-1.9	-5.4	GI
2	3	2045	1	11	0.060	162	5.3	-12.7	UR
16	3	2045	4	52	0.372	28	-1.9	-8.4	GI
18	3	2045	21	53	0.911	3	3.6	-3.9	ME
29	3	2045	8	34	0.021	134	5.4	-12.1	UR
25	4	2045	14	10	0.145	-10.	5.4	-11.4	UR
22	5	2045	19	53	0.397	81	5.5	-10.7	UR
19	6	2045	3	45	0.677	55	5.5	-10.0	UR
16	7	2045	14	35	0.905	31	5.5	-8.8	UR
8	9	2045	12	16	0.015	36	1.5	-9.1	MA
12	11	2045	13	31	0.630	45	-4.6	-9.5	VE
11	12	2045	0	40	0.844	30	-4.5	-8.6	VE
2	4	2046	7	19	0.865	46	-4.2	-9.4	VE
6	6	2046	12	42	0.418	24	0.2	-8.1	ME
2	11	2046	21	35	0.032	59	0.7	-10.1	MA
27	12	2046	11	4	0.076	2	-0.9	-2.6	ME
23	2	2047	6	15	0.795	17	0.7	-7.4	ME
29	4	2047	2	40	0.273	43	-4.1	-9.3	VE
26	5	2047	19	39	0.050	22	0.5	-7.9	ME
23	6	2047	11	40	0.466	1	1.5	-1.8	MA
21	7	2047	12	58	0.923	17	-0.6	-7.4	ME
17	12	2047	17	5	0.772	-10.	0.9	-6.5	SA
14	1	2048	9	6	0.446	15	0.9	-7.3	SA
10	2	2048	22	37	0.092	40	0.9	-9.4	SA
12	2	2048	5	19	0.010	23	0.2	-8.2	ME
9	3	2048	8	46	0.312	65	0.8	-10.3	SA
5	4	2048	16	29	0.697	91	0.7	-11.0	SA
1	5	2048	5	37	0.234	141	-1.4	-12.2	MA
2	5	2048	23	33	0.946	117	0.6	-11.6	SA
14	5	2048	9	54	0.122	17	1.0	-7.3	ME
28	5	2048	8	22	0.874	172	-2.2	-12.8	MA
30	5	2048	7	3	0.987	145	0.5	-12.3	SA
11	6	2048	21	16	0.135	4	-3.9	-4.0	VE
26	6	2048	14	50	0.866	172	0.5	-12.7	SA
9	7	2048	23	46	0.737	13	-1.1	-6.7	ME
23	7	2048	22	4	0.740	159	0.5	-12.6	SA
5	8	2048	5	53	0.850	50	-2.0	-9.6	GI
20	8	2048	4	9	0.770	132	0.6	-12.0	SA
1	9	2048	22	31	0.242	72	-2.1	-10.3	GI

GG	MM	AAAA	HH	MM	DIST°	ELONG°	MAG	MAGL	PIANETA
29	9	2048	12	5	0.269	97	-2.3	-10.9	GI
26	10	2048	20	51	0.543	123	-2.5	-11.6	GI
23	11	2048	0	6	0.495	152	-2.6	-12.3	GI
19	12	2048	23	34	0.229	177	-2.7	-12.6	GI
15	1	2049	23	14	0.039	146	-2.6	-12.1	GI
12	2	2049	3	4	0.161	117	-2.4	-11.4	GI
11	3	2049	12	45	0.593	91	-2.2	-10.8	GI
2	5	2049	15	37	0.254	8	2.7	-5.7	ME
26	7	2049	8	50	0.041	38	-3.9	-9.0	VE
30	8	2049	5	59	0.393	20	0.7	-7.7	ME
18	1	2050	18	50	0.562	60	1.2	-10.1	MA
14	7	2050	6	18	0.906	54	7.9	-9.8	NE
10	8	2050	12	39	0.659	80	7.9	-10.6	NE
18	8	2050	13	23	0.084	13	1.6	-6.6	ME
21	8	2050	14	52	0.016	45	-4.5	-9.4	VE
6	9	2050	19	35	0.424	-10.	7.9	-11.3	NE
4	10	2050	4	0	0.302	133	7.8	-12.0	NE
31	10	2050	13	28	0.324	161	7.8	-12.6	NE
11	11	2050	14	59	0.826	33	-4.6	-8.8	VE
27	11	2050	22	25	0.402	171	7.8	-12.7	NE
13	12	2050	18	54	0.763	6	2.2	-5.3	ME
25	12	2050	5	23	0.386	142	7.8	-12.2	NE
21	1	2051	10	31	0.201	114	7.8	-11.5	NE
16	2	2051	5	22	0.732	68	0.9	-10.4	MA
17	2	2051	15	59	0.093	87	7.9	-10.9	NE
13	3	2051	23	40	0.163	18	-0.3	-7.8	ME
17	3	2051	0	6	0.362	60	7.9	-10.2	NE
13	4	2051	11	7	0.525	33	7.9	-9.0	NE
10	5	2051	23	25	0.607	8	7.9	-5.8	NE
7	6	2051	10	56	0.697	18	7.9	-7.6	NE
4	7	2051	20	15	0.862	43	7.9	-9.5	NE
6	8	2051	16	58	0.123	5	3.5	-4.6	ME
5	10	2051	23	40	0.267	12	-0.6	-6.6	ME
6	10	2051	9	52	0.029	17	-3.9	-7.3	VE
1	11	2051	23	40	0.912	18	1.6	-7.4	MA
2	12	2051	4	43	0.488	14	0.4	-6.9	ME
24	6	2052	5	19	0.180	36	-4.5	-9.1	VE
22	7	2052	18	15	0.719	45	-4.4	-9.6	VE
25	7	2052	7	24	0.321	11	1.8	-6.6	ME
16	8	2052	3	3	0.840	110	-1.1	-11.4	MA
27	8	2052	4	22	0.937	33	-1.6	-8.8	GI
12	9	2052	22	56	0.030	128	-1.7	-11.9	MA
23	9	2052	23	32	0.357	12	-1.6	-6.6	GI
10	10	2052	4	22	0.613	156	-2.4	-12.6	MA
20	10	2052	9	53	0.958	25	5.5	-8.2	UR
21	10	2052	18	9	0.177	-10.	-1.6	-6.2	GI
16	11	2052	18	18	0.742	51	5.5	-9.7	UR
18	11	2052	11	30	0.706	32	-1.6	-8.7	GI
18	11	2052	19	38	0.445	28	-3.9	-8.4	VE
19	11	2052	17	54	0.658	18	-0.1	-7.5	ME
14	12	2052	1	59	0.444	78	5.5	-10.6	UR
10	1	2053	10	5	0.154	-10.	5.4	-11.3	UR
6	2	2053	18	49	0.003	134	5.3	-12.0	UR

GG	MM	AAAA	HH	MM	DIST°	ELONG°	MAG	MAGL	PIANETA
6	3	2053	3	8	0.036	162	5.3	-12.6	UR
20	3	2053	9	17	0.885	1	-3.9	-1.7	VE
2	4	2053	9	46	0.150	170	5.3	-12.6	UR
17	4	2053	13	25	0.747	16	-0.6	-7.4	ME
29	4	2053	14	34	0.183	142	5.3	-12.1	UR
26	5	2053	18	58	0.048	115	5.4	-11.4	UR
23	6	2053	1	0	0.224	89	5.4	-10.8	UR
20	7	2053	9	54	0.528	64	5.5	-10.2	UR
16	8	2053	21	22	0.954	38	-3.9	-9.2	VE
16	8	2053	21	27	0.772	38	5.5	-9.2	UR
13	9	2053	5	30	0.610	11	1.7	-6.5	MA
13	9	2053	10	14	0.937	14	5.5	-7.0	UR
7	1	2054	16	38	0.530	14	-3.2	-7.0	VE
5	3	2054	6	33	0.271	47	-4.4	-9.5	VE
9	3	2054	9	30	0.887	2	0.8	-2.5	SA
4	4	2054	5	11	0.436	45	-4.1	-9.4	VE
5	4	2054	23	14	0.607	26	0.7	-8.2	SA
7	4	2054	6	54	0.692	11	-1.0	-6.4	ME
3	5	2054	1	50	0.372	55	0.8	-9.8	MA
3	5	2054	13	4	0.298	50	0.7	-9.6	SA
4	5	2054	8	37	0.891	40	-3.9	-9.2	VE
31	5	2054	1	40	0.008	74	0.6	-10.4	SA
27	6	2054	11	41	0.216	99	0.5	-11.0	SA
24	7	2054	18	15	0.237	125	0.4	-11.6	SA
20	8	2054	21	46	0.070	153	0.3	-12.2	SA
16	9	2054	23	51	0.163	178	0.3	-12.5	SA
14	10	2054	2	44	0.272	150	0.3	-12.2	SA
10	11	2054	8	3	0.132	122	0.4	-11.6	SA
7	12	2054	16	20	0.218	95	0.5	-10.9	SA
4	1	2055	3	1	0.623	68	0.6	-10.2	SA
30	1	2055	3	6	0.050	26	-3.9	-8.3	VE
31	1	2055	15	6	0.952	42	0.7	-9.3	SA
28	6	2055	1	40	0.096	39	-4.5	-9.3	VE
28	6	2055	19	16	0.214	49	1.5	-9.7	MA
15	1	2056	11	2	0.947	18	0.3	-7.7	ME
13	2	2056	7	51	0.521	27	-1.8	-8.4	GI
13	2	2056	9	27	0.359	26	-3.9	-8.4	VE
13	2	2056	20	5	0.679	21	1.1	-7.9	MA
13	2	2056	20	9	0.892	21	-0.2	-7.8	ME
12	3	2056	0	17	0.040	49	-1.9	-9.6	GI
8	4	2056	14	25	0.592	72	-2.0	-10.4	GI
13	7	2056	22	57	0.080	13	-3.9	-6.8	VE
14	7	2056	5	40	0.106	17	-0.6	-7.3	ME
26	7	2056	23	32	0.709	177	-2.7	-12.7	GI
23	8	2056	1	43	0.394	153	-2.7	-12.4	GI
19	9	2056	4	32	0.360	125	-2.5	-11.7	GI
2	10	2056	20	46	0.493	80	0.6	-10.6	MA
16	10	2056	10	48	0.655	99	-2.3	-11.1	GI
31	10	2056	6	40	0.221	95	0.2	-11.0	MA
28	11	2056	6	3	0.187	114	-0.3	-11.4	MA
10	12	2056	6	59	0.387	46	-4.2	-9.7	VE
25	12	2056	13	35	0.829	141	-1.0	-12.1	MA
3	1	2057	19	38	0.671	22	-0.0	-8.2	ME

GG	MM	AAAA	HH	MM	DIST°	ELONG°	MAG	MAGL	PIANETA
2	2	2057	17	57	0.077	16	-0.4	-7.4	ME
8	4	2057	13	55	0.749	51	7.9	-9.6	NE
13	4	2057	1	2	0.188	99	0.4	-11.0	MA
5	5	2057	22	33	0.557	25	7.9	-8.1	NE
2	6	2057	6	46	0.458	2	7.9	-2.7	NE
28	6	2057	1	55	0.832	43	-4.0	-9.2	VE
29	6	2057	14	47	0.387	26	7.9	-8.2	NE
26	7	2057	22	53	0.259	51	7.9	-9.6	NE
23	8	2057	7	12	0.031	77	7.9	-10.4	NE
19	9	2057	15	27	0.254	-10.	7.9	-11.1	NE
16	10	2057	23	3	0.483	130	7.8	-11.8	NE
13	11	2057	5	30	0.559	158	7.8	-12.4	NE
10	12	2057	10	44	0.497	174	7.8	-12.6	NE
24	12	2057	12	17	0.776	22	-0.2	-8.1	ME
26	12	2057	0	48	0.515	1	-3.9	-1.5	VE
26	12	2057	12	55	0.703	7	1.2	-5.7	MA
6	1	2058	15	24	0.428	145	7.8	-12.1	NE
2	2	2058	20	46	0.491	117	7.8	-11.5	NE
2	3	2058	3	58	0.707	89	7.9	-10.8	NE
29	3	2058	13	7	0.976	62	7.9	-10.1	NE
23	4	2058	7	25	0.955	6	0.6	-5.1	SA
20	5	2058	21	15	0.717	18	0.6	-7.5	SA
25	5	2058	13	59	0.314	35	-3.9	-8.9	VE
17	6	2058	9	12	0.442	41	0.5	-9.2	SA
14	7	2058	19	32	0.087	65	0.4	-10.2	SA
17	7	2058	3	35	0.144	38	1.2	-9.0	MA
11	8	2058	4	48	0.331	90	0.3	-10.8	SA
7	9	2058	13	22	0.711	116	0.2	-11.5	SA
4	10	2058	21	8	0.911	143	0.1	-12.2	SA
1	11	2058	3	29	0.850	172	0.1	-12.7	SA
16	11	2058	13	32	0.905	5	2.5	-5.0	ME
28	11	2058	8	1	0.617	158	0.1	-12.5	SA
12	12	2058	1	6	0.154	46	-4.6	-9.6	VE
25	12	2058	11	34	0.425	129	0.2	-11.9	SA
21	1	2059	16	30	0.441	-10.	0.3	-11.2	SA
31	1	2059	20	32	0.850	145	-0.9	-12.1	MA
18	2	2059	1	15	0.664	74	0.4	-10.6	SA
27	2	2059	9	37	0.621	175	-1.3	-12.5	MA
17	3	2059	14	15	0.986	49	0.5	-9.7	SA
11	5	2059	1	8	0.498	-10.	-1.9	-6.3	GI
11	5	2059	16	15	0.512	2	-1.9	-2.6	ME
7	6	2059	20	1	0.082	30	-2.0	-8.7	GI
5	7	2059	12	15	0.708	51	-2.1	-9.7	GI
8	10	2059	6	51	0.856	18	5.6	-7.4	UR
8	10	2059	6	58	0.818	18	-3.9	-7.4	VE
10	10	2059	11	46	0.294	42	1.1	-9.3	MA
4	11	2059	16	36	0.709	8	5.6	-5.7	UR
4	11	2059	23	56	0.666	4	2.8	-4.4	ME
2	12	2059	3	23	0.554	34	5.6	-8.8	UR
29	12	2059	14	28	0.309	60	5.5	-10.0	UR
26	1	2060	0	25	0.014	88	5.5	-10.8	UR
22	2	2060	8	8	0.298	115	5.4	-11.4	UR
20	3	2060	13	30	0.419	143	5.4	-12.1	UR

GG	MM	AAAA	HH	MM	DIST°	ELONG°	MAG	MAGL	PIANETA
16	4	2060	17	30	0.364	171	5.4	-12.5	UR
30	4	2060	1	12	0.070	5	1.2	-5.0	MA
30	4	2060	19	4	0.337	5	-1.8	-5.0	ME
13	5	2060	21	32	0.247	162	5.4	-12.4	UR
10	6	2060	2	44	0.216	135	5.4	-11.8	UR
7	7	2060	9	36	0.347	-10.	5.4	-11.2	UR
3	8	2060	17	58	0.604	82	5.5	-10.6	UR
31	8	2060	3	15	0.885	57	5.5	-9.8	UR
23	10	2060	6	39	0.380	12	0.6	-6.6	ME
15	12	2060	9	19	0.171	83	0.9	-10.7	MA
20	3	2061	8	27	0.965	19	-0.3	-7.7	ME
21	3	2061	20	57	0.119	2	-3.9	-3.4	VE
1	5	2061	5	38	0.317	143	-1.1	-12.1	MA
28	5	2061	12	2	0.640	117	-0.5	-11.4	MA
25	6	2061	10	40	0.504	98	0.0	-11.0	MA
23	7	2061	20	14	0.363	84	0.4	-10.6	MA
18	8	2061	13	25	0.186	39	-3.9	-9.2	VE
17	9	2061	16	0	0.854	44	-4.1	-9.4	VE
11	10	2061	23	58	0.224	17	-0.1	-7.4	ME
17	10	2061	15	26	0.909	47	-4.4	-9.5	VE
11	2	2062	22	25	0.182	28	1.1	-8.5	MA
10	3	2062	2	4	0.004	13	-0.7	-6.9	ME
2	9	2062	14	58	0.751	-10.	-3.9	-6.5	VE
30	9	2062	2	13	0.587	36	1.6	-9.1	MA
27	10	2062	14	55	0.622	59	-1.8	-10.1	GI
24	11	2062	2	16	0.006	83	-2.0	-10.8	GI
21	12	2062	10	54	0.516	110	-2.1	-11.5	GI
17	1	2063	18	11	0.769	138	-2.3	-12.2	GI
14	2	2063	0	43	0.669	169	-2.4	-12.8	GI
13	3	2063	6	19	0.374	160	-2.4	-12.7	GI
9	4	2063	11	17	0.183	131	-2.3	-12.0	GI
6	5	2063	17	5	0.270	-10.	-2.1	-11.3	GI
31	5	2063	11	34	0.675	45	-4.4	-9.6	VE
3	6	2063	1	36	0.613	80	-1.9	-10.7	GI
27	7	2063	15	50	0.830	27	0.4	-8.5	ME
18	10	2063	10	16	0.319	46	-4.3	-9.7	VE
25	11	2063	16	16	0.231	65	0.6	-10.2	MA
14	7	2064	12	18	0.853	3	1.6	-3.4	MA
15	7	2064	1	2	0.902	9	0.5	-6.0	SA
15	7	2064	10	59	0.677	14	-3.9	-7.1	VE
16	7	2064	8	39	0.810	26	0.5	-8.4	ME
11	8	2064	16	28	0.550	14	0.5	-7.1	SA
12	8	2064	5	0	0.884	7	1.7	-5.6	MA
8	9	2064	8	21	0.167	38	0.5	-9.2	SA
5	10	2064	22	37	0.281	62	0.4	-10.2	SA
2	11	2064	9	18	0.750	87	0.3	-10.9	SA
11	11	2064	22	1	0.652	42	-4.0	-9.5	VE
8	2	2065	14	54	0.323	37	-4.7	-9.0	VE
8	3	2065	4	13	0.840	13	0.9	-6.8	ME
25	4	2065	19	46	0.359	110	-0.5	-11.4	MA
5	6	2065	14	58	0.173	17	-0.6	-7.3	ME
27	12	2065	9	40	0.520	1	-3.9	-1.9	VE
24	2	2066	15	16	0.392	5	2.9	-5.0	ME

GG	MM	AAAA	HH	MM	DIST°	ELONG°	MAG	MAGL	PIANETA
25	5	2066	23	50	0.998	20	-0.2	-7.6	ME
26	5	2066	20	28	0.755	29	1.6	-8.4	MA
6	11	2066	12	36	0.845	130	7.8	-11.8	NE
3	12	2066	18	39	0.823	158	7.8	-12.4	NE
16	12	2066	19	51	0.394	3	-0.8	-3.6	ME
30	12	2066	23	37	0.897	173	7.8	-12.6	NE
13	1	2067	17	21	0.410	25	-1.7	-8.4	GI
27	1	2067	4	19	0.917	145	7.8	-12.1	NE
9	2	2067	18	6	0.461	58	1.1	-10.1	MA
10	2	2067	12	37	0.237	47	-1.8	-9.8	GI
10	2	2067	23	2	0.460	41	-4.0	-9.5	VE
13	2	2067	8	46	0.194	9	1.9	-6.1	ME
23	2	2067	9	59	0.773	117	7.8	-11.4	NE
10	3	2067	3	50	0.880	71	-1.9	-10.5	GI
22	3	2067	17	24	0.494	89	7.9	-10.8	NE
19	4	2067	2	25	0.201	63	7.9	-10.1	NE
16	5	2067	12	3	0.004	37	7.9	-9.0	NE
12	6	2067	21	18	0.115	12	8.0	-6.5	NE
10	7	2067	5	40	0.202	14	8.0	-6.8	NE
6	8	2067	13	17	0.349	39	7.9	-9.1	NE
2	9	2067	20	45	0.585	64	7.9	-10.1	NE
15	9	2067	4	6	0.811	74	5.6	-10.5	UR
30	9	2067	4	35	0.856	91	7.9	-10.8	NE
12	10	2067	11	14	0.506	48	5.7	-9.7	UR
8	11	2067	20	9	0.277	23	5.7	-8.1	UR
6	12	2067	7	37	0.118	3	5.7	-4.1	UR
2	1	2068	20	46	0.057	30	5.7	-8.7	UR
17	1	2068	9	18	0.970	157	7.8	-12.4	NE
30	1	2068	9	22	0.324	57	5.7	-10.0	UR
2	2	2068	8	23	0.530	18	0.5	-7.7	ME
9	2	2068	15	42	0.961	83	0.6	-10.8	MA
26	2	2068	19	17	0.655	84	5.6	-10.8	UR
7	3	2068	7	15	0.370	46	-4.3	-9.7	VE
9	3	2068	5	28	0.904	71	1.0	-10.4	MA
25	3	2068	1	53	0.932	111	5.6	-11.4	UR
18	5	2068	11	14	0.998	165	5.5	-12.5	UR
30	5	2068	1	31	0.347	14	-3.0	-7.1	VE
14	6	2068	17	21	0.896	168	5.5	-12.6	UR
28	6	2068	0	54	0.236	19	-0.3	-7.7	ME
12	7	2068	0	55	0.881	141	5.5	-12.1	UR
22	4	2069	4	0	0.529	11	-3.9	-6.6	VE
10	8	2069	0	2	0.831	88	-0.1	-10.9	MA
19	8	2069	1	40	0.310	25	0.5	-8.2	ME
7	2	2070	11	29	0.468	43	-4.7	-9.4	VE
6	6	2070	11	53	0.104	32	-3.8	-8.9	VE
2	7	2070	15	2	0.888	75	-2.2	-10.5	GI
30	7	2070	1	53	0.500	98	-2.4	-11.1	GI
7	8	2070	20	7	0.576	20	0.9	-7.8	ME
26	8	2070	8	12	0.367	124	-2.6	-11.7	GI
22	9	2070	11	42	0.533	152	-2.8	-12.4	GI
5	10	2070	6	25	0.301	11	1.6	-6.5	MA
19	10	2070	15	3	0.862	178	-2.8	-12.8	GI
13	12	2070	4	8	0.881	118	-2.6	-11.6	GI

GG	MM	AAAA	HH	MM	DIST°	ELONG°	MAG	MAGL	PIANETA
26	12	2070	13	35	0.895	65	0.7	-10.2	SA
9	1	2071	14	1	0.370	91	-2.4	-11.0	GI
22	1	2071	23	11	0.614	91	0.6	-10.9	SA
6	2	2071	1	57	0.294	67	-2.2	-10.3	GI
19	2	2071	8	9	0.501	119	0.5	-11.6	SA
3	3	2071	9	57	0.208	16	-0.8	-7.3	ME
4	3	2071	21	57	0.844	35	-3.9	-9.0	VE
5	3	2071	16	29	0.950	44	-2.0	-9.5	GI
18	3	2071	15	48	0.608	147	0.4	-12.3	SA
14	4	2071	21	20	0.824	176	0.3	-12.6	SA
12	5	2071	0	52	0.948	155	0.4	-12.4	SA
25	5	2071	19	8	0.346	49	0.9	-9.6	MA
8	6	2071	4	1	0.843	128	0.4	-11.7	SA
5	7	2071	9	7	0.520	-10.	0.5	-11.1	SA
1	8	2071	17	46	0.096	76	0.6	-10.5	SA
29	8	2071	6	5	0.304	52	0.7	-9.8	SA
20	9	2071	10	37	0.471	45	-4.5	-9.6	VE
24	9	2071	7	31	0.252	8	-0.9	-5.8	ME
25	9	2071	20	50	0.616	28	0.8	-8.5	SA
23	10	2071	12	4	0.859	5	0.8	-4.8	SA
18	11	2071	7	27	0.316	43	-4.0	-9.4	VE
18	3	2072	4	6	0.859	18	0.8	-7.5	ME
15	7	2072	11	56	0.984	5	3.2	-5.0	ME
19	7	2072	7	29	0.229	49	1.4	-9.8	MA
15	8	2072	16	49	0.670	23	-3.8	-8.2	VE
12	1	2073	10	12	0.857	46	-4.6	-9.5	VE
6	3	2073	14	52	0.381	24	0.4	-8.1	ME
5	4	2073	15	19	0.236	21	-0.1	-7.8	ME
4	7	2073	3	35	0.446	15	1.3	-7.1	ME
29	9	2073	23	1	0.916	21	-3.9	-8.0	VE
21	11	2073	7	4	0.669	-10.	-2.2	-11.3	GI
18	12	2073	11	34	0.602	134	-2.4	-12.0	GI
14	1	2074	13	27	0.858	164	-2.5	-12.6	GI
28	1	2074	0	1	0.918	9	-3.9	-6.1	VE
23	2	2074	16	36	0.290	27	0.2	-8.4	ME
26	3	2074	3	1	0.866	17	-0.5	-7.3	ME
2	5	2074	5	43	0.970	65	7.9	-10.2	NE
3	5	2074	16	21	0.848	82	-2.0	-10.6	GI
5	5	2074	2	18	0.508	99	0.4	-11.1	MA
29	5	2074	12	46	0.735	40	7.9	-9.1	NE
31	5	2074	5	8	0.288	59	-1.8	-10.0	GI
22	6	2074	16	37	0.104	21	0.6	-7.8	ME
25	6	2074	20	20	0.591	14	8.0	-7.0	NE
27	6	2074	19	52	0.274	37	-1.7	-9.0	GI
28	6	2074	6	54	0.287	43	-4.0	-9.3	VE
23	7	2074	5	6	0.512	11	8.0	-6.3	NE
25	7	2074	12	35	0.790	17	-1.7	-7.3	GI
19	8	2074	15	0	0.413	36	8.0	-9.0	NE
16	9	2074	1	11	0.223	62	7.9	-10.1	NE
13	10	2074	10	20	0.054	88	7.9	-10.8	NE
9	11	2074	17	28	0.321	116	7.9	-11.4	NE
6	12	2074	22	42	0.457	144	7.8	-12.1	NE
3	1	2075	3	19	0.431	172	7.8	-12.6	NE

GG	MM	AAAA	HH	MM	DIST°	ELONG°	MAG	MAGL	PIANETA
13	1	2075	12	27	0.948	45	-4.2	-9.7	VE
17	1	2075	14	15	0.286	11	1.1	-6.7	MA
30	1	2075	8	45	0.348	160	7.8	-12.4	NE
12	2	2075	5	23	0.432	41	-4.0	-9.4	VE
13	2	2075	8	33	0.582	26	0.1	-8.4	ME
26	2	2075	15	31	0.362	131	7.8	-11.8	NE
25	3	2075	23	21	0.534	-10.	7.9	-11.1	NE
6	4	2075	0	29	0.868	118	0.6	-11.6	SA
7	4	2075	21	11	0.739	93	5.7	-11.0	UR
22	4	2075	7	35	0.798	77	7.9	-10.5	NE
3	5	2075	6	31	0.722	145	0.5	-12.3	SA
5	5	2075	3	22	0.515	120	5.6	-11.7	UR
30	5	2075	13	35	0.795	173	0.5	-12.8	SA
1	6	2075	10	58	0.442	147	5.6	-12.4	UR
11	6	2075	11	5	0.452	24	0.3	-8.0	ME
28	6	2075	19	53	0.512	174	5.6	-12.8	UR
12	7	2075	20	6	0.401	5	-3.9	-4.4	VE
13	7	2075	12	55	0.743	3	-1.8	-3.6	ME
26	7	2075	4	52	0.613	159	5.6	-12.6	UR
8	8	2075	14	44	0.959	36	1.4	-8.9	MA
22	8	2075	12	39	0.609	132	5.6	-12.0	UR
6	9	2075	11	29	0.490	45	1.4	-9.4	MA
18	9	2075	18	51	0.438	-10.	5.7	-11.3	UR
14	10	2075	3	25	0.709	54	0.8	-9.9	SA
16	10	2075	0	40	0.149	78	5.7	-10.7	UR
10	11	2075	15	15	0.398	29	0.9	-8.7	SA
12	11	2075	8	18	0.146	52	5.8	-9.9	UR
8	12	2075	6	17	0.127	4	0.9	-4.7	SA
9	12	2075	19	15	0.361	26	5.8	-8.5	UR
10	12	2075	9	6	0.379	34	-3.9	-9.1	VE
4	1	2076	22	50	0.136	21	0.9	-8.0	SA
6	1	2076	8	53	0.507	1	5.8	-1.9	UR
1	2	2076	14	9	0.460	46	0.9	-9.7	SA
2	2	2076	22	47	0.673	27	5.8	-8.6	UR
29	2	2076	1	58	0.858	72	0.8	-10.5	SA
1	3	2076	10	23	0.925	54	5.8	-10.0	UR
30	5	2076	18	35	0.475	23	0.1	-8.1	ME
27	6	2076	16	59	0.999	41	-4.5	-9.2	VE
2	7	2076	2	35	0.317	9	-1.4	-6.0	ME
31	10	2076	16	2	0.551	46	1.0	-9.6	MA
24	12	2076	16	0	0.559	18	-3.9	-7.6	VE
14	3	2077	6	41	0.904	130	-2.2	-11.8	GI
10	4	2077	8	7	0.893	159	-2.4	-12.4	GI
20	5	2077	14	21	0.128	20	-0.3	-7.9	ME
22	5	2077	0	2	0.878	2	1.3	-2.4	MA
23	5	2077	14	47	0.505	19	-3.9	-7.7	VE
19	6	2077	19	37	0.673	9	1.4	-6.1	MA
21	9	2077	7	53	0.601	44	-1.7	-9.4	GI
19	10	2077	0	40	0.075	23	-1.6	-8.0	GI
15	11	2077	18	46	0.445	1	-1.6	-0.9	GI
17	11	2077	13	12	0.664	21	-0.0	-7.8	ME
19	11	2077	1	49	0.776	39	-4.7	-9.2	VE
13	12	2077	14	1	0.986	21	-1.6	-7.9	GI

GG	MM	AAAA	HH	MM	DIST°	ELONG°	MAG	MAGL	PIANETA
4	2	2078	4	22	0.359	-10.	0.4	-11.1	MA
27	4	2078	4	3	0.011	179	-1.7	-12.5	MA
10	5	2078	16	15	0.517	15	-0.7	-7.3	ME
13	9	2078	8	20	0.461	78	0.3	-10.5	MA
6	11	2078	5	55	0.381	17	0.4	-7.3	ME
6	3	2079	2	30	0.996	33	1.2	-8.9	MA
6	3	2079	7	28	0.842	35	-3.9	-9.1	VE
3	4	2079	22	4	0.640	25	1.3	-8.4	MA
5	4	2079	1	36	0.604	41	-4.0	-9.4	VE
25	10	2079	13	37	0.297	9	1.5	-6.1	ME
19	11	2079	8	31	0.255	47	1.5	-9.6	MA
30	6	2080	14	29	0.620	162	-2.4	-12.4	MA
27	7	2080	14	5	0.428	134	-1.8	-11.8	MA
17	8	2080	1	42	0.035	24	-3.8	-8.3	VE
15	9	2080	16	2	0.935	27	0.3	-8.4	ME
13	10	2080	1	20	0.127	2	5.0	-2.5	ME
17	12	2080	19	7	0.810	72	0.5	-10.4	MA
15	1	2081	20	47	0.695	63	0.8	-10.1	MA
8	3	2081	14	38	0.583	22	-0.1	-7.9	ME
9	3	2081	13	54	0.591	12	-1.9	-6.5	GI
6	4	2081	9	33	0.045	33	-2.0	-8.7	GI
4	5	2081	4	28	0.743	54	-2.1	-9.8	GI
4	5	2081	23	7	0.899	46	-4.4	-9.4	VE
29	5	2081	14	13	0.851	-10.	0.6	-11.0	SA
25	6	2081	21	31	0.555	128	0.5	-11.7	SA
23	7	2081	2	3	0.458	155	0.4	-12.3	SA
6	8	2081	6	52	0.063	17	-0.4	-7.6	ME
19	8	2081	4	35	0.556	176	0.4	-12.5	SA
2	9	2081	21	33	0.123	7	1.7	-5.6	MA
5	9	2081	5	54	0.918	27	0.4	-8.5	ME
15	9	2081	6	51	0.716	149	0.4	-12.2	SA
1	10	2081	23	24	0.376	11	1.1	-6.6	ME
12	10	2081	10	56	0.759	121	0.5	-11.5	SA
8	11	2081	18	19	0.585	94	0.6	-10.9	SA
6	12	2081	5	13	0.236	68	0.7	-10.3	SA
2	1	2082	18	27	0.162	42	0.8	-9.3	SA
29	1	2082	17	37	0.027	-10.	-3.9	-6.2	VE
30	1	2082	8	23	0.517	17	0.8	-7.3	SA
26	2	2082	0	56	0.487	18	-0.4	-7.4	ME
26	2	2082	21	42	0.837	8	0.8	-5.7	SA
18	5	2082	7	48	0.901	-10.	5.8	-11.1	UR
18	5	2082	15	9	0.919	-10.	-0.4	-11.1	MA
14	6	2082	16	3	0.684	130	5.7	-11.8	UR
11	7	2082	23	37	0.622	157	5.7	-12.4	UR
27	7	2082	8	29	0.868	22	-0.1	-8.0	ME
8	8	2082	5	47	0.698	175	5.7	-12.6	UR
27	8	2082	1	42	0.181	41	-4.6	-9.4	VE
4	9	2082	10	32	0.794	148	5.7	-12.2	UR
1	10	2082	14	55	0.774	121	5.7	-11.6	UR
28	10	2082	20	45	0.581	94	5.8	-11.0	UR
25	11	2082	5	32	0.276	67	5.8	-10.3	UR
22	12	2082	17	10	0.014	40	5.9	-9.3	UR
6	1	2083	1	40	0.933	157	7.8	-12.5	NE

GG	MM	AAAA	HH	MM	DIST°	ELONG°	MAG	MAGL	PIANETA
19	1	2083	5	54	0.212	14	5.9	-7.0	UR
2	2	2083	8	14	0.989	175	7.8	-12.7	NE
15	2	2083	17	32	0.353	13	5.9	-6.8	UR
15	3	2083	2	53	0.536	39	5.9	-9.2	UR
15	3	2083	11	38	0.764	34	-3.9	-8.9	VE
29	3	2083	1	25	0.942	119	7.9	-11.6	NE
11	4	2083	10	22	0.811	65	5.8	-10.2	UR
25	4	2083	9	33	0.702	92	7.9	-10.9	NE
22	5	2083	16	42	0.414	66	7.9	-10.2	NE
18	6	2083	2	36	0.194	30	1.6	-8.6	MA
18	6	2083	23	33	0.183	40	8.0	-9.2	NE
16	7	2083	7	11	0.046	15	8.0	-7.1	NE
12	8	2083	16	16	0.045	-10.	8.0	-6.3	NE
9	9	2083	2	36	0.176	36	8.0	-9.0	NE
6	10	2083	13	8	0.406	62	7.9	-10.1	NE
2	11	2083	22	19	0.703	89	7.9	-10.8	NE
30	11	2083	5	11	0.953	116	7.9	-11.5	NE
23	1	2084	14	56	0.999	173	7.8	-12.6	NE
19	2	2084	20	47	0.940	159	7.8	-12.4	NE
2	3	2084	14	8	0.229	54	1.1	-10.0	MA
23	9	2084	0	11	0.565	78	-2.1	-10.5	GI
20	10	2084	12	40	0.065	-10.	-2.3	-11.1	GI
31	10	2084	4	53	0.542	24	-0.0	-8.2	ME
16	11	2084	20	21	0.184	130	-2.5	-11.8	GI
13	12	2084	22	52	0.103	160	-2.6	-12.4	GI
9	1	2085	22	15	0.170	169	-2.6	-12.5	GI
5	2	2085	22	30	0.330	139	-2.5	-12.0	GI
2	3	2085	22	5	0.722	86	0.7	-10.8	MA
5	3	2085	3	22	0.174	110	-2.3	-11.3	GI
31	3	2085	12	11	0.710	73	1.1	-10.4	MA
1	4	2085	14	5	0.273	85	-2.1	-10.7	GI
29	4	2085	5	30	0.861	61	-1.9	-10.0	GI
24	5	2085	7	2	0.468	8	-1.6	-5.9	ME
25	5	2085	7	50	0.317	20	-3.9	-7.7	VE
23	9	2085	2	38	0.832	46	-4.2	-9.5	VE
20	10	2085	18	32	0.433	24	0.1	-8.2	ME
16	12	2085	1	42	0.877	11	-0.7	-6.6	ME
17	12	2085	7	13	0.382	5	-0.9	-4.7	VE
9	7	2086	0	39	0.276	23	-3.8	-8.1	VE
31	8	2086	23	44	0.064	82	0.3	-10.7	MA
5	12	2086	18	0	0.669	6	-0.8	-5.0	ME
1	6	2087	14	49	0.890	8	2.8	-5.9	ME
27	10	2087	15	11	0.184	13	1.4	-6.7	MA
19	5	2088	23	38	0.981	11	0.5	-6.7	SA
20	5	2088	9	5	0.196	6	3.4	-5.3	ME
16	6	2088	0	37	0.152	43	1.0	-9.5	MA
16	6	2088	15	31	0.644	34	0.5	-9.0	SA
17	6	2088	12	3	0.361	23	0.1	-8.2	ME
14	7	2088	5	7	0.293	58	0.4	-10.1	SA
10	8	2088	15	12	0.018	82	0.3	-10.8	SA
6	9	2088	21	52	0.196	-10.	0.2	-11.4	SA
17	9	2088	17	29	0.001	33	-3.8	-8.8	VE
4	10	2088	2	44	0.175	135	0.1	-12.1	SA

GG MM AAAA	HH MM	DIST°	ELONG°	MAG	MAGL	PIANETA
31 10 2088	8 5	0.003	164	0.1	-12.7	SA
11 11 2088	19 50	0.481	17	-1.6	-7.3	GI
27 11 2088	15 5	0.164	166	0.1	-12.7	SA
9 12 2088	12 39	0.074	39	-1.7	-9.2	GI
24 12 2088	23 12	0.110	137	0.1	-12.2	SA
6 1 2089	3 35	0.631	62	-1.8	-10.1	GI
21 1 2089	7 14	0.200	-10.	0.2	-11.4	SA
17 2 2089	15 0	0.636	81	0.3	-10.7	SA
7 4 2089	15 43	0.204	39	-4.6	-9.1	VE
9 5 2089	1 45	0.856	17	1.2	-7.5	ME
22 5 2089	16 11	0.791	159	-2.4	-12.4	GI
18 6 2089	17 47	0.822	131	-2.3	-11.8	GI
8 8 2089	6 27	0.274	27	0.4	-8.5	ME
9 8 2089	23 34	0.495	50	1.3	-9.8	MA
4 9 2089	8 31	0.718	5	2.9	-5.0	ME
1 11 2089	15 52	0.442	11	-3.9	-6.6	VE
30 3 2090	4 45	0.992	11	1.1	-6.3	MA
27 4 2090	15 53	0.895	24	0.6	-8.1	ME
28 7 2090	18 6	0.961	24	0.7	-8.2	ME
30 7 2090	8 11	0.742	46	-4.3	-9.6	VE
24 8 2090	9 53	0.231	14	0.9	-7.1	ME
26 12 2090	18 54	0.909	67	5.9	-10.2	UR
23 1 2091	5 18	0.618	40	5.9	-9.2	UR
19 2 2091	15 38	0.431	14	5.9	-6.9	UR
19 3 2091	1 10	0.297	12	5.9	-6.6	UR
15 4 2091	9 57	0.120	38	5.9	-9.0	UR
16 4 2091	8 45	0.510	27	0.4	-8.3	ME
16 4 2091	11 9	0.192	26	-3.8	-8.2	VE
12 5 2091	18 26	0.137	63	5.9	-10.1	UR
26 5 2091	18 56	0.607	99	0.3	-11.1	MA
9 6 2091	2 53	0.424	89	5.8	-10.7	UR
6 7 2091	11 6	0.635	115	5.8	-11.4	UR
2 8 2091	18 29	0.692	142	5.7	-12.0	UR
13 8 2091	14 14	0.862	19	0.1	-7.6	ME
15 8 2091	8 26	0.934	4	8.0	-4.6	NE
30 8 2091	0 29	0.613	169	5.7	-12.5	UR
11 9 2091	20 2	0.849	21	8.0	-8.0	NE
13 9 2091	15 4	0.503	4	-1.3	-4.2	ME
26 9 2091	5 7	0.514	164	5.7	-12.5	UR
9 10 2091	7 51	0.699	47	8.0	-9.7	NE
23 10 2091	9 13	0.538	136	5.8	-11.9	UR
5 11 2091	17 53	0.451	74	7.9	-10.5	NE
19 11 2091	14 23	0.739	-10.	5.8	-11.3	UR
3 12 2091	0 58	0.171	-10.	7.9	-11.2	NE
30 12 2091	5 57	0.013	129	7.9	-11.9	NE
12 1 2092	7 9	0.656	41	-4.0	-9.3	VE
26 1 2092	11 13	0.033	158	7.8	-12.5	NE
8 2 2092	21 15	0.433	15	-0.9	-7.3	ME
8 2 2092	22 32	0.199	16	1.0	-7.3	MA
22 2 2092	18 23	0.046	174	7.8	-12.7	NE
21 3 2092	3 8	0.073	146	7.9	-12.3	NE
2 4 2092	5 57	0.821	54	-2.0	-9.9	GI
4 4 2092	12 26	0.154	27	0.3	-8.4	ME

GG	MM	AAAA	HH	MM	DIST°	ELONG°	MAG	MAGL	PIANETA
17	4	2092	12	3	0.051	119	7.9	-11.6	NE
29	4	2092	19	25	0.304	77	-2.1	-10.5	GI
14	5	2092	20	0	0.298	92	7.9	-10.9	NE
27	5	2092	6	48	0.076	-10.	-2.3	-11.1	GI
11	6	2092	2	52	0.563	66	7.9	-10.2	NE
23	6	2092	16	0	0.191	126	-2.5	-11.8	GI
8	7	2092	9	36	0.753	41	8.0	-9.2	NE
20	7	2092	22	37	0.008	154	-2.7	-12.4	GI
30	7	2092	9	11	0.953	46	-4.2	-9.4	VE
1	8	2092	18	13	0.989	19	-0.2	-7.6	ME
4	8	2092	17	22	0.854	15	8.0	-7.2	NE
17	8	2092	2	39	0.384	176	-2.8	-12.7	GI
29	8	2092	8	40	0.405	42	-4.0	-9.3	VE
1	9	2092	2	51	0.930	-10.	8.0	-6.3	NE
13	9	2092	5	21	0.653	147	-2.7	-12.3	GI
27	9	2092	19	35	0.540	45	1.5	-9.5	MA
28	9	2092	11	32	0.915	37	-3.9	-9.1	VE
10	10	2092	9	0	0.594	119	-2.5	-11.6	GI
26	10	2092	12	52	0.854	56	1.4	-10.0	MA
6	11	2092	16	15	0.201	93	-2.3	-11.0	GI
19	11	2092	6	6	0.929	124	0.1	-11.6	SA
4	12	2092	4	49	0.385	68	-2.1	-10.4	GI
16	12	2092	9	31	0.938	153	0.0	-12.3	SA
31	12	2092	22	33	0.997	45	-2.0	-9.6	GI
25	3	2093	4	50	0.966	25	0.1	-8.3	ME
1	5	2093	15	4	0.911	67	0.4	-10.2	SA
29	5	2093	3	17	0.542	43	0.4	-9.2	SA
25	6	2093	16	7	0.219	19	0.5	-7.6	SA
26	6	2093	13	57	0.895	29	-3.8	-8.4	VE
21	7	2093	23	22	0.714	17	-0.6	-7.3	ME
23	7	2093	5	16	0.063	3	0.5	-3.8	SA
19	8	2093	18	34	0.354	26	0.5	-8.2	SA
16	9	2093	7	46	0.693	50	0.4	-9.6	SA
18	12	2093	6	6	0.273	2	1.1	-3.1	VE
26	2	2094	21	41	0.903	143	0.1	-12.1	SA
26	3	2094	2	33	0.994	115	0.2	-11.4	SA
10	7	2094	14	48	0.383	22	-3.8	-7.9	VE
11	7	2094	10	47	0.129	13	-1.2	-6.7	ME
11	7	2094	22	47	0.334	7	1.6	-5.4	MA
9	12	2094	4	47	0.410	17	-3.9	-7.5	VE
26	2	2095	15	35	0.970	99	0.3	-11.1	MA
26	3	2095	16	51	0.261	118	-0.4	-11.5	MA
23	4	2095	5	26	0.522	141	-1.3	-12.1	MA
31	5	2095	15	31	0.921	24	0.5	-8.2	ME
5	6	2095	19	59	0.898	43	-4.5	-9.4	VE
29	6	2095	3	44	0.616	34	-2.0	-8.9	GI
1	7	2095	6	55	0.672	7	-1.7	-5.5	ME
26	7	2095	19	26	0.034	55	-2.1	-9.9	GI
23	8	2095	8	12	0.556	77	-2.2	-10.6	GI
6	10	2095	3	51	0.183	84	0.0	-10.7	MA
10	12	2095	14	46	0.804	171	-2.7	-12.8	GI
23	12	2095	17	41	0.704	35	-3.9	-8.9	VE
6	1	2096	18	52	0.481	141	-2.6	-12.2	GI

GG	MM	AAAA	HH	MM	DIST°	ELONG°	MAG	MAGL	PIANETA
2	2	2096	23	38	0.465	112	-2.4	-11.5	GI
1	3	2096	7	36	0.764	86	-2.2	-10.9	GI
24	4	2096	17	49	0.352	28	1.4	-8.7	MA
20	5	2096	6	33	0.962	26	0.3	-8.4	ME
22	5	2096	4	47	0.573	2	-3.9	-2.8	VE
19	10	2096	22	24	0.308	40	-3.9	-9.1	VE
17	11	2096	0	0	0.315	21	-0.2	-7.8	ME
10	12	2096	11	33	0.747	47	1.5	-9.5	MA
8	1	2097	6	24	0.831	58	1.3	-9.9	MA
28	6	2097	2	42	0.326	143	-2.1	-12.0	MA
17	9	2097	6	15	0.331	130	-1.9	-11.7	MA
6	10	2097	12	8	0.831	12	-0.6	-6.7	ME
6	11	2097	3	9	0.165	23	-0.0	-8.1	ME
28	11	2097	1	11	0.774	67	0.5	-10.3	SA
25	12	2097	9	32	0.343	93	0.4	-11.0	SA
9	1	2098	20	29	0.998	80	5.8	-10.6	UR
21	1	2098	17	42	0.056	121	0.3	-11.7	SA
6	2	2098	3	51	0.692	53	5.9	-9.8	UR
7	2	2098	10	42	0.362	68	0.8	-10.3	MA
18	2	2098	1	59	0.260	150	0.2	-12.4	SA
4	3	2098	20	37	0.669	19	-3.9	-7.7	VE
5	3	2098	11	55	0.456	27	5.9	-8.4	UR
17	3	2098	9	23	0.206	178	0.2	-12.8	SA
1	4	2098	21	39	0.306	1	5.9	-1.8	UR
13	4	2098	15	1	0.013	152	0.2	-12.4	SA
29	4	2098	8	55	0.170	25	5.9	-8.2	UR
10	5	2098	19	27	0.117	124	0.3	-11.7	SA
26	5	2098	20	32	0.032	50	5.9	-9.7	UR
7	6	2098	0	39	0.061	98	0.4	-11.1	SA
23	6	2098	7	0	0.317	75	5.8	-10.5	UR
4	7	2098	8	42	0.172	73	0.5	-10.5	SA
20	7	2098	15	7	0.615	-10.	5.8	-11.1	UR
31	7	2098	20	26	0.499	49	0.6	-9.7	SA
16	8	2098	20	42	0.817	127	5.8	-11.7	UR
28	8	2098	11	12	0.837	25	0.7	-8.4	SA
13	9	2098	0	52	0.853	154	5.7	-12.3	UR
24	9	2098	12	49	0.768	7	1.7	-5.6	MA
26	9	2098	7	29	0.043	18	-0.3	-7.6	ME
10	10	2098	5	20	0.760	178	5.7	-12.6	UR
23	10	2098	4	47	0.757	17	1.7	-7.5	MA
26	10	2098	5	35	0.407	23	0.1	-8.1	ME
6	11	2098	11	20	0.674	150	5.7	-12.3	UR
19	11	2098	11	53	0.715	44	-4.6	-9.6	VE
3	12	2098	18	59	0.734	122	5.8	-11.6	UR
15	12	2098	5	30	0.545	91	-2.0	-11.0	GI
31	12	2098	3	26	0.965	94	5.8	-10.9	UR
11	1	2099	13	9	0.087	118	-2.2	-11.7	GI
7	2	2099	19	45	0.079	148	-2.3	-12.4	GI
7	3	2099	1	57	0.090	178	-2.4	-12.8	GI
3	4	2099	7	39	0.395	151	-2.3	-12.5	GI
30	4	2099	13	12	0.550	123	-2.2	-11.8	GI
12	5	2099	23	9	0.959	81	0.3	-10.6	MA
27	5	2099	17	36	0.914	96	7.9	-11.1	NE

GG	MM	AAAA	HH	MM	DIST°	ELONG°	MAG	MAGL	PIANETA
27	5	2099	19	56	0.425	97	-2.0	-11.1	GI
23	6	2099	23	24	0.660	70	8.0	-10.4	NE
24	6	2099	5	23	0.061	73	-1.8	-10.5	GI
21	7	2099	7	5	0.416	44	8.0	-9.5	NE
21	7	2099	18	33	0.435	51	-1.7	-9.8	GI
16	8	2099	20	55	0.839	7	-3.9	-5.7	VE
17	8	2099	17	26	0.248	19	8.0	-7.8	NE
18	8	2099	11	24	0.973	29	-1.6	-8.7	GI
14	9	2099	5	43	0.149	7	8.0	-5.6	NE
16	9	2099	6	29	0.758	22	-0.0	-8.1	ME
11	10	2099	18	4	0.040	33	8.0	-9.0	NE
15	10	2099	9	20	0.419	19	0.4	-7.8	ME
8	11	2099	4	20	0.160	59	8.0	-10.2	NE
5	12	2099	11	30	0.452	86	7.9	-10.9	NE
1	1	2100	16	48	0.736	114	7.9	-11.6	NE
14	1	2100	2	18	0.270	42	-4.0	-9.3	VE
28	1	2100	22	53	0.890	142	7.9	-12.3	NE
25	2	2100	7	15	0.882	171	7.9	-12.8	NE
15	3	2100	3	33	0.726	46	-4.5	-9.4	VE
24	3	2100	17	9	0.815	161	7.9	-12.7	NE
12	4	2100	23	9	0.967	36	-4.6	-8.9	VE
21	4	2100	2	37	0.833	134	7.9	-12.0	NE
9	5	2100	18	26	0.406	6	-1.3	-5.2	VE
18	5	2100	10	22	0.993	-10.	7.9	-11.3	NE
10	7	2100	0	17	0.611	31	1.7	-8.7	MA
6	8	2100	9	40	0.084	6	-1.4	-5.1	ME
7	8	2100	14	31	0.872	21	1.7	-7.9	MA
1	10	2100	2	42	0.139	36	-3.9	-9.1	VE
4	10	2100	11	13	0.352	11	1.5	-6.6	ME

CONGIUNZIONI MULTIPLE
2 PIANETI LUNA
MULTIPLE CONJUNCTIONS
2 PLANETS MOON
2000-2100

GG MM AAAA : data nel formato giorno/mese/anno
HH MM : ore e minuti
DIST° : distanza minima in gradi tra i corpi
ELONG° : elongazione dal Sole dei corpi
MAG : magnitudine del corpo più debole
PIANETI : corpi coinvolti : MErcurio, VEnere, MArte, GIove,
              SAturno, URano, NEttuno

Sono elencate tutte le congiunzioni in cui i corpi distano meno di 5°

La luna non è indicata in quanto è presente in tutte le congiunzioni di questa tabella

GG MM AAAA : date in the format dd/mm/yyyy
HH MM : hours and minutes
DIST° : minima distance in ° between the bodies
ELONG° : elongation from the Sun of the bodies
MAG : magnitude of the less bright body
PIANETI : planets : MErcury, VEnus, MArs, GI (Jupiter),
              SAturn, URanus, NEptune

All the conjunctions are listed if the bodies have distance less then 5°

The Moon isn't indicated in the table because it is always present

GG	MM	AAAA	HH	MM	DIST°	ELONG°	MAG	PIANETI	
4	3	2000	1	4	0.689	25	5.9	VE	UR
6	4	2000	13	24	5.077	23	1.3	MA	GI
4	5	2000	11	29	4.093	3	0.5	GI	SA
3	5	2000	12	51	4.571	7	-1.5	ME	VE
1	6	2000	6	3	3.704	18	0.5	GI	SA
29	6	2000	0	4	3.864	38	0.5	GI	SA
2	7	2000	5	37	4.952	6	2.8	ME	VE
25	1	2001	23	27	4.184	14	5.9	ME	UR
21	6	2001	1	25	4.453	5	2.8	ME	GI
17	7	2001	15	13	2.422	42	0.4	VE	SA
14	11	2001	6	24	3.039	12	-0.9	ME	VE
22	11	2001	0	33	3.801	78	5.8	MA	UR
11	3	2002	22	10	4.041	21	5.9	ME	UR
14	5	2002	20	50	2.218	27	1.5	VE	MA
11	7	2002	1	7	3.265	7	1.7	MA	GI
1	12	2002	13	14	2.648	37	1.5	VE	MA
30	12	2002	4	24	4.565	46	1.4	VE	MA
1	3	2003	22	53	4.847	11	5.9	ME	UR
29	3	2003	12	15	4.421	36	5.9	VE	UR
29	5	2003	2	2	2.663	22	0.6	ME	VE
19	6	2003	9	29	4.536	115	5.8	MA	UR
29	6	2003	7	14	3.907	4	0.5	ME	SA
6	10	2003	14	26	4.388	136	5.7	MA	UR
22	5	2004	17	20	4.911	38	1.6	MA	SA
9	11	2004	20	19	4.919	33	-1.6	VE	GI
10	12	2004	0	52	3.498	27	1.5	VE	MA
9	1	2005	2	6	4.846	20	-0.3	ME	VE
8	2	2005	14	57	4.633	5	8.0	ME	NE
8	7	2005	21	40	4.761	26	0.4	ME	VE
4	10	2005	13	31	2.240	12	-0.6	ME	GI
27	3	2006	17	19	2.189	24	5.9	ME	UR
22	8	2006	11	49	4.956	13	0.5	VE	SA
22	8	2006	18	24	3.236	10	0.5	ME	SA
22	10	2006	3	36	3.992	1	1.6	VE	MA
20	1	2007	15	36	2.325	19	8.0	VE	NE
4	2	2008	9	33	4.546	31	-1.8	VE	GI
5	3	2008	16	35	2.573	24	0.2	ME	VE
5	3	2008	20	43	1.466	23	8.0	VE	NE
5	3	2008	18	36	4.077	23	8.0	ME	NE
6	7	2008	17	50	3.254	48	1.5	MA	SA
1	9	2008	18	8	4.837	23	0.2	ME	VE
2	9	2008	0	22	4.781	25	1.5	ME	MA
27	11	2008	21	20	4.133	1	1.3	ME	MA
1	12	2008	15	27	2.031	42	-1.9	VE	GI
29	12	2008	7	12	2.884	18	-0.6	ME	GI
31	12	2008	12	49	4.471	42	8.0	VE	NE
22	2	2009	23	12	1.520	23	0.1	ME	GI
23	2	2009	3	13	3.055	20	1.1	MA	GI
23	2	2009	2	21	4.287	20	1.1	ME	MA
19	4	2009	18	19	3.747	64	7.9	GI	NE
17	5	2009	6	7	2.762	90	7.9	GI	NE
13	6	2009	14	30	3.168	116	7.9	GI	NE
10	7	2009	19	14	3.269	143	7.8	GI	NE

GG	MM	AAAA	HH	MM	DIST°	ELONG°	MAG	PIANETI	
6	8	2009	21	33	3.311	169	7.8	GI	NE
2	9	2009	23	52	5.027	159	7.8	GI	NE
23	11	2009	23	15	3.900	78	7.9	GI	NE
21	12	2009	11	34	3.821	54	7.9	GI	NE
18	1	2010	0	38	4.908	27	8.0	GI	NE
30	5	2011	21	56	4.764	21	1.2	VE	MA
28	10	2011	3	28	2.121	18	-0.3	ME	VE
20	5	2012	10	23	3.392	5	-1.5	ME	GI
10	4	2013	15	8	3.197	2	1.2	VE	MA
9	5	2013	15	55	2.300	3	1.2	ME	MA
7	10	2013	1	46	5.102	25	0.8	ME	SA
31	8	2014	21	52	4.890	70	0.7	MA	SA
23	1	2015	0	35	3.943	33	8.0	MA	NE
21	2	2015	0	18	1.963	28	1.1	VE	MA
19	3	2015	1	0	4.995	19	8.0	ME	NE
19	4	2015	17	6	4.150	11	1.3	ME	MA
9	10	2015	18	34	3.742	34	1.6	MA	GI
7	11	2015	10	43	2.033	46	1.5	VE	MA
7	1	2016	3	27	3.434	34	0.9	VE	SA
6	2	2016	11	33	4.952	26	0.1	ME	VE
3	1	2017	5	11	1.411	57	7.9	MA	NE
1	3	2017	19	34	4.238	41	5.9	MA	UR
25	4	2017	19	9	4.321	9	5.9	ME	UR
18	9	2017	21	18	1.858	16	1.7	ME	MA
17	11	2017	3	18	4.399	13	-1.6	VE	GI
11	1	2018	10	22	4.524	60	1.3	MA	GI
15	1	2018	4	16	3.652	20	0.9	ME	SA
7	4	2018	15	10	3.446	96	0.7	MA	SA
13	5	2018	18	20	4.443	23	5.9	ME	UR
14	12	2018	20	31	4.705	81	7.9	MA	NE
3	4	2019	1	24	3.390	26	8.0	ME	NE
4	7	2019	7	32	3.804	19	1.7	ME	MA
30	8	2019	14	43	3.571	1	1.7	VE	MA
28	11	2019	14	22	4.395	23	-1.8	VE	GI
28	1	2020	9	52	3.843	39	7.9	VE	NE
18	3	2020	9	35	1.587	66	0.8	MA	GI
12	5	2020	14	33	4.721	110	0.6	GI	SA
24	5	2020	6	34	3.937	16	-0.3	ME	VE
8	6	2020	22	19	5.059	137	0.5	GI	SA
13	6	2020	2	29	4.160	92	7.9	MA	NE
19	11	2020	12	28	3.437	56	0.8	GI	SA
17	12	2020	5	40	3.038	34	0.9	GI	SA
14	1	2021	0	9	3.511	9	0.9	GI	SA
14	1	2021	5	10	3.625	12	-0.9	ME	GI
21	1	2021	9	24	4.651	95	5.8	MA	UR
10	2	2021	16	15	5.001	11	0.9	VE	SA
10	2	2021	22	36	3.581	10	-1.9	VE	GI
10	3	2021	21	46	4.889	27	0.2	ME	GI
13	3	2021	5	0	3.933	2	8.0	VE	NE
12	7	2021	11	41	3.641	28	1.7	VE	MA
1	3	2022	0	24	4.198	22	0.8	ME	SA
28	3	2022	10	4	5.084	46	1.0	MA	SA
30	3	2022	20	0	3.765	17	8.0	GI	NE

GG	MM	AAAA	HH	MM	DIST°	ELONG°	MAG	PIANETI	
27	4	2022	8	48	3.830	40	-2.0	VE	GI
27	4	2022	5	53	3.402	43	7.9	VE	NE
27	4	2022	8	49	3.598	40	7.9	GI	NE
24	5	2022	16	55	4.713	64	7.9	MA	NE
25	5	2022	0	33	3.135	61	0.6	MA	GI
24	11	2022	13	51	2.304	8	-0.7	ME	VE
24	12	2022	15	56	4.309	15	-0.3	ME	VE
23	1	2023	9	57	3.582	22	0.8	VE	SA
21	4	2023	10	9	3.861	15	5.8	ME	UR
22	6	2023	8	14	4.453	44	1.5	VE	MA
10	3	2024	22	38	4.450	6	8.0	ME	NE
6	4	2024	8	5	3.060	33	1.0	MA	SA
7	4	2024	11	46	4.733	15	8.0	VE	NE
10	4	2024	20	24	3.852	28	5.8	GI	UR
4	5	2024	22	21	4.252	42	7.9	MA	NE
8	5	2024	13	24	4.406	4	5.8	GI	UR
5	6	2024	13	48	4.706	11	-1.3	ME	GI
1	2	2025	21	58	3.349	45	7.9	VE	NE
1	3	2025	6	31	2.670	16	7.9	ME	NE
28	3	2025	21	28	3.784	8	8.0	ME	NE
25	4	2025	6	11	4.923	34	7.9	VE	NE
25	4	2025	3	0	4.115	38	0.7	VE	SA
25	4	2025	5	40	3.730	34	7.9	SA	NE
22	5	2025	17	23	2.666	60	7.9	SA	NE
19	6	2025	1	50	3.001	86	7.9	SA	NE
16	7	2025	7	38	3.376	112	7.9	SA	NE
12	8	2025	12	38	3.573	138	7.8	SA	NE
8	9	2025	18	42	3.615	165	7.8	SA	NE
6	10	2025	2	34	3.674	164	7.8	SA	NE
23	10	2025	12	28	4.387	21	1.4	ME	MA
2	11	2025	11	29	4.175	135	7.8	SA	NE
29	11	2025	19	59	4.363	107	7.9	SA	NE
27	12	2025	3	25	3.987	80	7.9	SA	NE
18	1	2026	15	47	2.537	2	1.1	ME	MA
18	1	2026	21	37	4.788	3	-1.0	ME	VE
23	1	2026	10	55	3.980	54	7.9	SA	NE
19	2	2026	20	19	4.083	29	7.9	SA	NE
17	3	2026	17	47	4.092	15	1.1	ME	MA
19	3	2026	8	22	4.468	3	8.0	SA	NE
16	4	2026	0	3	4.790	19	1.1	MA	SA
15	4	2026	16	45	4.720	23	7.9	ME	NE
15	4	2026	18	25	5.019	21	1.1	ME	MA
15	4	2026	19	47	3.559	21	7.9	MA	NE
19	3	2027	12	38	4.867	139	-0.8	MA	GI
30	11	2027	10	42	2.624	26	1.1	VE	MA
27	1	2028	16	31	3.432	11	1.0	ME	MA
25	5	2028	6	0	3.312	11	2.0	ME	VE
21	6	2028	5	39	3.639	19	5.8	MA	UR
15	9	2028	14	3	4.174	43	1.4	VE	MA
9	11	2029	12	14	4.574	46	0.9	VE	MA
8	12	2029	9	21	4.779	36	1.0	VE	MA
28	6	2030	0	41	3.330	30	0.5	VE	SA
28	7	2030	17	26	4.636	18	1.5	VE	MA

GG	MM	AAAA	HH	MM	DIST°	ELONG°	MAG	PIANETI	
23	12	2030	13	11	3.477	16	0.3	ME	GI
25	4	2031	12	57	4.413	42	5.7	VE	UR
21	7	2031	23	23	3.286	25	0.6	ME	VE
17	8	2031	8	41	4.270	9	1.9	ME	VE
9	9	2031	9	46	4.894	80	5.6	SA	UR
23	9	2031	5	58	4.794	78	0.3	MA	GI
6	10	2031	18	40	4.561	106	5.6	SA	UR
3	11	2031	2	3	4.889	134	5.5	SA	UR
9	2	2032	4	1	4.707	29	-1.8	VE	GI
12	5	2032	4	3	4.240	30	5.7	SA	UR
8	6	2032	19	7	4.712	8	5.7	MA	UR
8	6	2032	16	55	4.034	7	5.7	SA	UR
8	6	2032	17	45	4.845	7	1.5	MA	SA
6	7	2032	4	39	4.099	16	5.7	SA	UR
2	8	2032	15	3	4.456	39	5.7	SA	UR
30	8	2032	0	30	4.964	62	5.6	SA	UR
13	1	2033	12	59	4.973	155	5.5	SA	UR
9	2	2033	16	32	4.987	127	5.5	SA	UR
25	5	2033	3	6	1.976	45	7.9	VE	NE
24	7	2033	18	4	4.585	19	0.5	ME	SA
29	11	2033	0	34	4.852	81	0.2	MA	GI
19	2	2034	22	53	3.692	11	-2.0	VE	GI
21	3	2034	17	27	0.946	18	7.9	VE	NE
18	4	2034	8	19	4.395	4	7.9	ME	NE
5	1	2035	6	2	4.313	47	1.4	VE	MA
12	3	2035	4	0	2.525	27	7.9	GI	NE
8	4	2035	16	24	2.650	3	7.9	ME	NE
8	4	2035	19	37	3.186	3	-1.8	ME	GI
8	4	2035	19	1	3.090	4	7.9	GI	NE
6	5	2035	2	23	2.964	23	7.9	VE	NE
5	6	2035	0	10	4.160	15	1.4	ME	VE
3	8	2035	14	33	3.382	2	0.5	VE	SA
7	1	2036	1	34	4.824	92	7.9	MA	NE
28	5	2036	12	48	4.485	35	5.6	MA	UR
20	7	2036	8	28	4.127	42	-2.0	VE	GI
24	7	2036	18	42	3.497	18	0.5	ME	SA
24	7	2036	18	7	2.354	18	1.7	MA	SA
24	7	2036	21	4	1.231	20	1.7	ME	MA
14	2	2037	6	18	3.500	9	-0.6	ME	VE
13	5	2037	1	32	3.393	25	7.9	ME	NE
15	6	2037	12	32	2.558	22	5.6	VE	UR
9	8	2037	10	3	4.357	26	5.6	GI	UR
6	9	2037	1	47	0.913	51	5.6	GI	UR
3	10	2037	14	48	3.014	74	5.6	GI	UR
24	12	2037	8	53	4.535	155	5.4	GI	UR
20	1	2038	13	44	2.192	171	5.4	GI	UR
16	2	2038	20	31	0.360	142	5.4	GI	UR
16	3	2038	4	44	0.428	114	5.5	GI	UR
12	4	2038	13	38	0.737	87	5.5	GI	UR
9	5	2038	18	12	2.627	59	5.6	MA	UR
9	5	2038	23	12	3.266	61	5.6	GI	UR
30	5	2038	15	3	3.487	36	7.9	VE	NE
4	7	2038	12	2	4.069	22	0.4	ME	GI

GG	MM	AAAA	HH	MM	DIST°	ELONG°	MAG	PIANETI	
3	8	2038	10	35	4.561	29	1.7	MA	SA
29	8	2038	1	16	3.043	16	-0.7	ME	GI
29	8	2038	7	33	2.909	13	-0.8	ME	VE
29	9	2038	12	37	4.578	10	1.6	ME	MA
28	10	2038	7	24	4.039	1	1.5	VE	MA
26	11	2038	1	54	3.078	7	1.8	ME	MA
24	12	2038	20	12	1.669	16	1.3	ME	MA
16	6	2039	17	16	4.613	53	7.9	MA	NE
23	6	2039	22	13	3.145	24	5.6	ME	UR
13	11	2039	0	51	3.578	42	0.6	VE	SA
10	7	2040	12	53	4.048	11	5.6	VE	UR
7	8	2040	3	44	4.210	7	5.6	ME	UR
11	8	2040	14	43	4.078	39	1.5	MA	GI
8	9	2040	10	8	4.290	20	-0.1	ME	GI
8	9	2040	14	25	5.082	20	0.7	GI	SA
9	9	2040	2	25	3.137	27	1.5	VE	MA
8	9	2040	15	54	4.905	21	0.7	ME	SA
8	9	2040	21	0	3.077	25	0.7	VE	SA
6	10	2040	5	55	2.654	2	0.7	GI	SA
2	11	2040	22	58	2.000	23	0.7	GI	SA
3	11	2040	2	53	4.848	18	0.7	ME	SA
3	11	2040	3	15	4.703	18	-0.3	ME	GI
30	11	2040	16	21	2.940	45	0.7	GI	SA
28	12	2040	7	51	5.077	69	0.6	GI	SA
13	5	2041	9	32	5.036	146	0.4	GI	SA
9	6	2041	15	41	4.351	119	0.5	GI	SA
24	6	2041	20	8	3.211	42	1.0	VE	MA
7	7	2041	0	36	4.602	93	0.6	GI	SA
28	7	2041	4	38	4.503	2	5.6	ME	UR
(1) 23	10	2041	12	3	0.800	17	-0.6	ME	VE
22	11	2041	16	5	4.844	10	-1.6	VE	GI
3	3	2042	18	43	4.352	146	5.4	MA	UR
30	3	2042	23	19	4.488	118	5.4	MA	UR
21	6	2042	1	47	4.244	40	5.6	VE	UR
20	8	2042	0	28	4.491	45	1.3	VE	MA
17	9	2042	23	46	3.756	39	1.3	MA	SA
14	12	2042	3	38	4.451	16	1.1	ME	MA
11	3	2043	4	5	2.492	2	1.1	ME	MA
11	4	2043	1	49	4.717	18	7.9	ME	NE
7	5	2043	23	17	3.851	16	1.3	ME	MA
26	10	2043	18	4	3.978	68	5.5	MA	UR
28	1	2044	15	20	4.380	17	-0.4	ME	GI
16	1	2045	23	30	4.117	12	-0.6	ME	VE
16	2	2045	8	18	0.928	7	-1.9	VE	GI
16	6	2045	18	25	1.643	22	-0.1	ME	VE
16	7	2045	14	36	1.835	31	5.5	VE	UR
7	10	2045	3	29	2.159	44	5.5	MA	UR
31	7	2046	23	36	2.593	19	-0.2	ME	VE
4	10	2046	23	11	4.698	66	0.8	MA	SA
17	12	2047	14	18	4.559	7	0.9	ME	SA
12	2	2048	2	19	4.303	23	0.2	ME	VE
12	5	2048	16	8	4.946	2	7.9	VE	NE
31	1	2049	21	39	3.906	21	0.9	ME	SA

GG	MM	AAAA	HH	MM	DIST°	ELONG°	MAG	PIANETI	
5	4	2049	11	30	3.297	36	7.9	MA	NE
2	5	2049	18	28	4.314	8	7.9	ME	NE
2	6	2049	11	51	4.128	19	1.6	MA	GI
26	6	2049	11	56	4.393	40	7.9	VE	NE
24	3	2050	9	30	3.987	17	-0.7	ME	VE
16	3	2051	22	36	3.098	58	7.9	MA	NE
8	5	2051	17	46	3.705	24	0.1	ME	VE
7	6	2051	12	17	2.087	16	7.9	VE	NE
5	9	2051	10	6	4.364	2	1.7	MA	GI
6	9	2051	3	31	4.407	9	5.5	VE	UR
6	10	2051	5	5	4.433	12	-0.6	ME	VE
30	10	2051	23	33	3.472	39	5.5	GI	UR
27	11	2051	11	42	3.213	63	5.5	GI	UR
24	12	2051	22	54	4.778	88	5.4	GI	UR
15	3	2052	19	23	3.612	174	5.3	GI	UR
11	4	2052	21	30	3.059	155	5.3	GI	UR
9	5	2052	0	19	3.036	127	5.4	GI	UR
5	6	2052	6	15	2.758	101	5.4	GI	UR
24	6	2052	8	12	4.036	32	7.9	VE	NE
2	7	2052	16	8	2.447	75	5.5	GI	UR
30	7	2052	5	17	4.847	50	5.5	GI	UR
18	11	2052	14	49	3.857	28	-1.6	VE	GI
17	7	2053	22	20	3.532	30	1.7	VE	MA
16	8	2053	21	24	0.955	38	5.5	VE	UR
13	9	2053	8	3	2.696	11	5.5	MA	UR
4	4	2054	1	11	3.917	45	1.0	VE	MA
26	8	2054	17	43	4.270	85	7.9	MA	NE
3	9	2054	21	38	4.725	25	5.5	ME	UR
1	10	2054	8	54	4.952	2	5.6	VE	UR
30	12	2054	15	22	3.899	18	-0.6	ME	VE
27	3	2055	18	2	2.231	5	0.7	ME	SA
23	6	2055	4	12	3.209	21	7.9	ME	NE
19	10	2055	15	57	4.110	10	5.6	ME	UR
19	12	2055	18	57	3.591	17	-0.4	ME	GI
13	2	2056	8	31	0.836	26	-1.8	VE	GI
13	2	2056	20	6	0.893	21	1.1	ME	MA
13	4	2056	23	45	3.436	11	0.7	VE	SA
14	7	2056	1	59	3.240	13	-0.6	ME	VE
6	8	2056	3	3	3.796	59	7.9	MA	NE
11	9	2056	20	7	4.604	28	5.5	VE	UR
10	12	2056	11	41	5.045	46	-2.0	VE	GI
2	9	2057	11	27	4.718	40	5.5	MA	UR
29	10	2057	16	27	4.959	18	1.3	ME	MA
27	11	2057	15	25	1.304	14	1.2	ME	MA
23	2	2058	22	50	4.512	13	-1.2	ME	VE
24	2	2058	4	16	4.590	14	-2.0	VE	GI
21	4	2058	5	0	4.734	19	1.1	MA	GI
20	4	2058	21	40	4.327	23	0.4	ME	GI
17	7	2058	2	11	1.850	38	7.9	MA	NE
11	12	2058	23	16	2.782	46	5.5	VE	UR
10	4	2059	8	58	3.829	26	0.2	ME	VE
11	5	2059	19	47	3.521	1	0.5	ME	SA
2	8	2059	5	50	4.609	68	0.4	GI	SA

GG	MM	AAAA	HH	MM	DIST°	ELONG°	MAG	PIANETI	
29	8	2059	15	36	3.528	93	0.3	GI	SA
7	9	2059	22	38	3.222	10	-0.8	ME	VE
26	9	2059	0	9	3.727	120	0.2	GI	SA
8	10	2059	6	54	0.856	18	5.6	VE	UR
23	10	2059	7	40	3.902	148	0.1	GI	SA
4	11	2059	21	0	3.859	4	5.6	ME	UR
19	11	2059	13	51	4.714	176	0.0	GI	SA
7	12	2059	11	35	4.681	27	1.1	VE	MA
9	2	2060	5	0	4.909	92	0.3	GI	SA
7	3	2060	15	25	3.722	67	0.4	GI	SA
4	4	2060	6	21	3.724	45	0.4	GI	SA
2	5	2060	0	14	4.126	21	0.5	GI	SA
29	5	2060	0	1	2.916	9	1.3	VE	MA
26	6	2060	19	25	4.806	17	7.9	GI	NE
26	6	2060	17	52	4.904	17	7.9	MA	NE
26	6	2060	17	44	4.002	17	1.4	MA	GI
20	4	2061	20	45	2.618	10	-1.3	ME	VE
20	5	2061	12	50	4.166	14	1.5	ME	VE
16	7	2061	13	46	5.040	5	-1.6	ME	GI
21	8	2061	9	24	3.440	70	5.5	MA	UR
17	9	2061	16	33	2.993	45	5.6	VE	UR
11	11	2061	15	53	3.726	4	5.6	ME	UR
10	4	2062	21	11	3.193	14	1.2	ME	MA
9	5	2062	10	45	4.903	2	5.3	ME	MA
3	8	2062	19	43	4.248	17	1.6	VE	MA
30	9	2062	1	1	1.443	36	1.6	MA	GI
1	11	2062	20	32	4.859	6	5.6	VE	UR
1	11	2062	15	3	4.962	2	-0.9	ME	VE
15	6	2064	19	41	2.475	10	1.6	ME	MA
15	6	2064	15	11	4.338	6	1.6	VE	MA
5	6	2065	11	10	4.315	14	8.0	ME	NE
30	7	2065	3	48	3.621	36	7.9	VE	NE
31	10	2065	0	1	4.142	21	5.7	ME	UR
27	11	2065	13	29	4.789	4	5.7	VE	UR
25	12	2065	2	8	5.084	30	5.7	GI	UR
21	1	2066	16	12	4.446	57	5.6	GI	UR
26	1	2066	11	55	4.591	8	-1.1	ME	VE
18	2	2066	2	19	4.394	81	5.6	GI	UR
17	3	2066	9	24	4.938	106	5.5	GI	UR
13	4	2066	15	29	5.070	134	5.5	GI	UR
10	5	2066	21	58	4.072	163	5.4	GI	UR
26	5	2066	15	34	4.957	25	7.9	MA	NE
7	6	2066	5	7	3.926	166	5.4	GI	UR
4	7	2066	12	29	4.016	139	5.5	GI	UR
31	7	2066	19	46	3.923	112	5.5	GI	UR
28	8	2066	3	13	3.532	87	5.6	GI	UR
24	9	2066	11	59	3.338	61	5.6	GI	UR
16	12	2066	19	55	1.425	3	-0.8	ME	GI
12	1	2067	5	22	4.604	43	5.7	MA	UR
10	3	2067	6	30	3.521	67	0.9	MA	GI
8	11	2067	22	48	3.731	22	5.7	VE	UR
2	2	2068	10	18	4.433	15	0.5	ME	GI
5	5	2068	14	22	4.312	49	7.9	MA	NE

GG	MM	AAAA	HH	MM	DIST°	ELONG°	MAG	PIANETI	
30	5	2068	3	55	4.404	12	1.9	ME	VE
25	10	2068	10	22	4.296	8	1.6	ME	MA
25	11	2068	17	25	3.507	10	5.7	ME	UR
23	12	2068	3	2	2.818	16	5.7	VE	UR
23	3	2069	8	59	4.683	3	-1.7	ME	VE
22	4	2069	7	1	4.635	11	1.2	ME	VE
20	8	2069	6	26	5.055	37	0.7	VE	SA
15	12	2069	2	59	4.972	16	0.2	ME	VE
10	1	2070	9	33	3.586	23	-0.1	ME	VE
13	3	2070	11	15	3.262	9	-1.3	ME	GI
4	10	2070	7	49	2.815	1	0.0	ME	VE
5	10	2070	3	51	3.183	9	1.6	MA	SA
3	11	2070	7	32	4.338	2	1.5	VE	MA
3	12	2070	14	6	5.045	9	5.7	ME	UR
22	7	2071	16	5	3.599	60	0.8	MA	GI
27	7	2071	12	39	5.014	8	2.1	ME	VE
18	3	2072	5	48	3.493	17	0.8	ME	VE
14	9	2072	13	4	3.464	31	1.5	VE	MA
13	10	2072	8	24	4.778	22	1.4	MA	SA
5	4	2073	14	20	1.524	21	1.0	ME	MA
8	6	2073	2	59	3.450	27	8.0	GI	NE
1	7	2073	21	44	4.731	40	1.1	VE	MA
5	7	2073	16	29	3.412	3	8.0	GI	NE
2	8	2073	18	27	4.521	10	-1.5	ME	GI
24	10	2073	22	22	2.017	79	0.8	MA	GI
29	10	2073	17	55	3.665	13	-0.1	ME	VE
28	11	2073	17	27	4.434	6	0.9	VE	SA
28	11	2073	16	2	4.613	8	0.9	ME	SA
28	11	2073	18	9	4.708	6	-0.9	ME	VE
28	12	2073	17	43	3.712	1	5.8	VE	UR
28	1	2074	2	17	4.442	9	0.8	ME	VE
29	5	2074	11	0	3.880	37	7.9	VE	NE
22	10	2074	22	10	4.913	33	1.2	MA	SA
19	12	2074	6	44	3.641	12	5.8	ME	UR
19	12	2074	12	22	3.547	15	1.1	ME	MA
12	2	2075	5	58	1.798	40	5.8	VE	UR
11	6	2075	14	40	4.407	21	1.2	ME	MA
13	7	2075	9	15	3.077	1	8.0	ME	NE
8	10	2075	16	30	3.863	16	-0.8	ME	GI
10	11	2075	14	1	3.007	27	0.9	VE	SA
3	2	2076	2	10	4.910	22	5.8	ME	UR
31	5	2076	0	19	5.092	19	0.1	ME	VE
2	7	2076	7	0	3.869	9	8.0	ME	NE
31	10	2076	17	5	2.515	46	1.0	MA	SA
24	11	2076	5	7	4.791	25	-1.6	VE	GI
28	11	2076	5	15	3.343	22	0.9	ME	SA
29	11	2076	11	59	2.209	39	5.8	MA	UR
24	12	2076	16	44	2.974	17	0.2	ME	VE
23	1	2077	9	32	3.870	14	5.8	ME	UR
23	1	2077	14	33	3.321	11	5.8	VE	UR
22	6	2077	14	25	4.618	24	8.0	VE	NE
16	8	2077	6	41	4.511	25	8.0	MA	NE
21	9	2077	9	10	3.631	44	-1.7	VE	GI

GG	MM	AAAA	HH	MM	DIST°	ELONG°	MAG	PIANETI	
13	12	2077	14	43	2.975	20	-0.2	ME	GI
13	1	2078	5	16	4.426	9	0.9	ME	SA
13	9	2078	7	31	2.796	77	0.3	MA	GI
10	11	2078	5	54	4.999	60	0.8	MA	SA
10	11	2078	12	37	4.977	61	5.8	MA	UR
31	1	2079	18	22	4.956	14	5.9	SA	UR
28	2	2079	7	20	5.015	40	5.8	SA	UR
6	3	2079	4	48	2.737	33	1.2	VE	MA
17	6	2079	17	31	4.935	144	5.7	SA	UR
14	7	2079	20	43	4.738	171	5.6	SA	UR
11	8	2079	0	29	4.692	160	5.6	SA	UR
7	9	2079	6	4	4.784	133	5.7	SA	UR
4	10	2079	13	43	4.866	106	5.7	SA	UR
31	10	2079	22	54	4.825	79	5.8	SA	UR
19	11	2079	12	55	4.925	42	1.5	VE	MA
28	11	2079	8	49	4.687	53	5.8	SA	UR
25	12	2079	19	8	4.605	26	5.9	SA	UR
22	1	2080	5	57	4.756	1	5.9	SA	UR
22	1	2080	0	0	4.589	1	5.9	GI	UR
18	2	2080	14	38	4.617	23	5.9	GI	UR
18	2	2080	14	39	4.703	23	5.9	VE	UR
18	2	2080	18	30	4.342	23	-1.9	VE	GI
18	2	2080	20	44	4.549	21	0.9	GI	SA
18	2	2080	21	49	4.345	21	0.9	VE	SA
17	3	2080	13	9	4.119	45	0.8	GI	SA
14	4	2080	4	28	4.148	68	0.8	GI	SA
28	8	2080	7	57	3.889	155	0.5	GI	SA
24	9	2080	11	26	3.722	127	0.5	GI	SA
20	10	2080	21	6	4.694	89	5.8	MA	UR
21	10	2080	19	8	3.744	100	0.6	GI	SA
18	11	2080	6	48	4.695	73	0.7	GI	SA
18	11	2080	13	57	3.061	78	0.2	MA	GI
15	12	2080	13	25	2.809	47	0.8	VE	SA
11	1	2081	23	31	3.719	19	0.8	ME	SA
8	3	2081	8	19	4.752	22	0.8	ME	SA
1	10	2081	10	35	3.262	17	1.7	VE	MA
18	5	2082	11	7	4.166	100	5.8	MA	UR
15	2	2083	17	50	1.776	12	5.9	ME	UR
15	3	2083	6	26	4.499	34	5.9	VE	UR
16	7	2083	22	44	4.231	21	1.7	ME	MA
3	6	2084	22	13	4.816	2	-1.8	ME	GI
5	7	2084	11	17	2.049	26	8.0	ME	NE
26	12	2084	4	48	2.621	17	-0.5	ME	VE
29	4	2085	5	10	2.257	61	1.3	MA	GI
24	6	2085	10	15	4.827	24	0.6	ME	VE
25	6	2085	14	39	5.004	38	8.0	MA	NE
19	8	2085	5	36	4.833	12	8.0	ME	NE
12	10	2085	19	14	4.416	64	7.9	GI	NE
9	11	2085	6	22	4.760	90	7.9	GI	NE
6	12	2085	15	37	5.065	117	7.9	GI	NE
15	12	2085	20	26	4.820	11	1.4	ME	MA
2	1	2086	21	58	5.003	146	7.8	GI	NE
30	1	2086	1	21	4.928	175	7.8	GI	NE

GG	MM	AAAA	HH	MM	DIST°	ELONG°	MAG	PIANETI	
25	11	2087	11	17	3.663	1	1.3	ME	MA
18	8	2088	16	6	4.418	25	0.3	ME	VE
7	4	2089	16	37	4.279	38	5.9	VE	UR
5	7	2089	7	3	2.343	38	0.5	VE	SA
6	10	2089	15	50	4.002	32	1.3	MA	GI
3	11	2089	13	11	4.973	12	-0.6	ME	GI
1	12	2089	14	17	4.684	4	-1.6	VE	GI
1	3	2090	15	4	4.773	1	5.9	ME	UR
30	6	2090	23	53	4.199	44	8.0	VE	NE
14	2	2091	19	16	4.710	39	-1.8	VE	GI
19	2	2091	13	31	2.862	11	5.9	ME	UR
16	4	2091	9	52	1.284	26	0.4	ME	VE
15	8	2091	9	42	1.998	4	8.0	VE	NE
13	12	2091	2	50	4.540	33	-1.9	VE	GI
12	12	2091	22	5	4.568	30	1.0	MA	GI
8	2	2092	21	58	0.671	16	1.0	ME	MA
4	4	2092	15	24	2.924	25	5.9	ME	UR
6	5	2092	4	32	4.845	3	1.2	ME	MA
7	6	2092	7	52	4.692	22	0.5	ME	SA
1	8	2092	6	53	3.630	23	1.5	MA	SA
1	8	2092	12	51	4.433	19	0.5	ME	SA
29	8	2092	3	12	4.697	42	0.4	VE	SA
28	9	2092	12	47	1.169	36	8.0	VE	NE
28	1	2093	15	53	4.780	18	-0.5	ME	GI
25	2	2093	15	2	3.015	2	-1.9	VE	GI
25	3	2093	9	58	4.938	20	0.1	ME	GI
22	4	2093	10	49	3.892	37	5.9	GI	UR
19	5	2093	22	2	3.640	62	5.9	GI	UR
27	5	2093	6	5	4.079	21	0.5	ME	VE
16	6	2093	7	44	4.206	85	5.8	GI	UR
6	9	2093	8	25	4.172	164	5.7	GI	UR
3	10	2093	14	11	3.724	164	5.7	GI	UR
30	10	2093	18	46	3.773	136	5.8	GI	UR
26	11	2093	23	43	3.967	108	5.8	GI	UR
24	12	2093	7	22	4.187	81	5.9	GI	UR
20	1	2094	19	21	4.796	54	5.9	GI	UR
17	2	2094	6	22	4.712	27	5.9	MA	UR
9	8	2094	19	31	1.835	14	1.6	VE	MA
7	9	2094	7	50	4.674	25	1.6	MA	SA
6	10	2094	4	29	4.127	35	8.0	MA	NE
9	12	2094	0	47	4.604	13	-0.7	ME	VE
4	5	2095	13	3	3.734	7	2.9	ME	GI
2	8	2095	9	46	4.578	24	8.0	ME	NE
19	11	2095	14	56	4.953	79	7.9	SA	NE
16	12	2095	23	48	4.843	107	7.9	SA	NE
13	1	2096	8	0	4.795	135	7.9	SA	NE
23	1	2096	6	56	4.264	24	-0.1	ME	VE
29	1	2096	11	37	4.260	52	5.9	MA	UR
9	2	2096	14	37	5.028	163	7.9	SA	NE
22	4	2096	7	47	3.687	6	3.1	ME	VE
23	5	2096	10	42	2.305	19	1.5	MA	GI
20	6	2096	7	34	2.766	1	-1.8	ME	GI
21	6	2096	3	57	2.637	10	1.6	VE	MA

GG	MM	AAAA	HH	MM	DIST°	ELONG°	MAG	PIANETI	
22	7	2096	10	32	4.558	33	8.0	SA	NE
18	8	2096	23	23	4.187	10	8.0	SA	NE
15	9	2096	6	44	3.849	16	1.7	ME	MA
15	9	2096	7	59	4.250	15	8.0	ME	NE
15	9	2096	8	49	4.177	15	8.0	MA	NE
15	9	2096	9	53	4.377	13	0.6	ME	SA
15	9	2096	10	31	3.994	13	1.7	MA	SA
15	9	2096	11	13	4.236	13	8.0	SA	NE
12	10	2096	21	21	4.659	37	8.0	SA	NE
25	3	2097	20	54	5.066	153	7.9	SA	NE
22	4	2097	1	10	4.397	125	7.9	SA	NE
19	5	2097	6	10	4.365	99	7.9	SA	NE
15	6	2097	13	50	4.630	73	7.9	SA	NE
4	10	2097	2	28	1.917	17	0.6	VE	SA
9	1	2098	18	39	2.231	78	5.8	MA	UR
29	4	2098	11	46	4.495	21	5.9	ME	UR
2	7	2098	2	42	3.699	41	-1.7	VE	GI
31	7	2098	17	51	4.724	45	0.6	VE	SA
26	8	2098	18	1	3.498	1	1.7	MA	GI
23	9	2098	14	32	3.891	18	8.0	GI	NE
21	10	2098	4	30	1.852	43	8.0	GI	NE
17	11	2098	15	16	4.558	66	7.9	GI	NE
19	11	2098	9	22	2.875	44	0.6	VE	SA
6	3	2099	22	15	4.876	177	7.9	GI	NE
19	3	2099	5	37	4.983	27	0.3	ME	VE
3	4	2099	5	54	2.303	149	7.9	GI	NE
19	4	2099	11	17	4.377	11	5.9	ME	UR
30	4	2099	12	29	1.163	122	7.9	GI	NE
27	5	2099	18	45	1.459	96	7.9	GI	NE
24	6	2099	2	20	3.589	70	8.0	GI	NE
16	9	2099	4	39	3.927	21	0.7	ME	SA
27	10	2099	21	14	4.528	164	5.7	MA	UR
24	11	2099	0	31	2.779	136	5.7	MA	UR

(1) Raggruppamento stretto con pianeti luminosi
(1) Very close grouping of bright planets

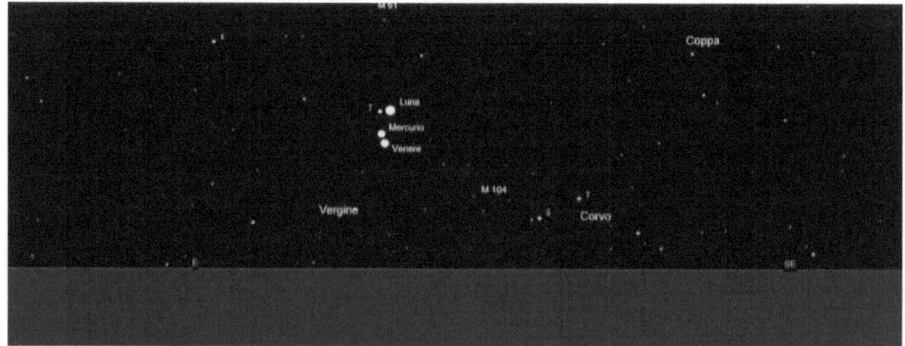

(1) Mercurio, Venere, Luna / Mercury, Venus and the Moon
    (C) Skychart

CONGIUNZIONI MULTIPLE
3 PIANETI LUNA
MULTIPLE CONJUNCTIONS
3 PLANETS MOON
1900-2500

```
GG MM AAAA : data nel formato giorno/mese/anno
HH MM : ore e minuti
DIST° : distanza minima in gradi tra i corpi
ELONG° : elongazione dal Sole dei corpi
MAG : magnitudine del corpo più debole
PIANETI : corpi coinvolti : MErcurio, VEnere, MArte, GIove,
                            SAturno, URano, NEttuno
```

Sono elencate tutte le congiunzioni in cui i corpi distano meno di 5°

La luna non è indicata in quanto è presente in tutte le congiunzioni di questa tabella

```
GG MM AAAA : date in the format dd/mm/yyyy
HH MM : hours and minutes
DIST° : minima distance in ° between the bodies
ELONG° : elongation from the Sun of the bodies
MAG : magnitude of the less bright body
PIANETI : planets : MErcury, VEnus, MArs, GI (Jupiter),
                    SAturn, URanus, NEptune
```

All the conjunctions are listed if the bodies have distance less then 5°

The Moon isn't indicated in the table because it is always present

	GG	MM	AAAA	HH	MM	DIST°	ELONG°	MAG	PIANETI		
	23	2	1906	11	39	0.947	2	0.8	ME	VE	SA
	13	6	1907	0	48	4.427	20	8.0	ME	GI	NE
	29	6	1908	10	26	4.623	7	8.0	ME	VE	NE
	1	11	1910	7	56	3.953	6	-1.1	ME	VE	GI
	1	11	1910	4	16	4.350	7	1.6	ME	MA	GI
	26	1	1914	0	52	4.963	2	-1.1	ME	VE	GI
	19	7	1917	18	33	3.959	7	8.0	ME	SA	NE
	22	1	1925	22	55	3.065	22	-0.1	ME	VE	GI
	23	7	1925	1	52	4.730	22	8.0	ME	VE	NE
	4	2	1935	19	43	4.824	14	0.8	ME	VE	SA
	8	2	1951	2	58	3.989	21	1.1	VE	MA	GI
	5	2	1962	3	7	4.981	2	3.4	ME	VE	GI
	21	2	1966	18	58	4.501	13	1.1	ME	MA	SA
	16	11	1968	12	26	4.317	50	5.5	MA	GI	UR
	2	6	1973	2	25	4.784	11	0.5	ME	VE	SA
	4	11	1980	8	26	4.425	36	0.7	VE	GI	SA
	29	1	1984	15	52	4.404	34	8.0	VE	GI	NE
	9	2	1986	12	50	3.816	5	-1.3	ME	VE	GI
	24	8	1987	15	6	4.195	1	1.7	ME	VE	MA
	18	12	1990	8	12	2.088	11	5.8	ME	VE	UR
	18	12	1990	11	44	4.843	12	8.0	ME	UR	NE
	15	6	1991	19	50	4.189	45	1.5	VE	MA	GI
	1	2	1992	10	52	2.170	24	8.0	MA	UR	NE
	27	11	1992	18	44	4.584	40	8.0	VE	UR	NE
	11	1	1994	19	7	5.031	1	8.0	VE	MA	NE
	11	1	1994	22	12	4.684	1	8.0	VE	UR	NE
	6	2	1997	16	57	4.961	13	5.9	VE	GI	UR
	5	3	2008	18	50	4.067	23	8.0	ME	VE	NE
	23	2	2009	1	40	4.302	20	1.1	ME	MA	GI
	27	4	2022	7	55	3.777	40	7.9	VE	GI	NE
	25	4	2025	5	1	4.943	34	7.9	VE	SA	NE
	15	4	2026	18	25	5.019	21	7.9	ME	MA	NE
	8	6	2032	17	52	4.830	7	5.7	MA	SA	UR
	8	4	2035	18	27	3.085	3	7.9	ME	GI	NE
(1)	24	7	2036	19	6	3.522	18	1.7	ME	MA	SA
	8	9	2040	13	39	5.085	20	0.7	ME	GI	SA
	3	11	2040	1	34	4.820	18	0.7	ME	GI	SA
	26	6	2060	18	24	4.850	17	7.9	MA	GI	NE
	12	1	2067	5	31	5.010	43	5.7	VE	MA	UR
	28	11	2073	17	8	4.625	6	0.9	ME	VE	SA
	18	2	2080	20	25	4.505	21	0.9	VE	GI	SA
	18	2	2080	15	43	4.751	23	5.9	VE	GI	UR
	15	9	2096	9	18	4.245	13	1.7	ME	MA	SA
	15	9	2096	8	0	4.247	15	8.0	ME	MA	NE
	15	9	2096	9	56	4.393	13	8.0	ME	SA	NE
	15	9	2096	10	14	4.164	13	8.0	MA	SA	NE
	19	6	2107	13	19	4.369	19	1.3	ME	MA	GI
	17	10	2115	10	50	3.139	4	8.0	ME	MA	NE
	4	7	2122	19	42	4.391	8	5.6	ME	SA	UR
	23	7	2123	3	54	5.032	1	5.6	VE	SA	UR
	9	10	2124	9	41	3.635	20	8.0	ME	GI	NE
	4	12	2124	2	42	4.265	19	-0.4	ME	VE	GI
	29	2	2128	1	14	4.055	16	-0.4	ME	VE	GI

GG	MM	AAAA	HH	MM	DIST°	ELONG°	MAG	PIANETI		
11	9	2129	22	43	3.569	18	5.6	ME	VE	UR
6	12	2132	3	43	3.271	15	8.0	VE	MA	NE
6	12	2132	7	25	4.416	13	8.0	MA	SA	NE
16	11	2134	13	55	3.801	5	8.0	ME	MA	NE
24	12	2139	17	14	3.548	40	0.8	VE	GI	SA
21	1	2140	8	38	2.875	17	0.9	ME	GI	SA
19	10	2142	13	16	4.081	4	5.6	ME	VE	UR
24	10	2147	0	12	4.999	6	1.6	ME	MA	GI
9	12	2148	13	20	4.967	16	5.6	VE	GI	UR
5	3	2152	3	53	4.385	12	1.1	VE	MA	GI
5	2	2160	14	56	3.774	19	8.0	ME	VE	NE
13	12	2164	5	11	4.964	12	1.4	ME	VE	MA
9	3	2165	18	1	4.751	38	8.0	MA	UR	NE
28	2	2166	5	57	2.749	27	8.0	ME	UR	NE
18	2	2167	13	31	4.128	14	8.0	MA	UR	NE
28	1	2169	15	29	3.366	4	8.0	MA	SA	NE
6	2	2171	12	23	4.984	14	1.0	ME	MA	SA
6	2	2171	7	7	4.856	13	5.9	ME	MA	UR
6	6	2179	2	20	4.942	5	3.6	ME	GI	SA
11	3	2184	18	38	4.699	10	1.4	ME	VE	MA
22	1	2186	3	13	2.709	15	1.0	ME	VE	MA
7	4	2190	8	19	2.951	28	5.8	MA	GI	UR
18	12	2196	15	14	4.541	10	1.4	VE	MA	GI
18	1	2197	4	0	3.966	0	0.9	ME	VE	SA
2	5	2201	18	9	1.496	12	1.9	ME	MA	GI
2	5	2201	16	40	2.785	12	7.9	ME	MA	NE
2	5	2201	17	24	2.829	12	7.9	ME	GI	NE
2	5	2201	16	38	2.822	12	7.9	MA	GI	NE
5	7	2209	7	22	4.464	24	5.6	ME	MA	UR
14	3	2211	0	13	3.348	26	0.3	ME	VE	GI
23	6	2213	10	36	3.791	51	5.5	MA	SA	UR
31	12	2225	14	0	4.957	13	0.9	ME	VE	SA
11	7	2238	1	56	5.062	18	0.5	ME	GI	SA
22	6	2240	13	8	4.746	21	8.0	VE	SA	NE
12	3	2260	15	43	3.847	1	5.9	ME	SA	UR
3	3	2261	5	22	3.837	12	5.9	VE	SA	UR
27	3	2267	22	10	5.062	12	5.9	ME	MA	UR
3	8	2277	22	1	2.263	44	1.5	VE	MA	GI
7	11	2284	5	57	3.225	14	8.0	ME	VE	NE
1	7	2288	22	39	2.130	25	1.7	ME	VE	MA
18	7	2297	1	35	4.129	20	1.4	ME	VE	MA
18	7	2297	0	30	4.121	20	0.5	ME	VE	SA
17	7	2297	23	34	3.733	22	1.4	VE	MA	SA
18	7	2297	1	43	3.604	20	1.4	ME	MA	SA
27	11	2301	22	58	4.126	38	1.6	VE	MA	GI
2	9	2304	21	23	3.892	22	5.5	ME	SA	UR
8	1	2312	10	10	4.047	16	8.0	VE	SA	NE
31	3	2318	4	2	4.052	28	0.8	VE	GI	SA
16	1	2325	6	51	4.327	3	8.0	ME	VE	NE
11	1	2328	17	50	4.446	14	-0.5	ME	VE	GI
26	7	2329	0	48	4.635	20	1.5	ME	VE	MA
30	12	2334	9	53	3.631	37	8.0	VE	UR	NE
13	2	2336	12	32	4.727	1	8.0	VE	UR	NE

GG	MM	AAAA	HH	MM	DIST°	ELONG°	MAG	PIANETI		
12	3	2336	2	52	4.679	25	8.0	ME	UR	NE
24	1	2338	0	14	4.931	23	8.0	VE	UR	NE
9	3	2339	20	23	4.799	14	8.0	VE	UR	NE
7	2	2342	18	6	3.302	14	8.0	ME	GI	NE
7	3	2342	11	52	4.662	5	8.0	MA	GI	NE
4	4	2342	11	14	2.767	27	0.3	ME	VE	GI
4	4	2342	10	55	2.283	27	5.9	ME	VE	UR
4	4	2342	12	21	1.888	27	5.9	ME	GI	UR
4	4	2342	11	41	2.749	27	5.9	VE	GI	UR
17	3	2352	6	2	4.053	2	8.0	ME	VE	NE
23	12	2356	0	57	4.449	3	1.2	ME	VE	MA
6	1	2372	10	59	4.389	3	2.5	ME	MA	SA
10	5	2374	23	35	3.513	17	1.1	ME	VE	MA
1	2	2378	7	2	3.181	32	1.0	VE	MA	GI
1	2	2378	8	21	3.254	32	1.0	VE	MA	SA
1	2	2378	7	16	3.304	32	0.7	VE	GI	SA
1	2	2378	8	42	2.213	33	1.0	MA	GI	SA
18	9	2395	17	17	4.652	36	5.6	VE	SA	UR
6	1	2396	18	23	4.442	59	5.5	MA	SA	UR
20	11	2411	2	4	4.077	47	5.8	VE	GI	UR
15	3	2417	0	2	3.318	42	5.9	VE	MA	UR
25	7	2419	4	26	4.644	23	0.5	ME	VE	SA
25	7	2419	5	40	4.731	24	8.0	ME	VE	NE
25	7	2419	5	7	4.349	23	8.0	ME	SA	NE
25	7	2419	4	12	4.637	23	8.0	VE	SA	NE
4	7	2448	17	57	5.001	34	1.6	VE	MA	SA
18	11	2457	19	35	3.986	13	0.9	ME	GI	SA
2	11	2480	23	43	4.568	2	5.6	ME	MA	UR
14	12	2487	17	27	3.855	5	5.7	ME	VE	UR
7	2	2491	21	49	4.892	15	8.0	ME	SA	NE
8	2	2491	1	49	3.891	14	8.0	ME	VE	NE
1	1	2492	23	54	3.521	23	8.0	VE	SA	NE

(1) Raggruppamento stretto con pianeti luminosi
(1) Close grouping between bright planets

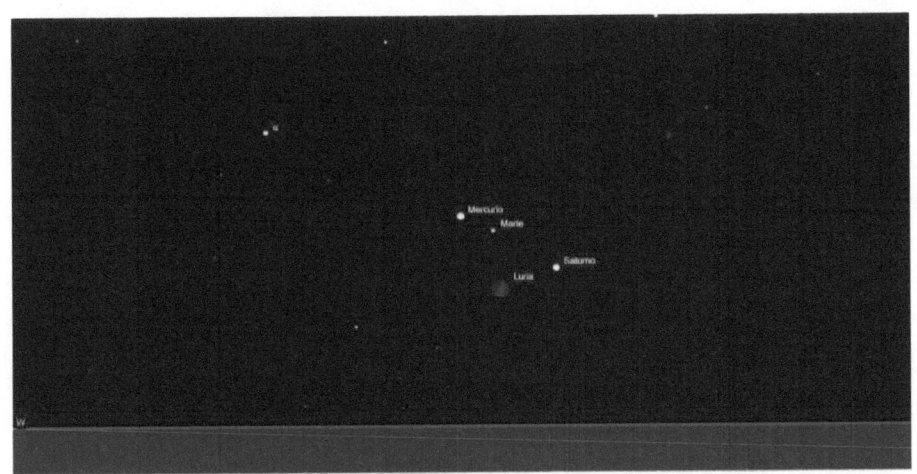

(1) Mercurio, Marte, Saturno, Luna   (C) Skychart
(1) Mercury, Mars, Saturn, Moon

CONGIUNZIONI MULTIPLE
4 PIANETI LUNA
MULTIPLE CONJUNCTIONS
4 PLANETS MOON
1900-3000

```
GG MM AAAA : data nel formato giorno/mese/anno
HH MM : ore e minuti
DIST° : distanza minima in gradi tra i corpi
ELONG° : elongazione dal Sole dei corpi
MAG : magnitudine del corpo più debole
PIANETI : corpi coinvolti : MErcurio, VEnere, MArte, GIove,
                            SAturno, URano, NEttuno
```

Sono elencate tutte le congiunzioni in cui i corpi distano meno di 5°

La luna non è indicata in quanto è presente in tutte le congiunzioni di questa tabella


```
GG MM AAAA : date in the format dd/mm/yyyy
HH MM : hours and minutes
DIST° : minima distance in ° between the bodies
ELONG° : elongation from the Sun of the bodies
MAG : magnitude of the less bright body
PIANETI : planets : MErcury, VEnus, MArs, GI (Jupiter),
                    SAturn, URanus, NEptune
```

All the conjunctions are listed if the bodies have distance less then 5°

The Moon isn't indicated in the table because it is always present

	GG	MM	AAAA	HH	MM	DIST°	ELONG°	MAG	PIANETI			
(1)	15	9	2096	9	32	4.295	13	8.0	ME	MA	SA	NE
	2	5	2201	17	14	2.827	12	7.9	ME	MA	GI	NE
	18	7	2297	0	46	4.123	20	1.4	ME	VE	MA	SA
	4	4	2342	11	37	2.751	27	5.9	ME	VE	GI	UR
	1	2	2378	7	54	3.275	32	1.0	VE	MA	GI	SA
	25	7	2419	4	50	4.663	23	8.0	ME	VE	SA	NE
	14	3	2876	18	4	5.098	26	1.1	ME	VE	MA	SA
	3	2	2994	1	40	3.845	14	8.0	ME	GI	SA	NE

(1) Raggruppamento stretto
(1) Close grouping

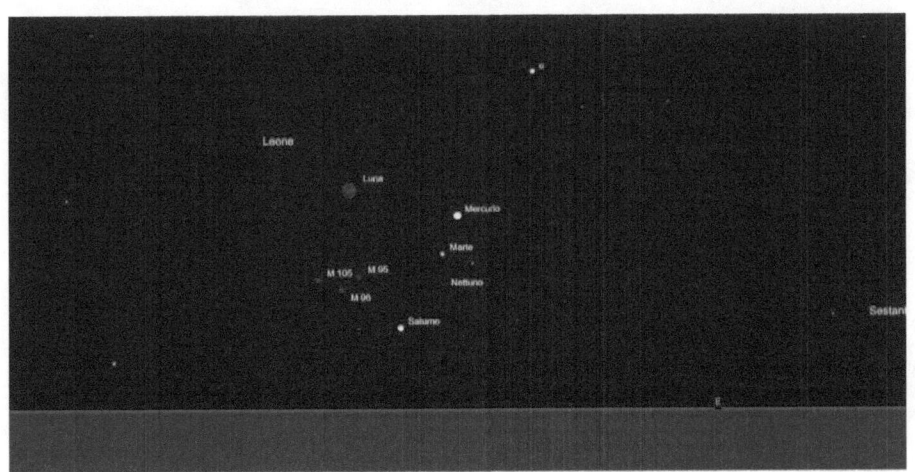

(1) Mercurio, Marte, Saturno, Nettuno, Luna   (C) Skychart
(1) Mercury, Mars, Saturn, Neptune, Moon

CONGIUNZIONI PIANETI-STELLE
CONJUNCTIONS PLANETS-STARS
2000-2100

GG MM AAAA : data nel formato giorno/mese/anno
HH MM : ore e minuti
DIST° : distanza minima in gradi tra i corpi
ELONG° : elongazione dal Sole dei corpi
MAG1 : magnitudine del pianeta
MAG2 : magnitudine della stella
PIANETI : corpi coinvolti : MErcurio, VEnere, MArte, GIove,
          SAturno, URano, NEttuno

Sono elencate tutte le congiunzioni in cui i corpi distano meno di 5°

Stelle fino alla mag 2

GG MM AAAA : date in the format dd/mm/yyyy
HH MM : hours and minutes
DIST° : minima distance in ° between the bodies
ELONG° : elongation from the Sun of the bodies
MAG1 : magnitude of the planet
MAG2 : magnitude of the star
PIANETI : planets : MErcury, VEnus, MArs, GI (Jupiter),
          SAturn, URanus, NEptune

All the conjunctions are listed if the bodies have distance less then 5°

Stars up to magnitude 2

GG	MM	AAAA	HH	MM	DIST°	ELONG°	MAG1	MAG2	PIANETA	STELLA
25	5	2000	17	2	3.236	18	-0.5	1.7	ME	Elnath
5	6	2000	14	12	4.693	7	1.5	1.7	MA	Elnath
6	8	2000	14	13	1.014	15	-3.9	1.4	VE	Regulus
22	8	2000	8	12	1.293	2	-1.6	1.4	ME	Regulus
31	8	2000	8	4	4.577	88	-2.3	1.0	GI	Aldebaran
16	9	2000	17	43	0.747	24	1.7	1.4	MA	Regulus
19	9	2000	16	18	2.462	27	-3.8	1.1	VE	Spica
23	9	2000	20	34	0.581	23	0.0	1.1	ME	Spica
27	10	2000	9	54	3.152	36	-3.9	1.1	VE	Antares
29	10	2000	3	1	4.521	146	-2.7	1.0	GI	Aldebaran
10	12	2000	8	52	4.460	9	-0.8	1.1	ME	Antares
13	12	2000	6	54	3.350	58	1.4	1.1	MA	Spica
21	5	2001	1	30	3.156	22	0.2	1.7	ME	Elnath
8	7	2001	14	37	3.778	37	0.5	1.0	SA	Aldebaran
14	7	2001	13	9	3.024	42	-4.0	1.0	VE	Aldebaran
14	8	2001	3	29	1.148	9	-1.2	1.4	ME	Regulus
20	9	2001	7	25	0.810	26	0.3	1.1	ME	Spica
20	9	2001	22	49	0.439	28	-3.8	1.4	VE	Regulus
11	10	2001	13	23	0.343	6	2.5	1.1	ME	Spica
3	11	2001	16	16	3.542	17	-3.9	1.1	VE	Spica
3	11	2001	16	25	4.194	17	-0.7	1.1	ME	Spica
3	12	2001	3	11	3.822	1	-0.9	1.1	ME	Antares
22	12	2001	20	47	3.637	159	0.0	1.0	SA	Aldebaran
21	3	2002	18	54	3.988	69	0.4	1.0	SA	Aldebaran
14	5	2002	12	11	4.068	29	-3.8	1.7	VE	Elnath
17	5	2002	8	28	4.466	26	1.5	1.7	MA	Elnath
9	6	2002	3	8	4.729	35	-3.9	1.2	VE	Pollux
23	6	2002	12	34	2.337	23	0.2	1.0	ME	Aldebaran
10	7	2002	18	53	1.012	42	-4.0	1.4	VE	Regulus
6	8	2002	8	28	0.815	16	-0.5	1.4	ME	Regulus
29	8	2002	9	14	0.682	6	1.7	1.4	MA	Regulus
31	8	2002	18	22	0.802	46	-4.4	1.1	VE	Spica
28	10	2002	9	8	3.699	11	-1.1	1.1	ME	Spica
22	11	2002	2	15	2.992	36	1.6	1.1	MA	Spica
25	11	2002	20	49	3.242	7	-0.8	1.1	ME	Antares
1	2	2003	12	43	4.945	62	1.1	1.1	MA	Antares
18	6	2003	2	21	4.695	17	-3.9	1.0	VE	Aldebaran
18	6	2003	22	11	4.010	18	-0.5	1.0	ME	Aldebaran
10	7	2003	6	43	4.953	6	-1.6	1.2	ME	Pollux
30	7	2003	12	16	0.174	23	0.0	1.4	ME	Regulus
22	8	2003	8	57	0.895	2	-3.9	1.4	VE	Regulus
26	8	2003	19	1	0.360	3	-1.6	1.4	GI	Regulus
4	10	2003	22	25	2.903	13	-3.9	1.1	VE	Spica
20	10	2003	22	56	3.145	3	-1.2	1.1	ME	Spica
10	11	2003	21	36	3.930	22	-3.9	1.1	VE	Antares
18	11	2003	21	2	2.681	14	-0.5	1.1	ME	Antares
25	4	2004	18	42	4.169	47	1.4	1.7	MA	Elnath
3	5	2004	18	27	0.809	39	-4.6	1.7	VE	Elnath
28	5	2004	2	11	3.405	17	-3.4	1.7	VE	Elnath
16	6	2004	15	1	4.698	3	-1.9	1.7	ME	Elnath
1	7	2004	0	5	4.783	14	-0.9	1.2	ME	Pollux
5	7	2004	5	56	1.068	34	-4.5	1.0	VE	Aldebaran
25	7	2004	6	0	1.275	27	0.4	1.4	ME	Regulus

GG	MM	AAAA	HH	MM	DIST°	ELONG°	MAG1	MAG2	PIANETA	STELLA
10	8	2004	6	2	0.646	12	1.7	1.4	MA	Regulus
26	8	2004	20	41	4.387	7	2.6	1.4	ME	Regulus
10	9	2004	5	20	0.051	18	-0.3	1.4	ME	Regulus
3	10	2004	15	12	0.149	41	-4.0	1.4	VE	Regulus
12	10	2004	8	21	2.563	5	-1.0	1.1	ME	Spica
2	11	2004	1	14	2.736	16	1.6	1.1	MA	Spica
11	11	2004	17	40	2.124	20	-0.3	1.1	ME	Antares
17	11	2004	14	44	3.856	32	-3.9	1.1	VE	Spica
9	1	2005	0	54	4.641	39	1.4	1.1	MA	Antares
28	5	2005	17	55	4.693	15	-3.9	1.7	VE	Elnath
7	6	2005	22	38	4.051	6	-1.8	1.7	ME	Elnath
23	6	2005	16	22	4.864	21	-0.2	1.2	ME	Pollux
22	7	2005	23	20	1.087	30	-3.8	1.4	VE	Regulus
4	9	2005	15	56	1.073	12	-1.2	1.4	ME	Regulus
6	9	2005	12	35	1.656	40	-3.9	1.1	VE	Spica
27	9	2005	23	47	3.120	19	-1.6	1.1	GI	Spica
4	10	2005	21	59	1.917	12	-0.6	1.1	ME	Spica
17	10	2005	1	42	1.604	46	-4.2	1.1	VE	Antares
9	11	2005	18	27	1.913	22	0.0	1.1	ME	Antares
1	4	2006	3	49	3.681	71	1.1	1.7	MA	Elnath
30	5	2006	15	40	3.501	14	-1.0	1.7	ME	Elnath
2	7	2006	5	13	4.062	30	-3.8	1.0	VE	Aldebaran
22	7	2006	15	55	0.637	30	1.7	1.4	MA	Regulus
27	8	2006	18	23	1.293	5	-1.6	1.4	ME	Regulus
6	9	2006	4	24	0.725	14	-3.9	1.4	VE	Regulus
28	9	2006	0	18	1.138	19	-0.2	1.1	ME	Spica
14	10	2006	16	44	2.519	3	1.6	1.1	MA	Spica
19	10	2006	14	48	3.234	2	-3.9	1.1	VE	Spica
25	11	2006	7	10	4.498	7	-3.9	1.1	VE	Antares
5	12	2006	19	42	4.900	108	0.2	1.4	SA	Regulus
15	12	2006	1	49	4.881	13	-0.7	1.1	ME	Antares
20	12	2006	4	10	4.395	18	1.4	1.1	MA	Antares
1	5	2007	20	32	3.054	42	-4.0	1.7	VE	Elnath
23	5	2007	17	59	3.095	21	-0.2	1.7	ME	Elnath
30	5	2007	0	25	4.022	45	-4.2	1.2	VE	Pollux
13	7	2007	8	7	1.674	39	-4.5	1.4	VE	Regulus
19	8	2007	12	26	1.252	4	-1.5	1.4	ME	Regulus
22	8	2007	17	27	4.573	79	0.3	1.0	MA	Aldebaran
1	9	2007	23	2	0.830	9	0.6	1.4	SA	Regulus
22	9	2007	10	13	0.081	25	0.1	1.1	ME	Spica
8	10	2007	19	35	2.741	45	-4.5	1.4	VE	Regulus
28	10	2007	20	4	2.803	10	1.0	1.1	ME	Spica
30	11	2007	6	26	4.198	44	-4.1	1.1	VE	Spica
8	12	2007	0	0	4.178	5	-0.8	1.1	ME	Antares
29	1	2008	5	36	2.420	135	-0.8	1.7	MA	Elnath
26	4	2008	21	18	4.774	76	1.1	1.2	MA	Pollux
3	5	2008	22	30	2.182	108	0.3	1.4	SA	Regulus
22	5	2008	0	40	4.409	19	0.8	1.7	ME	Elnath
19	6	2008	14	24	3.238	16	1.2	1.0	ME	Aldebaran
1	7	2008	14	43	0.669	50	1.5	1.4	MA	Regulus
6	8	2008	3	19	1.017	16	-3.9	1.4	VE	Regulus
10	8	2008	10	41	1.032	12	-0.9	1.4	ME	Regulus
19	9	2008	6	6	2.443	27	-3.8	1.1	VE	Spica

GG	MM	AAAA	HH	MM	DIST°	ELONG°	MAG1	MAG2	PIANETA	STELLA
23	9	2008	21	59	2.080	22	0.4	1.1	ME	Spica
25	9	2008	6	3	2.306	21	1.5	1.1	MA	Spica
27	10	2008	0	45	3.118	36	-3.9	1.1	VE	Antares
31	10	2008	23	19	4.002	15	-0.9	1.1	ME	Spica
29	11	2008	17	14	3.571	2	-0.8	1.1	ME	Antares
30	11	2008	3	23	4.164	2	1.3	1.1	MA	Antares
22	6	2009	0	0	3.175	21	-0.1	1.0	ME	Aldebaran
14	7	2009	6	21	3.071	42	-4.0	1.0	VE	Aldebaran
2	8	2009	23	8	0.593	19	-0.3	1.4	ME	Regulus
20	9	2009	12	34	0.452	28	-3.9	1.4	VE	Regulus
24	10	2009	23	7	3.466	8	-1.1	1.1	ME	Spica
3	11	2009	5	32	3.533	17	-3.9	1.1	VE	Spica
22	11	2009	12	35	3.004	10	-0.7	1.1	ME	Antares
14	5	2010	2	4	4.042	30	-3.8	1.7	VE	Elnath
7	6	2010	6	27	0.830	74	1.1	1.4	MA	Regulus
8	6	2010	17	49	4.710	36	-3.9	1.2	VE	Pollux
15	6	2010	12	42	4.504	15	-0.9	1.0	ME	Aldebaran
6	7	2010	9	6	4.858	9	-1.3	1.2	ME	Pollux
10	7	2010	11	51	1.001	42	-4.0	1.4	VE	Regulus
27	7	2010	20	45	0.278	25	0.2	1.4	ME	Regulus
1	9	2010	2	3	1.004	45	-4.5	1.1	VE	Spica
5	9	2010	22	12	2.068	41	1.4	1.1	MA	Spica
17	10	2010	9	42	2.903	1	-1.1	1.1	ME	Spica
11	11	2010	1	4	3.914	21	1.2	1.1	MA	Antares
15	11	2010	18	53	2.443	17	-0.4	1.1	ME	Antares
17	11	2010	17	12	3.768	28	-4.4	1.1	VE	Spica
13	6	2011	14	36	4.409	1	-1.9	1.7	ME	Elnath
17	6	2011	15	29	4.714	16	-3.9	1.0	VE	Aldebaran
28	6	2011	9	43	4.776	17	-0.6	1.2	ME	Pollux
26	7	2011	17	42	2.818	26	0.5	1.4	ME	Regulus
21	8	2011	21	52	0.899	2	-3.9	1.4	VE	Regulus
9	9	2011	4	50	0.670	16	-0.7	1.4	ME	Regulus
4	10	2011	11	36	2.891	13	-3.9	1.1	VE	Spica
9	10	2011	20	4	2.299	8	-0.8	1.1	ME	Spica
10	11	2011	11	10	3.908	22	-3.9	1.1	VE	Antares
10	11	2011	11	50	1.912	22	-0.1	1.1	ME	Antares
11	11	2011	1	50	1.327	78	0.9	1.4	MA	Regulus
14	11	2011	9	33	4.337	28	0.7	1.1	SA	Spica
16	4	2012	4	49	4.303	127	-0.5	1.4	MA	Regulus
7	5	2012	2	0	0.816	36	-4.5	1.7	VE	Elnath
21	5	2012	1	24	4.777	143	0.4	1.1	SA	Spica
4	6	2012	0	29	3.807	9	-1.5	1.7	ME	Elnath
20	6	2012	14	31	2.978	21	-3.8	1.0	VE	Aldebaran
9	7	2012	14	24	0.915	38	-4.5	1.0	VE	Aldebaran
30	7	2012	7	24	4.693	58	-2.1	1.0	GI	Aldebaran
7	8	2012	17	51	4.456	69	0.7	1.1	SA	Spica
14	8	2012	5	8	1.758	62	1.0	1.1	MA	Spica
1	9	2012	2	11	1.212	9	-1.5	1.4	ME	Regulus
1	10	2012	13	48	1.607	15	-0.4	1.1	ME	Spica
3	10	2012	7	15	0.117	40	-4.0	1.4	VE	Regulus
21	10	2012	1	34	3.594	42	1.1	1.1	MA	Antares
17	11	2012	4	59	3.846	31	-3.9	1.1	VE	Spica
12	12	2012	2	45	4.697	170	-2.7	1.0	GI	Aldebaran

GG	MM	AAAA	HH	MM	DIST°	ELONG°	MAG1	MAG2	PIANETA	STELLA
27	5	2013	3	18	3.300	17	-0.6	1.7	ME	Elnath
28	5	2013	7	4	4.673	16	-3.9	1.7	VE	Elnath
3	7	2013	1	17	4.976	18	1.4	1.7	MA	Elnath
22	7	2013	13	20	1.088	30	-3.8	1.4	VE	Regulus
23	8	2013	22	52	1.299	2	-1.6	1.4	ME	Regulus
6	9	2013	4	37	1.615	40	-3.9	1.1	VE	Spica
25	9	2013	1	52	0.737	22	-0.0	1.1	ME	Spica
15	10	2013	11	20	0.939	52	1.4	1.4	MA	Regulus
16	10	2013	22	42	1.522	46	-4.2	1.1	VE	Antares
11	12	2013	19	16	4.566	10	-0.8	1.1	ME	Antares
3	2	2014	12	21	4.625	111	0.1	1.1	MA	Spica
25	3	2014	23	2	4.833	161	-1.3	1.1	MA	Spica
21	5	2014	15	58	3.084	22	0.1	1.7	ME	Elnath
1	7	2014	19	17	4.087	30	-3.8	1.0	VE	Aldebaran
14	7	2014	5	2	1.311	92	0.1	1.1	MA	Spica
15	8	2014	17	29	1.180	7	-1.3	1.4	ME	Regulus
5	9	2014	17	27	0.732	13	-3.9	1.4	VE	Regulus
20	9	2014	18	42	0.544	26	0.2	1.1	ME	Spica
28	9	2014	13	28	3.079	65	0.7	1.1	MA	Antares
16	10	2014	6	10	0.389	2	4.6	1.1	ME	Spica
19	10	2014	3	52	3.224	2	-3.9	1.1	VE	Spica
4	11	2014	16	15	4.244	18	-0.6	1.1	ME	Spica
24	11	2014	20	23	4.480	8	-3.9	1.1	VE	Antares
4	12	2014	14	19	3.913	2	-0.9	1.1	ME	Antares
1	5	2015	13	35	3.008	42	-4.0	1.7	VE	Elnath
29	5	2015	22	15	3.998	45	-4.2	1.2	VE	Pollux
31	5	2015	13	0	3.492	3	5.2	1.0	ME	Aldebaran
14	6	2015	0	23	4.773	1	1.5	1.7	MA	Elnath
23	6	2015	15	35	1.960	22	0.4	1.0	ME	Aldebaran
15	7	2015	6	6	2.387	36	-4.5	1.4	VE	Regulus
7	8	2015	20	24	0.878	15	-0.6	1.4	ME	Regulus
11	8	2015	15	42	0.397	11	-1.6	1.4	GI	Regulus
25	9	2015	3	46	0.785	32	1.6	1.4	MA	Regulus
9	10	2015	6	30	2.500	45	-4.5	1.4	VE	Regulus
29	10	2015	19	30	3.780	12	-1.0	1.1	ME	Spica
27	11	2015	7	37	3.328	6	-0.8	1.1	ME	Antares
30	11	2015	0	3	4.189	44	-4.1	1.1	VE	Spica
23	12	2015	23	30	3.549	68	1.2	1.1	MA	Spica
26	4	2016	19	53	4.934	149	-1.5	1.1	MA	Antares
19	6	2016	7	0	3.815	19	-0.4	1.0	ME	Aldebaran
10	7	2016	22	26	4.995	5	-1.7	1.2	ME	Pollux
30	7	2016	19	32	0.298	22	-0.0	1.4	ME	Regulus
5	8	2016	16	32	1.020	16	-3.9	1.4	VE	Regulus
24	8	2016	15	47	1.787	98	-0.4	1.1	MA	Antares
18	9	2016	19	58	2.423	28	-3.8	1.1	VE	Spica
21	10	2016	11	9	3.230	4	-1.2	1.1	ME	Spica
26	10	2016	15	39	3.084	36	-3.9	1.1	VE	Antares
19	11	2016	6	16	2.765	13	-0.6	1.1	ME	Antares
1	2	2017	13	9	3.599	110	-2.1	1.1	GI	Spica
24	5	2017	23	31	4.559	19	1.5	1.7	MA	Elnath
11	6	2017	20	57	4.932	12	-1.2	1.0	ME	Aldebaran
18	6	2017	7	13	4.807	4	-1.9	1.7	ME	Elnath
2	7	2017	13	47	4.797	13	-1.0	1.2	ME	Pollux

GG	MM	AAAA	HH	MM	DIST°	ELONG°	MAG1	MAG2	PIANETA	STELLA
13	7	2017	23	24	3.116	42	-4.0	1.0	VE	Aldebaran
25	7	2017	22	0	0.950	27	0.3	1.4	ME	Regulus
5	9	2017	12	5	0.703	13	1.7	1.4	MA	Regulus
10	9	2017	12	10	0.594	18	-0.1	1.4	ME	Regulus
12	9	2017	2	45	3.127	35	-1.6	1.1	GI	Spica
20	9	2017	2	20	0.465	27	-3.9	1.4	VE	Regulus
13	10	2017	20	33	2.653	4	-1.0	1.1	ME	Spica
2	11	2017	18	49	3.523	16	-3.9	1.1	VE	Spica
12	11	2017	22	12	2.206	20	-0.3	1.1	ME	Antares
29	11	2017	23	48	3.113	44	1.5	1.1	MA	Spica
9	12	2017	11	7	4.995	7	-3.9	1.1	VE	Antares
13	5	2018	16	3	4.017	30	-3.8	1.7	VE	Elnath
8	6	2018	8	39	4.691	36	-3.9	1.2	VE	Pollux
9	6	2018	14	35	4.142	5	-1.8	1.7	ME	Elnath
25	6	2018	1	7	4.828	20	-0.3	1.2	ME	Pollux
10	7	2018	5	5	0.988	42	-4.0	1.4	VE	Regulus
1	9	2018	12	2	1.230	45	-4.5	1.1	VE	Spica
6	9	2018	2	57	0.998	14	-1.1	1.4	ME	Regulus
6	10	2018	9	6	2.020	11	-0.7	1.1	ME	Spica
9	11	2018	12	9	1.814	23	-0.0	1.1	ME	Antares
14	11	2018	20	2	1.245	27	-4.3	1.1	VE	Spica
22	11	2018	3	38	3.969	12	0.9	1.1	ME	Antares
5	5	2019	2	44	4.298	39	1.5	1.7	MA	Elnath
1	6	2019	5	9	3.579	13	-1.1	1.7	ME	Elnath
17	6	2019	4	37	4.733	16	-3.9	1.0	VE	Aldebaran
18	8	2019	8	54	0.656	5	1.7	1.4	MA	Regulus
21	8	2019	10	46	0.904	2	-3.9	1.4	VE	Regulus
29	8	2019	8	44	1.280	6	-1.6	1.4	ME	Regulus
29	9	2019	8	47	1.267	18	-0.3	1.1	ME	Spica
4	10	2019	0	49	2.878	14	-3.9	1.1	VE	Spica
10	11	2019	0	46	3.886	23	-3.9	1.1	VE	Antares
10	11	2019	9	8	2.828	24	1.6	1.1	MA	Spica
16	12	2019	11	8	5.001	14	-0.6	1.1	ME	Antares
18	1	2020	8	51	4.749	48	1.3	1.1	MA	Antares
11	5	2020	11	16	1.463	31	-4.4	1.7	VE	Elnath
23	5	2020	23	39	3.138	20	-0.3	1.7	ME	Elnath
12	6	2020	20	29	4.235	14	-3.0	1.0	VE	Aldebaran
12	7	2020	1	14	0.956	40	-4.5	1.0	VE	Aldebaran
20	8	2020	3	0	1.269	3	-1.5	1.4	ME	Regulus
22	9	2020	11	30	0.268	24	0.1	1.1	ME	Spica
2	10	2020	23	8	0.086	40	-4.0	1.4	VE	Regulus
1	11	2020	19	8	3.964	14	0.4	1.1	ME	Spica
16	11	2020	19	9	3.835	31	-3.9	1.1	VE	Spica
8	12	2020	10	54	4.276	6	-0.8	1.1	ME	Antares
11	4	2021	16	23	3.911	61	1.3	1.7	MA	Elnath
21	5	2021	17	36	3.621	21	0.5	1.7	ME	Elnath
27	5	2021	20	8	4.655	16	-3.9	1.7	VE	Elnath
22	7	2021	3	21	1.088	31	-3.8	1.4	VE	Regulus
30	7	2021	1	21	0.635	23	1.7	1.4	MA	Regulus
11	8	2021	23	59	1.076	11	-1.0	1.4	ME	Regulus
5	9	2021	20	46	1.574	41	-3.9	1.1	VE	Spica
21	9	2021	14	40	1.423	25	0.3	1.1	ME	Spica
2	10	2021	8	45	1.490	15	0.9	1.1	ME	Spica

GG	MM	AAAA	HH	MM	DIST°	ELONG°	MAG1	MAG2	PIANETA	STELLA
16	10	2021	20	12	1.436	47	-4.2	1.1	VE	Antares
21	10	2021	20	55	2.601	5	1.6	1.1	MA	Spica
2	11	2021	6	16	4.076	16	-0.8	1.1	ME	Spica
1	12	2021	4	22	3.659	1	-0.8	1.1	ME	Antares
27	12	2021	19	33	4.487	26	1.4	1.1	MA	Antares
22	6	2022	23	48	2.907	22	0.0	1.0	ME	Aldebaran
1	7	2022	9	11	4.112	30	-3.8	1.0	VE	Aldebaran
4	8	2022	9	29	0.676	18	-0.4	1.4	ME	Regulus
5	9	2022	6	29	0.739	13	-3.9	1.4	VE	Regulus
7	9	2022	11	57	4.275	95	-0.3	1.0	MA	Aldebaran
18	10	2022	16	55	3.214	2	-3.9	1.1	VE	Spica
26	10	2022	10	38	3.549	9	-1.1	1.1	ME	Spica
21	11	2022	5	44	3.922	157	-1.8	1.7	MA	Elnath
23	11	2022	22	59	3.088	9	-0.7	1.1	ME	Antares
24	11	2022	9	33	4.462	8	-3.9	1.1	VE	Antares
9	3	2023	21	21	3.079	94	0.5	1.7	MA	Elnath
1	5	2023	6	42	2.961	42	-4.0	1.7	VE	Elnath
9	5	2023	0	50	5.000	65	1.3	1.2	MA	Pollux
29	5	2023	20	31	3.976	45	-4.2	1.2	VE	Pollux
17	6	2023	0	36	4.338	16	-0.7	1.0	ME	Aldebaran
8	7	2023	0	8	4.890	8	-1.4	1.2	ME	Pollux
10	7	2023	17	59	0.647	42	1.6	1.4	MA	Regulus
16	7	2023	17	47	3.472	34	-4.5	1.4	VE	Regulus
28	7	2023	23	54	0.102	24	0.1	1.4	ME	Regulus
3	10	2023	12	57	2.390	14	1.5	1.1	MA	Spica
9	10	2023	15	2	2.287	46	-4.5	1.4	VE	Regulus
18	10	2023	22	3	2.989	1	-1.1	1.1	ME	Spica
17	11	2023	2	47	2.528	16	-0.5	1.1	ME	Antares
29	11	2023	17	27	4.180	43	-4.1	1.1	VE	Spica
8	12	2023	13	46	4.255	6	1.4	1.1	MA	Antares
14	6	2024	6	57	4.509	1	-2.0	1.7	ME	Elnath
28	6	2024	21	54	4.775	16	-0.7	1.2	ME	Pollux
9	7	2024	23	10	4.773	38	-2.0	1.0	GI	Aldebaran
25	7	2024	10	45	2.115	27	0.5	1.4	ME	Regulus
4	8	2024	13	42	4.929	63	0.8	1.0	MA	Aldebaran
5	8	2024	5	40	1.023	17	-3.9	1.4	VE	Regulus
9	9	2024	8	40	0.485	17	-0.6	1.4	ME	Regulus
18	9	2024	9	49	2.403	28	-3.8	1.1	VE	Spica
10	10	2024	7	55	2.394	7	-0.9	1.1	ME	Spica
26	10	2024	6	40	3.049	37	-3.9	1.1	VE	Antares
10	11	2024	11	3	1.983	22	-0.2	1.1	ME	Antares
22	1	2025	20	48	2.359	170	-1.4	1.2	MA	Pollux
30	3	2025	21	36	4.006	103	0.3	1.2	MA	Pollux
5	6	2025	15	44	3.892	8	-1.6	1.7	ME	Elnath
17	6	2025	17	12	0.735	63	1.3	1.4	MA	Regulus
22	6	2025	1	12	4.972	22	-0.0	1.2	ME	Pollux
13	7	2025	16	12	3.160	42	-3.9	1.0	VE	Aldebaran
2	9	2025	15	11	1.172	10	-1.4	1.4	ME	Regulus
13	9	2025	16	27	2.165	33	1.4	1.1	MA	Spica
19	9	2025	15	59	0.478	27	-3.9	1.4	VE	Regulus
2	10	2025	23	56	1.720	14	-0.5	1.1	ME	Spica
2	11	2025	8	5	3.513	16	-3.9	1.1	VE	Spica
9	11	2025	4	21	3.911	20	0.1	1.1	ME	Antares

GG	MM	AAAA	HH	MM	DIST°	ELONG°	MAG1	MAG2	PIANETA	STELLA
18	11	2025	14	27	4.017	14	1.3	1.1	MA	Antares
9	12	2025	0	20	4.977	7	-3.9	1.1	VE	Antares
13	5	2026	6	9	3.991	31	-3.8	1.7	VE	Elnath
28	5	2026	14	32	3.369	16	-0.8	1.7	ME	Elnath
7	6	2026	23	35	4.671	36	-3.9	1.2	VE	Pollux
9	7	2026	22	29	0.975	43	-4.0	1.4	VE	Regulus
25	8	2026	13	26	1.300	3	-1.6	1.4	ME	Regulus
2	9	2026	0	20	1.480	45	-4.5	1.1	VE	Spica
26	9	2026	8	8	0.885	21	-0.1	1.1	ME	Spica
9	11	2026	11	23	1.159	24	-4.1	1.1	VE	Spica
26	11	2026	5	18	1.725	94	0.5	1.4	MA	Regulus
12	12	2026	20	7	3.207	114	-2.2	1.4	GI	Regulus
13	12	2026	5	27	4.674	11	-0.7	1.1	ME	Antares
21	2	2027	6	28	3.987	175	-1.3	1.4	MA	Regulus
15	5	2027	10	23	1.230	96	0.4	1.4	MA	Regulus
22	5	2027	12	20	3.065	22	0.0	1.7	ME	Elnath
16	6	2027	17	48	4.752	15	-3.9	1.0	VE	Aldebaran
27	7	2027	5	36	0.441	26	-1.6	1.4	GI	Regulus
17	8	2027	7	42	1.208	6	-1.3	1.4	ME	Regulus
20	8	2027	23	42	0.909	3	-3.9	1.4	VE	Regulus
24	8	2027	5	3	1.891	53	1.2	1.1	MA	Spica
21	9	2027	11	39	0.305	26	0.2	1.1	ME	Spica
3	10	2027	14	0	2.865	14	-3.9	1.1	VE	Spica
20	10	2027	20	29	1.179	3	3.9	1.1	ME	Spica
30	10	2027	2	37	3.733	34	1.2	1.1	MA	Antares
5	11	2027	10	1	4.267	19	-0.5	1.1	ME	Spica
9	11	2027	14	20	3.864	23	-3.8	1.1	VE	Antares
6	12	2027	1	24	4.006	3	-0.9	1.1	ME	Antares
10	5	2028	10	15	3.396	30	-4.3	1.7	VE	Elnath
7	6	2028	7	31	2.066	8	2.7	1.0	ME	Aldebaran
21	6	2028	19	2	1.513	21	0.6	1.0	ME	Aldebaran
13	7	2028	16	47	1.041	42	-4.5	1.0	VE	Aldebaran
8	8	2028	8	46	0.936	14	-0.7	1.4	ME	Regulus
2	10	2028	14	55	0.055	40	-3.9	1.4	VE	Regulus
24	10	2028	9	57	1.043	61	1.3	1.4	MA	Regulus
30	10	2028	5	13	3.861	13	-1.0	1.1	ME	Spica
16	11	2028	9	14	3.825	30	-3.9	1.1	VE	Spica
27	11	2028	18	31	3.414	4	-0.8	1.1	ME	Antares
25	12	2028	13	46	3.300	70	-1.8	1.1	GI	Spica
29	3	2029	3	58	3.613	164	-2.4	1.1	GI	Spica
27	5	2029	9	19	4.636	17	-3.9	1.7	VE	Elnath
20	6	2029	14	12	3.605	20	-0.3	1.0	ME	Aldebaran
21	7	2029	17	30	1.088	31	-3.8	1.4	VE	Regulus
28	7	2029	18	25	1.499	78	0.6	1.1	MA	Spica
1	8	2029	3	42	0.410	21	-0.1	1.4	ME	Regulus
25	8	2029	0	14	3.152	52	-1.7	1.1	GI	Spica
5	9	2029	13	8	1.530	41	-3.9	1.1	VE	Spica
7	10	2029	21	53	3.320	55	0.9	1.1	MA	Antares
16	10	2029	18	14	1.347	47	-4.3	1.1	VE	Antares
22	10	2029	23	11	3.314	6	-1.2	1.1	ME	Spica
20	11	2029	15	51	2.851	12	-0.6	1.1	ME	Antares
13	6	2030	10	43	4.786	13	-1.1	1.0	ME	Aldebaran
19	6	2030	23	13	4.920	5	-1.8	1.7	ME	Elnath

GG	MM	AAAA	HH	MM	DIST°	ELONG°	MAG1	MAG2	PIANETA	STELLA
21	6	2030	10	53	4.852	7	1.4	1.7	MA	Elnath
30	6	2030	23	10	4.137	29	-3.8	1.0	VE	Aldebaran
4	7	2030	3	53	4.816	12	-1.1	1.2	ME	Pollux
26	7	2030	18	3	0.680	26	0.3	1.4	ME	Regulus
4	9	2030	19	33	0.746	12	-3.9	1.4	VE	Regulus
10	9	2030	11	52	1.707	16	0.2	1.4	ME	Regulus
24	9	2030	10	59	3.673	113	0.2	1.0	SA	Aldebaran
2	10	2030	19	23	0.832	39	1.6	1.4	MA	Regulus
15	10	2030	8	50	2.742	2	-1.1	1.1	ME	Spica
18	10	2030	6	0	3.203	1	-3.9	1.1	VE	Spica
14	11	2030	3	54	2.290	19	-0.3	1.1	ME	Antares
23	11	2030	22	45	4.444	9	-3.9	1.1	VE	Antares
4	1	2031	9	44	3.817	80	1.0	1.1	MA	Spica
1	5	2031	0	9	2.912	43	-4.0	1.7	VE	Elnath
17	5	2031	0	31	3.958	14	0.5	1.0	SA	Aldebaran
29	5	2031	19	42	3.955	45	-4.3	1.2	VE	Pollux
11	6	2031	6	39	4.234	3	-1.9	1.7	ME	Elnath
26	6	2031	10	57	4.803	19	-0.4	1.2	ME	Pollux
7	9	2031	12	50	0.906	15	-1.0	1.4	ME	Regulus
11	9	2031	2	54	2.491	82	0.2	1.1	MA	Antares
7	10	2031	20	26	2.120	10	-0.7	1.1	ME	Spica
9	10	2031	21	47	2.099	46	-4.5	1.4	VE	Regulus
9	11	2031	20	36	1.820	23	-0.1	1.1	ME	Antares
27	11	2031	5	1	4.812	7	1.9	1.1	ME	Antares
29	11	2031	10	41	4.171	43	-4.1	1.1	VE	Spica
1	6	2032	12	11	4.646	12	1.5	1.7	MA	Elnath
1	6	2032	19	15	3.658	11	-1.2	1.7	ME	Elnath
4	8	2032	18	52	1.026	17	-3.9	1.4	VE	Regulus
29	8	2032	22	50	1.262	7	-1.6	1.4	ME	Regulus
12	9	2032	17	7	0.729	20	1.7	1.4	MA	Regulus
17	9	2032	23	46	2.383	29	-3.8	1.1	VE	Spica
29	9	2032	17	46	1.391	17	-0.3	1.1	ME	Spica
25	10	2032	21	47	3.013	37	-3.9	1.1	VE	Antares
8	12	2032	8	50	3.255	53	1.4	1.1	MA	Spica
25	5	2033	7	16	3.191	19	-0.4	1.7	ME	Elnath
13	7	2033	8	48	3.203	41	-3.9	1.0	VE	Aldebaran
21	8	2033	17	37	1.282	2	-1.6	1.4	ME	Regulus
19	9	2033	5	40	0.490	26	-3.9	1.4	VE	Regulus
23	9	2033	14	30	0.443	24	0.1	1.1	ME	Spica
1	11	2033	21	21	3.503	15	-3.9	1.1	VE	Spica
8	12	2033	13	30	4.960	6	-3.9	1.1	VE	Antares
9	12	2033	21	41	4.376	8	-0.8	1.1	ME	Antares
12	5	2034	20	8	3.964	31	-3.8	1.7	VE	Elnath
13	5	2034	1	57	4.409	31	1.5	1.7	MA	Elnath
21	5	2034	13	29	3.293	22	0.3	1.7	ME	Elnath
7	6	2034	14	29	4.652	37	-3.9	1.2	VE	Pollux
9	7	2034	16	5	0.959	43	-4.0	1.4	VE	Regulus
13	8	2034	13	35	1.116	10	-1.1	1.4	ME	Regulus
25	8	2034	11	17	0.670	2	1.7	1.4	MA	Regulus
2	9	2034	16	5	1.767	44	-4.5	1.1	VE	Spica
20	9	2034	22	44	1.062	26	0.3	1.1	ME	Spica
8	10	2034	3	28	0.897	10	1.6	1.1	ME	Spica
31	10	2034	18	23	2.970	16	-3.4	1.1	VE	Spica

GG	MM	AAAA	HH	MM	DIST°	ELONG°	MAG1	MAG2	PIANETA	STELLA
3	11	2034	11	31	4.146	17	-0.7	1.1	ME	Spica
17	11	2034	20	48	2.929	31	1.6	1.1	MA	Spica
24	11	2034	2	6	2.766	39	-4.7	1.1	VE	Spica
2	12	2034	15	32	3.748	1	-0.9	1.1	ME	Antares
27	1	2035	6	16	4.869	57	1.2	1.1	MA	Antares
16	6	2035	6	51	4.770	15	-3.9	1.0	VE	Aldebaran
23	6	2035	19	9	2.610	22	0.1	1.0	ME	Aldebaran
5	8	2035	20	30	0.752	17	-0.5	1.4	ME	Regulus
20	8	2035	12	35	0.913	3	-3.9	1.4	VE	Regulus
3	10	2035	3	14	2.852	15	-3.9	1.1	VE	Spica
27	10	2035	21	50	3.632	10	-1.1	1.1	ME	Spica
9	11	2035	4	0	3.842	24	-3.8	1.1	VE	Antares
25	11	2035	9	33	3.173	8	-0.7	1.1	ME	Antares
20	4	2036	23	47	4.086	52	1.4	1.7	MA	Elnath
17	6	2036	11	39	4.163	17	-0.6	1.0	ME	Aldebaran
22	6	2036	18	51	4.837	22	-1.9	1.0	GI	Aldebaran
8	7	2036	15	28	4.924	7	-1.5	1.2	ME	Pollux
14	7	2036	20	57	1.138	43	-4.5	1.0	VE	Aldebaran
29	7	2036	4	46	0.053	24	0.1	1.4	ME	Regulus
6	8	2036	7	26	0.639	16	1.7	1.4	MA	Regulus
2	10	2036	6	31	0.027	39	-3.9	1.4	VE	Regulus
19	10	2036	10	21	3.075	2	-1.2	1.1	ME	Spica
19	10	2036	17	12	0.753	57	0.5	1.4	SA	Regulus
29	10	2036	1	57	2.685	12	1.6	1.1	MA	Spica
15	11	2036	23	21	3.815	30	-3.9	1.1	VE	Spica
17	11	2036	11	14	2.613	15	-0.5	1.1	ME	Antares
4	1	2037	15	23	4.584	34	1.4	1.1	MA	Antares
6	2	2037	12	1	1.130	168	0.1	1.4	SA	Regulus
26	5	2037	22	29	4.616	17	-3.9	1.7	VE	Elnath
15	6	2037	23	16	4.611	2	-1.9	1.7	ME	Elnath
30	6	2037	10	40	4.779	15	-0.8	1.2	ME	Pollux
10	7	2037	11	4	1.032	42	0.5	1.4	SA	Regulus
21	7	2037	7	36	1.088	31	-3.8	1.4	VE	Regulus
25	7	2037	14	24	1.612	27	0.4	1.4	ME	Regulus
21	8	2037	22	8	4.971	4	3.6	1.4	ME	Regulus
5	9	2037	5	32	1.485	41	-4.0	1.1	VE	Spica
10	9	2037	8	17	0.236	18	-0.5	1.4	ME	Regulus
11	10	2037	19	53	2.487	6	-0.9	1.1	ME	Spica
16	10	2037	17	0	1.253	47	-4.3	1.1	VE	Antares
11	11	2037	12	37	2.060	21	-0.2	1.1	ME	Antares
25	3	2038	10	44	3.513	78	0.9	1.7	MA	Elnath
7	6	2038	7	14	3.979	7	-1.7	1.7	ME	Elnath
23	6	2038	7	30	4.909	22	-0.1	1.2	ME	Pollux
30	6	2038	13	4	4.162	29	-3.8	1.0	VE	Aldebaran
18	7	2038	12	17	0.635	34	1.6	1.4	MA	Regulus
4	9	2038	3	40	1.123	12	-1.3	1.4	ME	Regulus
4	9	2038	8	33	0.753	12	-3.9	1.4	VE	Regulus
4	10	2038	10	31	1.828	13	-0.6	1.1	ME	Spica
10	10	2038	18	33	2.471	7	1.6	1.1	MA	Spica
17	10	2038	19	0	3.193	1	-3.9	1.1	VE	Spica
10	11	2038	22	55	2.357	21	0.1	1.1	ME	Antares
20	11	2038	21	11	0.361	88	-2.0	1.4	GI	Regulus
23	11	2038	11	57	4.426	9	-3.9	1.1	VE	Antares

GG	MM	AAAA	HH	MM	DIST°	ELONG°	MAG1	MAG2	PIANETA	STELLA
16	12	2038	1	56	4.345	14	1.4	1.1	MA	Antares
11	1	2039	23	31	0.578	141	-2.4	1.4	GI	Regulus
30	4	2039	17	52	2.861	43	-4.0	1.7	VE	Elnath
29	5	2039	19	39	3.934	45	-4.3	1.2	VE	Pollux
30	5	2039	2	41	3.442	15	-0.9	1.7	ME	Elnath
10	7	2039	1	5	0.499	43	-1.7	1.4	GI	Regulus
16	8	2039	0	32	4.720	73	0.5	1.0	MA	Aldebaran
27	8	2039	4	1	1.298	4	-1.6	1.4	ME	Regulus
27	9	2039	15	20	1.025	20	-0.1	1.1	ME	Spica
10	10	2039	2	38	1.930	46	-4.4	1.4	VE	Regulus
29	11	2039	3	33	4.161	42	-4.0	1.1	VE	Spica
30	11	2039	8	6	4.816	136	-1.1	1.2	MA	Pollux
14	12	2039	15	23	4.786	12	-0.7	1.1	ME	Antares
19	4	2040	9	35	4.593	84	0.9	1.2	MA	Pollux
22	5	2040	12	55	3.076	21	-0.1	1.7	ME	Elnath
26	6	2040	21	7	0.683	55	1.4	1.4	MA	Regulus
4	8	2040	8	5	1.029	18	-3.9	1.4	VE	Regulus
17	8	2040	22	4	1.232	5	-1.4	1.4	ME	Regulus
17	9	2040	13	42	2.362	29	-3.8	1.1	VE	Spica
21	9	2040	4	50	2.255	26	1.5	1.1	MA	Spica
21	9	2040	8	24	0.087	26	0.2	1.1	ME	Spica
24	10	2040	12	23	2.031	7	2.0	1.1	ME	Spica
25	10	2040	12	53	2.977	38	-3.9	1.1	VE	Antares
4	11	2040	12	9	4.223	19	-0.4	1.1	ME	Spica
26	11	2040	2	5	4.113	6	1.3	1.1	MA	Antares
3	12	2040	7	49	3.221	47	-1.7	1.1	GI	Spica
6	12	2040	12	28	4.100	4	-0.8	1.1	ME	Antares
8	1	2041	12	36	4.543	85	0.6	1.1	SA	Spica
7	5	2041	9	12	3.561	157	-2.3	1.1	GI	Spica
17	6	2041	18	44	1.239	17	1.2	1.0	ME	Aldebaran
13	7	2041	1	17	3.244	41	-3.9	1.0	VE	Aldebaran
31	7	2041	18	15	3.214	76	-1.8	1.1	GI	Spica
9	8	2041	21	26	0.989	13	-0.8	1.4	ME	Regulus
18	9	2041	19	18	0.502	26	-3.9	1.4	VE	Regulus
22	9	2041	10	58	3.635	22	0.5	1.1	ME	Spica
26	9	2041	6	7	4.323	21	0.8	1.1	SA	Spica
31	10	2041	14	11	3.940	14	-0.9	1.1	ME	Spica
1	11	2041	10	34	3.494	15	-3.9	1.1	VE	Spica
29	11	2041	5	33	3.501	3	-0.8	1.1	ME	Antares
8	12	2041	2	36	4.943	6	-3.9	1.1	VE	Antares
25	12	2041	1	14	4.015	126	-0.5	1.4	MA	Regulus
12	5	2042	10	18	3.938	31	-3.8	1.7	VE	Elnath
31	5	2042	11	37	0.912	80	0.9	1.4	MA	Regulus
7	6	2042	5	36	4.632	37	-3.9	1.2	VE	Pollux
21	6	2042	19	21	3.378	21	-0.2	1.0	ME	Aldebaran
9	7	2042	10	1	0.943	43	-4.0	1.4	VE	Regulus
2	8	2042	12	39	0.511	20	-0.2	1.4	ME	Regulus
1	9	2042	12	53	2.006	45	1.3	1.1	MA	Spica
3	9	2042	11	57	2.096	43	-4.6	1.1	VE	Spica
24	10	2042	10	21	4.261	10	-2.5	1.1	VE	Spica
24	10	2042	11	2	3.398	7	-1.2	1.1	ME	Spica
6	11	2042	20	59	3.854	26	1.2	1.1	MA	Antares
22	11	2042	1	44	2.935	11	-0.7	1.1	ME	Antares

GG	MM	AAAA	HH	MM	DIST°	ELONG°	MAG1	MAG2	PIANETA	STELLA
26	11	2042	23	47	3.239	41	-4.7	1.1	VE	Spica
14	6	2043	23	56	4.634	14	-1.0	1.0	ME	Aldebaran
15	6	2043	19	59	4.789	14	-3.9	1.0	VE	Aldebaran
5	7	2043	18	23	4.840	10	-1.2	1.2	ME	Pollux
27	7	2043	17	13	0.452	26	0.2	1.4	ME	Regulus
20	8	2043	1	30	0.918	4	-3.9	1.4	VE	Regulus
12	9	2043	4	5	3.687	16	0.3	1.4	ME	Regulus
2	10	2043	16	29	2.838	15	-3.9	1.1	VE	Spica
16	10	2043	21	7	2.830	1	-1.1	1.1	ME	Spica
4	11	2043	13	18	1.199	72	1.1	1.4	MA	Regulus
8	11	2043	17	41	3.819	24	-3.8	1.1	VE	Antares
15	11	2043	10	28	2.375	18	-0.4	1.1	ME	Antares
11	6	2044	22	52	4.330	2	-1.9	1.7	ME	Elnath
26	6	2044	21	46	4.788	18	-0.5	1.2	ME	Pollux
15	7	2044	18	24	1.243	44	-4.5	1.0	VE	Aldebaran
26	7	2044	20	2	3.717	24	0.6	1.4	ME	Regulus
8	8	2044	20	7	1.670	68	0.9	1.1	MA	Spica
7	9	2044	21	8	0.790	16	-0.9	1.4	ME	Regulus
1	10	2044	22	2	0.001	39	-3.9	1.4	VE	Regulus
8	10	2044	7	56	2.218	9	-0.8	1.1	ME	Spica
16	10	2044	13	28	3.507	47	1.0	1.1	MA	Antares
9	11	2044	12	33	1.865	23	-0.1	1.1	ME	Antares
15	11	2044	13	23	3.804	29	-3.9	1.1	VE	Spica
1	12	2044	9	59	3.571	103	5.4	1.4	UR	Regulus
26	5	2045	11	37	4.597	18	-3.9	1.7	VE	Elnath
3	6	2045	9	50	3.740	10	-1.4	1.7	ME	Elnath
28	6	2045	22	15	4.930	14	1.4	1.7	ME	Elnath
20	7	2045	21	49	1.087	32	-3.8	1.4	VE	Regulus
31	8	2045	12	39	1.238	8	-1.5	1.4	ME	Regulus
4	9	2045	22	12	1.439	42	-4.0	1.1	VE	Spica
1	10	2045	3	12	1.510	16	-0.4	1.1	ME	Spica
10	10	2045	19	51	0.895	47	1.5	1.4	MA	Regulus
16	10	2045	5	49	0.253	53	5.5	1.4	UR	Regulus
16	10	2045	16	30	1.154	47	-4.3	1.1	VE	Antares
19	1	2046	22	27	4.228	96	0.5	1.1	MA	Spica
28	1	2046	4	11	0.320	158	5.3	1.4	UR	Regulus
27	4	2046	23	55	3.537	166	-1.6	1.1	MA	Spica
26	5	2046	16	23	3.250	18	-0.5	1.7	ME	Elnath
30	6	2046	2	53	4.186	28	-3.8	1.0	VE	Aldebaran
1	7	2046	12	10	1.243	105	-0.3	1.1	MA	Spica
31	7	2046	4	58	0.251	22	5.5	1.4	UR	Regulus
23	8	2046	8	18	1.292	2	-1.6	1.4	ME	Regulus
3	9	2046	21	36	0.760	11	-3.9	1.4	VE	Regulus
22	9	2046	22	29	2.909	70	0.6	1.1	MA	Antares
24	9	2046	18	55	0.607	23	0.0	1.1	ME	Spica
17	10	2046	8	4	3.182	1	-3.9	1.1	VE	Spica
23	11	2046	1	10	4.408	10	-3.9	1.1	VE	Antares
11	12	2046	8	16	4.479	9	-0.8	1.1	ME	Antares
30	4	2047	11	45	2.810	43	-4.1	1.7	VE	Elnath
9	5	2047	22	26	1.783	103	5.4	1.4	UR	Regulus
21	5	2047	21	0	3.146	22	0.2	1.7	ME	Elnath
29	5	2047	20	24	3.917	45	-4.3	1.2	VE	Pollux
9	6	2047	22	55	4.728	4	1.5	1.7	MA	Elnath

GG	MM	AAAA	HH	MM	DIST°	ELONG°	MAG1	MAG2	PIANETA	STELLA
15	8	2047	3	28	1.151	8	-1.2	1.4	ME	Regulus
21	9	2047	1	7	0.761	28	1.6	1.4	MA	Regulus
21	9	2047	2	25	0.764	26	0.3	1.1	ME	Spica
10	10	2047	6	15	1.777	46	-4.4	1.4	VE	Regulus
13	10	2047	2	23	0.218	5	2.8	1.1	ME	Spica
4	11	2047	14	23	4.207	18	-0.6	1.1	ME	Spica
28	11	2047	20	23	4.151	42	-4.0	1.1	VE	Spica
4	12	2047	2	40	3.839	1	-0.9	1.1	ME	Antares
18	12	2047	11	13	3.429	62	1.3	1.1	MA	Spica
25	5	2048	10	45	4.815	3	4.5	1.0	ME	Aldebaran
7	6	2048	5	0	4.890	7	-1.9	1.0	GI	Aldebaran
14	6	2048	3	5	1.746	166	-2.3	1.1	MA	Antares
23	6	2048	7	44	2.275	23	0.3	1.0	ME	Aldebaran
3	8	2048	21	18	1.031	18	-3.9	1.4	VE	Regulus
6	8	2048	8	4	0.821	16	-0.5	1.4	ME	Regulus
7	8	2048	15	25	1.075	115	-1.1	1.1	MA	Antares
17	9	2048	3	45	2.341	30	-3.8	1.1	VE	Spica
25	10	2048	4	12	2.940	38	-3.9	1.1	VE	Antares
28	10	2048	8	37	3.714	11	-1.1	1.1	ME	Spica
25	11	2048	20	16	3.258	7	-0.8	1.1	ME	Antares
20	5	2049	19	44	4.508	23	1.5	1.7	MA	Elnath
18	6	2049	21	33	3.978	18	-0.5	1.0	ME	Aldebaran
10	7	2049	6	59	4.963	6	-1.6	1.2	ME	Pollux
12	7	2049	17	34	3.285	40	-3.9	1.0	VE	Aldebaran
30	7	2049	10	58	0.190	23	0.0	1.4	ME	Regulus
1	9	2049	13	59	0.688	9	1.7	1.4	MA	Regulus
18	9	2049	8	52	0.514	25	-3.9	1.4	VE	Regulus
20	10	2049	22	36	3.160	3	-1.2	1.1	ME	Spica
31	10	2049	23	49	3.484	14	-3.9	1.1	VE	Spica
18	11	2049	20	9	2.698	14	-0.6	1.1	ME	Antares
25	11	2049	14	38	3.042	39	1.6	1.1	MA	Spica
7	12	2049	15	48	4.925	5	-3.9	1.1	VE	Antares
12	5	2050	0	30	3.910	32	-3.8	1.7	VE	Elnath
6	6	2050	20	48	4.612	38	-3.9	1.2	VE	Pollux
17	6	2050	15	30	4.717	3	-1.9	1.7	ME	Elnath
1	7	2050	23	56	4.789	14	-0.9	1.2	ME	Pollux
9	7	2050	4	10	0.926	43	-4.0	1.4	VE	Regulus
26	7	2050	1	46	1.223	27	0.4	1.4	ME	Regulus
28	8	2050	21	30	4.221	8	2.2	1.4	ME	Regulus
4	9	2050	12	58	2.482	42	-4.6	1.1	VE	Spica
11	9	2050	0	56	0.124	18	-0.3	1.4	ME	Regulus
13	10	2050	8	0	2.578	5	-1.0	1.1	ME	Spica
21	10	2050	19	11	0.310	58	-1.8	1.4	GI	Regulus
12	11	2050	16	0	2.141	20	-0.3	1.1	ME	Antares
28	11	2050	18	38	3.527	43	-4.7	1.1	VE	Spica
22	2	2051	4	58	0.756	177	-2.4	1.4	GI	Regulus
30	4	2051	13	54	4.228	43	1.5	1.7	MA	Elnath
8	6	2051	23	1	4.068	6	-1.8	1.7	ME	Elnath
15	6	2051	9	5	4.807	14	-3.9	1.0	VE	Aldebaran
19	6	2051	7	10	0.575	63	-1.8	1.4	GI	Regulus
24	6	2051	15	17	4.862	21	-0.2	1.2	ME	Pollux
14	8	2051	10	57	0.647	9	1.7	1.4	MA	Regulus
19	8	2051	14	26	0.922	4	-3.9	1.4	VE	Regulus

GG	MM	AAAA	HH	MM	DIST°	ELONG°	MAG1	MAG2	PIANETA	STELLA
5	9	2051	15	30	1.061	13	-1.2	1.4	ME	Regulus
2	10	2051	5	43	2.825	16	-3.9	1.1	VE	Spica
5	10	2051	21	26	1.933	12	-0.6	1.1	ME	Spica
6	11	2051	8	19	2.774	19	1.6	1.1	MA	Spica
8	11	2051	7	21	3.796	25	-3.8	1.1	VE	Antares
10	11	2051	9	24	1.888	23	-0.0	1.1	ME	Antares
13	1	2052	18	16	4.686	43	1.3	1.1	MA	Antares
30	5	2052	15	39	3.517	14	-1.0	1.7	ME	Elnath
16	7	2052	10	55	1.346	44	-4.5	1.0	VE	Aldebaran
27	8	2052	18	29	1.290	5	-1.6	1.4	ME	Regulus
27	9	2052	23	14	1.159	19	-0.2	1.1	ME	Spica
1	10	2052	13	25	0.028	39	-3.9	1.4	VE	Regulus
15	11	2052	3	20	3.794	29	-3.9	1.1	VE	Spica
16	11	2052	0	17	3.175	30	-1.6	1.1	GI	Spica
15	12	2052	1	0	4.903	13	-0.7	1.1	ME	Antares
6	4	2053	1	6	3.790	67	1.2	1.7	MA	Elnath
23	5	2053	16	35	3.107	20	-0.2	1.7	ME	Elnath
26	5	2053	0	50	4.577	18	-3.9	1.7	VE	Elnath
25	6	2053	17	22	3.701	112	-2.1	1.1	GI	Spica
20	7	2053	12	7	1.086	32	-3.8	1.4	VE	Regulus
25	7	2053	24	0	0.632	27	1.7	1.4	MA	Regulus
19	8	2053	12	32	1.253	4	-1.5	1.4	ME	Regulus
4	9	2053	15	0	1.390	42	-4.0	1.1	VE	Spica
22	9	2053	7	51	0.112	25	0.1	1.1	ME	Spica
16	10	2053	16	45	1.051	47	-4.3	1.1	VE	Antares
17	10	2053	22	29	2.553	1	1.6	1.1	MA	Spica
29	10	2053	10	19	2.985	11	0.9	1.1	ME	Spica
7	12	2053	23	26	4.196	6	-0.8	1.1	ME	Antares
23	12	2053	14	56	4.435	22	1.4	1.1	MA	Antares
22	5	2054	18	29	4.236	20	0.7	1.7	ME	Elnath
20	6	2054	20	56	3.702	16	1.2	1.0	ME	Aldebaran
29	6	2054	16	42	4.209	28	-3.8	1.0	VE	Aldebaran
11	8	2054	10	28	1.037	12	-0.9	1.4	ME	Regulus
28	8	2054	22	45	4.453	85	0.1	1.0	MA	Aldebaran
3	9	2054	10	36	0.767	11	-3.9	1.4	VE	Regulus
11	9	2054	9	57	4.978	102	7.9	1.0	NE	Aldebaran
24	9	2054	20	52	1.875	22	0.4	1.1	ME	Spica
16	10	2054	21	7	3.171	1	-3.9	1.1	VE	Spica
1	11	2054	22	13	4.017	15	-0.9	1.1	ME	Spica
22	11	2054	14	21	4.390	10	-3.9	1.1	VE	Antares
30	11	2054	16	41	3.588	2	-0.8	1.1	ME	Antares
25	12	2054	19	29	2.232	169	-1.7	1.7	MA	Elnath
23	2	2055	19	26	2.654	108	0.0	1.7	MA	Elnath
30	4	2055	5	57	2.757	44	-4.1	1.7	VE	Elnath
3	5	2055	1	58	4.888	71	1.2	1.2	MA	Pollux
29	5	2055	22	15	3.901	45	-4.3	1.2	VE	Pollux
22	6	2055	21	57	3.130	21	-0.1	1.0	ME	Aldebaran
6	7	2055	7	15	0.653	46	1.5	1.4	MA	Regulus
3	8	2055	22	26	0.602	19	-0.3	1.4	ME	Regulus
17	9	2055	23	10	3.972	105	7.9	1.0	NE	Aldebaran
29	9	2055	13	22	2.341	18	1.5	1.1	MA	Spica
10	10	2055	8	34	1.639	46	-4.4	1.4	VE	Regulus
25	10	2055	22	45	3.481	8	-1.1	1.1	ME	Spica

GG	MM	AAAA	HH	MM	DIST°	ELONG°	MAG1	MAG2	PIANETA	STELLA
23	11	2055	11	56	3.020	10	-0.7	1.1	ME	Antares
28	11	2055	12	59	4.140	42	-4.0	1.1	VE	Spica
4	12	2055	12	31	4.205	2	1.3	1.1	MA	Antares
15	6	2056	12	32	4.476	15	-0.8	1.0	ME	Aldebaran
6	7	2056	8	38	3.935	34	7.9	1.0	NE	Aldebaran
6	7	2056	9	16	4.867	9	-1.3	1.2	ME	Pollux
27	7	2056	18	46	0.254	25	0.2	1.4	ME	Regulus
3	8	2056	10	31	1.034	19	-3.9	1.4	VE	Regulus
16	9	2056	17	47	2.320	30	-3.8	1.1	VE	Spica
17	10	2056	9	26	2.917	1	-1.1	1.1	ME	Spica
24	10	2056	19	32	2.902	39	-3.9	1.1	VE	Antares
15	11	2056	17	48	2.460	17	-0.4	1.1	ME	Antares
26	11	2056	10	48	3.851	174	7.8	1.0	NE	Aldebaran
24	1	2057	14	27	2.724	101	5.4	1.1	UR	Spica
27	2	2057	3	0	3.129	136	-0.7	1.2	MA	Pollux
4	5	2057	23	21	3.965	26	7.9	1.0	NE	Aldebaran
12	6	2057	2	34	0.774	69	1.2	1.4	MA	Regulus
13	6	2057	15	8	4.427	1	-1.9	1.7	ME	Elnath
28	6	2057	9	20	4.780	17	-0.6	1.2	ME	Pollux
12	7	2057	9	39	3.325	40	-3.9	1.0	VE	Aldebaran
26	7	2057	9	12	2.687	26	0.5	1.4	ME	Regulus
9	9	2057	3	18	0.642	16	-0.7	1.4	ME	Regulus
9	9	2057	10	53	2.109	37	1.4	1.1	MA	Spica
17	9	2057	22	25	0.525	25	-3.9	1.4	VE	Regulus
9	10	2057	19	36	2.315	8	-0.8	1.1	ME	Spica
18	10	2057	23	45	2.618	2	5.6	1.1	UR	Spica
31	10	2057	13	2	3.474	14	-3.9	1.1	VE	Spica
10	11	2057	9	4	1.928	22	-0.1	1.1	ME	Antares
14	11	2057	11	51	3.962	18	1.3	1.1	MA	Antares
7	12	2057	4	56	4.908	5	-3.9	1.1	VE	Antares
10	2	2058	15	33	3.990	109	7.9	1.0	NE	Aldebaran
11	5	2058	14	41	3.883	32	-3.8	1.7	VE	Elnath
5	6	2058	0	44	3.824	9	-1.5	1.7	ME	Elnath
6	6	2058	12	2	4.592	38	-3.9	1.2	VE	Pollux
8	7	2058	22	35	0.906	44	-4.1	1.4	VE	Regulus
13	7	2058	17	56	2.625	93	5.5	1.1	UR	Spica
2	9	2058	2	3	1.205	9	-1.5	1.4	ME	Regulus
5	9	2058	21	11	2.951	41	-4.6	1.1	VE	Spica
2	10	2058	13	3	1.626	15	-0.4	1.1	ME	Spica
16	11	2058	23	46	1.465	84	0.7	1.4	MA	Regulus
30	11	2058	0	42	3.726	44	-4.7	1.1	VE	Spica
20	2	2059	2	19	4.923	102	7.9	1.0	NE	Aldebaran
26	3	2059	7	20	3.159	144	-0.9	1.4	MA	Regulus
29	4	2059	9	35	1.733	112	-0.0	1.4	MA	Regulus
28	5	2059	2	45	3.316	17	-0.6	1.7	ME	Elnath
14	6	2059	22	9	4.826	13	-3.9	1.0	VE	Aldebaran
19	8	2059	3	21	0.926	5	-3.9	1.4	VE	Regulus
19	8	2059	8	16	1.815	58	1.1	1.1	MA	Spica
24	8	2059	22	57	1.297	2	-1.6	1.4	ME	Regulus
26	9	2059	0	27	0.761	22	-0.0	1.1	ME	Spica
1	10	2059	19	0	2.811	16	-3.9	1.1	VE	Spica
25	10	2059	17	51	3.659	38	1.1	1.1	MA	Antares
7	11	2059	21	6	3.773	25	-3.8	1.1	VE	Antares

GG	MM	AAAA	HH	MM	DIST°	ELONG°	MAG1	MAG2	PIANETA	STELLA
12	12	2059	18	37	4.585	10	-0.8	1.1	ME	Antares
21	5	2060	12	45	3.085	22	0.1	1.7	ME	Elnath
22	5	2060	7	7	4.939	9	-1.9	1.0	GI	Aldebaran
26	6	2060	7	56	3.833	25	0.5	1.0	SA	Aldebaran
16	7	2060	23	46	1.447	45	-4.4	1.0	VE	Aldebaran
15	8	2060	17	30	1.182	7	-1.3	1.4	ME	Regulus
20	9	2060	14	46	0.502	26	0.2	1.1	ME	Spica
1	10	2060	4	43	0.054	38	-3.9	1.4	VE	Regulus
16	10	2060	18	35	0.527	2	5.1	1.1	ME	Spica
19	10	2060	8	43	0.980	56	1.4	1.4	MA	Regulus
4	11	2060	13	24	4.253	18	-0.6	1.1	ME	Spica
14	11	2060	17	19	3.784	28	-3.9	1.1	VE	Spica
4	12	2060	13	46	3.930	2	-0.9	1.1	ME	Antares
17	1	2061	17	3	3.800	133	0.1	1.0	SA	Aldebaran
25	5	2061	14	6	4.558	19	-3.9	1.7	VE	Elnath
1	6	2061	10	41	3.237	3	4.7	1.0	ME	Aldebaran
23	6	2061	8	23	1.888	22	0.4	1.0	ME	Aldebaran
20	7	2061	2	27	1.085	33	-3.8	1.4	VE	Regulus
21	7	2061	9	23	1.386	86	0.4	1.1	MA	Spica
7	8	2061	20	3	0.884	15	-0.6	1.4	ME	Regulus
4	9	2061	7	59	1.340	42	-4.0	1.1	VE	Spica
2	10	2061	21	35	3.195	60	0.8	1.1	MA	Antares
16	10	2061	18	0	0.942	47	-4.4	1.1	VE	Antares
29	10	2061	18	50	3.795	12	-1.0	1.1	ME	Spica
27	11	2061	7	4	3.344	5	-0.8	1.1	ME	Antares
17	6	2062	8	58	4.807	3	1.5	1.7	MA	Elnath
20	6	2062	6	3	3.779	19	-0.4	1.0	ME	Aldebaran
29	6	2062	6	31	4.233	27	-3.8	1.0	VE	Aldebaran
31	7	2062	18	20	0.312	22	-0.1	1.4	ME	Regulus
2	9	2062	23	38	0.773	10	-3.9	1.4	VE	Regulus
28	9	2062	13	21	0.803	35	1.6	1.4	MA	Regulus
2	10	2062	5	55	0.309	39	-1.7	1.4	GI	Regulus
16	10	2062	10	8	3.161	2	-3.9	1.1	VE	Spica
22	10	2062	10	47	3.245	5	-1.2	1.1	ME	Spica
20	11	2062	5	29	2.783	13	-0.6	1.1	ME	Antares
22	11	2062	3	35	4.372	11	-3.9	1.1	VE	Antares
28	12	2062	18	42	3.653	73	1.1	1.1	MA	Spica
8	4	2063	23	18	0.798	131	-2.3	1.4	GI	Regulus
30	4	2063	0	33	2.701	44	-4.1	1.7	VE	Elnath
15	5	2063	5	23	0.707	96	-2.0	1.4	GI	Regulus
30	5	2063	1	22	3.888	45	-4.3	1.2	VE	Pollux
12	6	2063	21	4	4.907	12	-1.2	1.0	ME	Aldebaran
19	6	2063	7	40	4.827	4	-1.9	1.7	ME	Elnath
3	7	2063	13	44	4.804	13	-1.0	1.2	ME	Pollux
26	7	2063	18	39	0.909	27	0.3	1.4	ME	Regulus
3	9	2063	0	43	2.154	90	-0.1	1.1	MA	Antares
11	9	2063	5	16	0.724	18	-0.1	1.4	ME	Regulus
10	10	2063	9	49	1.512	46	-4.4	1.4	VE	Regulus
14	10	2063	20	14	2.668	3	-1.0	1.1	ME	Spica
13	11	2063	20	43	2.224	19	-0.3	1.1	ME	Antares
28	11	2063	5	22	4.130	41	-4.0	1.1	VE	Spica
28	5	2064	9	9	4.597	16	1.5	1.7	MA	Elnath
9	6	2064	15	3	4.159	4	-1.8	1.7	ME	Elnath

GG	MM	AAAA	HH	MM	DIST°	ELONG°	MAG1	MAG2	PIANETA	STELLA
25	6	2064	0	19	4.829	20	-0.3	1.2	ME	Pollux
2	8	2064	23	49	1.036	19	-3.9	1.4	VE	Regulus
6	9	2064	2	24	0.984	14	-1.1	1.4	ME	Regulus
8	9	2064	17	31	0.712	16	1.7	1.4	MA	Regulus
16	9	2064	7	54	2.298	31	-3.8	1.1	VE	Spica
6	10	2064	8	35	2.036	11	-0.7	1.1	ME	Spica
24	10	2064	10	58	2.863	39	-3.9	1.1	VE	Antares
31	10	2064	23	31	3.146	15	-1.6	1.1	GI	Spica
9	11	2064	6	22	1.817	23	-0.0	1.1	ME	Antares
22	11	2064	19	28	4.132	11	1.0	1.1	ME	Antares
3	12	2064	16	28	3.171	48	1.5	1.1	MA	Spica
1	6	2065	5	16	3.595	12	-1.1	1.7	ME	Elnath
12	7	2065	1	40	3.364	40	-3.9	1.0	VE	Aldebaran
29	8	2065	8	45	1.277	6	-1.6	1.4	ME	Regulus
17	9	2065	11	58	0.537	24	-3.9	1.4	VE	Regulus
29	9	2065	7	47	1.287	18	-0.3	1.1	ME	Spica
31	10	2065	2	16	3.464	13	-3.9	1.1	VE	Spica
6	12	2065	18	4	4.890	4	-3.9	1.1	VE	Antares
7	12	2065	7	38	3.334	108	0.3	1.4	SA	Regulus
8	5	2066	17	40	4.348	35	1.5	1.7	MA	Elnath
11	5	2066	4	59	3.855	33	-3.9	1.7	VE	Elnath
24	5	2066	22	34	3.151	20	-0.3	1.7	ME	Elnath
6	6	2066	3	27	4.572	38	-3.9	1.2	VE	Pollux
8	7	2066	17	21	0.885	44	-4.1	1.4	VE	Regulus
21	8	2066	3	5	1.269	3	-1.5	1.4	ME	Regulus
21	8	2066	13	25	0.659	2	1.7	1.4	MA	Regulus
22	8	2066	4	47	0.872	2	0.6	1.4	SA	Regulus
7	9	2066	14	20	3.546	39	-4.6	1.1	VE	Spica
23	9	2066	9	28	0.297	24	0.1	1.1	ME	Spica
3	11	2066	6	38	4.213	14	0.3	1.1	ME	Spica
13	11	2066	17	36	2.870	27	1.6	1.1	MA	Spica
30	11	2066	23	11	3.871	45	-4.6	1.1	VE	Spica
9	12	2066	10	20	4.294	7	-0.8	1.1	ME	Antares
22	1	2067	7	11	4.799	52	1.3	1.1	MA	Antares
15	3	2067	21	15	4.695	105	5.5	1.1	UR	Antares
6	5	2067	8	3	3.585	108	0.3	1.4	SA	Regulus
22	5	2067	9	37	3.555	21	0.5	1.7	ME	Elnath
14	6	2067	11	13	4.844	13	-3.9	1.0	VE	Aldebaran
12	8	2067	23	53	1.079	11	-1.0	1.4	ME	Regulus
18	8	2067	16	15	0.931	5	-3.9	1.4	VE	Regulus
22	9	2067	3	5	1.355	26	0.3	1.1	ME	Spica
1	10	2067	8	16	2.797	17	-3.9	1.1	VE	Spica
4	10	2067	4	38	1.394	14	1.0	1.1	ME	Spica
3	11	2067	4	59	4.090	16	-0.8	1.1	ME	Spica
7	11	2067	10	53	3.750	26	-3.8	1.1	VE	Antares
2	12	2067	3	52	3.676	1	-0.8	1.1	ME	Antares
6	12	2067	1	4	4.628	3	5.7	1.1	UR	Antares
15	4	2068	23	5	3.993	57	1.3	1.7	MA	Elnath
22	6	2068	21	15	2.858	22	0.0	1.0	ME	Aldebaran
17	7	2068	9	39	1.547	45	-4.4	1.0	VE	Aldebaran
2	8	2068	7	46	0.633	20	1.7	1.4	MA	Regulus
4	8	2068	8	56	0.684	18	-0.4	1.4	ME	Regulus
2	9	2068	21	6	4.586	90	5.6	1.1	UR	Antares

GG	MM	AAAA	HH	MM	DIST°	ELONG°	MAG1	MAG2	PIANETA	STELLA
30	9	2068	19	53	0.079	38	-3.9	1.4	VE	Regulus
25	10	2068	2	55	2.636	8	1.6	1.1	MA	Spica
26	10	2068	10	11	3.564	9	-1.1	1.1	ME	Spica
14	11	2068	7	12	3.773	28	-3.9	1.1	VE	Spica
23	11	2068	22	20	3.105	9	-0.7	1.1	ME	Antares
31	12	2068	8	5	4.529	30	1.4	1.1	MA	Antares
25	5	2069	3	16	4.538	19	-3.9	1.7	VE	Elnath
17	6	2069	0	19	4.309	16	-0.7	1.0	ME	Aldebaran
8	7	2069	0	22	4.898	8	-1.4	1.2	ME	Pollux
19	7	2069	16	49	1.084	33	-3.8	1.4	VE	Regulus
28	7	2069	22	14	0.081	24	0.1	1.4	ME	Regulus
4	9	2069	1	8	1.288	43	-4.0	1.1	VE	Spica
18	9	2069	12	0	4.178	106	-0.7	1.0	MA	Aldebaran
16	10	2069	20	15	0.828	47	-4.4	1.1	VE	Antares
18	10	2069	21	44	3.004	1	-1.1	1.1	ME	Spica
17	11	2069	1	47	2.545	16	-0.5	1.1	ME	Antares
17	3	2070	13	38	3.298	86	0.7	1.7	MA	Elnath
15	6	2070	7	23	4.528	1	-1.9	1.7	ME	Elnath
28	6	2070	20	10	4.256	27	-3.8	1.0	VE	Aldebaran
29	6	2070	21	32	4.779	16	-0.7	1.2	ME	Pollux
14	7	2070	6	17	0.636	39	1.6	1.4	MA	Regulus
26	7	2070	4	2	2.026	27	0.5	1.4	ME	Regulus
2	9	2070	12	36	0.780	10	-3.9	1.4	VE	Regulus
10	9	2070	6	31	0.449	17	-0.6	1.4	ME	Regulus
6	10	2070	19	27	2.424	11	1.6	1.1	MA	Spica
11	10	2070	7	30	2.409	7	-0.9	1.1	ME	Spica
15	10	2070	23	11	3.150	2	-3.9	1.1	VE	Spica
3	11	2070	21	16	4.324	17	0.8	1.1	SA	Spica
11	11	2070	8	47	2.000	22	-0.2	1.1	ME	Antares
21	11	2070	16	47	4.354	11	-3.9	1.1	VE	Antares
11	12	2070	23	19	4.295	9	1.4	1.1	MA	Antares
29	4	2071	19	21	2.645	44	-4.1	1.7	VE	Elnath
30	5	2071	5	37	3.880	45	-4.4	1.2	VE	Pollux
6	6	2071	16	0	3.909	8	-1.6	1.7	ME	Elnath
22	6	2071	23	38	4.967	22	-0.0	1.2	ME	Pollux
19	7	2071	19	47	4.564	88	0.6	1.1	SA	Spica
10	8	2071	2	23	4.847	67	0.7	1.0	MA	Aldebaran
3	9	2071	15	0	1.164	11	-1.4	1.4	ME	Regulus
3	10	2071	23	19	1.737	14	-0.5	1.1	ME	Spica
10	10	2071	10	4	1.397	46	-4.3	1.4	VE	Regulus
10	11	2071	7	23	3.596	20	0.1	1.1	ME	Antares
27	11	2071	21	39	4.120	41	-4.0	1.1	VE	Spica
2	1	2072	12	8	2.773	167	-1.5	1.2	MA	Pollux
10	4	2072	1	55	4.332	93	0.6	1.2	MA	Pollux
5	5	2072	15	35	4.983	25	-1.9	1.0	GI	Aldebaran
28	5	2072	14	14	3.385	16	-0.8	1.7	ME	Elnath
21	6	2072	22	12	0.702	59	1.4	1.4	MA	Regulus
2	8	2072	13	2	1.039	20	-3.9	1.4	VE	Regulus
25	8	2072	13	34	1.299	3	-1.6	1.4	ME	Regulus
15	9	2072	22	3	2.275	31	-3.8	1.1	VE	Spica
17	9	2072	2	36	2.203	30	1.5	1.1	MA	Spica
26	9	2072	6	54	0.907	21	-0.1	1.1	ME	Spica
24	10	2072	2	33	2.823	39	-3.9	1.1	VE	Antares

GG	MM	AAAA	HH	MM	DIST°	ELONG°	MAG1	MAG2	PIANETA	STELLA
22	11	2072	0	15	4.061	10	1.3	1.1	MA	Antares
13	12	2072	4	47	4.694	11	-0.7	1.1	ME	Antares
22	5	2073	9	58	3.071	22	-0.0	1.7	ME	Elnath
11	7	2073	17	32	3.402	39	-3.9	1.0	VE	Aldebaran
17	8	2073	7	42	1.210	6	-1.3	1.4	ME	Regulus
17	9	2073	1	25	0.547	24	-3.9	1.4	VE	Regulus
21	9	2073	8	21	0.267	26	0.2	1.1	ME	Spica
21	10	2073	9	0	1.328	3	3.5	1.1	ME	Spica
30	10	2073	15	26	3.454	13	-3.9	1.1	VE	Spica
5	11	2073	5	33	4.270	19	-0.5	1.1	ME	Spica
6	12	2073	0	52	4.023	3	-0.8	1.1	ME	Antares
6	12	2073	7	13	4.873	4	-3.9	1.1	VE	Antares
6	12	2073	8	56	2.075	104	0.1	1.4	MA	Regulus
30	1	2074	16	43	3.932	160	-1.1	1.4	MA	Regulus
10	5	2074	19	23	3.826	33	-3.9	1.7	VE	Elnath
23	5	2074	10	33	1.043	88	0.7	1.4	MA	Regulus
5	6	2074	19	1	4.551	39	-3.9	1.2	VE	Pollux
9	6	2074	12	50	1.842	10	2.4	1.0	ME	Aldebaran
22	6	2074	4	16	1.423	21	0.6	1.0	ME	Aldebaran
8	7	2074	12	28	0.862	44	-4.1	1.4	VE	Regulus
9	8	2074	8	26	0.941	14	-0.7	1.4	ME	Regulus
28	8	2074	0	50	1.940	50	1.2	1.1	MA	Spica
9	9	2074	13	2	4.352	36	-4.6	1.1	VE	Spica
15	9	2074	11	37	0.325	22	-1.7	1.4	GI	Regulus
31	10	2074	4	26	3.876	13	-1.0	1.1	ME	Spica
2	11	2074	16	9	3.789	30	1.2	1.1	MA	Antares
28	11	2074	17	59	3.431	4	-0.8	1.1	ME	Antares
1	12	2074	16	7	3.977	45	-4.6	1.1	VE	Spica
1	5	2075	1	20	3.812	114	-2.1	1.4	GI	Regulus
14	6	2075	0	19	4.862	12	-3.9	1.0	VE	Aldebaran
21	6	2075	12	55	3.566	20	-0.3	1.0	ME	Aldebaran
2	8	2075	2	42	0.422	21	-0.1	1.4	ME	Regulus
18	8	2075	5	14	0.935	6	-3.9	1.4	VE	Regulus
30	9	2075	21	32	2.783	17	-3.9	1.1	VE	Spica
23	10	2075	22	49	3.329	6	-1.2	1.1	ME	Spica
29	10	2075	17	48	1.103	66	1.2	1.4	MA	Regulus
7	11	2075	0	38	3.726	26	-3.8	1.1	VE	Antares
21	11	2075	15	6	2.867	12	-0.6	1.1	ME	Antares
13	6	2076	10	47	4.761	13	-1.1	1.0	ME	Aldebaran
19	6	2076	23	41	4.940	6	-1.8	1.7	ME	Elnath
4	7	2076	3	57	4.824	11	-1.1	1.2	ME	Pollux
17	7	2076	17	28	1.643	45	-4.4	1.0	VE	Aldebaran
26	7	2076	15	22	0.647	26	0.3	1.4	ME	Regulus
2	8	2076	23	51	1.572	73	0.8	1.1	MA	Spica
10	9	2076	9	5	1.994	16	0.2	1.4	ME	Regulus
30	9	2076	11	1	0.103	37	-3.9	1.4	VE	Regulus
11	10	2076	21	47	3.409	51	1.0	1.1	MA	Antares
15	10	2076	8	28	2.757	2	-1.1	1.1	ME	Spica
17	10	2076	3	58	3.128	1	-1.6	1.1	GI	Spica
13	11	2076	21	2	3.763	28	-3.9	1.1	VE	Spica
14	11	2076	2	29	2.308	18	-0.3	1.1	ME	Antares
24	5	2077	16	34	4.518	20	-3.9	1.7	VE	Elnath
11	6	2077	7	10	4.252	3	-1.9	1.7	ME	Elnath

GG	MM	AAAA	HH	MM	DIST°	ELONG°	MAG1	MAG2	PIANETA	STELLA
24	6	2077	19	52	4.885	10	1.4	1.7	MA	Elnath
26	6	2077	10	20	4.805	19	-0.4	1.2	ME	Pollux
19	7	2077	7	20	1.083	34	-3.8	1.4	VE	Regulus
3	9	2077	18	35	1.233	43	-4.0	1.1	VE	Spica
7	9	2077	12	1	0.888	15	-1.0	1.4	ME	Regulus
6	10	2077	8	20	0.857	43	1.5	1.4	MA	Regulus
7	10	2077	19	56	2.136	10	-0.7	1.1	ME	Spica
16	10	2077	23	44	0.707	47	-4.4	1.1	VE	Antares
9	11	2077	16	22	1.832	23	-0.1	1.1	ME	Antares
27	11	2077	17	45	4.956	6	2.2	1.1	ME	Antares
10	1	2078	11	51	3.969	86	0.8	1.1	MA	Spica
2	6	2078	19	23	3.675	11	-1.3	1.7	ME	Elnath
7	6	2078	21	44	3.068	130	-1.1	1.1	MA	Spica
28	6	2078	9	54	4.279	26	-3.8	1.0	VE	Aldebaran
30	8	2078	22	50	1.258	7	-1.6	1.4	ME	Regulus
2	9	2078	1	37	0.786	9	-3.9	1.4	VE	Regulus
16	9	2078	18	23	2.700	77	0.4	1.1	MA	Antares
30	9	2078	16	54	1.410	17	-0.3	1.1	ME	Spica
15	10	2078	12	15	3.139	3	-3.9	1.1	VE	Spica
21	11	2078	6	2	4.336	12	-3.9	1.1	VE	Antares
29	4	2079	14	31	2.586	44	-4.1	1.7	VE	Elnath
26	5	2079	6	26	3.205	19	-0.4	1.7	ME	Elnath
30	5	2079	11	38	3.877	45	-4.4	1.2	VE	Pollux
5	6	2079	21	10	4.682	8	1.5	1.7	MA	Elnath
22	8	2079	17	46	1.282	2	-1.6	1.4	ME	Regulus
16	9	2079	23	43	0.741	23	1.7	1.4	MA	Regulus
24	9	2079	12	47	0.470	23	0.1	1.1	ME	Spica
10	10	2079	9	36	1.290	46	-4.3	1.4	VE	Regulus
27	11	2079	13	48	4.109	41	-4.0	1.1	VE	Spica
10	12	2079	21	5	4.395	8	-0.8	1.1	ME	Antares
13	12	2079	8	2	3.325	56	1.4	1.1	MA	Spica
21	5	2080	7	46	3.268	22	0.3	1.7	ME	Elnath
2	8	2080	2	19	1.041	20	-3.9	1.4	VE	Regulus
13	8	2080	13	35	1.119	9	-1.1	1.4	ME	Regulus
15	9	2080	12	16	2.252	31	-3.8	1.1	VE	Spica
20	9	2080	16	6	1.010	26	0.3	1.1	ME	Spica
8	10	2080	17	58	0.782	9	1.8	1.1	ME	Spica
23	10	2080	18	16	2.782	40	-3.9	1.1	VE	Antares
3	11	2080	9	56	4.159	17	-0.7	1.1	ME	Spica
2	12	2080	15	3	3.765	1	-0.9	1.1	ME	Antares
16	5	2081	14	16	4.453	27	1.5	1.7	MA	Elnath
23	6	2081	15	36	2.555	22	0.2	1.0	ME	Aldebaran
11	7	2081	9	12	3.439	39	-3.9	1.0	VE	Aldebaran
5	8	2081	20	0	0.760	17	-0.5	1.4	ME	Regulus
28	8	2081	15	56	0.676	5	1.7	1.4	MA	Regulus
16	9	2081	14	53	0.558	24	-3.9	1.4	VE	Regulus
27	10	2081	21	18	3.647	10	-1.1	1.1	ME	Spica
30	10	2081	4	39	3.445	12	-3.9	1.1	VE	Spica
21	11	2081	7	33	2.975	35	1.6	1.1	MA	Spica
25	11	2081	8	56	3.190	7	-0.8	1.1	ME	Antares
5	12	2081	20	22	4.856	3	-3.9	1.1	VE	Antares
31	1	2082	12	49	4.924	61	1.2	1.1	MA	Antares
10	5	2082	9	44	3.797	34	-3.9	1.7	VE	Elnath

GG	MM	AAAA	HH	MM	DIST°	ELONG°	MAG1	MAG2	PIANETA	STELLA
5	6	2082	10	35	4.531	39	-3.9	1.2	VE	Pollux
18	6	2082	11	5	4.132	17	-0.6	1.0	ME	Aldebaran
8	7	2082	7	53	0.836	44	-4.1	1.4	VE	Regulus
9	7	2082	15	39	4.934	7	-1.5	1.2	ME	Pollux
30	7	2082	3	15	0.071	24	0.1	1.4	ME	Regulus
20	10	2082	10	3	3.090	2	-1.2	1.1	ME	Spica
18	11	2082	10	19	2.630	15	-0.5	1.1	ME	Antares
2	12	2082	5	22	4.060	46	-4.6	1.1	VE	Spica
25	4	2083	22	5	4.152	48	1.4	1.7	MA	Elnath
13	6	2083	13	20	4.880	12	-3.9	1.0	VE	Aldebaran
16	6	2083	23	40	4.631	2	-1.9	1.7	ME	Elnath
1	7	2083	10	24	4.785	15	-0.8	1.2	ME	Pollux
26	7	2083	9	16	1.548	27	0.4	1.4	ME	Regulus
10	8	2083	12	46	0.639	13	1.7	1.4	MA	Regulus
17	8	2083	18	8	0.939	6	-3.9	1.4	VE	Regulus
23	8	2083	19	4	4.878	4	3.6	1.4	ME	Regulus
11	9	2083	5	14	0.186	18	-0.4	1.4	ME	Regulus
30	9	2083	10	51	2.769	18	-3.9	1.1	VE	Spica
12	10	2083	15	14	4.507	129	-2.6	1.0	GI	Aldebaran
12	10	2083	19	32	2.502	6	-0.9	1.1	ME	Spica
2	11	2083	8	28	2.722	15	1.6	1.1	MA	Spica
6	11	2083	14	29	3.702	27	-3.8	1.1	VE	Antares
12	11	2083	10	43	2.078	21	-0.2	1.1	ME	Antares
9	1	2084	6	25	4.627	38	1.4	1.1	MA	Antares
7	6	2084	7	37	3.996	7	-1.7	1.7	ME	Elnath
23	6	2084	6	18	4.906	21	-0.1	1.2	ME	Pollux
17	7	2084	23	9	1.735	46	-4.4	1.0	VE	Aldebaran
4	9	2084	3	23	1.112	12	-1.3	1.4	ME	Regulus
30	9	2084	1	58	0.126	37	-3.9	1.4	VE	Regulus
4	10	2084	9	54	1.845	13	-0.6	1.1	ME	Spica
10	11	2084	17	7	2.215	21	0.1	1.1	ME	Antares
13	11	2084	10	52	3.753	27	-3.9	1.1	VE	Spica
30	3	2085	22	5	3.647	73	1.0	1.7	MA	Elnath
24	5	2085	5	52	4.498	20	-3.9	1.7	VE	Elnath
30	5	2085	2	36	3.458	15	-0.9	1.7	ME	Elnath
18	7	2085	21	49	1.081	34	-3.8	1.4	VE	Regulus
21	7	2085	21	44	0.629	31	1.7	1.4	MA	Regulus
27	8	2085	4	6	1.295	4	-1.6	1.4	ME	Regulus
3	9	2085	12	9	1.177	43	-4.0	1.1	VE	Spica
27	9	2085	14	10	1.047	20	-0.2	1.1	ME	Spica
14	10	2085	0	32	2.505	4	1.6	1.1	MA	Spica
17	10	2085	4	36	0.579	47	-4.5	1.1	VE	Antares
14	12	2085	14	41	4.807	12	-0.7	1.1	ME	Antares
19	12	2085	11	57	4.384	17	1.4	1.1	MA	Antares
23	5	2086	11	2	3.086	21	-0.1	1.7	ME	Elnath
27	6	2086	23	33	4.302	26	-3.8	1.0	VE	Aldebaran
18	8	2086	22	4	1.233	5	-1.4	1.4	ME	Regulus
21	8	2086	8	42	4.616	78	0.4	1.0	MA	Aldebaran
31	8	2086	6	31	0.350	7	-1.6	1.4	GI	Regulus
1	9	2086	14	35	0.792	9	-3.9	1.4	VE	Regulus
22	9	2086	5	37	0.053	25	0.2	1.1	ME	Spica
15	10	2086	1	16	3.128	3	-3.9	1.1	VE	Spica
26	10	2086	1	33	2.193	7	1.8	1.1	ME	Spica

GG	MM	AAAA	HH	MM	DIST°	ELONG°	MAG1	MAG2	PIANETA	STELLA
5	11	2086	1	1	4.202	19	-0.3	1.1	ME	Spica
20	11	2086	19	15	4.317	12	-3.9	1.1	VE	Antares
7	12	2086	11	57	4.118	5	-0.8	1.1	ME	Antares
1	2	2087	13	56	3.889	134	-0.8	1.7	MA	Elnath
26	4	2087	10	8	4.744	78	1.0	1.2	MA	Pollux
29	4	2087	10	9	2.526	45	-4.1	1.7	VE	Elnath
30	5	2087	19	30	3.881	45	-4.4	1.2	VE	Pollux
18	6	2087	22	53	1.516	16	1.2	1.0	ME	Aldebaran
1	7	2087	17	15	0.662	51	1.5	1.4	MA	Regulus
10	8	2087	21	13	0.993	13	-0.8	1.4	ME	Regulus
23	9	2087	16	6	3.274	22	0.4	1.1	ME	Spica
25	9	2087	13	5	2.291	22	1.5	1.1	MA	Spica
10	10	2087	8	15	1.191	46	-4.3	1.4	VE	Regulus
1	11	2087	13	16	3.955	14	-0.9	1.1	ME	Spica
27	11	2087	5	43	4.098	40	-4.0	1.1	VE	Spica
30	11	2087	5	0	3.518	3	-0.8	1.1	ME	Antares
30	11	2087	11	22	4.155	3	1.3	1.1	MA	Antares
21	6	2088	17	45	3.336	21	-0.1	1.0	ME	Aldebaran
1	8	2088	15	40	1.043	21	-3.8	1.4	VE	Regulus
2	8	2088	11	53	0.522	20	-0.2	1.4	ME	Regulus
15	9	2088	2	31	2.229	32	-3.8	1.1	VE	Spica
2	10	2088	8	54	3.121	15	-1.6	1.1	GI	Spica
23	10	2088	10	0	2.740	40	-3.9	1.1	VE	Antares
24	10	2088	10	40	3.413	7	-1.2	1.1	ME	Spica
22	11	2088	1	1	2.952	11	-0.7	1.1	ME	Antares
5	6	2089	22	51	0.833	75	1.0	1.4	MA	Regulus
14	6	2089	23	52	4.608	14	-0.9	1.0	ME	Aldebaran
5	7	2089	18	29	4.848	10	-1.3	1.2	ME	Pollux
11	7	2089	0	51	3.476	39	-3.9	1.0	VE	Aldebaran
27	7	2089	14	52	0.423	26	0.2	1.4	ME	Regulus
5	9	2089	3	36	2.050	42	1.3	1.1	MA	Spica
12	9	2089	7	10	4.073	15	0.3	1.4	ME	Regulus
16	9	2089	4	20	0.569	23	-3.9	1.4	VE	Regulus
14	10	2089	17	9	3.456	131	0.1	1.0	SA	Aldebaran
16	10	2089	20	45	2.845	1	-1.1	1.1	ME	Spica
29	10	2089	17	49	3.435	12	-3.9	1.1	VE	Spica
10	11	2089	8	26	3.904	22	1.2	1.1	MA	Antares
15	11	2089	9	11	2.393	18	-0.4	1.1	ME	Antares
5	12	2089	9	29	4.838	3	-3.9	1.1	VE	Antares
6	5	2090	1	28	3.986	25	0.5	1.0	SA	Aldebaran
10	5	2090	0	16	3.768	34	-3.9	1.7	VE	Elnath
5	6	2090	2	25	4.509	40	-3.9	1.2	VE	Pollux
12	6	2090	23	20	4.348	2	-1.9	1.7	ME	Elnath
27	6	2090	21	13	4.791	18	-0.5	1.2	ME	Pollux
8	7	2090	3	48	0.809	45	-4.1	1.4	VE	Regulus
27	7	2090	12	30	3.510	25	0.6	1.4	ME	Regulus
8	9	2090	19	59	0.768	16	-0.8	1.4	ME	Regulus
9	10	2090	7	29	2.234	9	-0.8	1.1	ME	Spica
9	11	2090	15	42	1.297	77	0.9	1.4	MA	Regulus
10	11	2090	9	17	1.879	23	-0.1	1.1	ME	Antares
29	11	2090	1	34	3.534	100	7.9	1.4	NE	Regulus
2	12	2090	15	35	4.123	46	-4.5	1.1	VE	Spica
4	6	2091	10	1	3.757	10	-1.4	1.7	ME	Elnath

GG	MM	AAAA	HH	MM	DIST°	ELONG°	MAG1	MAG2	PIANETA	STELLA
13	6	2091	2	24	4.898	12	-3.9	1.0	VE	Aldebaran
14	8	2091	5	56	1.732	63	1.0	1.1	MA	Spica
17	8	2091	7	6	0.943	7	-3.9	1.4	VE	Regulus
1	9	2091	12	36	1.232	8	-1.5	1.4	ME	Regulus
30	9	2091	0	10	2.755	18	-3.9	1.1	VE	Spica
2	10	2091	2	26	1.529	16	-0.4	1.1	ME	Spica
21	10	2091	7	45	3.579	43	1.1	1.1	MA	Antares
6	11	2091	4	20	3.678	27	-3.8	1.1	VE	Antares
1	12	2091	12	44	1.348	100	7.9	1.4	NE	Regulus
26	5	2092	15	49	3.265	18	-0.5	1.7	ME	Elnath
2	7	2092	7	51	4.964	18	1.4	1.7	MA	Elnath
18	7	2092	3	24	1.825	46	-4.3	1.0	VE	Aldebaran
23	8	2092	8	26	1.291	2	-1.6	1.4	ME	Regulus
24	9	2092	17	20	0.632	23	0.0	1.1	ME	Spica
29	9	2092	16	56	0.149	36	-3.9	1.4	VE	Regulus
8	10	2092	8	20	0.035	45	8.0	1.4	NE	Regulus
14	10	2092	13	26	0.929	51	1.4	1.4	MA	Regulus
13	11	2092	0	39	3.742	27	-3.9	1.1	VE	Spica
11	12	2092	7	37	4.498	9	-0.8	1.1	ME	Antares
29	1	2093	4	56	0.083	159	7.8	1.4	NE	Regulus
30	1	2093	9	21	4.504	106	0.2	1.1	MA	Spica
3	4	2093	7	12	4.581	169	-1.4	1.1	MA	Spica
21	5	2093	16	56	3.139	22	0.2	1.7	ME	Elnath
23	5	2093	19	9	4.478	21	-3.9	1.7	VE	Elnath
12	7	2093	0	34	1.275	95	0.1	1.1	MA	Spica
18	7	2093	12	26	1.079	34	-3.8	1.4	VE	Regulus
8	8	2093	21	42	0.081	14	8.0	1.4	NE	Regulus
15	8	2093	3	27	1.153	8	-1.2	1.4	ME	Regulus
3	9	2093	6	3	1.117	44	-4.0	1.1	VE	Spica
20	9	2093	21	30	0.718	26	0.3	1.1	ME	Spica
27	9	2093	14	18	3.049	66	0.7	1.1	MA	Antares
13	10	2093	15	22	0.088	5	3.0	1.1	ME	Spica
17	10	2093	11	11	0.443	46	-4.5	1.1	VE	Antares
4	11	2093	12	11	4.219	18	-0.6	1.1	ME	Spica
4	12	2093	2	9	3.856	2	-0.9	1.1	ME	Antares
11	5	2094	22	38	0.261	100	7.9	1.4	Ne	Regulus
27	5	2094	7	28	4.528	3	5.0	1.0	ME	Aldebaran
13	6	2094	7	24	4.762	1	1.5	1.7	MA	Elnath
24	6	2094	2	27	2.210	23	0.3	1.0	ME	Aldebaran
27	6	2094	13	8	4.324	26	-3.8	1.0	VE	Aldebaran
7	8	2094	7	36	0.828	16	-0.6	1.4	ME	Regulus
1	9	2094	3	35	0.798	8	-3.9	1.4	VE	Regulus
24	9	2094	9	16	0.778	31	1.6	1.4	MA	Regulus
14	10	2094	14	22	3.117	4	-3.9	1.1	VE	Spica
29	10	2094	8	0	3.729	11	-1.1	1.1	ME	Spica
20	11	2094	8	31	4.298	13	-3.9	1.1	VE	Antares
26	11	2094	19	40	3.275	6	-0.8	1.1	ME	Antares
22	12	2094	20	54	3.518	66	1.2	1.1	MA	Spica
29	4	2095	6	8	2.464	45	-4.2	1.7	VE	Elnath
9	5	2095	23	48	4.084	159	-1.8	1.1	MA	Antares
14	5	2095	4	44	2.406	100	7.9	1.4	Ne	Regulus
31	5	2095	5	34	3.895	44	-4.5	1.2	VE	Pollux
19	6	2095	20	46	3.944	18	-0.5	1.0	ME	Aldebaran

GG	MM	AAAA	HH	MM	DIST°	ELONG°	MAG1	MAG2	PIANETA	STELLA
11	7	2095	7	13	4.973	6	-1.6	1.2	ME	Pollux
31	7	2095	9	43	0.205	23	0.0	1.4	ME	Regulus
7	8	2095	13	41	4.668	64	-2.1	1.0	GI	Aldebaran
23	8	2095	2	26	1.665	101	-0.5	1.1	MA	Antares
6	10	2095	21	8	0.769	43	0.5	1.4	SA	Regulus
10	10	2095	6	20	1.099	46	-4.3	1.4	VE	Regulus
21	10	2095	22	19	3.175	4	-1.2	1.1	ME	Spica
19	11	2095	19	19	2.715	14	-0.6	1.1	ME	Antares
26	11	2095	21	38	4.087	40	-4.0	1.1	VE	Spica
1	12	2095	23	3	4.642	179	-2.7	1.0	GI	Aldebaran
28	2	2096	2	5	1.227	171	0.1	1.4	SA	Regulus
15	5	2096	17	15	4.589	100	7.9	1.4	NE	Regulus
24	5	2096	6	9	4.548	20	1.5	1.7	MA	Elnath
17	6	2096	16	0	4.737	3	-1.9	1.7	ME	Elnath
26	6	2096	21	29	1.097	55	0.5	1.4	SA	Regulus
1	7	2096	23	51	4.795	13	-0.9	1.2	ME	Pollux
25	7	2096	21	51	1.174	27	0.4	1.4	ME	Regulus
1	8	2096	4	59	1.045	21	-3.8	1.4	VE	Regulus
30	8	2096	1	46	4.036	9	1.9	1.4	ME	Regulus
4	9	2096	19	0	0.696	12	1.7	1.4	MA	Regulus
10	9	2096	20	20	0.201	18	-0.3	1.4	ME	Regulus
14	9	2096	16	51	2.205	32	-3.8	1.1	VE	Spica
13	10	2096	7	42	2.593	4	-1.0	1.1	ME	Spica
23	10	2096	2	0	2.697	41	-3.9	1.1	VE	Antares
12	11	2096	14	21	2.159	20	-0.3	1.1	ME	Antares
29	11	2096	4	42	3.094	43	1.5	1.1	MA	Spica
8	6	2097	23	29	4.085	5	-1.8	1.7	ME	Elnath
24	6	2097	14	18	4.862	21	-0.2	1.2	ME	Pollux
10	7	2097	16	21	3.512	38	-3.9	1.0	VE	Aldebaran
5	9	2097	15	2	1.049	13	-1.2	1.4	ME	Regulus
15	9	2097	17	43	0.579	23	-3.9	1.4	VE	Regulus
5	10	2097	20	50	1.950	12	-0.6	1.1	ME	Spica
29	10	2097	7	0	3.425	11	-3.9	1.1	VE	Spica
10	11	2097	0	59	1.871	23	-0.0	1.1	ME	Antares
4	12	2097	22	41	4.821	2	-3.9	1.1	VE	Antares
4	5	2098	7	5	4.283	40	1.5	1.7	MA	Elnath
9	5	2098	14	51	3.738	35	-3.9	1.7	VE	Elnath
31	5	2098	15	39	3.533	13	-1.0	1.7	ME	Elnath
4	6	2098	18	23	4.488	40	-3.9	1.2	VE	Pollux
8	7	2098	0	7	0.778	45	-4.1	1.4	VE	Regulus
16	8	2098	4	58	0.384	7	-1.6	1.4	GI	Regulus
17	8	2098	15	44	0.649	6	1.7	1.4	MA	Regulus
28	8	2098	18	32	1.287	5	-1.6	1.4	ME	Regulus
28	9	2098	22	11	1.180	19	-0.2	1.1	ME	Spica
9	11	2098	15	58	2.814	23	1.6	1.1	MA	Spica
2	12	2098	23	18	4.172	46	-4.5	1.1	VE	Spica
16	12	2098	0	14	4.924	13	-0.7	1.1	ME	Antares
17	1	2099	13	34	4.733	47	1.3	1.1	MA	Antares
24	5	2099	15	7	3.119	20	-0.2	1.7	ME	Elnath
12	6	2099	15	26	4.916	11	-3.9	1.0	VE	Aldebaran
16	8	2099	20	4	0.947	7	-3.9	1.4	VE	Regulus
20	8	2099	12	36	1.253	4	-1.5	1.4	ME	Regulus
23	9	2099	5	33	0.143	25	0.1	1.1	ME	Spica

GG	MM	AAAA	HH	MM	DIST°	ELONG°	MAG1	MAG2	PIANETA	STELLA
29	9	2099	13	28	2.740	19	-3.9	1.1	VE	Spica
31	10	2099	0	41	3.174	11	0.8	1.1	ME	Spica
5	11	2099	18	10	3.653	28	-3.8	1.1	VE	Antares
8	12	2099	22	54	4.214	6	-0.8	1.1	ME	Antares
22	12	2099	7	28	4.452	66	0.6	1.1	SA	Spica
4	2	2100	5	30	4.022	112	-2.1	1.1	GI	Spica
13	3	2100	14	13	4.788	147	0.4	1.1	SA	Spica
11	4	2100	15	0	3.885	62	1.2	1.7	MA	Elnath
23	5	2100	11	32	4.091	20	0.7	1.7	ME	Elnath
22	6	2100	3	28	4.159	16	1.2	1.0	ME	Aldebaran
19	7	2100	6	17	1.910	46	-4.3	1.0	VE	Aldebaran
30	7	2100	7	21	0.628	24	1.7	1.4	MA	Regulus
12	8	2100	10	21	1.040	12	-0.9	1.4	ME	Regulus
16	9	2100	23	6	4.341	31	0.8	1.1	SA	Spica
17	9	2100	15	8	3.125	30	-1.6	1.1	GI	Spica
25	9	2100	2	53	1.737	23	0.4	1.1	ME	Spica
30	9	2100	7	46	0.171	36	-3.9	1.4	VE	Regulus
22	10	2100	4	23	2.587	4	1.6	1.1	MA	Spica
2	11	2100	21	4	4.032	15	-0.8	1.1	ME	Spica
13	11	2100	14	22	3.732	26	-3.9	1.1	VE	Spica
1	12	2100	16	6	3.605	2	-0.8	1.1	ME	Antares
28	12	2100	2	26	4.476	25	1.4	1.1	MA	Antares

CONGIUNZIONI MULTIPLE
2 PIANETI E STELLE
MULTIPLE CONJUNCTIONS
2 PLANETS STARS
2000-2100

```
GG MM AAAA : data nel formato giorno/mese/anno
HH MM : ore e minuti
DIST° : distanza minima in gradi tra i corpi
ELONG° : elongazione dal Sole dei corpi
MAG : magnitudine del corpo più debole
PIANETI : corpi coinvolti : MErcurio, VEnere, MArte, GIove,
                            SAturno, URano, NEttuno
```

Sono elencate tutte le congiunzioni in cui i corpi distano meno di 10°

Stelle fino alla mag 2


```
GG MM AAAA : date in the format dd/mm/yyyy
HH MM : hours and minutes
DIST° : minima distance in ° between the bodies
ELONG° : elongation from the Sun of the bodies
MAG : magnitude of the less bright body
PIANETI : planets : MErcury, VEnus, MArs, GI (Jupiter),
                    SAturn, URanus, NEptune
```

All the conjunctions are listed if the bodies have distance less then 10°

Stars up to magnitude 2

GG	MM	AAAA	HH	MM	DIST°	ELONG°	MAG	PIANETI		STELLA
18	5	2000	20	49	7.036	12	1.4	MA	ME	Aldebaran
25	5	2000	1	21	9.160	11	1.7	ME	MA	Elnath
12	6	2000	17	57	6.732	0	1.7	MA	VE	Elnath
17	8	2000	1	27	9.992	76	1.0	SA	GI	Aldebaran
22	9	2000	5	42	5.596	22	1.1	VE	ME	Spica
13	5	2001	3	43	8.128	20	1.0	ME	GI	Aldebaran
9	5	2001	13	10	8.388	13	1.0	ME	SA	Aldebaran
19	5	2001	17	27	7.604	19	1.7	ME	GI	Elnath
30	6	2001	4	3	9.825	11	1.7	GI	ME	Elnath
16	6	2001	10	27	9.399	1	4.5	ME	GI	Elnath
14	7	2001	20	58	3.839	42	1.0	SA	VE	Aldebaran
8	7	2001	22	26	9.065	18	1.7	ME	GI	Elnath
3	11	2001	16	28	4.194	17	1.1	VE	ME	Spica
5	12	2001	3	55	9.960	1	1.1	ME	VE	Antares
6	5	2002	16	10	9.167	21	1.5	MA	ME	Aldebaran
3	5	2002	11	19	7.233	27	1.5	MA	VE	Aldebaran
30	4	2002	1	8	6.406	32	1.5	MA	SA	Aldebaran
5	5	2002	4	46	9.270	21	1.0	VE	ME	Aldebaran
5	5	2002	3	47	6.612	27	1.0	VE	SA	Aldebaran
14	5	2002	14	9	4.830	27	1.7	VE	MA	Elnath
17	5	2002	8	20	7.011	14	1.5	ME	SA	Aldebaran
7	6	2002	11	49	8.353	31	1.2	VE	GI	Pollux
3	7	2002	5	52	6.398	12	1.7	GI	MA	Pollux
3	7	2002	4	40	6.744	19	1.7	ME	SA	Elnath
19	7	2002	13	47	7.427	0	1.2	ME	GI	Pollux
24	11	2002	21	35	6.769	32	1.6	VE	MA	Spica
18	6	2003	20	3	4.780	17	1.0	ME	VE	Aldebaran
26	6	2003	7	0	6.535	11	1.7	ME	VE	Elnath
28	7	2003	22	2	6.268	18	1.4	ME	GI	Regulus
22	8	2003	1	56	1.094	1	1.4	VE	GI	Regulus
12	4	2004	1	56	9.755	45	1.3	MA	VE	Aldebaran
28	4	2004	22	19	5.698	41	1.7	MA	VE	Elnath
12	6	2004	7	7	7.107	6	1.0	ME	VE	Aldebaran
19	8	2004	3	12	7.360	9	2.1	ME	MA	Regulus
1	9	2004	1	5	8.805	45	1.2	SA	VE	Pollux
25	12	2004	1	3	7.475	22	1.1	ME	VE	Antares
21	6	2005	15	50	8.817	19	1.3	VE	ME	Castor
23	6	2005	12	31	5.296	21	1.2	VE	ME	Pollux
24	6	2005	2	41	7.519	22	1.2	VE	SA	Pollux
24	6	2005	20	21	7.565	22	1.2	ME	SA	Pollux
5	9	2005	0	12	5.617	37	1.1	VE	GI	Spica
5	10	2005	5	32	3.477	12	1.1	GI	ME	Spica
7	8	2006	17	30	8.471	19	1.2	ME	VE	Pollux
19	10	2006	11	51	4.077	1	1.6	MA	VE	Spica
14	12	2006	21	54	5.781	13	1.4	ME	MA	Antares
13	12	2006	13	1	7.680	13	1.1	ME	GI	Antares
18	12	2006	15	50	6.914	18	1.4	MA	GI	Antares
9	7	2007	7	9	6.772	36	1.4	VE	SA	Regulus
17	8	2007	15	31	9.751	3	1.4	ME	VE	Regulus
19	8	2007	2	37	1.950	3	1.4	ME	SA	Regulus
11	10	2007	2	35	4.683	43	1.4	VE	SA	Regulus
6	6	2008	20	43	8.236	1	4.9	VE	ME	Aldebaran
4	7	2008	15	57	5.046	49	1.5	MA	SA	Regulus

GG	MM	AAAA	HH	MM	DIST°	ELONG°	MAG	PIANETI		STELLA
9	8	2008	20	8	5.625	11	1.4	VE	ME	Regulus
9	8	2008	3	41	8.829	17	1.4	VE	SA	Regulus
12	8	2008	16	51	9.254	14	1.4	ME	SA	Regulus
18	9	2008	20	55	4.468	25	1.1	VE	ME	Spica
19	9	2008	10	14	4.512	23	1.5	VE	MA	Spica
24	9	2008	7	10	4.104	22	1.5	ME	MA	Spica
29	11	2008	15	48	4.179	2	1.3	ME	MA	Antares
15	7	2009	12	7	9.027	42	1.0	VE	MA	Aldebaran
2	9	2010	0	56	4.525	42	1.4	VE	MA	Spica
15	11	2010	17	25	5.200	17	1.2	MA	ME	Antares
17	8	2011	14	9	8.294	1	3.5	VE	ME	Regulus
8	10	2011	13	50	7.085	7	1.1	VE	ME	Spica
2	10	2011	16	13	6.744	10	1.1	VE	SA	Spica
8	10	2011	13	11	6.211	5	1.1	ME	SA	Spica
10	11	2011	11	48	3.908	22	1.1	ME	VE	Antares
2	6	2012	8	19	6.414	6	1.7	ME	VE	Elnath
9	7	2012	7	54	6.147	38	1.0	VE	GI	Aldebaran
9	7	2012	9	52	6.137	38	1.0	GI	VE	Aldebaran
14	8	2012	15	41	4.486	62	1.1	SA	MA	Spica
3	10	2012	2	1	7.103	16	1.1	ME	SA	Spica
20	12	2012	11	2	7.908	16	1.1	ME	VE	Antares
20	5	2013	3	57	6.934	10	1.0	VE	ME	Aldebaran
27	5	2013	4	31	5.668	17	1.7	GI	ME	Elnath
28	5	2013	10	22	5.693	16	1.7	GI	VE	Elnath
27	5	2013	7	39	4.825	16	1.7	VE	ME	Elnath
21	6	2013	3	47	7.395	22	1.2	ME	VE	Pollux
17	10	2014	19	53	3.632	2	4.3	ME	VE	Spica
27	5	2015	16	32	5.998	5	3.9	MA	ME	Aldebaran
15	7	2015	5	27	5.747	32	1.4	VE	GI	Regulus
19	7	2015	19	17	8.782	5	1.6	ME	MA	Pollux
6	8	2015	16	23	7.870	14	1.4	ME	VE	Regulus
7	8	2015	15	38	0.952	14	1.4	ME	GI	Regulus
5	10	2015	20	49	9.759	36	1.6	MA	VE	Regulus
26	11	2015	8	50	6.882	4	1.1	ME	SA	Antares
8	1	2016	6	54	6.500	36	1.1	VE	SA	Antares
24	4	2016	3	28	8.553	139	1.1	MA	SA	Antares
10	7	2016	16	40	7.220	5	1.2	VE	ME	Pollux
1	8	2016	13	52	7.813	15	1.4	ME	VE	Regulus
24	8	2016	16	50	6.140	98	1.1	MA	SA	Antares
28	10	2016	0	11	7.149	37	1.1	VE	SA	Antares
21	11	2016	2	18	8.838	14	1.1	ME	SA	Antares
2	7	2017	0	10	7.860	8	1.6	ME	MA	Pollux
30	6	2017	17	52	9.662	8	1.6	ME	MA	Castor
6	9	2017	16	51	3.297	14	1.7	MA	ME	Regulus
19	9	2017	21	52	9.384	18	1.7	VE	MA	Regulus
15	10	2017	10	53	7.620	5	1.1	ME	GI	Spica
12	12	2018	7	32	6.283	11	1.1	ME	GI	Antares
22	12	2018	6	36	5.982	20	1.1	ME	GI	Antares
18	1	2019	22	0	8.017	43	1.1	VE	GI	Antares
17	6	2019	11	42	8.926	24	1.6	MA	ME	Castor
19	6	2019	23	24	5.621	24	1.6	ME	MA	Pollux
21	8	2019	10	13	2.044	2	1.7	MA	VE	Regulus
30	8	2019	4	11	7.529	2	1.7	ME	MA	Regulus

GG	MM	AAAA	HH	MM	DIST°	ELONG°	MAG	PIANETI		STELLA
30	9	2019	21	31	6.471	13	1.1	ME	VE	Spica
22	5	2020	19	46	3.691	18	1.7	ME	VE	Elnath
13	5	2021	17	49	9.194	13	1.0	ME	VE	Aldebaran
27	5	2021	22	43	5.001	16	1.7	ME	VE	Elnath
22	7	2021	6	9	5.052	26	1.7	VE	MA	Regulus
12	8	2021	21	17	8.730	12	1.7	ME	MA	Regulus
2	11	2021	15	46	8.299	8	1.6	ME	MA	Spica
24	11	2022	1	47	4.481	8	1.1	ME	VE	Antares
11	7	2023	1	39	4.819	38	1.6	MA	VE	Regulus
27	7	2023	19	45	5.410	24	1.4	ME	VE	Regulus
7	6	2024	15	23	9.750	1	1.0	VE	ME	Aldebaran
6	6	2024	16	33	8.776	10	1.0	ME	GI	Aldebaran
14	6	2024	3	40	6.026	1	1.7	VE	ME	Elnath
30	6	2024	1	57	9.951	7	1.2	ME	VE	Pollux
6	8	2024	11	47	5.971	17	1.4	ME	VE	Regulus
6	8	2024	21	29	7.120	59	1.0	MA	GI	Aldebaran
21	8	2024	21	16	7.987	68	1.7	MA	GI	Elnath
6	6	2025	20	15	8.455	9	1.7	ME	GI	Elnath
13	11	2025	3	17	5.653	15	1.3	ME	MA	Antares
8	6	2026	13	51	6.562	37	1.2	GI	VE	Pollux
20	6	2026	17	17	7.648	24	1.2	ME	GI	Pollux
9	7	2026	5	42	8.048	40	5.8	MA	UR	Aldebaran
22	11	2026	17	27	3.855	92	1.4	MA	GI	Regulus
12	5	2027	20	56	7.883	13	5.8	ME	UR	Aldebaran
15	6	2027	13	18	6.291	16	5.8	VE	UR	Aldebaran
17	8	2027	18	23	4.884	2	1.4	ME	VE	Regulus
18	8	2027	7	41	4.681	7	1.4	ME	GI	Regulus
22	8	2027	14	25	5.602	3	1.4	VE	GI	Regulus
8	11	2027	19	28	8.032	23	1.1	MA	VE	Antares
18	5	2028	20	18	7.962	18	1.7	VE	ME	Elnath
5	6	2028	4	31	5.415	5	5.8	UR	ME	Aldebaran
4	6	2028	22	34	5.530	4	5.8	UR	VE	Aldebaran
22	6	2028	18	38	5.614	21	5.8	UR	MA	Aldebaran
6	6	2028	22	25	5.413	8	2.8	ME	VE	Aldebaran
22	6	2028	8	41	5.595	21	1.3	ME	MA	Aldebaran
23	6	2028	8	25	5.545	21	5.8	ME	UR	Aldebaran
15	6	2028	18	42	7.104	19	1.3	VE	MA	Aldebaran
7	6	2028	2	59	5.429	8	2.8	ME	VE	Aldebaran
5	7	2028	2	21	7.169	20	1.7	ME	MA	Elnath
15	7	2028	9	25	5.902	41	5.8	VE	UR	Aldebaran
31	8	2028	4	16	8.567	41	1.4	MA	VE	Pollux
14	11	2028	6	43	7.673	31	1.1	VE	GI	Spica
17	5	2029	22	16	6.276	14	5.8	VE	UR	Aldebaran
22	6	2029	6	14	7.509	16	5.8	ME	UR	Aldebaran
26	6	2029	8	33	9.142	15	5.8	ME	UR	Elnath
26	7	2029	5	47	5.324	76	1.1	MA	GI	Spica
6	9	2029	4	21	3.823	41	1.1	GI	VE	Spica
15	10	2029	7	24	7.042	47	1.1	MA	VE	Antares
11	11	2029	12	48	9.724	46	1.8	VE	MA	Kaus Aust
14	6	2030	7	42	9.907	5	1.4	ME	MA	Aldebaran
11	6	2030	11	40	9.598	15	1.0	ME	SA	Aldebaran
19	6	2030	19	7	4.983	6	1.7	ME	MA	Elnath
19	6	2030	0	58	6.531	6	5.7	ME	UR	Elnath

GG	MM	AAAA	HH	MM	DIST°	ELONG°	MAG	PIANETI		STELLA
19	6	2030	0	15	6.532	6	5.7	MA	UR	Elnath
28	6	2030	13	57	7.731	30	1.0	VE	SA	Aldebaran
10	7	2030	20	19	6.415	27	5.7	VE	UR	Elnath
3	8	2030	18	41	9.986	19	1.5	VE	MA	Castor
6	8	2030	4	15	6.470	20	1.6	VE	MA	Pollux
6	9	2030	1	1	3.417	12	1.4	VE	ME	Regulus
16	10	2030	0	5	4.263	2	1.1	ME	VE	Spica
12	11	2030	13	21	7.770	14	1.1	ME	GI	Antares
22	11	2030	21	43	6.239	6	1.1	VE	GI	Antares
25	12	2030	21	13	9.241	19	1.1	ME	GI	Antares
18	4	2031	2	1	7.605	39	1.0	VE	SA	Aldebaran
29	4	2031	21	5	5.850	41	5.7	VE	UR	Elnath
5	6	2031	17	6	5.808	3	1.0	ME	SA	Aldebaran
11	6	2031	3	56	5.278	3	5.7	ME	UR	Elnath
24	7	2031	8	20	6.107	24	1.4	VE	ME	Regulus
14	10	2031	20	41	6.961	114	5.6	SA	UR	Elnath
10	2	2032	6	55	9.694	115	5.6	UR	SA	Elnath
2	6	2032	7	3	6.631	11	1.7	SA	MA	Elnath
22	5	2032	23	18	6.463	21	5.7	SA	UR	Elnath
26	5	2032	17	51	7.871	2	1.0	ME	VE	Aldebaran
1	6	2032	18	54	4.649	11	1.7	MA	ME	Elnath
10	6	2032	20	13	7.805	2	1.7	MA	VE	Elnath
3	6	2032	17	44	6.294	11	5.7	MA	UR	Elnath
2	6	2032	1	55	6.625	12	1.7	ME	SA	Elnath
2	6	2032	13	24	6.256	12	5.7	ME	UR	Elnath
12	6	2032	1	33	7.027	3	1.7	VE	SA	Elnath
12	6	2032	15	13	6.601	3	5.7	VE	UR	Elnath
6	7	2032	7	37	9.351	2	1.6	VE	MA	Pollux
28	8	2032	22	49	9.408	8	1.7	ME	MA	Regulus
3	3	2033	1	51	9.458	105	5.6	SA	UR	Elnath
27	5	2033	8	33	8.871	20	5.7	ME	UR	Elnath
4	11	2033	7	28	5.722	13	1.1	VE	ME	Spica
9	12	2033	11	52	5.095	6	1.1	ME	VE	Antares
1	5	2034	16	23	8.271	28	1.5	MA	VE	Aldebaran
20	5	2034	9	54	6.528	22	1.7	MA	ME	Elnath
12	5	2034	19	44	4.412	31	1.7	MA	VE	Elnath
6	6	2034	4	7	7.766	34	1.2	VE	SA	Pollux
28	6	2034	12	17	6.784	16	1.7	MA	SA	Pollux
27	7	2034	4	26	7.085	8	1.2	ME	SA	Pollux
12	8	2034	17	8	8.150	2	1.7	ME	MA	Regulus
2	11	2034	20	41	6.406	17	1.1	VE	ME	Spica
16	11	2034	19	35	3.563	31	1.6	VE	MA	Spica
16	11	2034	20	30	3.547	31	1.6	MA	VE	Spica
17	1	2035	17	45	7.928	46	1.3	VE	MA	Antares
17	6	2035	11	24	8.503	15	1.0	VE	ME	Aldebaran
1	7	2035	23	25	8.286	11	1.7	VE	ME	Elnath
18	7	2035	10	17	7.418	2	1.2	ME	VE	Pollux
4	6	2036	8	8	6.828	8	1.0	VE	GI	Aldebaran
14	6	2036	17	29	9.162	19	1.0	ME	VE	Aldebaran
17	6	2036	8	13	4.993	17	1.0	ME	GI	Aldebaran
23	6	2036	19	45	9.711	22	1.0	GI	VE	Aldebaran
16	7	2036	18	35	7.081	39	1.0	VE	GI	Aldebaran
28	7	2036	20	17	5.381	19	1.7	ME	MA	Regulus

GG	MM	AAAA	HH	MM	DIST°	ELONG°	MAG	PIANETI		STELLA
29	7	2036	15	22	9.382	45	1.7	VE	GI	Elnath
1	8	2036	9	35	9.329	11	1.7	MA	SA	Regulus
28	8	2036	19	30	8.925	45	5.6	VE	UR	Pollux
1	10	2036	15	6	1.942	39	1.4	VE	SA	Regulus
18	10	2036	20	12	7.277	3	1.6	ME	MA	Spica
23	12	2036	10	53	9.630	21	1.4	VE	MA	Antares
29	5	2037	4	52	9.707	18	1.7	VE	GI	Elnath
17	6	2037	15	55	9.951	22	5.6	VE	UR	Castor
18	6	2037	23	26	8.159	20	5.6	VE	UR	Pollux
29	6	2037	7	13	7.784	11	5.6	ME	UR	Pollux
28	6	2037	12	1	9.822	12	5.6	ME	UR	Castor
21	7	2037	18	7	1.610	32	1.4	SA	VE	Regulus
22	7	2037	19	43	5.365	27	1.4	VE	ME	Regulus
26	7	2037	3	46	3.137	27	1.4	ME	SA	Regulus
17	8	2037	20	17	6.545	9	2.2	ME	SA	Regulus
12	9	2037	20	16	7.858	12	1.4	ME	SA	Regulus
11	9	2037	18	27	6.614	56	5.6	GI	UR	Pollux
11	9	2037	19	55	6.615	56	5.6	UR	GI	Pollux
17	11	2037	9	37	8.842	116	5.5	UR	GI	Pollux
26	1	2038	9	59	6.560	165	5.4	GI	UR	Pollux
19	2	2038	8	44	9.656	140	5.4	UR	GI	Castor
7	4	2038	3	40	9.632	93	5.5	GI	UR	Castor
13	5	2038	18	57	9.624	58	5.6	UR	MA	Castor
7	4	2038	11	58	9.632	92	5.5	UR	GI	Castor
19	5	2038	13	8	6.483	56	1.4	GI	MA	Pollux
29	4	2038	15	12	6.974	71	5.6	GI	UR	Pollux
16	5	2038	16	57	6.731	55	5.6	MA	UR	Pollux
22	6	2038	4	16	9.870	21	5.6	ME	UR	Castor
23	6	2038	4	33	6.256	21	5.6	ME	UR	Pollux
6	8	2038	9	43	6.502	18	5.6	VE	UR	Pollux
4	9	2038	4	24	1.124	12	1.4	ME	VE	Regulus
4	10	2038	2	43	5.081	9	1.6	ME	MA	Spica
17	10	2038	14	31	5.200	1	1.6	MA	VE	Spica
19	11	2038	12	29	6.672	8	1.6	VE	ME	Antares
20	12	2038	23	49	5.667	15	1.4	MA	ME	Antares
31	5	2039	1	18	6.611	45	5.6	VE	UR	Pollux
21	6	2039	10	45	7.084	25	5.6	ME	UR	Pollux
13	7	2039	8	0	7.760	33	1.4	GI	VE	Regulus
8	8	2039	23	26	8.872	16	5.6	ME	UR	Pollux
25	4	2040	7	23	8.347	81	5.5	UR	MA	Pollux
19	9	2040	10	20	5.124	25	1.1	VE	ME	Spica
17	9	2040	16	17	3.254	27	1.5	VE	MA	Spica
21	9	2040	5	30	2.336	25	1.5	ME	MA	Spica
2	11	2040	13	45	6.824	18	1.1	ME	GI	Spica
1	11	2040	7	34	7.695	17	1.1	ME	SA	Spica
2	11	2040	17	26	6.796	18	1.1	ME	GI	Spica
1	11	2040	9	52	7.686	17	1.1	ME	SA	Spica
3	12	2040	12	23	5.284	48	1.1	GI	SA	Spica
6	12	2040	16	13	8.771	3	1.3	ME	MA	Antares
2	5	2041	22	51	6.891	156	1.1	GI	SA	Spica
13	7	2041	20	53	7.404	41	1.0	VE	MA	Aldebaran
4	8	2041	14	11	6.736	67	1.1	GI	SA	Spica
21	9	2041	16	50	6.675	22	1.1	ME	SA	Spica

GG	MM	AAAA	HH	MM	DIST°	ELONG°	MAG	PIANETI		STELLA
31	10	2041	19	35	3.956	14	1.1	ME	VE	Spica
1	11	2041	18	21	6.179	11	1.1	ME	SA	Spica
2	11	2041	23	30	6.285	12	1.1	VE	SA	Spica
2	9	2042	5	13	4.269	43	1.3	MA	VE	Spica
6	9	2042	16	1	9.742	44	1.3	MA	SA	Spica
7	9	2042	11	2	9.807	42	1.1	VE	SA	Spica
24	10	2042	6	24	7.542	7	1.1	VE	ME	Spica
5	11	2042	13	3	6.478	23	1.2	MA	GI	Antares
21	11	2042	21	32	5.124	10	1.1	ME	GI	Antares
15	6	2043	3	1	4.867	14	1.0	ME	VE	Aldebaran
21	6	2043	19	55	8.089	6	1.7	ME	VE	Elnath
28	10	2043	5	1	8.703	68	5.5	MA	UR	Regulus
13	11	2043	2	48	8.860	17	1.1	VE	ME	Antares
3	6	2044	16	40	9.115	8	1.0	ME	VE	Aldebaran
5	9	2044	22	13	6.590	17	5.6	ME	UR	Regulus
29	9	2044	20	0	5.271	39	5.5	VE	UR	Regulus
4	12	2044	0	29	9.039	5	2.3	ME	SA	Antares
23	12	2044	1	10	6.398	21	1.1	VE	ME	Antares
20	12	2044	22	10	7.767	21	1.1	VE	SA	Antares
21	12	2044	17	2	7.717	22	1.1	ME	SA	Antares
18	6	2045	11	24	8.615	23	1.3	VE	ME	Castor
20	6	2045	15	47	5.150	24	1.2	ME	VE	Pollux
18	7	2045	21	56	5.159	29	5.5	VE	UR	Regulus
30	8	2045	21	52	2.547	9	5.6	ME	UR	Regulus
10	10	2045	15	32	0.902	47	5.5	MA	UR	Regulus
15	10	2045	19	32	6.365	46	1.1	VE	SA	Antares
5	11	2045	1	19	8.910	20	1.1	SA	ME	Antares
19	12	2045	15	11	8.130	12	1.1	ME	SA	Antares
4	8	2046	20	17	7.080	18	1.2	ME	VE	Pollux
23	8	2046	16	39	1.462	1	5.6	ME	UR	Regulus
4	9	2046	17	18	2.200	10	5.6	VE	UR	Regulus
27	9	2046	14	29	9.348	69	1.1	MA	SA	Antares
12	5	2047	0	48	9.240	12	1.4	ME	MA	Aldebaran
14	6	2047	12	29	9.719	3	3.5	MA	ME	Elnath
27	7	2047	7	24	9.910	9	1.6	MA	ME	Castor
28	7	2047	10	43	5.940	10	1.6	MA	ME	Pollux
16	8	2047	12	22	5.427	10	5.5	ME	UR	Regulus
26	9	2047	10	50	7.948	25	5.5	MA	UR	Regulus
14	10	2047	12	13	8.938	42	5.5	VE	UR	Regulus
28	5	2048	6	49	6.013	0	5.5	ME	VE	Aldebaran
26	5	2048	8	3	5.623	2	5.3	ME	GI	Aldebaran
30	5	2048	2	4	5.349	0	1.0	VE	GI	Aldebaran
10	6	2048	17	48	9.342	9	1.0	GI	ME	Aldebaran
24	6	2048	21	7	6.352	20	1.0	ME	GI	Aldebaran
1	7	2048	18	51	9.324	20	1.7	ME	GI	Elnath
5	8	2048	21	39	3.194	16	1.4	VE	ME	Regulus
7	8	2048	10	36	9.392	19	5.5	VE	UR	Regulus
8	8	2048	22	53	9.481	18	5.5	ME	UR	Regulus
10	7	2049	13	24	6.203	6	1.7	MA	ME	Pollux
18	8	2049	22	5	7.097	33	1.2	VE	GI	Pollux
8	9	2050	20	41	8.105	18	1.4	ME	GI	Regulus
9	9	2050	0	28	8.072	18	1.4	ME	GI	Regulus
13	10	2050	23	42	8.014	5	1.1	ME	VE	Spica

GG	MM	AAAA	HH	MM	DIST°	ELONG°	MAG	PIANETI		STELLA
25	6	2051	2	8	7.240	21	1.7	MA	ME	Pollux
19	8	2051	13	26	3.311	4	1.7	MA	VE	Regulus
4	10	2051	22	31	4.860	12	1.1	VE	ME	Spica
8	11	2051	12	58	3.807	23	1.1	VE	ME	Antares
23	5	2052	5	0	8.828	4	1.0	VE	ME	Aldebaran
11	7	2052	1	13	9.270	43	7.9	VE	NE	Aldebaran
15	11	2052	1	49	3.795	29	1.1	VE	GI	Spica
17	12	2052	3	58	9.702	12	1.1	ME	VE	Antares
16	5	2053	0	37	7.308	14	1.0	VE	ME	Aldebaran
12	5	2053	2	13	9.225	10	7.9	VE	NE	Aldebaran
14	5	2053	1	46	9.159	9	7.9	ME	NE	Aldebaran
24	5	2053	9	44	4.993	18	1.7	ME	VE	Elnath
20	7	2053	14	8	3.511	29	1.7	VE	MA	Regulus
7	9	2053	13	35	9.727	43	1.1	VE	GI	Spica
25	10	2053	22	4	5.916	3	3.2	ME	MA	Spica
7	5	2054	20	53	8.524	17	7.9	ME	NE	Aldebaran
29	6	2054	9	0	7.314	21	1.0	ME	VE	Aldebaran
21	6	2054	10	8	8.811	17	7.9	ME	NE	Aldebaran
27	6	2054	22	15	5.978	28	7.9	VE	NE	Aldebaran
8	7	2054	17	27	7.964	21	1.7	ME	VE	Elnath
26	8	2054	7	41	5.024	84	7.9	MA	NE	Aldebaran
23	11	2054	11	37	6.031	10	1.1	VE	GI	Antares
1	12	2054	20	58	7.225	3	1.1	ME	GI	Antares
16	4	2055	8	37	7.964	39	7.9	VE	NE	Aldebaran
22	6	2055	4	52	4.698	22	7.9	ME	NE	Aldebaran
23	10	2055	12	19	9.008	10	5.6	ME	UR	Spica
23	11	2055	4	49	9.172	2	1.4	ME	MA	Antares
25	11	2055	20	57	7.238	42	5.5	VE	UR	Spica
29	5	2056	15	42	5.362	1	7.9	VE	NE	Aldebaran
15	6	2056	10	53	4.478	15	7.9	ME	NE	Aldebaran
4	7	2056	19	56	9.526	7	1.3	VE	ME	Castor
6	7	2056	6	17	5.876	9	1.2	VE	ME	Pollux
30	7	2056	17	54	8.565	18	1.4	ME	VE	Regulus
30	7	2056	22	18	5.047	57	7.9	MA	NE	Aldebaran
14	9	2056	5	0	7.066	26	5.6	VE	UR	Spica
16	10	2056	1	53	5.296	1	5.6	ME	UR	Spica
7	6	2057	18	30	5.469	6	7.9	ME	NE	Aldebaran
13	7	2057	11	27	4.641	39	7.9	VE	NE	Aldebaran
7	9	2057	18	57	3.607	37	5.5	MA	UR	Spica
9	10	2057	14	18	2.685	7	5.6	ME	UR	Spica
31	10	2057	19	57	3.492	13	5.6	VE	UR	Spica
10	11	2057	18	9	4.808	19	1.3	ME	MA	Antares
6	12	2057	11	23	6.433	5	2.6	ME	VE	Antares
1	5	2058	12	17	6.613	30	7.9	VE	NE	Aldebaran
30	5	2058	13	31	6.403	2	7.9	ME	NE	Aldebaran
11	7	2058	17	0	6.026	35	7.9	MA	NE	Aldebaran
6	9	2058	12	44	6.003	40	5.5	VE	UR	Spica
3	10	2058	15	56	7.469	16	1.1	ME	VE	Spica
3	10	2058	12	29	4.282	16	5.6	ME	UR	Spica
3	10	2058	18	22	8.612	17	5.6	VE	UR	Spica
4	12	2058	11	39	7.587	41	5.6	VE	UR	Spica
22	5	2059	13	16	7.345	11	7.9	ME	NE	Aldebaran
17	6	2059	5	59	7.066	10	7.9	VE	NE	Aldebaran

GG	MM	AAAA	HH	MM	DIST°	ELONG°	MAG	PIANETI		STELLA
22	6	2059	21	53	9.598	11	7.9	VE	NE	Elnath
23	8	2059	9	46	6.270	57	5.5	MA	UR	Spica
24	8	2059	9	26	7.617	2	1.4	VE	ME	Regulus
28	9	2059	8	25	7.839	15	1.1	ME	VE	Spica
28	9	2059	11	33	7.914	23	5.6	ME	UR	Spica
4	10	2059	16	56	8.260	17	5.6	VE	UR	Spica
28	11	2059	10	9	9.972	30	1.8	VE	MA	Kaus Aust
12	5	2060	10	52	9.861	17	1.0	ME	VE	Aldebaran
12	5	2060	7	5	7.642	16	1.0	ME	GI	Aldebaran
11	5	2060	7	44	8.016	13	1.0	ME	SA	Aldebaran
14	5	2060	20	1	8.323	19	7.9	ME	NE	Aldebaran
15	5	2060	5	19	9.766	13	1.0	VE	GI	Aldebaran
19	5	2060	10	33	8.958	18	7.9	ME	NE	Elnath
19	6	2060	20	4	8.253	12	1.3	MA	GI	Aldebaran
17	6	2060	7	31	5.656	17	1.3	MA	SA	Aldebaran
23	6	2060	7	9	9.151	14	7.9	MA	NE	Aldebaran
24	5	2060	2	22	5.730	4	1.0	SA	GI	Aldebaran
15	7	2060	6	16	9.835	34	7.9	SA	NE	Aldebaran
8	7	2060	1	38	9.845	20	1.7	ME	MA	Elnath
7	7	2060	0	28	9.833	19	1.7	ME	GI	Elnath
4	7	2060	9	15	9.950	18	7.9	ME	NE	Elnath
5	7	2060	14	53	6.412	21	1.7	MA	GI	Elnath
3	7	2060	13	43	7.974	21	7.9	MA	NE	Elnath
18	7	2060	6	47	4.574	43	1.0	VE	SA	Aldebaran
7	7	2060	4	37	9.842	20	1.7	GI	ME	Elnath
1	8	2060	23	13	8.930	44	1.7	VE	GI	Elnath
30	7	2060	1	45	9.062	46	7.9	VE	NE	Elnath
30	8	2060	1	35	8.296	38	1.4	MA	VE	Pollux
27	9	2060	19	37	9.316	105	7.9	SA	NE	Elnath
19	1	2061	1	22	8.752	131	7.8	SA	NE	Aldebaran
16	5	2061	10	11	7.844	16	1.0	ME	VE	Aldebaran
22	5	2061	17	34	8.818	12	1.9	ME	SA	Aldebaran
17	5	2061	8	36	8.227	17	1.0	VE	SA	Aldebaran
18	5	2061	11	5	9.907	17	7.9	VE	NE	Aldebaran
23	5	2061	20	9	8.239	15	1.7	VE	SA	Elnath
24	5	2061	2	46	7.615	16	7.9	VE	NE	Elnath
22	5	2061	19	2	8.825	12	1.9	ME	SA	Aldebaran
4	7	2061	21	14	6.950	19	1.7	SA	ME	Elnath
26	6	2061	4	51	7.124	12	7.9	SA	NE	Elnath
4	7	2061	2	11	7.093	20	7.9	ME	NE	Elnath
19	7	2061	16	58	7.698	5	1.2	ME	GI	Pollux
25	2	2062	1	2	7.461	104	7.9	SA	NE	Elnath
16	6	2062	23	5	6.712	3	8.0	MA	NE	Elnath
28	6	2062	9	57	8.894	6	1.7	ME	MA	Elnath
27	6	2062	13	11	6.692	13	7.9	ME	NE	Elnath
10	7	2062	4	54	6.699	25	7.9	NE	VE	Elnath
1	8	2062	22	26	9.911	16	1.6	MA	VE	Castor
4	8	2062	7	43	6.399	17	1.6	MA	VE	Pollux
1	9	2062	3	22	6.416	11	1.4	VE	GI	Regulus
(1) 28	9	2062	6	59	0.834	35	1.6	MA	GI	Regulus
21	10	2062	4	23	8.001	3	1.1	VE	ME	Spica
20	11	2062	19	54	4.676	10	1.1	ME	VE	Antares
29	4	2063	21	53	6.666	44	7.9	VE	NE	Elnath

147

GG	MM	AAAA	HH	MM	DIST°	ELONG°	MAG	PIANETI		STELLA
19	6	2063	14	2	6.860	3	8.0	ME	NE	Elnath
2	7	2063	5	1	9.121	8	1.2	ME	SA	Pollux
3	6	2064	6	59	7.818	3	1.0	VE	ME	Aldebaran
8	6	2064	22	48	8.998	4	1.7	MA	VE	Elnath
30	5	2064	11	40	7.307	15	7.9	MA	NE	Elnath
9	6	2064	14	12	5.096	4	1.7	VE	ME	Elnath
10	6	2064	14	48	7.487	5	8.0	VE	NE	Elnath
10	6	2064	12	9	9.903	5	1.7	ME	MA	Elnath
10	6	2064	7	49	7.482	5	8.0	ME	NE	Elnath
26	6	2064	13	30	8.482	21	1.2	ME	SA	Pollux
4	7	2064	9	55	8.278	5	1.6	VE	MA	Pollux
6	7	2064	12	49	9.334	12	1.2	VE	SA	Pollux
29	7	2064	21	16	8.121	17	1.4	ME	VE	Regulus
5	9	2064	22	30	1.915	14	1.7	ME	MA	Regulus
4	10	2064	20	50	6.660	7	1.1	ME	GI	Spica
6	12	2064	9	52	7.817	43	1.5	MA	GI	Spica
2	6	2065	11	7	8.470	14	7.9	ME	NE	Elnath
26	7	2065	10	3	9.811	33	7.9	VE	NE	Elnath
14	9	2065	9	34	8.972	25	1.4	VE	SA	Regulus
3	12	2065	13	25	9.737	5	5.7	VE	UR	Antares
13	12	2065	20	6	9.200	15	5.7	ME	UR	Antares
29	4	2066	22	32	9.547	30	1.5	MA	VE	Aldebaran
11	5	2066	2	20	4.612	33	1.7	MA	VE	Elnath
13	5	2066	13	57	9.436	34	7.9	MA	NE	Elnath
13	5	2066	21	24	9.443	33	7.9	VE	NE	Elnath
27	5	2066	3	45	9.758	21	7.9	ME	NE	Elnath
6	7	2066	12	32	5.685	40	1.4	VE	SA	Regulus
21	8	2066	2	21	1.271	2	1.7	MA	ME	Regulus
21	8	2066	12	16	0.877	2	1.7	MA	SA	Regulus
24	9	2066	1	47	5.853	24	1.1	ME	VE	Spica
13	10	2066	1	12	8.666	43	5.7	GI	UR	Antares
8	11	2066	14	22	6.786	19	1.6	ME	MA	Spica
8	12	2066	2	50	6.180	7	5.7	ME	UR	Antares
16	1	2067	16	21	7.412	45	1.3	VE	MA	Antares
15	1	2067	9	41	7.460	45	5.7	VE	UR	Antares
21	1	2067	3	13	4.960	51	5.6	MA	UR	Antares
18	6	2067	18	0	7.662	10	2.2	VE	ME	Aldebaran
25	7	2067	15	48	9.020	2	1.2	VE	ME	Pollux
13	8	2067	19	55	7.581	4	1.4	ME	VE	Regulus
2	10	2067	1	1	4.360	17	1.1	ME	VE	Spica
6	11	2067	17	34	4.955	25	5.7	VE	UR	Antares
1	12	2067	23	59	4.635	1	5.7	ME	UR	Antares
4	8	2068	11	50	1.501	18	1.7	MA	ME	Regulus
26	10	2068	11	31	3.565	8	1.6	MA	ME	Spica
24	11	2068	22	9	5.773	9	5.7	ME	UR	Antares
21	12	2068	15	21	8.166	19	1.4	VE	MA	Antares
23	12	2068	3	4	6.949	16	5.7	VE	UR	Antares
3	1	2069	23	52	7.479	28	5.7	MA	UR	Antares
19	10	2069	11	1	7.275	47	5.7	VE	UR	Antares
19	11	2069	8	30	8.591	17	5.7	ME	UR	Antares
24	7	2070	4	15	8.595	27	1.6	MA	ME	Regulus
31	8	2070	16	47	8.397	10	1.4	VE	ME	Regulus
1	9	2070	23	7	8.012	10	1.4	ME	VE	Regulus

```
GG MM AAAA    HH MM    DIST°  ELONG°   MAG   PIANETI   STELLA

11 10 2070    12 10    3.968     7     1.5   MA  ME    Spica
15 10 2070    17  0    6.445     2     1.5   MA  VE    Spica
 4 10 2070    20 13    5.673     9     1.6   MA  SA    Spica
12 10 2070    10 13    6.425     2     1.1   ME  VE    Spica
10 10 2070    10 13    5.257     5     1.1   ME  SA    Spica
15 10 2070     2 39    4.952     2     1.1   VE  SA    Spica
10 12 2070    23  9    6.941     9     1.4   ME  MA    Antares
 6  8 2071     0 57    9.595    66     1.0   MA  GI    Aldebaran
 5 10 2071    20 57    8.279    15     1.1   ME  SA    Spica
22  5 2072    10 17    9.888     0     1.0   ME  VE    Aldebaran
22  5 2072    18 46    7.019    10     1.0   ME  GI    Aldebaran
30  5 2072    20 17    7.588     2     1.0   VE  GI    Aldebaran
26  5 2072    20 23    9.905     9     1.7   ME  GI    Elnath
 7  6 2072     6 53    7.907     1     1.7   VE  GI    Elnath
15  9 2072    22 48    2.335    30     1.5   VE  MA    Spica
26  9 2072     9  5    6.575    21     1.4   MA  ME    Spica
12  7 2073     4 51    6.171    39     1.1   VE  MA    Aldebaran
23  7 2073    23 32    9.644    37     1.7   VE  MA    Elnath
30  7 2073    18  6    6.731    12     1.2   ME  GI    Pollux
28  7 2073    18  1    9.604    15     8.0   ME  NE    Pollux
19  8 2073    21 16    8.974    27     1.2   VE  GI    Pollux
15  8 2073    17 51    9.230    32     8.0   VE  NE    Pollux
18  9 2073     3  4    8.751    64     7.9   MA  NE    Pollux
28 10 2073    12 18    5.640    14     1.1   ME  VE    Spica
28 10 2073    11 20    5.643    14     1.1   VE  ME    Spica
 6 12 2073     2 13    4.880     3     1.1   ME  VE    Antares
 3  6 2074     7 18    9.474    35     8.0   VE  NE    Pollux
21  7 2074     3 46    8.498     7     8.0   ME  NE    Pollux
 7  8 2074    11 12    8.457     7     1.4   ME  GI    Regulus
31  8 2074    12 16    9.286    41     1.2   MA  VE    Spica
20  9 2074     5 53    5.968    22     1.1   VE  ME    Spica
31 10 2074     3  2    7.879    28     1.2   MA  SA    Antares
28 11 2074     4 18    6.382     3     1.1   ME  SA    Antares
17  1 2075    12 14    7.523    43     1.1   VE  SA    Antares
14  6 2075    19 40    9.948    12     1.3   VE  MA    Aldebaran
21  6 2075    13  3    6.550    20     1.3   ME  MA    Aldebaran
28  6 2075    18 42    7.451     8     1.7   VE  ME    Elnath
13  7 2075    23 10    9.174     4     1.2   ME  VE    Pollux
12  7 2075    23 53    7.693     1     8.0   ME  NE    Pollux
18  7 2075    17 15    7.628     3     8.0   VE  NE    Pollux
29  8 2075    16 10    7.336    43     7.9   MA  NE    Pollux
 9 11 2075     3 37    8.593    27     1.1   VE  SA    Antares
23 11 2075    19 58    9.832    13     1.1   ME  SA    Antares
 4  7 2076     0  2    7.262    11     8.0   ME  NE    Pollux
30  8 2076    12 20    8.156    42     7.9   VE  NE    Pollux
15 10 2076     4 47    3.158     2     1.1   ME  GI    Spica
15 11 2076    17 41    7.074    23     1.1   VE  GI    Spica
24 12 2076     0 49    9.750    16     1.1   VE  ME    Antares
 5  6 2077     3 28    5.832     5     1.4   MA  ME    Aldebaran
25  6 2077     7 49    9.957    18     1.2   VE  ME    Pollux
19  6 2077     4 26    7.241    26     8.0   VE  NE    Pollux
25  6 2077     7 21    9.983    18     1.2   ME  VE    Pollux
26  6 2077    19 51    7.279    19     8.0   ME  NE    Pollux
```

GG	MM	AAAA	HH	MM	DIST°	ELONG°	MAG	PIANETI		STELLA
19	7	2077	16	54	8.183	26	1.4	VE	ME	Regulus
11	8	2077	15	35	7.729	22	8.0	MA	NE	Pollux
20	12	2077	22	28	9.866	21	1.1	ME	GI	Antares
21	6	2078	23	10	7.790	25	8.0	ME	NE	Pollux
5	8	2078	6	34	8.562	14	8.0	VE	NE	Pollux
31	8	2078	4	14	2.819	7	1.4	ME	VE	Regulus
15	9	2078	11	7	5.660	75	1.1	MA	GI	Antares
19	5	2079	7	25	7.102	12	1.4	MA	ME	Aldebaran
25	5	2079	16	9	8.962	11	1.7	ME	MA	Elnath
2	6	2079	8	0	8.473	45	7.9	VE	NE	Pollux
26	7	2079	12	45	9.601	3	8.0	MA	NE	Pollux
6	8	2079	0	52	9.866	13	8.0	ME	NE	Pollux
9	6	2080	15	46	8.329	6	2.8	VE	ME	Elnath
16	9	2080	21	26	5.958	27	1.1	VE	ME	Spica
28	10	2081	9	38	4.112	10	1.1	ME	VE	Spica
10	6	2083	21	39	5.863	9	1.0	ME	VE	Aldebaran
17	8	2083	16	42	4.633	6	1.7	MA	VE	Regulus
19	8	2083	16	36	6.170	7	2.4	VE	ME	Regulus
17	8	2083	7	41	6.813	11	1.8	ME	MA	Regulus
10	11	2083	0	50	7.624	20	1.1	VE	ME	Antares
6	6	2084	21	26	6.025	5	1.7	ME	GI	Elnath
20	12	2084	18	19	5.707	18	1.1	VE	ME	Antares
29	5	2085	12	37	7.848	14	1.7	VE	ME	Elnath
16	6	2085	1	33	8.878	24	1.3	ME	VE	Castor
16	6	2085	6	24	9.971	24	1.3	ME	GI	Castor
18	6	2085	12	30	5.977	25	1.2	VE	ME	Pollux
17	6	2085	2	23	7.752	23	1.2	VE	GI	Pollux
18	6	2085	9	32	7.600	22	1.2	ME	GI	Pollux
18	7	2085	22	59	1.948	32	1.7	VE	MA	Regulus
8	8	2085	15	20	9.659	15	1.2	ME	GI	Pollux
14	12	2085	10	44	5.677	12	1.4	ME	MA	Antares
1	8	2086	5	20	6.722	14	1.2	ME	VE	Pollux
18	8	2086	7	46	2.849	2	1.4	ME	GI	Regulus
1	9	2086	16	48	0.800	8	1.4	GI	VE	Regulus
20	10	2086	17	43	7.757	5	3.0	ME	VE	Spica
23	9	2087	11	25	4.323	22	1.5	ME	MA	Spica
30	11	2087	3	41	4.162	3	1.3	ME	MA	Antares
2	8	2088	6	59	1.300	20	1.4	VE	ME	Regulus
13	9	2088	21	48	4.959	29	1.1	VE	GI	Spica
25	10	2088	13	56	5.914	3	1.1	ME	GI	Spica
17	12	2088	18	4	9.134	124	7.9	NE	MA	Regulus
19	12	2088	14	51	8.970	126	7.9	MA	NE	Regulus
13	6	2089	8	48	8.182	16	1.0	ME	SA	Aldebaran
9	7	2089	12	13	5.604	39	1.0	VE	SA	Aldebaran
24	7	2089	12	8	8.979	20	8.0	ME	NE	Regulus
16	9	2089	0	33	5.587	18	1.4	VE	VE	Regulus
13	9	2089	9	26	7.140	24	8.0	VE	NE	Regulus
15	11	2089	7	18	5.324	17	1.2	MA	ME	Antares
28	4	2090	17	20	6.655	31	1.0	VE	SA	Aldebaran
7	6	2090	17	29	5.879	3	1.0	ME	SA	Aldebaran
8	7	2090	10	53	8.938	28	1.2	MA	SA	Aldebaran
4	7	2090	18	51	7.515	40	8.0	VE	NE	Regulus
21	7	2090	3	27	7.570	36	1.7	MA	SA	Elnath

GG	MM	AAAA	HH	MM	DIST°	ELONG°	MAG	PIANETI		STELLA
23	7	2090	11	1	6.912	23	8.0	ME	NE	Regulus
7	9	2090	5	12	5.250	17	8.0	ME	NE	Regulus
6	11	2090	5	48	3.684	75	7.9	MA	NE	Regulus
5	6	2091	0	54	7.119	11	1.7	ME	SA	Elnath
25	6	2091	17	39	8.630	5	1.7	VE	SA	Elnath
15	8	2091	18	21	3.975	4	8.0	VE	NE	Regulus
31	8	2091	16	19	3.388	9	8.0	ME	NE	Regulus
1	10	2091	11	20	3.295	16	1.1	VE	ME	Spica
4	11	2091	8	4	7.754	22	1.1	VE	ME	Antares
13	8	2092	17	12	9.427	30	1.5	MA	SA	Pollux
22	8	2092	23	11	1.580	1	8.0	ME	NE	Regulus
28	8	2092	20	25	9.483	34	1.5	VE	MA	Pollux
27	8	2092	13	4	8.487	43	1.2	VE	SA	Pollux
29	9	2092	21	6	9.148	36	1.5	VE	MA	Regulus
29	9	2092	14	28	0.265	36	8.0	VE	NE	Regulus
14	10	2092	16	42	0.932	51	8.0	NE	MA	Regulus
13	11	2092	2	16	9.112	19	1.1	ME	VE	Spica
12	5	2093	13	34	7.679	18	1.0	VE	ME	Aldebaran
23	5	2093	2	55	4.554	20	1.7	ME	VE	Elnath
17	6	2093	12	29	6.734	26	1.2	VE	SA	Pollux
18	7	2093	5	15	1.137	34	8.0	VE	NE	Regulus
29	7	2093	3	24	7.731	8	1.2	ME	SA	Pollux
15	8	2093	4	43	1.158	8	8.0	NE	ME	Regulus
25	5	2094	3	1	5.937	6	3.5	MA	ME	Aldebaran
26	6	2094	3	55	4.636	22	1.0	ME	VE	Aldebaran
5	7	2094	8	3	7.151	18	1.7	ME	VE	Elnath
19	7	2094	4	10	8.726	4	1.6	ME	MA	Pollux
2	8	2094	11	2	6.358	13	1.6	MA	VE	Pollux
7	8	2094	21	18	2.056	16	8.0	ME	NE	Regulus
2	9	2094	7	18	2.986	6	8.0	VE	NE	Regulus
27	9	2094	5	30	3.868	30	8.0	MA	NE	Regulus
24	11	2094	22	55	8.636	5	1.1	VE	ME	Antares
28	7	2095	23	45	8.576	16	1.4	ME	SA	Regulus
1	8	2095	15	47	3.934	23	8.0	ME	NE	Regulus
10	10	2095	10	39	1.857	46	1.4	SA	VE	Regulus
24	10	2095	6	9	6.771	53	8.0	SA	NE	Regulus
13	10	2095	5	23	6.473	43	8.0	VE	NE	Regulus
12	2	2096	16	25	6.370	166	7.9	SA	NE	Regulus
7	5	2096	18	27	9.328	25	1.5	MA	GI	Aldebaran
20	4	2096	0	21	7.587	117	7.9	NE	SA	Regulus
23	5	2096	19	20	5.869	19	1.7	MA	GI	Elnath
7	6	2096	23	24	5.991	6	1.7	GI	VE	Elnath
18	6	2096	9	47	7.132	0	1.7	ME	GI	Elnath
11	7	2096	23	10	5.429	42	8.0	SA	NE	Regulus
2	7	2096	1	21	5.499	13	1.2	VE	ME	Pollux
2	7	2096	12	25	7.318	8	1.6	VE	MA	Pollux
30	6	2096	11	54	8.975	12	1.3	VE	ME	Castor
30	6	2096	2	23	9.642	9	1.6	VE	MA	Castor
1	7	2096	10	41	7.782	9	1.6	ME	MA	Pollux
30	6	2096	3	59	9.628	9	1.6	ME	MA	Castor
30	7	2096	15	33	7.002	21	1.4	ME	VE	Regulus
26	7	2096	23	28	3.323	27	1.4	ME	SA	Regulus
28	7	2096	12	14	5.931	27	8.0	ME	NE	Regulus

GG	MM	AAAA	HH	MM	DIST°	ELONG°	MAG	PIANETI		STELLA
2	8	2096	13	35	4.064	22	1.4	VE	SA	Regulus
3	8	2096	14	45	6.135	22	8.0	VE	NE	Regulus
9	9	2096	8	25	8.699	8	1.7	MA	SA	Regulus
10	9	2096	4	9	7.497	10	8.0	MA	NE	Regulus
24	6	2097	20	39	6.402	21	1.2	GI	ME	Pollux
8	9	2097	2	58	9.516	6	8.0	ME	NE	Regulus
19	9	2097	14	31	9.935	16	8.0	VE	NE	Regulus
9	5	2098	10	7	5.414	34	1.7	MA	VE	Elnath
17	6	2098	7	45	8.940	24	1.6	MA	ME	Castor
19	6	2098	23	6	5.645	25	1.6	ME	MA	Pollux
5	7	2098	2	22	8.740	39	1.4	VE	GI	Regulus
12	7	2098	11	13	9.680	45	8.0	VE	NE	Regulus
17	8	2098	18	18	0.652	6	1.7	GI	MA	Regulus
29	8	2098	14	13	7.611	2	1.7	ME	MA	Regulus
29	8	2098	8	55	2.886	3	1.4	ME	GI	Regulus
15	1	2099	11	31	7.172	44	1.3	VE	MA	Antares
20	8	2099	3	18	4.827	3	1.4	VE	ME	Regulus
26	9	2099	17	54	8.221	18	1.1	ME	VE	Spica
3	11	2099	23	49	6.587	16	1.1	ME	SA	Spica
4	2	2100	17	59	4.847	109	1.1	GI	SA	Spica
13	8	2100	7	47	8.837	12	1.7	ME	MA	Regulus
23	9	2100	16	27	6.148	24	1.1	SA	ME	Spica
17	9	2100	16	47	4.342	30	1.1	SA	GI	Spica
23	9	2100	3	57	5.137	24	1.1	GI	ME	Spica
24	10	2100	14	47	8.442	2	1.6	MA	GI	Spica
24	10	2100	12	12	6.215	3	1.6	MA	SA	Spica
3	11	2100	8	3	8.531	8	1.6	ME	MA	Spica
4	11	2100	11	25	7.230	11	1.1	ME	SA	Spica
16	11	2100	1	33	8.374	21	1.1	VE	SA	Spica
20	12	2100	19	7	6.829	17	1.4	VE	MA	Antares

(1) Raggruppamento stretto tra pianeti e Regolo
(1) Close grouping between planets and Regolus

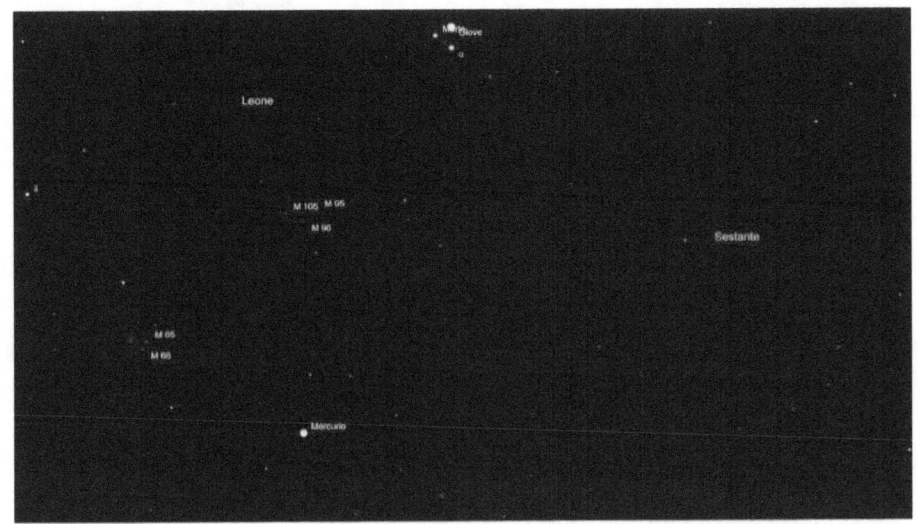

(1) Marte, Giove e Regolo   (C) Skychart
(1) Mars, Jupiter and Regulus

CONGIUNZIONI MULTIPLE
3 PIANETI E STELLE
MULTIPLE CONJUNCTIONS
3 PLANETS STARS
1900-2500

```
GG MM AAAA : data nel formato giorno/mese/anno
HH MM : ore e minuti
DIST° : distanza minima in gradi tra i corpi
ELONG° : elongazione dal Sole dei corpi
MAG : magnitudine del corpo più debole
PIANETI : corpi coinvolti : MErcurio, VEnere, MArte, GIove,
                            SAturno, URano, NEttuno
```

Sono elencate tutte le congiunzioni in cui i corpi distano meno di 5°

Stelle fino alla mag 2

```
GG MM AAAA : date in the format dd/mm/yyyy
HH MM : hours and minutes
DIST° : minima distance in ° between the bodies
ELONG° : elongation from the Sun of the bodies
MAG : magnitude of the less bright body
PIANETI : planets : MErcury, VEnus, MArs, GI (Jupiter),
                    SAturn, URanus, NEptune
```

All the conjunctions are listed if the bodies have distance less then 5°

Stars up to magnitude 2

	GG	MM	AAAA	HH	MM	DIST°	ELONG°	MAG	PIANETI			STELLA
	20	8	1908	15	9	3.491	1	1.7	ME	MA	GI	Regulus
	26	10	1910	10	40	4.993	6	1.6	VE	MA	GI	Spica
	26	10	1910	20	10	4.010	8	1.6	VE	ME	MA	Spica
	21	8	1987	22	20	2.146	1	1.7	ME	VE	MA	Regulus
	19	9	2008	1	23	4.723	23	1.5	VE	ME	MA	Spica
(1)	21	8	2066	2	8	1.272	2	1.7	MA	ME	SA	Regulus
	23	9	2119	19	55	4.235	26	8.0	MA	ME	NE	Spica
	12	9	2129	19	33	3.530	18	5.6	ME	VE	UR	Regulus
	15	10	2142	20	17	4.850	5	5.6	VE	ME	UR	Spica
	27	10	2147	7	0	3.935	7	1.6	MA	ME	GI	Spica
	10	9	2169	13	16	4.565	14	1.4	GI	ME	VE	Regulus
	25	9	2171	12	15	4.158	21	1.1	ME	VE	GI	Spica
	8	11	2224	4	58	4.872	18	5.6	MA	ME	UR	Spica
	8	11	2224	5	45	4.855	19	5.6	ME	MA	UR	Spica
	24	9	2252	15	38	3.170	26	1.6	VE	MA	GI	Regulus
	11	11	2294	22	31	4.693	22	1.3	VE	ME	MA	Antares
	5	12	2301	3	0	3.925	44	1.5	MA	VE	GI	Spica
	17	11	2335	11	35	4.790	22	1.6	MA	VE	SA	Spica
	19	10	2337	1	58	3.706	1	1.6	VE	MA	GI	Spica
	5	8	2371	21	52	2.189	22	1.4	GI	ME	VE	Regulus
	19	8	2382	6	5	3.073	7	5.5	MA	VE	UR	Regulus
	19	8	2382	6	7	3.073	7	5.5	UR	VE	MA	Regulus
	22	8	2382	23	25	1.279	6	5.6	ME	MA	UR	Regulus
	1	12	2403	22	37	4.653	6	5.7	ME	MA	UR	Antares
	17	8	2422	15	6	3.097	9	8.0	VE	ME	NE	Regulus
	19	10	2448	20	16	3.995	4	8.0	MA	ME	NE	Spica
	12	10	2465	18	12	4.293	10	1.5	MA	ME	VE	Spica

(1) Il miglior raggruppamento tra Marte, Mercurio, Saturno e Regolo
(1) The best grouping between Mars, Mercury, Saturn and Regolus

CONGIUNZIONI MULTIPLE
4 PIANETI E STELLE
MULTIPLE CONJUNCTIONS
4 PLANETS STARS
1900-10000

```
GG MM AAAA : data nel formato giorno/mese/anno
HH MM : ore e minuti
DIST° : distanza minima in gradi tra i corpi
ELONG° : elongazione dal Sole dei corpi
MAG   : magnitudine del corpo più debole
PIANETI : corpi coinvolti : MErcurio, VEnere, MArte, GIove,
                            SAturno, URano, NEttuno
```

Sono elencate tutte le congiunzioni in cui i corpi distano meno di 10°

Stelle fino alla mag 2


```
GG MM AAAA : date in the format dd/mm/yyyy
HH MM : hours and minutes
DIST° : minima distance in ° between the bodies
ELONG° : elongation from the Sun of the bodies
MAG : magnitude of the less bright body
PIANETI : planets : MErcury, VEnus, MArs, GI (Jupiter),
                    SAturn, URanus, NEptune
```

All the conjunctions are listed if the bodies have distance less then 10°

Stars up to magnitude 2

	GG	MM	AAAA	HH	MM	DIST°	ELONG°	MAG	PIANETI	STELLA
	27	10	1910	19	53	5.232	7	1.6	VE ME MA GI	Spica
	11	11	1971	1	39	9.415	14	8.0	GI ME VE NE	Antares
	26	10	1974	16	20	7.328	3	5.6	VE ME MA UR	Spica
	6	5	2002	11	22	9.188	21	1.5	MA ME VE SA	Aldebaran
(1)	16	6	2028	11	10	7.379	15	5.8	ME VE MA UR	Aldebaran
(2)	16	6	2028	12	17	7.388	15	5.8	UR ME VE MA	Aldebaran
	2	6	2032	13	10	6.639	11	5.7	MA ME SA UR	Elnath
	11	6	2032	14	18	8.216	3	5.7	MA VE SA UR	Elnath
	12	5	2060	0	45	9.890	13	1.0	ME VE GI SA	Aldebaran
	21	6	2060	21	44	9.106	13	7.9	MA GI SA NE	Aldebaran
	4	7	2060	23	18	9.913	18	7.9	ME MA GI NE	Elnath
	19	5	2061	3	55	9.930	16	7.9	ME VE SA NE	Aldebaran
	11	10	2070	22	3	8.498	1	1.5	MA ME VE SA	Spica
	2	8	2096	9	10	6.970	22	8.0	ME VE SA NE	Regulus
	14	9	2096	23	11	9.397	13	8.0	MA ME SA NE	Regulus
	11	6	2107	23	11	9.784	11	1.6	ME VE MA GI	Aldebaran
	11	6	2107	21	14	9.835	11	1.6	ME VE MA GI	Aldebaran
	9	12	2149	17	53	9.463	7	5.7	MA ME VE UR	Antares
	18	12	2196	16	31	7.973	10	1.4	MA ME VE GI	Antares
	25	8	2254	19	52	8.648	2	8.0	MA ME VE NE	Regulus
	25	8	2254	13	45	8.344	2	8.0	VE ME MA NE	Regulus
	19	6	2267	5	22	8.877	3	1.7	VE ME MA SA	Elnath
	14	7	2297	13	57	9.225	20	1.7	VE ME MA SA	Elnath
	27	9	2309	12	36	9.244	22	5.6	MA ME VE UR	Spica
	22	8	2382	2	54	5.580	5	5.6	VE ME MA UR	Regulus
	27	7	2419	22	7	9.600	21	8.0	ME VE SA NE	Regulus
	18	11	2457	11	26	8.202	13	1.1	VE ME GI SA	Antares
	2	6	2474	0	56	8.643	14	1.7	ME VE MA SA	Elnath
	9	8	2478	17	46	7.379	11	1.7	ME VE MA SA	Regulus
	15	12	2487	23	45	8.577	2	5.7	ME VE SA UR	Antares
	9	7	2532	9	35	9.166	23	5.8	VE MA SA UR	Aldebaran
	22	8	2537	5	40	9.535	3	3.2	VE ME GI SA	Regulus
	14	9	2563	4	22	8.346	44	5.5	MA VE GI UR	Spica
	2	9	2596	21	7	8.341	5	1.4	GI ME VE SA	Regulus
	2	9	2596	19	24	8.299	5	1.4	VE ME GI SA	Regulus
	23	11	2635	10	23	6.890	14	8.0	ME VE GI NE	Antares
	18	9	2655	8	36	6.320	17	1.4	ME VE GI SA	Regulus
	27	6	2700	13	33	9.272	16	5.8	ME VE GI UR	Aldebaran
	7	12	2728	18	30	7.124	37	5.5	MA VE GI UR	Spica
	15	11	2730	23	29	6.033	13	5.6	MA ME VE UR	Spica
	13	10	2764	1	29	5.513	10	1.6	ME VE MA GI	Spica
	26	9	2777	12	4	7.821	25	8.0	VE ME SA NE	Spica
	13	11	2777	23	13	4.398	16	8.0	MA ME SA NE	Spica
	27	5	2886	21	29	7.883	23	7.9	MA VE SA NE	Elnath
	9	8	2905	14	7	6.216	26	1.7	ME VE MA GI	Regulus
	5	10	2954	8	37	8.949	17	1.6	ME MA GI SA	Spica
	30	10	2954	15	6	9.769	2	2.2	ME MA GI SA	Spica
	3	11	2954	13	3	7.248	2	4.5	VE ME GI SA	Spica
	21	11	2991	13	15	5.556	22	5.7	ME VE GI UR	Antares
	14	11	3013	19	43	5.642	11	1.1	GI ME VE SA	Spica
	30	5	3033	16	30	9.069	18	1.0	VE ME GI SA	Aldebaran
	3	6	3033	21	13	9.119	17	1.7	ME VE GI SA	Elnath
	17	6	3046	6	48	9.810	38	5.6	VE MA GI UR	Castor

GG	MM	AAAA	HH	MM	DIST°	ELONG°	MAG	PIANETI				STELLA
17	6	3046	6	48	9.810	38	5.6	GI	VE	MA	UR	Castor
18	6	3046	12	1	6.559	37	5.6	VE	MA	GI	UR	Pollux
30	6	3065	21	25	7.632	24	8.0	VE	ME	SA	NE	Pollux
24	11	3072	19	30	9.874	18	1.1	ME	VE	GI	SA	Spica
24	11	3072	16	13	9.885	18	1.1	VE	ME	GI	SA	Spica
5	12	3074	6	37	7.842	7	5.7	VE	ME	GI	UR	Antares
25	5	3121	22	1	6.580	19	5.8	SA	VE	MA	UR	Aldebaran
4	10	3191	21	45	8.515	21	1.6	VE	ME	MA	GI	Spica
23	6	3215	14	52	8.500	0	7.9	MA	ME	VE	NE	Elnath
20	10	3274	20	11	8.853	10	8.0	VE	ME	GI	NE	Spica
14	8	3391	23	47	6.277	24	5.5	ME	VE	GI	UR	Regulus
5	1	3412	2	48	8.769	9	5.7	VE	ME	MA	UR	Antares
9	12	3430	4	28	9.724	16	1.3	MA	ME	GI	SA	Antares
29	7	3448	1	1	8.535	20	1.7	ME	VE	MA	GI	Elnath
10	1	3459	8	2	7.004	17	8.0	MA	ME	SA	NE	Antares
4	1	3460	17	32	9.095	5	8.0	VE	ME	SA	NE	Antares
21	12	3484	18	39	5.826	42	5.5	VE	MA	SA	UR	Spica
22	10	3485	3	18	8.533	14	5.6	ME	VE	SA	UR	Spica
3	9	3533	0	14	8.293	2	1.7	ME	VE	MA	GI	Regulus
13	6	3538	6	55	9.840	0	7.9	ME	VE	UR	NE	Aldebaran
11	6	3543	0	34	9.520	17	7.9	VE	GI	UR	NE	Elnath
4	7	3543	9	44	8.925	1	7.9	UR	ME	GI	NE	Elnath
27	7	3544	14	20	8.612	16	7.9	MA	VE	UR	NE	Elnath
14	8	3569	17	30	8.088	27	1.6	MA	ME	GI	SA	Regulus
21	10	3571	7	30	7.681	21	5.6	MA	ME	GI	UR	Spica
13	6	3626	11	17	9.420	8	5.8	VE	ME	GI	UR	Aldebaran
23	12	3665	21	30	9.114	2	5.7	ME	MA	SA	UR	Antares
11	5	3708	15	51	8.779	40	7.9	MA	VE	UR	NE	Aldebaran
18	6	3709	13	9	9.775	9	7.9	ME	GI	UR	NE	Aldebaran
1	7	3709	17	34	9.783	2	7.9	VE	GI	UR	NE	Elnath
16	8	3710	1	37	9.129	37	7.9	VE	SA	UR	NE	Elnath
4	6	3711	12	8	7.018	29	7.9	VE	SA	UR	NE	Elnath
17	6	3711	19	14	6.597	16	7.9	NE	ME	SA	UR	Elnath
31	7	3711	14	25	7.683	19	7.9	ME	SA	UR	NE	Elnath
20	3	3712	1	26	7.778	107	7.9	MA	SA	UR	NE	Elnath
24	7	3712	3	38	7.908	11	7.9	VE	ME	UR	NE	Elnath
11	7	3722	15	44	9.164	21	8.0	ME	VE	GI	NE	Pollux
26	8	3725	0	17	5.677	15	5.6	MA	ME	VE	UR	Regulus
14	6	3770	22	29	8.748	21	1.7	VE	ME	MA	SA	Elnath
14	6	3770	21	10	8.779	20	1.7	MA	ME	VE	SA	Elnath
12	7	3802	0	52	7.042	24	5.6	MA	SA	UR	NE	Pollux
19	10	3808	0	45	6.922	18	1.1	ME	VE	GI	SA	Spica
20	10	3808	14	19	7.778	20	1.5	MA	ME	VE	GI	Spica
15	1	3834	17	59	9.952	10	5.7	VE	ME	GI	UR	Antares
1	8	3864	10	0	8.823	2	1.6	MA	ME	VE	GI	Pollux
28	7	3875	2	47	9.888	16	7.9	NE	ME	VE	MA	Elnath
28	7	3875	5	52	9.852	16	1.7	GI	ME	VE	MA	Elnath
27	7	3875	16	12	6.609	16	7.9	NE	VE	MA	GI	Elnath
27	7	3875	22	45	9.934	16	7.9	NE	ME	VE	GI	Elnath
1	8	3875	23	40	8.711	20	7.9	NE	ME	MA	GI	Elnath
28	10	3892	7	9	5.930	39	5.6	MA	VE	SA	UR	Regulus
18	11	3962	9	2	7.992	4	1.6	VE	ME	MA	GI	Spica
22	7	4035	0	54	9.103	2	1.7	VE	ME	MA	SA	Elnath

GG	MM	AAAA	HH	MM	DIST°	ELONG°	MAG	PIANETI	STELLA
24	7	4054	14	12	7.214	15	8.0	NE MA GI UR	Pollux
10	8	4054	16	21	7.169	2	8.0	GI ME UR NE	Pollux
27	8	4054	10	45	7.789	10	8.0	VE GI UR NE	Pollux
5	10	4069	13	18	7.675	10	8.0	ME MA SA NE	Regulus
19	11	4073	22	43	6.786	1	5.6	MA VE SA UR	Spica
24	11	4073	9	3	6.112	7	5.6	VE ME SA UR	Spica
24	11	4073	22	6	9.781	3	5.6	VE ME MA UR	Spica
24	11	4073	17	15	9.980	3	1.6	VE ME MA SA	Spica
25	11	4073	2	40	9.594	3	5.6	ME MA SA UR	Spica
29	11	4092	12	50	8.810	17	8.0	ME VE GI NE	Spica
20	1	4136	20	53	9.897	21	1.5	ME VE MA SA	Antares
2	9	4137	23	0	9.073	15	5.7	ME VE GI UR	Pollux
22	9	4150	1	39	8.218	1	1.7	VE ME MA GI	Regulus
13	2	4166	23	25	8.635	44	5.6	VE MA SA UR	Antares
18	2	4166	0	28	8.354	43	1.3	VE MA GI SA	Antares
25	1	4168	2	43	8.561	20	5.7	UR ME VE MA	Antares
26	6	4195	6	50	9.709	1	7.9	ME VE GI NE	Aldebaran
30	6	4211	0	37	8.364	1	5.8	VE ME SA UR	Aldebaran
30	9	4233	0	31	6.201	6	8.0	ME VE GI NE	Regulus
12	7	4270	13	10	7.679	4	2.0	VE ME MA SA	Aldebaran
30	11	4284	0	56	7.646	31	8.0	MA GI SA NE	Antares
25	12	4284	10	31	8.716	11	8.0	ME GI SA NE	Antares
5	1	4285	16	31	9.742	1	8.0	VE GI SA NE	Antares
22	8	4300	2	50	7.957	30	5.7	MA VE SA UR	Elnath
18	6	4368	21	59	9.143	19	7.9	VE ME MA NE	Elnath
5	9	4398	7	4	7.181	14	8.0	ME VE UR NE	Regulus
3	10	4399	4	56	6.469	3	8.0	ME GI UR NE	Regulus
25	10	4399	14	39	7.045	23	8.0	VE GI UR NE	Regulus
5	11	4425	9	23	6.881	14	8.0	ME VE GI NE	Spica
14	9	4481	19	10	8.757	2	5.6	MA VE SA UR	Regulus
30	8	4482	11	46	9.610	17	5.6	ME GI SA UR	Regulus
20	10	4482	20	33	9.408	15	5.6	ME GI SA UR	Regulus
5	11	4482	3	25	9.625	30	5.6	VE GI SA UR	Regulus
24	8	4483	22	42	8.800	27	5.6	VE ME MA UR	Regulus
27	9	4564	5	48	8.745	2	8.0	ME VE UR NE	Regulus
19	9	4565	12	35	5.705	2	8.0	ME GI UR NE	Regulus
11	11	4565	13	16	8.081	38	8.0	VE GI UR NE	Regulus
29	11	4591	23	10	9.995	2	8.0	VE ME GI NE	Spica
30	6	4637	8	24	7.900	21	5.7	MA ME VE UR	Elnath
9	10	4662	12	2	9.715	38	5.6	MA VE GI UR	Spica
4	11	4662	14	9	9.161	11	5.6	ME GI SA UR	Spica
22	8	4693	21	31	6.491	40	7.9	MA VE GI NE	Aldebaran
15	7	4697	22	16	9.223	1	7.9	VE ME MA NE	Elnath
17	10	4746	21	25	6.420	18	1.6	ME VE MA SA	Regulus
4	12	4750	16	57	9.368	12	8.0	MA ME SA NE	Spica
5	1	4755	23	3	9.417	2	5.7	MA VE SA UR	Antares
5	7	4800	1	41	6.279	2	5.8	ME GI SA UR	Aldebaran
26	10	4828	10	23	9.226	20	5.6	ME VE GI UR	Spica
9	12	4829	11	31	9.765	12	5.6	MA ME VE UR	Spica
22	11	4831	13	45	9.433	3	5.6	VE ME MA UR	Spica
30	5	4859	3	45	7.320	38	7.9	MA VE SA NE	Aldebaran
6	7	4889	8	29	9.193	12	5.7	MA VE SA UR	Elnath
15	9	4891	20	39	9.943	8	8.0	MA ME VE NE	Regulus

GG	MM	AAAA	HH	MM	DIST°	ELONG°	MAG	PIANETI				STELLA
10	9	4979	4	54	9.689	11	5.6	ME	GI	SA	UR	Pollux
6	10	4979	3	3	8.426	34	5.6	MA	GI	SA	UR	Pollux
10	2	5020	5	33	7.222	27	1.5	GI	VE	MA	SA	Antares
8	8	5026	10	44	9.255	18	7.9	ME	VE	MA	NE	Aldebaran
14	8	5026	23	30	8.886	19	7.9	VE	ME	MA	NE	Elnath
15	8	5026	0	45	8.855	19	7.9	MA	ME	VE	NE	Elnath
23	10	5062	11	5	9.996	11	8.0	ME	VE	MA	NE	Regulus
16	11	5082	17	12	5.142	9	8.0	ME	VE	UR	NE	Spica
26	6	5124	12	34	9.228	10	1.3	SA	ME	VE	MA	Aldebaran
1	7	5156	18	33	7.617	11	1.4	GI	ME	VE	MA	Aldebaran
27	7	5186	8	2	8.985	6	7.9	ME	VE	MA	NE	Aldebaran
1	1	5246	0	8	8.133	16	1.3	MA	ME	VE	GI	Antares
18	10	5252	8	35	7.959	42	8.0	VE	SA	UR	NE	Spica
27	12	5260	6	20	7.882	14	5.7	ME	VE	MA	UR	Antares
27	12	5260	5	20	7.838	14	5.7	MA	ME	VE	UR	Antares
19	12	5292	16	7	8.900	19	1.4	ME	VE	MA	GI	Antares
23	7	5361	23	18	9.275	5	7.9	MA	ME	SA	NE	Elnath
10	11	5386	8	6	9.714	22	1.5	MA	ME	VE	GI	Spica
3	8	5389	17	6	9.195	14	5.8	VE	MA	SA	UR	Aldebaran
4	8	5389	21	9	7.366	13	5.8	VE	ME	SA	UR	Aldebaran
4	8	5389	18	33	9.717	13	5.8	VE	ME	MA	UR	Aldebaran
4	8	5389	13	52	9.621	13	1.2	VE	ME	MA	SA	Aldebaran
6	8	5389	15	24	6.489	18	5.8	ME	MA	SA	UR	Aldebaran
24	8	5442	14	4	9.310	8	1.6	VE	ME	MA	GI	Pollux
1	2	5511	18	52	8.665	12	5.7	MA	ME	VE	UR	Antares
21	7	5540	6	58	9.895	43	7.9	MA	VE	SA	NE	Pollux
18	11	5576	21	19	8.233	11	8.0	ME	VE	SA	NE	Spica
5	12	5587	2	37	6.315	1	1.7	ME	VE	MA	GI	Spica
5	12	5587	19	4	9.725	1	5.6	ME	MA	GI	UR	Spica
6	12	5587	18	46	7.409	2	5.6	ME	VE	GI	UR	Spica
7	12	5587	1	55	8.974	3	5.6	ME	VE	MA	UR	Spica
10	12	5587	23	42	6.689	1	5.6	VE	MA	GI	UR	Spica
18	9	5643	17	35	9.814	17	1.4	ME	VE	MA	GI	Pollux
5	11	5670	10	43	9.079	22	5.6	MA	ME	GI	UR	Spica
5	11	5670	5	49	9.128	22	5.6	ME	MA	GI	UR	Spica
22	12	5670	3	15	5.754	11	5.6	VE	ME	GI	UR	Spica
12	7	5690	14	21	9.708	16	7.9	VE	ME	GI	NE	Elnath
28	8	5690	21	40	9.408	18	7.9	MA	ME	GI	NE	Elnath
9	1	5765	0	38	9.034	6	8.0	NE	ME	MA	UR	Antares
4	1	5767	5	28	8.688	19	8.0	ME	MA	UR	NE	Antares
20	7	5773	20	10	9.487	10	1.7	MA	VE	GI	SA	Elnath
24	7	5773	19	20	6.541	7	1.7	VE	ME	GI	SA	Elnath
25	7	5773	18	24	9.850	10	1.7	VE	ME	MA	SA	Elnath
18	8	5805	10	55	7.230	14	1.6	VE	ME	MA	SA	Pollux
27	7	5848	20	18	9.695	0	7.9	VE	ME	MA	NE	Aldebaran
14	8	5869	22	18	9.640	21	8.0	GI	VE	MA	NE	Pollux
28	1	5874	14	22	7.912	6	1.5	ME	VE	MA	GI	Antares
7	11	5929	3	22	6.134	18	1.6	ME	VE	MA	GI	Regulus
7	11	5929	2	3	6.102	18	1.6	GI	ME	VE	MA	Regulus
11	12	5933	17	43	6.665	42	5.7	VE	GI	SA	UR	Antares
15	8	5974	2	20	8.608	15	1.3	MA	ME	VE	GI	Aldebaran
20	6	5978	15	45	8.990	28	5.8	VE	MA	SA	UR	Aldebaran
16	6	6010	11	17	8.903	32	7.9	VE	MA	GI	NE	Aldebaran

GG	MM	AAAA	HH	MM	DIST°	ELONG°	MAG	PIANETI				STELLA
17	9	6048	0	6	4.268	25	8.0	ME	VE	GI	NE	Regulus
18	12	6099	17	16	8.220	33	5.7	MA	VE	GI	UR	Antares
1	10	6131	6	11	7.167	13	1.4	VE	ME	GI	SA	Regulus
26	11	6174	10	58	5.633	15	5.6	MA	ME	VE	UR	Spica
8	7	6176	1	13	7.510	15	7.9	VE	ME	GI	NE	Aldebaran
4	10	6190	5	29	8.111	6	1.4	ME	VE	GI	SA	Regulus
30	10	6240	19	22	6.544	46	8.0	MA	VE	GI	NE	Spica
13	1	6258	14	53	6.744	13	8.0	VE	ME	SA	NE	Antares
29	1	6269	16	47	9.916	0	5.7	VE	ME	MA	UR	Antares
8	8	6337	20	46	8.921	11	7.9	ME	VE	MA	NE	Aldebaran
26	1	6342	13	15	5.162	40	5.5	MA	VE	SA	UR	Spica
20	11	6406	11	34	9.221	26	8.0	VE	ME	GI	NE	Spica
23	1	6444	15	30	8.590	8	1.4	ME	VE	MA	GI	Antares
22	10	6484	5	41	9.190	1	1.7	MA	ME	VE	SA	Regulus
11	8	6508	21	58	8.803	4	7.9	ME	GI	SA	NE	Aldebaran
22	8	6508	16	52	7.887	14	7.9	VE	GI	SA	NE	Aldebaran
15	9	6508	1	45	9.164	35	7.9	SA	MA	GI	NE	Aldebaran
1	8	6510	8	17	9.272	11	7.9	VE	ME	SA	NE	Elnath
8	12	6548	4	4	4.507	10	1.1	GI	ME	VE	SA	Spica
17	12	6567	4	5	8.051	2	8.0	MA	ME	VE	NE	Spica
10	8	6568	12	55	8.394	1	5.7	ME	GI	SA	UR	Elnath
20	9	6582	14	6	6.923	28	5.6	GI	VE	MA	UR	Regulus
13	12	6607	23	12	9.650	1	1.1	ME	VE	GI	SA	Spica
6	8	6659	19	8	8.512	34	5.6	VE	MA	SA	UR	Pollux
27	9	6687	18	13	9.635	5	8.0	MA	VE	GI	NE	Pollux
22	8	6688	9	49	9.895	19	8.0	ME	VE	SA	NE	Pollux
2	9	6689	2	19	9.685	13	8.0	MA	VE	SA	NE	Pollux
9	8	6732	21	59	6.624	5	5.8	VE	ME	MA	UR	Aldebaran
24	11	6749	3	42	6.032	29	5.6	MA	VE	SA	UR	Regulus
15	1	6752	20	27	8.063	16	8.0	ME	VE	GI	NE	Antares
28	7	6832	17	4	7.873	1	7.9	VE	ME	SA	NE	Aldebaran
6	10	6868	4	47	9.350	14	8.0	VE	ME	SA	NE	Regulus
15	2	6906	22	37	9.471	5	1.1	VE	ME	GI	SA	Antares
18	1	6918	5	39	9.165	14	8.0	ME	MA	GI	NE	Antares
9	8	6924	21	15	9.398	9	1.7	MA	ME	VE	GI	Elnath
7	12	6930	21	1	9.799	8	5.6	ME	MA	SA	UR	Spica
15	12	6930	3	50	8.997	2	5.6	MA	VE	SA	UR	Spica
31	8	6996	3	21	7.949	20	5.6	ME	VE	GI	UR	Pollux
2	10	7018	5	20	7.277	7	8.0	MA	ME	VE	NE	Pollux
16	3	7023	16	25	8.163	37	5.6	VE	MA	SA	UR	Antares
15	2	7025	5	23	7.491	1	5.7	ME	VE	GI	UR	Antares
14	10	7039	6	43	6.416	16	8.0	MA	ME	VE	NE	Regulus
25	11	7058	5	27	7.882	23	8.0	ME	MA	GI	NE	Spica
17	9	7079	18	1	9.417	6	5.7	VE	ME	GI	UR	Pollux
17	1	7108	10	34	7.559	20	5.7	GI	ME	MA	UR	Antares
17	1	7108	11	55	7.556	20	5.7	ME	MA	GI	UR	Antares
19	1	7108	23	50	8.383	17	5.7	ME	MA	GI	UR	Antares
2	3	7108	8	42	9.700	13	5.7	VE	ME	GI	UR	Antares
12	8	7127	4	33	9.238	1	1.2	VE	ME	MA	SA	Aldebaran
12	9	7157	1	40	6.471	18	1.7	ME	VE	MA	SA	Elnath
13	9	7157	9	57	7.466	14	5.7	ME	VE	SA	UR	Elnath
13	9	7157	2	56	8.663	14	5.7	ME	MA	SA	UR	Elnath
13	9	7157	23	33	8.093	15	5.7	ME	VE	MA	UR	Elnath

GG	MM	AAAA	HH	MM	DIST°	ELONG°	MAG	PIANETI				STELLA
16	9	7157	8	27	7.591	17	5.7	VE	MA	SA	UR	Elnath
15	1	7196	6	8	8.136	18	1.7	ME	VE	MA	SA	Spica
28	12	7224	8	13	6.837	1	8.0	GI	ME	VE	NE	Spica
10	2	7226	18	11	6.264	39	8.0	NE	VE	MA	SA	Spica
10	2	7249	12	39	7.214	1	8.0	MA	ME	VE	NE	Antares
23	9	7340	3	12	9.571	37	5.5	VE	MA	SA	UR	Regulus
28	8	7362	21	3	7.370	15	1.2	ME	MA	GI	SA	Aldebaran
27	12	7402	16	10	6.857	1	1.7	GI	ME	MA	SA	Spica
21	8	7410	0	19	9.538	6	5.7	VE	ME	GI	UR	Elnath
11	11	7424	3	54	6.265	1	5.6	ME	VE	GI	UR	Regulus
3	12	7485	2	24	8.209	24	1.6	MA	ME	VE	GI	Spica
23	11	7507	9	40	7.398	8	5.6	VE	ME	GI	UR	Regulus
24	11	7507	16	30	9.450	13	5.6	VE	ME	MA	UR	Regulus
24	11	7507	12	56	9.363	13	5.6	MA	ME	VE	UR	Regulus
5	9	7552	23	31	9.879	12	1.2	VE	ME	MA	GI	Aldebaran
11	9	7552	10	23	7.589	10	1.7	VE	ME	MA	GI	Elnath
14	2	7557	22	22	7.765	37	8.0	MA	VE	GI	NE	Spica
27	10	7590	23	55	5.084	7	5.6	MA	ME	GI	UR	Regulus
4	2	7612	14	15	7.106	9	5.7	VE	ME	MA	UR	Antares
1	3	7642	5	53	7.953	7	1.5	MA	ME	VE	SA	Antares
8	9	7657	2	28	5.879	19	7.9	ME	SA	UR	NE	Aldebaran
3	10	7657	15	9	7.945	41	7.9	VE	SA	UR	NE	Aldebaran
11	12	7720	0	27	6.332	20	8.0	VE	ME	MA	NE	Spica
24	1	7740	9	1	8.548	19	8.0	ME	VE	MA	NE	Antares
4	9	7744	1	55	8.510	2	5.8	VE	ME	MA	UR	Elnath
4	1	7771	20	6	9.597	1	5.6	ME	VE	GI	UR	Spica
19	8	7824	19	22	7.412	1	7.9	VE	ME	UR	NE	Aldebaran
18	7	7825	14	36	6.263	30	7.9	MA	GI	UR	NE	Aldebaran
13	8	7825	4	13	6.800	7	7.9	ME	GI	UR	NE	Aldebaran
30	10	7827	2	15	9.617	5	1.7	MA	ME	VE	GI	Regulus
4	4	7907	12	30	6.849	39	8.0	SA	VE	MA	NE	Antares
15	10	7928	12	10	8.566	22	5.6	ME	VE	SA	UR	Regulus
29	8	7995	17	40	7.464	1	7.9	ME	VE	UR	NE	Elnath
27	8	8011	8	11	7.939	1	4.2	VE	ME	MA	SA	Aldebaran
13	8	8075	3	6	9.822	2	5.8	ME	VE	MA	UR	Aldebaran
29	2	8116	14	25	7.709	1	5.7	MA	ME	GI	UR	Antares
13	10	8169	12	5	9.018	9	5.7	ME	VE	MA	UR	Pollux
5	10	8170	4	18	8.977	1	8.0	ME	GI	UR	NE	Pollux
27	9	8171	7	59	7.953	6	8.0	ME	MA	UR	NE	Pollux
13	1	8257	14	17	6.043	1	1.1	VE	ME	GI	SA	Spica
14	9	8338	1	15	7.673	21	8.0	ME	SA	UR	NE	Pollux
1	11	8338	21	5	7.759	17	8.0	ME	SA	UR	NE	Pollux
24	11	8338	8	24	9.473	35	7.9	VE	SA	UR	NE	Pollux
4	2	8379	16	33	7.108	18	8.0	ME	VE	MA	NE	Spica
24	2	8400	18	19	6.916	2	8.0	ME	VE	MA	NE	Antares
18	8	8406	9	49	7.789	4	2.7	VE	ME	MA	GI	Aldebaran
29	11	8487	4	16	8.882	10	1.6	ME	VE	MA	SA	Regulus
17	9	8500	5	24	9.414	4	5.8	UR	ME	VE	MA	Elnath
31	8	8502	0	57	9.480	11	5.7	VE	ME	MA	UR	Elnath
27	11	8515	11	49	9.006	6	8.0	GI	ME	UR	NE	Regulus
27	1	8611	2	53	5.961	6	5.6	VE	ME	SA	UR	Spica
18	3	8614	11	16	8.055	13	1.1	VE	ME	GI	SA	Antares
25	9	8633	18	10	9.418	18	1.2	ME	VE	GI	SA	Pollux

```
GG MM AAAA    HH MM  DIST°ELONG°  MAG     PIANETI      STELLA

13 11 8681    16 52   8.880    1   8.0   ME GI UR NE   Regulus
 2 10 8683    12 57   7.609   44   8.0   MA VE UR NE   Regulus
23  9 8688     9  2   7.661   17   1.2   MA ME VE SA   Aldebaran
23  9 8688    10  7   7.659   17   1.2   VE ME MA SA   Aldebaran
 9  2 8695    22  6   8.895   15   5.6   MA ME VE UR   Spica
31 12 8695     7 50   9.104   10   5.6   GI ME VE UR   Spica
22  2 8733    20 48   9.275    9   8.0   MA GI SA NE   Antares
31 12 8752     8  0   5.846   37   1.4   GI VE MA SA   Regulus
10  8 8833     9 20   7.992   16   5.8   VE ME GI UR   Aldebaran
11  8 8833    20 33   9.326   14   5.8   VE MA GI UR   Aldebaran
11  8 8833    23  4   9.267   14   5.8   VE ME MA UR   Aldebaran
13  8 8833     5 21   8.581   14   5.8   MA ME GI UR   Aldebaran
25  8 8833     1 10   9.956    5   5.8   GI ME MA UR   Aldebaran
29 11 8850    20 46   7.754    2   8.0   VE ME UR NE   Regulus
 2 12 8850    20  2   8.813    4   5.6   VE ME MA UR   Regulus
 3 12 8850    19 36   9.445    4   8.0   VE ME UR NE   Regulus
 4 12 8850    23  5   7.340    3   8.0   VE ME MA NE   Regulus
 5 12 8850     3  2   7.629    6   8.0   MA ME UR NE   Regulus
19 11 8852    12 14   7.653    8   8.0   MA ME UR NE   Regulus
21  1 8862     4 33   9.518    1   5.6   ME VE GI UR   Spica
15  8 8865    16 52   9.420   15   1.3   SA ME VE MA   Aldebaran
16  9 8895    18  7   6.121    2   1.7   ME VE MA SA   Elnath
15  2 8923    18 23   5.647   21   1.4   GI ME VE MA   Antares
14 10 8925    20 36   9.995   19   1.7   ME VE MA SA   Elnath
 9 10 8927    12 27   9.668    6   5.7   ME VE SA UR   Castor
 9 10 8927    22 40   6.083    6   5.7   SA ME VE UR   Pollux
22  1 8934     3 46   9.219    1   1.7   MA ME VE SA   Spica
18 11 9010     4 46   8.034    2   8.0   MA ME VE NE   Regulus
 6 12 9013     1 59   5.192    8   8.0   NE ME VE GI   Regulus
27  3 9060     9 17   9.232   15   8.0   VE ME MA NE   Antares
22 12 9063     6 38   9.648   27   1.6   VE ME MA GI   Spica
30  9 9119    19 28   9.886   16   1.5   GI ME VE MA   Castor
 1 10 9119    14 21   6.755   16   1.5   ME VE MA GI   Pollux
19  3 9124    16 24   9.205   12   5.7   VE MA GI UR   Antares
30 12 9179     2 16   5.573   25   8.0   VE MA GI NE   Regulus
 4 10 9189    19 34   9.580   13   1.7   VE ME GI SA   Elnath
18  2 9199    17 53   9.688   26   8.0   MA SA UR NE   Spica
19  2 9199    14  6   9.664   29   8.0   MA VE SA NE   Spica
21  2 9199     8  3   9.613   28   8.0   MA VE UR NE   Spica
20  2 9199    22 56   9.624   28   8.0   VE SA UR NE   Spica
22  2 9199     3 15   8.579   29   5.6   MA VE SA UR   Spica
 3  1 9200    19  9   9.292   12   8.0   UR ME SA NE   Spica
10  1 9206    12 10   5.740   14   8.0   ME VE GI NE   Spica
 9  3 9229    10  2   6.827   43   1.6   SA VE MA GI   Spica
 4 10 9248     1 18   7.885   19   1.0   ME VE GI SA   Aldebaran
20  8 9307    22 52   7.394   15   7.9   SA ME MA NE   Aldebaran
21  8 9307    13 44   7.173   14   7.9   NE ME MA SA   Aldebaran
13  2 9350     7 54   9.699   23   1.4   MA ME VE GI   Antares
27 12 9365     6 45   9.883   20   8.0   ME VE UR NE   Spica
 7 10 9367    13 56   9.875    6   1.7   ME MA GI SA   Elnath
21  1 9369    10  2   6.737    4   8.0   VE ME UR NE   Spica
 5  2 9372    16 39   8.705    2   8.0   VE ME GI NE   Spica
 6  3 9380    17 12   9.933    3   1.4   MA ME VE SA   Antares
```

GG	MM	AAAA	HH	MM	DIST°	ELONG°	MAG	PIANETI	STELLA
20	11	9405	22	13	4.525	12	1.7	MA ME VE GI	Regulus
30	9	9514	8	51	9.113	19	5.7	VE ME MA UR	Pollux
8	9	9516	23	34	9.948	40	5.6	VE MA SA UR	Castor
10	9	9516	7	44	8.186	39	5.6	VE MA SA UR	Pollux
7	1	9536	17	28	6.437	21	8.0	ME MA UR NE	Spica
12	1	9537	9	54	8.374	21	8.0	ME VE UR NE	Spica
27	9	9546	4	11	8.090	24	1.5	VE MA GI SA	Pollux
10	10	9546	16	57	8.207	14	1.5	ME MA GI SA	Pollux
10	2	9587	9	2	9.577	27	1.4	SA VE MA GI	Antares
14	2	9587	22	4	8.710	24	1.3	VE ME MA GI	Antares
16	2	9587	4	42	8.422	24	1.3	VE ME MA SA	Antares
17	2	9587	18	33	8.885	22	1.1	VE ME GI SA	Antares
15	12	9606	5	12	8.469	13	5.6	ME MA GI UR	Regulus
16	12	9606	1	25	8.072	12	5.6	ME VE GI UR	Regulus
16	12	9606	10	4	7.680	12	5.6	ME VE MA UR	Regulus
16	12	9606	1	42	8.057	12	1.5	ME VE MA GI	Regulus
20	12	9606	14	39	5.789	17	5.6	VE MA GI UR	Regulus
9	4	9645	21	11	9.088	18	1.5	MA ME VE SA	Antares
2	10	9653	20	35	8.630	19	8.0	ME VE GI NE	Pollux
22	12	9670	8	51	9.713	10	8.0	VE ME MA NE	Regulus
16	1	9692	13	3	8.619	6	1.7	VE ME MA GI	Spica
23	12	9789	8	50	9.395	37	5.6	VE MA SA UR	Spica
22	10	9806	13	53	7.897	18	7.9	VE ME GI NE	Elnath
28	2	9822	4	51	9.493	14	1.5	ME VE MA SA	Antares
30	9	9841	6	2	8.897	9	5.8	MA ME GI UR	Aldebaran
4	9	9845	17	57	6.507	21	5.7	MA ME VE UR	Elnath
10	4	9880	11	14	9.638	24	8.0	MA ME UR NE	Antares
15	4	9880	3	30	9.877	30	8.0	MA SA UR NE	Antares
29	1	9881	18	10	9.945	42	8.0	VE SA UR NE	Antares
3	3	9881	2	31	9.119	11	8.0	ME SA UR NE	Antares
4	4	9882	1	57	8.508	13	8.0	MA ME UR NE	Antares
16	2	9884	0	32	8.248	33	8.0	VE GI UR NE	Antares
27	10	9924	17	3	9.788	38	5.8	GI VE SA UR	Aldebaran
16	2	9965	5	11	9.585	10	1.1	VE ME GI SA	Spica
2	3	9967	22	25	9.309	19	5.7	VE ME GI UR	Antares
30	8	9984	19	53	9.394	15	1.0	VE ME GI SA	Aldebaran
10	10	9988	12	35	9.718	24	8.0	ME MA SA NE	Pollux

(1)(2) Raggruppamento multiplo tra Mercurio, Venere, Marte, Urano ed Aldebaran

(1)(2) Multiple grouping between Mercury, Venus, Mars, Uranus and Aldebaran

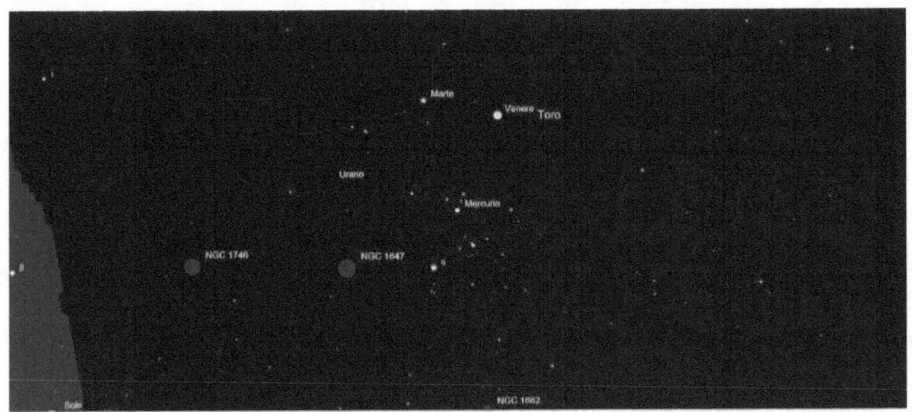

(1) Mercurio, Venere, Marte, Urano ed Aldebaran
(1) Mercury, Venus, Mars, Uranus and Aldabaran
    (C) Skychart

CONGIUNZIONI
PIANETI MESSIER M44-M45
CONJUNCTIONS
PLANETS M44-M45
2000-2100

GG MM AAAA : data nel formato giorno/mese/anno
HH MM : ore e minuti
DIST° : distanza minima in gradi tra i corpi
ELONG° : elongazione dal Sole dei corpi
MAG : magnitudine del pianeta
PIANETI : corpi coinvolti : MErcurio, VEnere, MArte, GIove,
                            SAturno, URano, NEttuno

Sono elencate tutte le congiunzioni in cui i corpi distano meno di 5°

GG MM AAAA : date in the format dd/mm/yyyy
HH MM : hours and minutes
DIST° : minima distance in ° between the bodies
ELONG° : elongation from the Sun of the bodies
MAG : magnitude of the planet
PIANETI : planets : MErcury, VEnus, MArs, GI (Jupiter),
                    SAturn, URanus, NEptune

All the conjunctions are listed if the bodies have distance less then 5°

GG	MM	AAAA	HH	MM	DIST°	ELONG°	MAG	PIANETA	OGG
3	5	2000	16	58	3.674	16	1.4	MA	M45
14	5	2000	8	33	3.187	6	-1.8	ME	M45
25	5	2000	12	42	4.646	5	-3.9	VE	M45
29	6	2000	17	53	4.927	38	-2.0	GI	M45
19	7	2000	4	41	0.255	10	-3.9	VE	M44
11	8	2000	2	30	0.482	12	-1.3	ME	M44
12	8	2000	5	16	0.476	13	1.6	MA	M44
29	1	2001	16	48	4.955	111	-2.4	GI	M45
6	5	2001	5	39	2.390	14	-1.0	ME	M45
2	8	2001	21	8	0.000	4	-1.8	ME	M44
2	9	2001	6	48	1.513	33	-3.8	VE	M44
13	4	2002	15	50	3.390	36	1.4	MA	M45
25	4	2002	18	46	3.556	25	-3.9	VE	M45
30	4	2002	6	49	1.538	20	-0.1	ME	M45
21	6	2002	0	49	0.403	38	-3.9	VE	M44
24	7	2002	21	52	0.430	6	1.7	MA	M44
25	7	2002	9	51	0.210	5	-1.6	ME	M44
4	9	2002	16	7	1.168	35	-1.8	GI	M44
3	4	2003	20	6	1.069	114	-2.2	GI	M44
17	7	2003	5	2	0.227	13	-0.9	ME	M44
4	8	2003	1	47	0.568	4	-3.9	VE	M44
21	3	2004	6	23	3.001	59	1.2	MA	M45
3	4	2004	14	26	0.569	46	-4.4	VE	M45
5	7	2004	9	23	0.356	24	1.7	MA	M44
8	7	2004	19	35	0.008	20	-0.2	ME	M44
13	9	2004	18	51	2.666	44	-4.1	VE	M44
10	5	2005	6	2	4.139	10	-3.9	VE	M45
28	5	2005	14	26	4.428	7	-1.6	ME	M45
3	7	2005	12	40	0.846	25	0.3	ME	M44
4	7	2005	5	41	0.062	25	-3.8	VE	M44
19	8	2005	17	12	4.062	17	0.3	ME	M44
14	9	2005	7	1	1.195	44	0.4	SA	M44
4	2	2006	3	35	0.870	172	0.0	SA	M44
17	2	2006	21	21	2.287	91	0.5	MA	M45
19	5	2006	23	40	3.631	1	-1.9	ME	M45
3	6	2006	10	58	0.808	55	0.4	SA	M44
15	6	2006	19	44	0.233	43	1.6	MA	M44
16	8	2006	0	22	1.007	16	-0.8	ME	M44
18	8	2006	19	58	0.941	18	-3.9	VE	M44
12	4	2007	4	23	2.641	38	-3.9	VE	M45
11	5	2007	11	32	2.855	10	-1.5	ME	M45
13	6	2007	10	35	0.588	45	-4.3	VE	M44
8	8	2007	8	55	0.232	8	-1.6	ME	M44
2	5	2008	21	50	2.031	17	-0.6	ME	M45
23	5	2008	6	44	0.014	65	1.3	MA	M44
25	5	2008	1	38	4.629	4	-3.9	VE	M45
18	7	2008	17	38	0.245	11	-3.9	VE	M44
29	7	2008	23	7	0.114	2	-1.8	ME	M44
30	4	2009	17	48	1.407	20	0.4	ME	M45
12	7	2009	6	22	4.636	50	1.0	MA	M45
21	7	2009	13	15	0.241	9	-1.3	ME	M44
1	9	2009	20	59	1.488	32	-3.8	VE	M44
1	11	2009	7	32	0.043	92	0.4	MA	M44

GG	MM	AAAA	HH	MM	DIST°	ELONG°	MAG	PIANETA	OGG
5	2	2010	4	1	2.953	170	-1.3	MA	M44
17	4	2010	8	42	0.855	100	0.4	MA	M44
25	4	2010	8	17	3.533	25	-3.8	VE	M45
20	6	2010	16	12	0.413	38	-3.9	VE	M44
13	7	2010	14	38	0.166	16	-0.6	ME	M44
3	6	2011	1	46	4.932	12	-1.2	ME	M45
21	6	2011	6	44	4.289	29	1.2	MA	M45
6	7	2011	20	12	0.244	23	0.0	ME	M44
3	8	2011	14	40	0.557	4	-3.9	VE	M44
1	10	2011	7	21	0.440	60	1.2	MA	M44
3	4	2012	17	40	0.436	46	-4.4	VE	M45
24	5	2012	15	31	4.082	3	-1.8	ME	M45
12	6	2012	0	47	4.862	21	-1.9	GI	M45
2	7	2012	19	19	1.812	26	0.5	ME	M44
18	8	2012	18	51	2.022	18	-0.3	ME	M44
13	9	2012	12	47	2.603	44	-4.1	VE	M44
9	5	2013	19	7	4.121	11	-3.9	VE	M45
16	5	2013	0	16	3.303	5	-1.8	ME	M45
31	5	2013	15	7	4.020	10	1.3	MA	M45
3	7	2013	19	16	0.072	25	-3.8	VE	M44
12	8	2013	15	16	0.594	13	-1.2	ME	M44
8	9	2013	17	16	0.496	39	1.5	MA	M44
7	5	2014	18	8	2.515	13	-1.1	ME	M45
4	8	2014	12	23	0.052	5	-1.8	ME	M44
18	8	2014	9	11	0.926	18	-3.9	VE	M44
19	8	2014	0	51	1.128	19	-1.7	GI	M44
11	4	2015	19	52	2.599	39	-3.9	VE	M45
1	5	2015	5	6	1.664	20	-0.2	ME	M45
12	5	2015	7	44	3.773	9	1.4	MA	M45
13	6	2015	14	40	0.560	45	-4.3	VE	M44
27	7	2015	1	6	0.191	4	-1.6	ME	M44
20	8	2015	11	36	0.488	20	1.6	MA	M44
24	5	2016	14	37	4.613	4	-3.9	VE	M45
17	7	2016	18	40	0.236	12	-1.0	ME	M44
18	7	2016	6	41	0.235	11	-3.9	VE	M44
21	4	2017	16	16	3.508	28	1.4	MA	M45
10	7	2017	5	5	0.049	19	-0.3	ME	M44
1	8	2017	1	38	0.452	2	1.7	MA	M44
1	9	2017	11	9	1.463	32	-3.8	VE	M44
24	4	2018	21	54	3.509	26	-3.8	VE	M45
30	5	2018	5	47	4.556	8	-1.5	ME	M45
20	6	2018	7	46	0.424	39	-3.9	VE	M44
4	7	2018	10	18	0.644	25	0.2	ME	M44
31	3	2019	12	44	3.173	50	1.3	MA	M45
21	5	2019	15	44	3.748	0	-1.9	ME	M45
4	7	2019	17	19	4.813	22	0.8	ME	M44
13	7	2019	17	12	0.391	16	1.7	MA	M44
3	8	2019	3	34	0.545	3	-3.9	VE	M44
17	8	2019	8	30	1.203	17	-0.7	ME	M44
3	4	2020	22	5	0.296	46	-4.4	VE	M45
12	5	2020	2	18	2.974	9	-1.6	ME	M45
8	8	2020	23	14	0.312	9	-1.5	ME	M44
13	9	2020	6	27	2.542	43	-4.0	VE	M44

GG	MM	AAAA	HH	MM	DIST°	ELONG°	MAG	PIANETA	OGG
4	3	2021	11	19	2.639	76	0.9	MA	M45
4	5	2021	7	4	2.161	16	-0.7	ME	M45
9	5	2021	8	7	4.104	11	-3.9	VE	M45
23	6	2021	16	53	0.291	35	1.6	MA	M44
3	7	2021	8	51	0.083	26	-3.8	VE	M44
31	7	2021	14	36	0.077	2	-1.8	ME	M44
30	4	2022	3	27	1.373	21	0.2	ME	M45
18	5	2022	6	42	4.957	5	3.6	ME	M45
23	7	2022	3	58	0.232	7	-1.4	ME	M44
17	8	2022	22	19	0.911	17	-3.9	VE	M44
11	4	2023	11	24	2.557	39	-3.9	VE	M45
2	6	2023	17	0	0.110	56	1.4	MA	M44
13	6	2023	20	0	0.525	45	-4.4	VE	M44
15	7	2023	2	55	0.191	15	-0.7	ME	M44
24	5	2024	3	33	4.597	3	-3.9	VE	M45
27	5	2024	0	4	4.811	6	-1.9	GI	M45
7	7	2024	2	29	0.149	22	-0.1	ME	M44
17	7	2024	19	38	0.226	12	-3.9	VE	M44
21	7	2024	7	34	4.817	59	0.8	MA	M45
4	12	2024	6	16	1.824	126	-0.7	MA	M44
5	5	2025	5	59	0.348	83	0.9	MA	M44
26	5	2025	7	29	4.203	5	-1.8	ME	M45
3	7	2025	1	35	1.382	26	0.4	ME	M44
12	7	2025	22	11	4.298	51	5.8	UR	M45
19	8	2025	12	35	2.493	19	-0.1	ME	M44
1	9	2025	1	11	1.440	31	-3.8	VE	M44
1	11	2025	21	47	4.299	159	5.6	UR	M45
24	4	2026	11	37	3.485	26	-3.8	VE	M45
30	4	2026	20	29	4.254	20	5.8	UR	M45
17	5	2026	16	6	3.420	4	-1.9	ME	M45
19	6	2026	23	28	0.435	39	-3.9	VE	M44
29	6	2026	6	31	4.411	37	1.1	MA	M45
3	8	2026	18	50	1.085	4	-1.7	GI	M44
14	8	2026	3	9	0.722	14	-1.1	ME	M44
11	10	2026	7	35	0.369	70	1.0	MA	M44
9	2	2027	7	56	4.450	101	5.7	UR	M45
9	5	2027	7	23	2.638	12	-1.2	ME	M45
2	8	2027	16	30	0.534	3	-3.9	VE	M44
6	8	2027	3	32	0.110	6	-1.7	ME	M44
4	4	2028	4	31	0.144	45	-4.5	VE	M45
1	5	2028	7	41	1.794	19	-0.4	ME	M45
8	6	2028	5	58	4.120	18	1.3	MA	M45
27	7	2028	16	31	0.166	3	-1.7	ME	M44
12	9	2028	23	57	2.484	43	-4.0	VE	M44
16	9	2028	17	35	0.486	47	1.4	MA	M44
1	5	2029	5	43	4.024	16	1.0	ME	M45
8	5	2029	21	13	4.086	12	-3.9	VE	M45
2	7	2029	22	32	0.093	26	-3.8	VE	M44
19	7	2029	8	37	0.240	11	-1.1	ME	M44
19	5	2030	21	50	3.870	1	1.4	MA	M45
11	7	2030	15	25	0.096	18	-0.4	ME	M44
17	8	2030	11	30	0.897	17	-3.9	VE	M44
27	8	2030	20	48	0.496	27	1.6	MA	M44

GG	MM	AAAA	HH	MM	DIST°	ELONG°	MAG	PIANETA	OGG
11	4	2031	3	5	2.513	39	-3.9	VE	M45
31	5	2031	20	50	4.687	10	-1.4	ME	M45
14	6	2031	3	24	0.481	45	-4.4	VE	M44
5	7	2031	10	55	0.480	24	0.2	ME	M44
29	4	2032	11	55	3.617	21	1.4	MA	M45
22	5	2032	7	51	3.866	1	-1.9	ME	M45
23	5	2032	16	29	4.581	3	-3.9	VE	M45
4	7	2032	1	33	3.252	24	0.7	ME	M44
17	7	2032	8	40	0.216	12	-3.9	VE	M44
8	8	2032	6	8	0.470	9	1.7	MA	M44
17	8	2032	14	25	1.436	17	-0.6	ME	M44
13	5	2033	17	28	3.092	7	-1.7	ME	M45
10	8	2033	13	5	0.401	11	-1.4	ME	M44
31	8	2033	15	14	1.416	31	-3.8	VE	M44
9	4	2034	2	58	3.317	41	1.4	MA	M45
24	4	2034	1	14	3.461	27	-3.8	VE	M45
5	5	2034	17	41	2.289	15	-0.9	ME	M45
19	6	2034	15	13	0.445	39	-3.9	VE	M44
20	7	2034	22	54	0.419	9	1.7	MA	M44
2	8	2034	6	2	0.036	3	-1.8	ME	M44
17	11	2034	1	28	2.664	109	0.2	SA	M44
30	4	2035	10	34	1.452	21	0.0	ME	M45
22	7	2035	16	48	1.002	8	0.5	SA	M44
24	7	2035	18	58	0.219	6	-1.5	ME	M44
2	8	2035	5	22	0.524	2	-3.9	VE	M44
15	3	2036	18	21	2.887	65	1.1	MA	M45
4	4	2036	12	50	0.019	45	-4.5	VE	M45
12	4	2036	21	9	4.642	109	0.2	SA	M44
11	5	2036	9	53	4.769	9	-1.9	GI	M45
1	7	2036	7	16	0.338	28	1.7	MA	M44
15	7	2036	15	44	0.209	14	-0.8	ME	M44
12	9	2036	17	7	2.429	43	-4.0	VE	M44
8	5	2037	10	19	4.068	12	-3.9	VE	M45
2	7	2037	12	10	0.103	27	-3.8	VE	M44
8	7	2037	10	5	0.071	21	-0.1	ME	M44
12	11	2037	14	32	3.764	171	-2.2	MA	M45
6	2	2038	1	16	2.000	103	0.1	MA	M45
27	5	2038	23	12	4.327	6	-1.7	ME	M45
11	6	2038	7	39	0.198	47	1.5	MA	M44
3	7	2038	15	3	1.064	26	0.3	ME	M44
19	7	2038	12	55	1.036	11	-1.7	GI	M44
17	8	2038	0	36	0.883	16	-3.9	VE	M44
19	8	2038	23	44	3.180	18	0.1	ME	M44
10	4	2039	18	56	2.468	40	-4.0	VE	M45
19	5	2039	8	4	3.537	3	-1.9	ME	M45
14	6	2039	12	55	0.422	44	-4.4	VE	M44
15	8	2039	14	4	0.869	15	-0.9	ME	M44
8	11	2039	21	13	4.449	103	5.5	UR	M44
9	5	2040	21	20	2.759	11	-1.4	ME	M45
17	5	2040	11	35	0.101	71	1.2	MA	M44
23	5	2040	5	27	4.564	2	-3.9	VE	M45
16	7	2040	21	43	0.206	13	-3.9	VE	M44
6	8	2040	18	29	0.174	7	-1.7	ME	M44

GG	MM	AAAA	HH	MM	DIST°	ELONG°	MAG	PIANETA	OGG
19	10	2040	1	31	0.976	78	5.5	UR	M44
9	12	2040	15	14	0.943	130	5.4	UR	M44
2	5	2041	13	18	1.926	18	-0.5	ME	M45
7	7	2041	13	42	4.549	45	1.0	MA	M45
21	7	2041	11	17	0.974	9	5.6	UR	M44
29	7	2041	7	56	0.138	2	-1.7	ME	M44
31	8	2041	5	14	1.393	30	-3.8	VE	M44
23	10	2041	11	11	0.216	83	0.6	MA	M44
26	3	2042	5	17	1.821	123	-0.3	MA	M44
15	4	2042	2	28	1.226	103	5.4	UR	M44
23	4	2042	14	59	3.437	27	-3.8	VE	M45
2	5	2042	21	1	1.919	17	0.8	ME	M45
19	6	2042	7	11	0.456	40	-3.9	VE	M44
20	7	2042	22	50	0.239	10	-1.2	ME	M44
16	6	2043	24	0	4.226	25	1.2	MA	M45
13	7	2043	2	32	0.133	17	-0.5	ME	M44
1	8	2043	18	16	0.513	2	-3.9	VE	M44
26	9	2043	6	44	0.462	55	1.3	MA	M44
4	4	2044	23	32	0.195	45	-4.5	VE	M45
1	6	2044	11	35	4.821	11	-1.3	ME	M45
4	6	2044	15	54	4.884	12	-2.7	VE	M45
5	7	2044	13	57	0.346	24	0.1	ME	M44
12	9	2044	10	9	2.375	42	-4.0	VE	M44
7	5	2045	23	21	4.050	13	-3.9	VE	M45
23	5	2045	23	57	3.985	2	-1.9	ME	M45
27	5	2045	11	25	3.966	6	1.3	MA	M45
2	7	2045	1	52	0.113	27	-3.8	VE	M44
3	7	2045	15	15	2.326	25	0.5	ME	M44
18	8	2045	17	19	1.725	18	-0.4	ME	M44
4	9	2045	10	43	0.498	34	1.5	MA	M44
15	5	2046	8	55	3.210	6	-1.8	ME	M45
12	8	2046	2	23	0.503	12	-1.3	ME	M44
16	8	2046	13	44	0.869	16	-3.9	VE	M44
10	4	2047	10	53	2.423	40	-4.0	VE	M45
7	5	2047	5	24	2.415	14	-1.0	ME	M45
8	5	2047	4	7	3.718	13	1.4	MA	M45
15	6	2047	1	0	0.348	44	-4.5	VE	M44
3	8	2047	21	25	0.012	4	-1.8	ME	M44
16	8	2047	11	35	0.483	16	1.6	MA	M44
25	4	2048	18	43	4.736	24	-1.9	GI	M45
30	4	2048	3	53	1.565	20	-0.1	ME	M45
22	5	2048	18	24	4.548	2	-3.9	VE	M45
16	7	2048	10	45	0.196	13	-3.9	VE	M44
25	7	2048	10	8	0.203	5	-1.6	ME	M44
17	4	2049	7	46	3.444	33	1.4	MA	M45
17	7	2049	4	58	0.223	13	-0.9	ME	M44
28	7	2049	3	25	0.443	3	1.7	MA	M44
30	8	2049	19	10	1.371	30	-3.8	VE	M44
20	11	2049	19	29	3.746	115	-2.3	GI	M44
23	4	2050	4	46	3.412	27	-3.8	VE	M45
18	6	2050	23	17	0.467	40	-3.9	VE	M44
3	7	2050	20	13	0.984	26	-1.7	GI	M44
9	7	2050	18	45	0.004	20	-0.2	ME	M44

GG	MM	AAAA	HH	MM	DIST°	ELONG°	MAG	PIANETA	OGG
26	3	2051	12	36	3.080	55	1.2	MA	M45
29	5	2051	14	45	4.452	7	-1.6	ME	M45
4	7	2051	9	38	0.819	25	0.3	ME	M44
9	7	2051	16	51	0.376	20	1.7	MA	M44
1	8	2051	7	11	0.502	2	-3.9	VE	M44
20	8	2051	14	45	4.295	17	0.3	ME	M44
5	4	2052	13	32	0.386	44	-4.5	VE	M45
20	5	2052	0	8	3.653	1	-1.9	ME	M45
30	5	2052	6	13	3.694	8	-1.7	VE	M45
15	8	2052	23	37	1.039	16	-0.8	ME	M44
12	9	2052	2	56	2.323	42	-4.0	VE	M44
24	2	2053	23	55	2.456	84	0.7	MA	M45
7	5	2053	12	27	4.031	13	-3.9	VE	M45
11	5	2053	11	47	2.879	10	-1.5	ME	M45
19	6	2053	9	29	0.265	39	1.6	MA	M44
1	7	2053	15	37	0.124	28	-3.8	VE	M44
8	8	2053	9	6	0.247	8	-1.6	ME	M44
3	5	2054	21	2	2.057	17	-0.6	ME	M45
30	7	2054	23	23	0.104	2	-1.8	ME	M44
16	8	2054	2	49	0.855	16	-3.9	VE	M44
10	4	2055	2	57	2.375	41	-4.0	VE	M45
1	5	2055	6	41	1.394	20	0.4	ME	M45
28	5	2055	14	37	0.052	61	1.4	MA	M44
15	6	2055	16	34	0.251	43	-4.5	VE	M44
22	7	2055	13	24	0.234	8	-1.3	ME	M44
22	5	2056	7	18	4.532	1	-3.9	VE	M45
13	7	2056	14	23	0.164	16	-0.6	ME	M44
15	7	2056	23	48	0.186	14	-3.9	VE	M44
16	7	2056	6	26	4.710	54	0.9	MA	M45
10	11	2056	19	0	0.214	101	0.1	MA	M44
14	1	2057	19	2	2.746	166	-1.3	MA	M44
26	4	2057	11	0	0.569	91	0.7	MA	M44
3	6	2057	1	57	4.959	12	-1.2	ME	M45
6	7	2057	18	50	0.235	23	0.0	ME	M44
30	8	2057	9	4	1.349	29	-3.8	VE	M44
22	4	2058	18	32	3.386	28	-3.8	VE	M45
25	5	2058	15	57	4.105	4	-1.8	ME	M45
18	6	2058	15	29	0.477	40	-3.9	VE	M44
24	6	2058	21	0	4.341	33	1.2	MA	M45
3	7	2058	13	16	1.741	26	0.5	ME	M44
19	8	2058	15	53	2.093	18	-0.3	ME	M44
5	10	2058	14	24	0.413	65	1.1	MA	M44
17	5	2059	0	36	3.326	5	-1.8	ME	M45
31	7	2059	20	4	0.491	1	-3.9	VE	M44
13	8	2059	15	0	0.617	13	-1.2	ME	M44
6	4	2060	7	46	0.596	44	-4.6	VE	M45
7	4	2060	23	24	4.711	42	-2.0	GI	M45
7	5	2060	18	4	2.539	13	-1.1	ME	M45
24	5	2060	23	1	2.550	3	0.0	VE	M45
4	6	2060	1	57	4.064	13	1.3	MA	M45
4	8	2060	12	40	0.065	5	-1.8	ME	M44
11	9	2060	19	32	2.274	42	-4.0	VE	M44
12	9	2060	6	36	0.493	42	1.4	MA	M44

GG	MM	AAAA	HH	MM	DIST°	ELONG°	MAG	PIANETA	OGG
1	5	2061	3	8	1.691	20	-0.3	ME	M45
7	5	2061	1	36	4.013	14	-3.9	VE	M45
1	7	2061	5	26	0.134	28	-3.8	VE	M44
27	7	2061	1	24	0.182	4	-1.7	ME	M44
1	11	2061	17	54	1.202	92	-2.1	GI	M44
19	12	2061	1	52	1.049	140	-2.4	GI	M44
15	5	2062	18	13	3.816	6	1.4	MA	M45
16	6	2062	11	42	0.922	42	-1.8	GI	M44
18	7	2062	18	37	0.231	12	-1.0	ME	M44
15	8	2062	15	55	0.842	15	-3.9	VE	M44
23	8	2062	18	59	0.493	23	1.6	MA	M44
9	4	2063	19	16	2.326	41	-4.0	VE	M45
16	6	2063	12	44	0.123	43	-4.5	VE	M44
11	7	2063	4	27	0.050	19	-0.3	ME	M44
25	4	2064	5	26	3.557	25	1.4	MA	M45
21	5	2064	20	17	4.516	1	-3.9	VE	M45
30	5	2064	6	6	4.581	8	-1.5	ME	M45
4	7	2064	7	56	0.624	25	0.2	ME	M44
15	7	2064	12	55	0.176	14	-3.9	VE	M44
4	8	2064	7	11	0.462	5	1.7	MA	M44
1	9	2064	8	6	1.151	32	0.5	SA	M44
27	2	2065	23	26	0.759	148	0.1	SA	M44
15	5	2065	14	34	0.742	73	0.4	SA	M44
21	5	2065	16	15	3.771	0	-1.9	ME	M45
4	7	2065	15	2	4.515	22	0.8	ME	M44
17	8	2065	7	22	1.240	17	-0.7	ME	M44
29	8	2065	22	57	1.328	29	-3.8	VE	M44
4	4	2066	11	13	3.239	46	1.3	MA	M45
22	4	2066	8	22	3.360	28	-3.8	VE	M45
13	5	2066	2	37	2.997	8	-1.6	ME	M45
18	6	2066	7	53	0.487	41	-3.9	VE	M44
16	7	2066	23	32	0.407	13	1.7	MA	M44
9	8	2066	23	18	0.328	10	-1.5	ME	M44
5	5	2067	6	29	2.187	16	-0.8	ME	M45
31	7	2067	8	56	0.481	1	-3.9	VE	M44
1	8	2067	14	54	0.067	2	-1.8	ME	M44
9	3	2068	18	44	2.756	71	1.0	MA	M45
7	4	2068	7	16	0.825	43	-4.6	VE	M45
29	4	2068	21	27	1.389	21	0.1	ME	M45
19	5	2068	16	31	1.464	3	0.1	VE	M45
27	6	2068	3	27	0.318	32	1.7	MA	M44
23	7	2068	4	14	0.225	7	-1.4	ME	M44
11	9	2068	11	57	2.226	41	-4.0	VE	M44
6	5	2069	14	38	3.995	14	-3.9	VE	M45
30	6	2069	19	12	0.144	29	-3.8	VE	M44
15	7	2069	2	45	0.188	15	-0.7	ME	M44
6	1	2070	2	43	1.615	135	-1.1	MA	M45
6	6	2070	15	18	0.157	52	1.5	MA	M44
8	7	2070	1	16	0.143	22	-0.1	ME	M44
15	8	2070	4	57	0.828	15	-3.9	VE	M44
9	4	2071	11	41	2.276	41	-4.0	VE	M45
27	5	2071	7	50	4.227	5	-1.8	ME	M45
17	6	2071	14	30	0.051	42	-4.5	VE	M44

GG	MM	AAAA	HH	MM	DIST°	ELONG°	MAG	PIANETA	OGG
3	7	2071	20	58	1.333	26	0.4	ME	M44
26	7	2071	15	50	4.909	63	0.7	MA	M45
20	8	2071	8	34	2.590	19	-0.1	ME	M44
16	3	2072	22	33	4.704	64	-2.1	GI	M45
11	5	2072	1	18	0.216	77	1.0	MA	M44
17	5	2072	16	31	3.443	4	-1.9	ME	M45
21	5	2072	9	15	4.499	0	-3.9	VE	M45
15	7	2072	1	58	0.167	15	-3.9	VE	M44
14	8	2072	2	47	0.747	14	-1.0	ME	M44
9	5	2073	7	30	2.662	12	-1.3	ME	M45
2	7	2073	23	45	4.468	41	1.1	MA	M45
6	8	2073	3	45	0.123	6	-1.7	ME	M44
29	8	2073	12	45	1.307	29	-3.8	VE	M44
29	9	2073	18	33	1.209	59	-1.9	GI	M44
16	10	2073	8	37	0.315	75	0.8	MA	M44
30	1	2074	18	27	0.833	177	-2.5	GI	M44
21	4	2074	22	17	3.334	29	-3.8	VE	M45
2	5	2074	6	16	1.822	19	-0.4	ME	M45
26	5	2074	4	33	0.846	63	-1.8	GI	M44
18	6	2074	0	29	0.497	41	-4.0	VE	M44
28	7	2074	16	46	0.157	3	-1.7	ME	M44
2	5	2075	9	22	3.612	16	1.0	ME	M45
6	6	2075	3	43	4.987	15	-3.9	VE	M45
12	6	2075	17	49	4.166	21	1.3	MA	M45
20	7	2075	8	39	0.235	11	-1.1	ME	M44
30	7	2075	21	52	0.470	1	-3.9	VE	M44
21	9	2075	11	40	0.478	50	1.3	MA	M44
8	4	2076	15	43	1.083	41	-4.6	VE	M45
14	5	2076	5	6	0.430	8	-1.8	VE	M45
11	7	2076	14	57	0.095	18	-0.4	ME	M44
11	9	2076	4	16	2.180	41	-4.0	VE	M44
6	5	2077	3	47	3.976	15	-3.9	VE	M45
23	5	2077	8	17	3.912	2	1.3	MA	M45
31	5	2077	21	8	4.711	10	-1.4	ME	M45
30	6	2077	9	7	0.154	29	-3.8	VE	M44
5	7	2077	9	0	0.465	24	0.1	ME	M44
31	8	2077	5	57	0.499	30	1.6	MA	M44
23	5	2078	8	18	3.889	1	-1.9	ME	M45
4	7	2078	17	17	3.071	24	0.6	ME	M44
14	8	2078	18	2	0.815	14	-3.9	VE	M44
18	8	2078	12	48	1.483	17	-0.5	ME	M44
9	4	2079	4	14	2.224	42	-4.0	VE	M45
3	5	2079	23	47	3.662	17	1.4	MA	M45
14	5	2079	17	48	3.115	7	-1.7	ME	M45
19	6	2079	1	15	0.300	40	-4.5	VE	M44
11	8	2079	13	6	0.420	11	-1.4	ME	M44
12	8	2079	12	3	0.479	12	1.6	MA	M44
5	5	2080	17	20	2.314	15	-0.9	ME	M45
20	5	2080	22	9	4.483	1	-3.9	VE	M45
14	7	2080	15	4	0.157	15	-3.9	VE	M44
2	8	2080	6	23	0.024	3	-1.8	ME	M44
6	11	2080	14	11	3.421	100	7.9	Nep	M4
12	4	2081	20	49	3.374	37	1.4	MA	M45

GG	MM	AAAA	HH	MM	DIST°	ELONG°	MAG	PIANETA	OGG
30	4	2081	6	43	1.476	21	0.0	ME	M45
24	7	2081	4	40	0.433	6	1.7	MA	M44
24	7	2081	19	12	0.212	6	-1.5	ME	M44
29	8	2081	2	31	1.286	28	-3.8	VE	M44
9	11	2081	6	45	1.909	100	7.9	Nep	M4
21	4	2082	12	9	3.308	29	-3.8	VE	M45
17	6	2082	17	8	0.507	41	-4.0	VE	M44
16	7	2082	15	34	0.206	14	-0.8	ME	M44
26	8	2082	2	23	1.725	25	8.0	NE	M44
1	2	2083	23	37	1.705	175	7.8	NE	M44
21	3	2083	7	0	2.977	60	1.2	MA	M45
5	6	2083	16	49	4.970	14	-3.9	VE	M45
28	6	2083	5	46	1.670	32	8.0	NE	M44
5	7	2083	15	37	0.360	25	1.7	MA	M44
5	7	2083	17	14	4.947	43	-2.0	GI	M45
9	7	2083	9	3	0.066	21	-0.2	ME	M44
30	7	2083	10	42	0.460	1	-3.9	VE	M44
8	2	2084	17	3	4.779	102	-2.3	GI	M45
10	4	2084	14	21	1.375	40	-4.6	VE	M45
19	4	2084	9	50	1.857	99	7.9	NE	M44
8	5	2084	7	13	0.535	13	-2.9	VE	M45
27	5	2084	23	36	4.350	6	-1.7	ME	M45
3	7	2084	11	29	1.030	26	0.3	ME	M44
19	8	2084	18	59	3.332	18	0.1	ME	M44
10	9	2084	20	18	2.136	41	-4.0	VE	M44
15	2	2085	20	17	2.226	93	0.4	MA	M45
21	4	2085	9	44	3.475	99	7.9	Nep	M4
5	5	2085	16	57	3.957	15	-3.9	VE	M45
19	5	2085	8	34	3.559	2	-1.9	ME	M45
14	6	2085	23	58	0.235	44	1.6	MA	M44
29	6	2085	23	2	0.164	30	-3.8	VE	M44
15	8	2085	13	29	0.898	15	-0.9	ME	M44
9	9	2085	20	33	1.181	39	-1.8	GI	M44
18	3	2086	8	30	0.709	130	-2.3	GI	M44
18	4	2086	14	38	0.737	99	-2.1	GI	M44
10	5	2086	21	29	2.783	11	-1.4	ME	M45
7	8	2086	18	38	0.190	7	-1.6	ME	M44
14	8	2086	7	5	0.802	14	-3.9	VE	M44
8	4	2087	21	5	2.171	42	-4.0	VE	M45
3	5	2087	12	13	1.953	18	-0.5	ME	M45
23	5	2087	4	3	0.020	66	1.3	MA	M44
21	6	2087	0	42	0.677	38	-4.5	VE	M44
30	7	2087	8	15	0.128	2	-1.8	ME	M44
2	5	2088	10	40	1.742	18	0.8	ME	M45
20	5	2088	11	8	4.467	1	-3.9	VE	M45
11	7	2088	10	39	4.615	49	1.0	MA	M45
14	7	2088	4	12	0.147	16	-3.9	VE	M44
20	7	2088	23	0	0.233	9	-1.2	ME	M44
30	10	2088	5	24	0.087	89	0.4	MA	M44
12	2	2089	7	44	2.897	163	-1.2	MA	M44
14	4	2089	1	0	0.958	104	0.3	MA	M44
13	7	2089	2	9	0.132	17	-0.5	ME	M44
28	8	2089	16	17	1.266	28	-3.8	VE	M44

GG	MM	AAAA	HH	MM	DIST°	ELONG°	MAG	PIANETA	OGG
21	4	2090	2	8	3.281	30	-3.8	VE	M45
2	6	2090	11	47	4.847	11	-1.3	ME	M45
17	6	2090	10	6	0.516	42	-4.0	VE	M44
20	6	2090	13	21	4.275	29	1.2	MA	M45
6	7	2090	12	15	0.335	23	0.1	ME	M44
30	9	2090	7	39	0.444	59	1.2	MA	M44
25	5	2091	0	23	4.008	3	-1.9	ME	M45
5	6	2091	5	56	4.953	14	-3.9	VE	M45
4	7	2091	7	38	2.222	25	0.5	ME	M44
29	7	2091	23	36	0.449	2	-3.9	VE	M44
19	8	2091	15	5	1.782	18	-0.4	ME	M44
13	4	2092	22	0	1.712	36	-4.6	VE	M45
1	5	2092	5	0	1.414	20	-3.7	VE	M45
15	5	2092	9	19	3.232	6	-1.8	ME	M45
30	5	2092	22	1	4.008	9	1.3	MA	M45
12	8	2092	2	18	0.523	12	-1.3	ME	M44
7	9	2092	22	6	0.498	38	1.5	MA	M44
10	9	2092	12	18	2.093	40	-3.9	VE	M44
5	5	2093	6	4	3.938	16	-3.9	VE	M45
7	5	2093	5	15	2.440	14	-1.0	ME	M45
29	6	2093	13	1	0.175	30	-3.8	VE	M44
3	8	2093	21	43	0.023	4	-1.8	ME	M44
20	11	2093	0	53	1.453	111	0.2	SA	M44
1	5	2094	1	5	1.592	20	-0.2	ME	M45
11	5	2094	14	50	3.761	10	1.4	MA	M45
12	7	2094	4	39	0.951	18	0.5	SA	M44
26	7	2094	10	19	0.195	5	-1.6	ME	M44
13	8	2094	20	8	0.788	13	-3.9	VE	M44
19	8	2094	18	6	0.490	19	1.6	MA	M44
8	4	2095	14	7	2.115	42	-4.0	VE	M45
18	6	2095	0	43	4.881	26	-1.9	GI	M45
23	6	2095	15	20	1.327	35	-4.5	VE	M44
18	7	2095	4	55	0.219	13	-0.9	ME	M44
16	9	2095	21	9	4.803	45	-4.5	VE	M44
20	4	2096	22	23	3.495	29	1.4	MA	M45
20	5	2096	0	7	4.450	1	-3.9	VE	M45
9	7	2096	18	1	0.002	20	-0.2	ME	M44
13	7	2096	17	19	0.137	16	-3.9	VE	M44
31	7	2096	8	49	0.455	1	1.7	MA	M44
29	5	2097	15	10	4.476	7	-1.6	ME	M45
4	7	2097	6	45	0.793	25	0.3	ME	M44
20	8	2097	13	12	4.547	17	0.3	ME	M44
23	8	2097	22	52	1.144	23	-1.7	GI	M44
28	8	2097	5	58	1.246	27	-3.8	VE	M44
30	3	2098	15	11	3.153	51	1.3	MA	M45
7	4	2098	14	3	3.984	114	-2.2	GI	M44
20	4	2098	16	9	3.253	30	-3.8	VE	M45
21	5	2098	0	38	3.676	1	-1.9	ME	M45
17	6	2098	3	15	0.525	42	-4.0	VE	M44
12	7	2098	23	44	0.394	17	1.7	MA	M44
16	8	2098	22	44	1.073	16	-0.8	ME	M44
12	5	2099	11	58	2.902	9	-1.5	ME	M45
4	6	2099	19	2	4.936	13	-3.9	VE	M45

GG	MM	AAAA	HH	MM	DIST°	ELONG°	MAG	PIANETA	OGG
29	7	2099	12	30	0.439	2	-3.9	VE	M44
9	8	2099	9	13	0.263	9	-1.6	ME	M44
4	3	2100	2	12	2.598	78	0.8	MA	M45
21	4	2100	12	46	2.272	29	-4.4	VE	M45
4	5	2100	20	19	2.083	17	-0.6	ME	M45
23	6	2100	21	41	0.294	36	1.6	MA	M44
31	7	2100	23	45	0.095	2	-1.8	ME	M44
11	9	2100	4	8	2.052	40	-3.9	VE	M44

CONGIUNZIONI MULTIPLE
2 PIANETI - M44-M45
MULTIPLE CONJUNCTIONS
2 PLANETS - M44-M45
1900-3000

```
GG MM AAAA : data nel formato giorno/mese/anno
HH MM : ore e minuti
DIST° : distanza minima in gradi tra i corpi
ELONG° : elongazione dal Sole dei corpi
MAG : magnitudine del corpo più debole
PIANETI : corpi coinvolti : MErcurio, VEnere, MArte, GIove,
                            SAturno, URano, NEttuno
```

Sono elencate tutte le congiunzioni in cui i corpi distano meno di 2°

```
GG MM AAAA : date in the format dd/mm/yyyy
HH MM : hours and minutes
DIST° : minima distance in ° between the bodies
ELONG° : elongation from the Sun of the bodies
MAG : magnitude of the less bright body
PIANETI : planets : MErcury, VEnus, MArs, GI (Jupiter),
                    SAturn, URanus, NEptune
```

All the conjunctions are listed if the bodies have distance less then 2°

	GG	MM	AAAA	HH	MM	DIST°	ELONG°	MAG	PIANETI		OGGETTO
	22	9	1917	13	33	1.784	52	7.9	NE	MA	M44
	12	7	1918	16	18	1.848	17	8.0	NE	ME	M44
	1	9	1919	22	26	1.241	32	3.7	GI	MA	M44
	11	8	1921	13	21	1.006	12	3.7	ME	MA	M44
	26	7	1923	1	17	0.670	5	3.7	MA	ME	M44
	9	7	1925	3	34	0.820	20	3.7	VE	ME	M44
	8	7	1925	14	50	1.627	20	3.7	MA	VE	M44
	14	6	1927	1	42	1.965	43	3.7	VE	MA	M44
	7	8	1931	19	12	1.859	9	3.7	VE	GI	M44
	23	7	1943	11	15	1.838	5	3.7	ME	GI	M44
	22	7	1955	3	56	1.905	8	3.7	GI	MA	M44
	1	7	1957	7	34	1.458	26	5.6	MA	UR	M44
	6	7	1957	13	40	1.249	22	5.6	VE	UR	M44
	16	7	1957	4	1	1.210	13	5.6	ME	UR	M44
	13	6	1959	7	17	1.123	45	3.7	MA	VE	M44
	6	7	1965	1	22	0.715	23	3.7	ME	VE	M44
	20	7	1976	1	3	1.885	8	3.7	VE	SA	M44
	21	7	1976	20	47	1.696	6	3.7	ME	SA	M44
	11	8	2000	0	28	0.911	12	3.7	ME	MA	M44
	25	7	2002	10	46	0.694	5	3.7	MA	ME	M44
	3	7	2005	19	55	1.209	25	3.7	ME	VE	M44
	16	6	2006	14	25	1.525	42	3.7	SA	MA	M44
(1)	18	8	2014	7	57	1.139	18	3.7	VE	GI	M44
	17	7	2016	20	11	0.814	11	3.7	ME	VE	M44
	24	7	2035	20	29	1.229	6	3.7	SA	ME	M44
	2	8	2035	16	48	1.729	1	3.7	SA	VE	M44
	29	7	2041	10	32	1.146	2	5.6	ME	UR	M44
	10	7	2050	2	47	1.644	20	3.7	GI	ME	M44
	1	8	2067	12	53	1.703	1	3.7	VE	ME	M44
	11	8	2079	11	20	0.822	11	3.7	ME	MA	M44
	24	7	2081	20	19	0.722	6	3.7	MA	ME	M44
	5	7	2083	20	29	1.689	24	8.0	NE	MA	M44
	9	7	2083	12	35	1.712	21	8.0	ME	NE	M44
	28	8	2097	12	34	1.493	27	3.7	GI	VE	M44
	29	7	2107	3	31	1.418	2	3.7	ME	VE	M44
	21	7	2121	4	28	1.392	10	3.7	ME	GI	M44
	28	6	2125	8	9	1.731	31	5.6	VE	UR	M44
	12	8	2125	20	13	1.618	10	5.6	ME	UR	M44
	15	10	2152	16	41	1.327	74	3.7	MA	SA	M44
	11	8	2158	4	49	1.127	9	3.7	VE	MA	M44
	11	8	2158	21	34	1.125	9	3.7	VE	ME	M44
	11	8	2158	21	56	0.738	10	3.7	ME	MA	M44
	25	7	2160	6	0	0.755	7	3.7	MA	ME	M44
	9	8	2182	14	54	1.173	8	3.7	VE	SA	M44
	9	8	2190	7	44	0.642	7	3.7	MA	VE	M44
	7	8	2198	15	40	1.771	6	3.7	ME	VE	M44
	10	7	2208	13	56	1.922	21	3.7	VE	ME	M44
	5	7	2209	23	4	1.499	25	5.6	ME	UR	M44
	9	7	2209	14	30	1.347	22	5.6	MA	UR	M44
	8	7	2216	15	16	1.669	22	3.7	VE	GI	M44
	8	8	2222	10	42	1.708	4	3.7	MA	VE	M44
	12	8	2237	8	15	0.679	9	3.7	ME	MA	M44
	26	7	2239	15	39	0.783	8	3.7	MA	ME	M44

GG	MM	AAAA	HH	MM	DIST°	ELONG°	MAG	PIANETI		OGGETTO
29	10	2246	4	53	1.793	85	7.9	MA	NE	M44
8	7	2248	6	17	1.799	25	8.0	ME	NE	M44
7	7	2248	16	33	1.086	24	3.7	ME	VE	M44
7	7	2248	12	55	1.789	25	8.0	VE	NE	M44
21	8	2249	7	35	1.447	17	3.7	ME	VE	M44
18	6	2290	23	34	1.025	43	3.7	VE	MA	M44
14	7	2293	21	31	1.180	18	5.6	ME	UR	M44
23	4	2294	5	1	1.671	99	5.5	UR	MA	M44
20	7	2299	0	50	1.042	14	3.7	GI	VE	M44
20	7	2299	1	55	0.374	14	3.7	ME	VE	M44
20	7	2299	2	34	1.213	14	3.7	GI	ME	M44
12	8	2316	18	25	0.622	9	3.7	ME	MA	M44
27	7	2318	1	24	0.820	8	3.7	ME	MA	M44
4	7	2320	10	53	1.354	28	3.7	VE	MA	M44
9	9	2329	1	54	1.480	35	3.7	MA	SA	M44
2	7	2352	18	3	0.619	31	3.7	MA	VE	M44
14	7	2359	20	4	1.652	19	3.7	ME	SA	M44
8	7	2367	22	23	1.755	25	3.7	ME	MA	M44
1	8	2370	4	23	1.931	2	3.7	ME	GI	M44
28	7	2377	14	29	1.172	7	5.6	ME	UR	M44
15	8	2377	23	19	1.463	10	5.6	VE	UR	M44
17	7	2382	16	32	1.726	16	3.7	MA	GI	M44
31	7	2382	17	9	1.999	5	3.7	GI	VE	M44
29	8	2388	4	2	1.833	24	3.7	VE	SA	M44
30	7	2390	6	53	0.886	5	3.7	ME	VE	M44
13	8	2395	4	26	0.576	8	3.7	ME	MA	M44
26	7	2397	11	18	0.861	9	3.7	MA	ME	M44
11	7	2412	19	55	1.961	22	8.0	ME	NE	M44
1	8	2412	9	2	1.719	3	8.0	MA	NE	M44
28	8	2412	15	14	1.868	22	8.0	VE	NE	M44
9	7	2413	4	10	1.955	26	8.0	ME	NE	M44
1	6	2418	23	40	0.979	61	3.7	GI	MA	M44
16	7	2418	10	55	1.034	18	3.7	ME	SA	M44
13	8	2441	2	50	1.774	6	3.7	VE	ME	M44
10	9	2447	14	13	1.603	34	3.7	SA	VE	M44
16	7	2461	19	35	1.281	18	5.6	MA	UR	M44
11	8	2461	3	40	1.222	5	5.6	ME	UR	M44
12	8	2474	14	12	0.546	7	3.7	MA	ME	M44
25	7	2476	21	15	0.921	10	3.7	MA	ME	M44
11	7	2477	17	20	1.017	23	3.7	GI	SA	M44
18	7	2477	7	52	1.770	18	3.7	GI	ME	M44
18	7	2477	2	21	0.990	18	3.7	SA	ME	M44
8	8	2481	19	2	1.216	4	3.7	ME	VE	M44
8	9	2487	9	31	1.457	32	3.7	VE	MA	M44
9	10	2500	20	10	1.235	62	3.7	GI	MA	M44
20	8	2506	15	41	1.786	14	3.7	ME	SA	M44
7	9	2519	16	24	1.432	29	3.7	VE	MA	M44
22	8	2532	19	48	1.035	16	3.7	ME	VE	M44
20	7	2536	18	30	1.513	17	3.7	ME	SA	M44
6	8	2545	23	39	1.033	1	5.6	UR	VE	M44
24	8	2545	13	44	1.694	16	5.6	ME	UR	M44
8	5	2546	1	41	1.319	87	5.5	UR	MA	M44
29	7	2548	23	18	1.266	7	3.7	ME	GI	M44

GG	MM	AAAA	HH	MM	DIST°	ELONG°	MAG	PIANETI		OGGETTO
12	8	2553	23	55	0.522	6	3.7	ME	MA	M44
27	7	2555	7	25	1.003	11	3.7	MA	ME	M44
22	8	2565	7	6	1.184	15	3.7	ME	SA	M44
19	8	2572	2	37	1.834	12	3.7	ME	VE	M44
11	7	2577	1	21	1.824	25	8.0	ME	NE	M44
5	8	2577	2	31	1.709	2	8.0	NE	VE	M44
21	7	2582	8	26	0.909	16	3.7	VE	ME	M44
19	10	2594	16	37	1.223	71	3.7	MA	SA	M44
5	7	2595	19	1	1.004	31	3.7	SA	VE	M44
3	9	2607	21	0	1.259	25	3.7	VE	GI	M44
3	8	2617	18	3	1.739	3	3.7	VE	MA	M44
18	7	2622	18	54	1.224	19	3.7	ME	VE	M44
24	8	2624	21	19	1.115	16	3.7	SA	ME	M44
8	5	2625	4	8	1.845	89	3.7	MA	SA	M44
8	5	2625	2	52	1.847	89	3.7	SA	MA	M44
20	9	2628	12	24	1.836	43	5.6	MA	UR	M44
15	7	2629	6	0	1.481	22	5.6	ME	UR	M44
13	8	2632	9	29	0.510	5	3.7	ME	MA	M44
27	7	2634	17	43	1.093	12	3.7	MA	ME	M44
1	8	2649	20	56	0.591	6	3.7	VE	MA	M44
31	7	2673	10	32	0.503	8	3.7	VE	ME	M44
31	7	2681	0	1	1.105	8	3.7	MA	VE	M44
27	8	2683	10	14	1.772	16	3.7	ME	SA	M44
13	9	2690	15	59	1.577	34	3.7	GI	VE	M44
14	8	2711	18	57	0.508	5	3.7	ME	MA	M44
3	10	2712	5	37	1.428	53	5.6	SA	UR	M44
30	1	2713	18	29	1.966	173	5.4	SA	UR	M44
26	7	2713	2	52	1.126	13	5.6	MA	UR	M44
28	7	2713	4	7	1.177	12	3.7	MA	ME	M44
27	7	2713	22	55	1.160	12	5.6	ME	UR	M44
30	7	2713	1	35	1.034	10	5.6	VE	UR	M44
29	7	2726	19	52	1.385	11	3.7	GI	ME	M44
28	8	2741	19	28	1.902	18	8.0	NE	MA	M44
28	8	2741	17	28	1.901	18	8.0	MA	NE	M44
13	7	2742	18	49	1.717	26	8.0	VE	NE	M44
10	8	2742	8	42	1.812	1	8.0	NE	SA	M44
30	6	2747	15	3	1.893	37	3.7	VE	MA	M44
10	8	2764	22	7	0.738	2	3.7	ME	VE	M44
13	9	2771	13	1	1.643	33	3.7	MA	SA	M44
29	6	2779	5	29	0.715	41	3.7	MA	VE	M44
14	8	2790	4	27	0.514	4	3.7	ME	MA	M44
27	7	2792	14	42	1.275	13	3.7	MA	ME	M44
10	8	2797	8	36	1.085	1	5.6	UR	ME	M44
10	8	2797	1	51	1.448	1	3.7	ME	GI	M44
15	8	2797	0	43	1.230	4	5.6	UR	GI	M44
20	5	2798	17	56	1.348	79	5.5	UR	MA	M44
20	5	2798	15	42	1.350	79	5.5	MA	UR	M44
24	7	2801	21	12	1.230	15	3.7	VE	SA	M44
24	7	2809	8	43	1.599	15	3.7	VE	GI	M44
25	8	2815	6	30	1.360	13	3.7	VE	ME	M44
24	5	2845	5	18	1.901	73	3.7	MA	GI	M44
21	8	2855	8	10	1.152	10	3.7	ME	VE	M44
13	7	2860	19	57	1.555	25	3.7	ME	SA	M44

GG	MM	AAAA	HH	MM	DIST°	ELONG°	MAG	PIANETI		OGGETTO
22	7	2865	15	54	1.757	18	3.7	VE	ME	M44
13	8	2869	13	49	0.528	3	3.7	ME	MA	M44
28	7	2871	1	30	1.385	14	3.7	MA	ME	M44
28	9	2880	9	38	1.584	48	5.6	MA	UR	M44
20	7	2881	7	36	1.336	20	5.6	VE	UR	M44
23	8	2881	16	10	1.555	11	5.6	ME	UR	M44
3	8	2892	22	5	1.103	7	3.7	GI	VE	M44
20	7	2905	6	38	0.279	22	3.7	ME	VE	M44
3	9	2906	20	8	1.751	22	8.0	VE	NE	M44
10	6	2907	7	36	1.946	59	7.9	MA	NE	M44
3	9	2914	13	49	1.830	21	3.7	VE	MA	M44
16	7	2919	19	40	1.216	26	3.7	SA	ME	M44
17	7	2945	15	22	1.136	24	3.7	ME	VE	M44
30	8	2946	9	5	1.966	17	3.7	ME	MA	M44
1	9	2946	17	48	0.943	19	3.7	VE	MA	M44
12	8	2948	22	51	1.752	2	3.7	MA	SA	M44
13	8	2948	15	42	1.678	3	3.7	ME	SA	M44
13	8	2948	23	9	0.550	2	3.7	MA	ME	M44
28	7	2950	12	28	1.488	15	3.7	MA	ME	M44
1	8	2956	14	37	0.717	10	3.7	VE	ME	M44
21	8	2963	15	37	1.409	9	3.7	MA	GI	M44
16	7	2965	0	35	1.582	25	5.6	ME	UR	M44
2	8	2965	9	57	1.015	9	5.6	MA	UR	M44
8	8	2975	16	37	1.227	4	3.7	ME	GI	M44
16	8	2975	13	45	1.845	2	3.7	GI	VE	M44
30	8	2978	21	37	1.274	16	3.7	VE	MA	M44
15	7	2985	19	58	1.774	26	3.7	ME	VE	M44
10	7	2999	19	47	1.071	32	3.7	GI	MA	M44

(1) Raggruppamento tra pianeti luminosi e l'ammasso M44
(1) Grouping between bright planets and M44

(1) Venere, Giove ed il Presepe / Venus, Jupiter and M44
(C) Skychart

CONGIUNZIONI MULTIPLE 3 PIANETI - M44-M45
MULTIPLE CONJUNCTIONS 3 PLANETS - M44-M45
1900-10000

GG MM AAAA : data nel formato giorno/mese/anno
HH MM : ore e minuti
DIST° : distanza minima in gradi tra i corpi
ELONG° : elongazione dal Sole dei corpi
MAG : magnitudine del corpo più debole
PIANETI : corpi coinvolti : MErcurio, VEnere, MArte, GIove,
SAturno, URano, NEttuno

Sono elencate tutte le congiunzioni in cui i corpi distano meno di 5°

GG MM AAAA : date in the format dd/mm/yyyy
HH MM : hours and minutes
DIST° : minima distance in ° between the bodies
ELONG° : elongation from the Sun of the bodies
MAG : magnitude of the less bright body
PIANETI : planets : MErcury, VEnus, MArs, GI (Jupiter),
SAturn, URanus, NEptune

All the conjunctions are listed if the bodies have distance less then 5°

GG	MM	AAAA	HH	MM	DIST°	ELONG°	MAG	PIANETI			OGGETTO
7	7	1917	12	44	4.608	17	8.0	VE	SA	NE	M44
19	7	1917	19	52	3.110	7	8.0	ME	SA	NE	M44
4	9	1919	17	14	4.454	31	8.0	GI	MA	NE	M44
9	7	1925	10	15	2.099	20	3.7	MA	ME	VE	M44
6	7	1957	1	40	3.508	22	5.6	MA	VE	UR	M44
21	7	1976	13	23	2.692	7	3.7	VE	ME	SA	M44
14	6	1991	2	57	4.195	45	3.7	MA	VE	GI	M44
24	7	2081	0	54	3.759	3	8.0	MA	ME	NE	M44
9	7	2083	10	45	2.411	21	8.0	MA	ME	NE	M44
6	6	2107	1	23	4.996	12	1.6	VE	MA	GI	M45
8	9	2124	19	2	4.356	35	5.6	MA	VE	UR	M44
11	8	2158	18	34	1.412	9	3.7	VE	ME	MA	M44
6	7	2209	11	30	2.410	24	5.6	UR	ME	MA	M44
6	7	2209	9	49	2.442	24	5.6	ME	MA	UR	M44
24	8	2209	10	23	3.338	19	5.6	ME	VE	UR	M44
8	7	2216	1	49	2.979	23	3.7	ME	VE	GI	M44
7	7	2248	23	3	1.795	24	8.0	ME	VE	NE	M44
22	8	2249	17	59	4.733	15	8.0	ME	VE	NE	M44
5	7	2288	7	19	2.903	25	3.7	ME	VE	MA	M44
20	7	2299	2	17	1.214	14	3.7	GI	ME	VE	M44
12	8	2441	6	1	3.768	6	3.7	VE	ME	GI	M44
18	7	2477	6	48	1.763	18	3.7	GI	ME	SA	M44
25	5	2598	7	17	4.544	1	1.6	VE	ME	MA	M45
10	7	2683	0	20	4.971	24	3.7	MA	ME	SA	M44
27	7	2713	9	33	4.434	12	5.6	MA	SA	UR	M44
27	7	2713	23	9	1.469	12	5.6	MA	ME	UR	M44
28	7	2713	8	48	2.865	10	5.6	ME	VE	UR	M44
28	7	2713	14	40	4.512	11	5.6	ME	SA	UR	M44
29	7	2713	0	51	4.241	13	3.7	MA	ME	SA	M44
28	7	2713	14	1	3.308	10	3.7	MA	ME	VE	M44
29	7	2713	14	59	4.952	10	3.7	ME	VE	SA	M44
29	7	2713	16	26	2.659	10	5.6	MA	VE	UR	M44
31	7	2713	1	11	4.671	9	5.6	VE	SA	UR	M44
31	7	2713	12	55	4.551	11	3.7	MA	VE	SA	M44
13	7	2742	2	22	3.550	23	8.0	VE	SA	NE	M44
12	7	2742	12	21	3.619	24	3.7	VE	ME	SA	M44
13	7	2742	16	55	2.835	25	8.0	VE	ME	NE	M44
13	7	2742	22	26	3.452	23	8.0	ME	SA	NE	M44
29	8	2742	21	18	2.826	16	8.0	ME	SA	NE	M44
6	6	2781	10	44	4.890	7	5.8	VE	ME	UR	M45
10	8	2797	5	25	1.427	1	5.6	UR	ME	GI	M44
27	9	2880	3	22	3.398	46	5.6	VE	MA	UR	M44
18	7	2905	22	51	4.470	19	8.0	ME	VE	NE	M44
2	9	2906	18	45	3.650	19	8.0	NE	ME	VE	M44
2	9	2906	19	52	3.701	19	8.0	ME	VE	NE	M44
30	8	2946	22	8	3.055	17	3.7	ME	VE	MA	M44
13	8	2948	16	5	1.676	2	3.7	MA	ME	SA	M44
17	8	3007	7	20	3.122	1	3.7	SA	ME	VE	M44
30	8	3058	18	34	4.232	12	3.7	VE	ME	GI	M44
17	7	3070	15	44	4.252	22	8.0	ME	GI	NE	M44
28	7	3108	19	42	4.824	16	3.7	VE	ME	MA	M44
28	5	3151	1	23	4.853	7	1.6	GI	ME	MA	M45

CONGIUNZIONI MULTIPLE
4 PIANETI - M44-M45
MULTIPLE CONJUNCTIONS
4 PLANETS - M44-M45
1900-10000

```
GG MM AAAA : data nel formato giorno/mese/anno
HH MM : ore e minuti
DIST° : distanza minima in gradi tra i corpi
ELONG° : elongazione dal Sole dei corpi
MAG : magnitudine del corpo più debole
PIANETI : corpi coinvolti : MErcurio, VEnere, MArte, GIove,
                            SAturno, URano, NEttuno

Sono elencate tutte le congiunzioni in cui i corpi distano meno
di 5°
```

```
GG MM AAAA : date in the format dd/mm/yyyy
HH MM : hours and minutes
DIST° : minima distance in ° between the bodies
ELONG° : elongation from the Sun of the bodies
MAG : magnitude of the less bright body
PIANETI : planets : MErcury, VEnus, MArs, GI (Jupiter),
                    SAturn, URanus, NEptune


All the conjunctions are listed if the bodies have distance less
then 5°
```

GG	MM	AAAA	HH	MM	DIST°	ELONG°	MAG	PIANETI				OGGETTO
28	7	2713	10	52	3.386	10	5.6	MA	ME	VE	UR	M44
28	7	2713	14	32	4.512	11	5.6	MA	ME	SA	UR	M44
29	7	2713	15	30	4.929	10	3.7	MA	ME	VE	SA	M44
30	7	2713	17	15	4.649	9	5.6	MA	VE	SA	UR	M44
13	7	2742	0	38	3.559	23	8.0	VE	ME	SA	NE	M44
19	7	3567	3	5	3.249	30	8.0	VE	MA	SA	NE	M44
16	8	3896	14	52	1.980	8	8.0	MA	ME	VE	NE	M44
14	9	4225	8	20	1.917	13	8.0	UR	VE	MA	NE	M44
2	8	4814	19	20	4.253	35	5.6	MA	VE	GI	UR	M44
23	8	5570	18	7	2.689	21	5.6	UR	VE	MA	SA	M44
2	11	7838	20	28	4.285	12	5.6	VE	MA	SA	UR	M44
5	11	7838	6	37	4.851	15	5.6	ME	MA	GI	UR	M44
6	11	7838	2	33	2.085	16	5.6	ME	MA	SA	UR	M44
8	11	7838	0	31	4.917	17	5.6	MA	GI	SA	UR	M44
5	11	9333	8	56	3.700	4	8.0	VE	ME	GI	NE	M44

CONGIUNZIONI PIANETI ASTEROIDI
CONJUNCTIONS PLANETS ASTEROIDS
2000-2100

GG MM AAAA : data nel formato giorno/mese/anno
HH MM : ore e minuti
DIST° : distanza minima in gradi tra i corpi
ELONG° : elongazione dal Sole dei corpi
MAG1 : magnitudine del pianeta
MAG2 : magnitudine dell'asteroide
PIANETI : corpi coinvolti : MErcurio, VEnere, MArte, GIove,
SAturno, URano, NEttuno

Sono elencate tutte le congiunzioni in cui i corpi distano meno di 5°, magnitudine minima dell'asteroide 9

GG MM AAAA : date in the format dd/mm/yyyy
HH MM : hours and minutes
DIST° : minima distance in ° between the bodies
ELONG° : elongation from the Sun of the bodies
MAG1 : magnitude of the planet
MAG2 : magnitude of the asteroid
PIANETI : planets : MErcury, VEnus, MArs, GI (Jupiter),
SAturn, URanus, NEptune

All the conjunctions are listed if the bodies have distance less then 5°, magnitude of the asteroid up to 9

GG	MM	AAAA	HH	MM	DIST°	ELONG°	MAG1	MAG2	OGGETTI
19	3	2002	16	36	0.029	71	0.3	8.0	SA Vesta
24	6	2002	1	6	0.231	15	1.6	8.3	MA Vesta
12	7	2002	5	23	0.910	6	-1.7	8.3	GI Vesta
21	7	2002	18	9	0.223	2	-1.8	8.3	ME Vesta
18	6	2003	16	0	0.936	18	-0.5	8.8	ME Ceres
12	9	2003	7	39	0.858	68	0.3	8.4	SA Ceres
2	2	2004	22	10	0.792	20	-0.2	7.8	ME Vesta
16	1	2005	18	35	0.829	177	0.0	8.7	SA Flora
30	8	2007	17	0	0.373	94	-2.1	6.9	GI Vesta
22	5	2008	11	16	0.612	20	0.8	8.7	ME Ceres
25	8	2009	16	41	0.488	34	-3.8	8.3	VE Vesta
13	10	2009	3	49	0.299	16	-0.9	8.9	ME Pallas
9	2	2011	6	31	0.370	44	-4.1	7.6	VE Vesta
22	6	2013	18	19	0.221	23	-3.8	8.3	VE Vesta
5	10	2014	11	53	0.416	39	0.8	8.7	SA Ceres
26	11	2014	12	29	0.919	8	-3.9	8.9	VE Ceres
4	3	2015	14	21	0.837	26	0.1	7.8	ME Vesta
16	6	2017	20	8	0.709	6	-1.8	8.7	ME Ceres
3	8	2020	5	3	0.231	15	-0.9	8.3	ME Vesta
7	5	2022	2	37	0.706	82	0.7	7.2	SA Vesta
16	1	2024	15	2	0.149	34	-3.9	8.7	VE Ceres
21	1	2026	14	27	0.759	4	-3.9	7.9	VE Vesta
24	1	2026	16	20	0.097	3	-1.1	7.9	ME Vesta
16	7	2027	2	46	0.892	21	0.2	8.4	ME Vesta
9	12	2028	10	2	0.434	11	-0.7	8.9	ME Ceres
5	3	2031	22	4	0.584	78	0.3	7.9	SA Vesta
25	4	2031	3	50	0.858	46	5.7	8.2	UR Vesta
25	5	2031	19	40	0.956	17	5.7	8.7	UR Ceres
14	6	2031	11	3	0.102	7	-1.6	8.7	ME Ceres
31	12	2032	13	16	0.310	173	0.0	8.6	SA Massali
16	1	2034	7	58	0.228	157	5.5	8.9	UR Euterpe
19	1	2035	0	2	0.015	159	5.5	6.7	UR Vesta
9	1	2038	6	43	0.639	20	-0.3	8.9	ME Ceres
29	7	2038	15	49	0.579	21	-3.8	8.4	VE Vesta
25	8	2038	20	30	0.560	36	5.6	8.3	UR Vesta
2	6	2040	10	50	0.884	1	-3.9	8.8	VE Ceres
26	5	2042	21	56	0.963	35	-3.9	8.3	VE Vesta
18	7	2042	19	47	0.141	7	-1.4	8.3	ME Vesta
13	12	2043	6	33	0.290	12	0.8	7.8	ME Vesta
4	1	2044	21	54	0.016	1	-1.8	7.8	GI Vesta
3	2	2044	14	48	0.679	14	-0.5	7.8	ME Vesta
15	2	2047	21	7	0.205	55	0.8	8.6	SA Ceres
17	6	2049	3	29	0.951	19	-0.3	8.8	ME Ceres
11	7	2049	0	24	0.198	5	-1.8	8.4	GI Vesta
22	7	2049	2	51	0.076	39	-3.9	8.7	VE Ceres
28	8	2049	21	5	0.810	30	-3.8	8.3	VE Vesta
16	12	2050	13	24	0.160	11	0.8	7.7	ME Vesta
16	2	2051	9	52	0.123	41	-4.0	7.6	VE Vesta
3	5	2051	5	57	0.279	83	0.7	7.2	SA Vesta
13	11	2051	3	17	0.286	26	-3.8	8.9	VE Ceres
9	7	2052	2	27	0.488	43	-4.5	8.2	VE Vesta
30	4	2053	14	1	0.103	57	1.4	8.1	MA Vesta
25	6	2053	13	23	0.752	26	-3.8	8.2	VE Vesta

GG	MM	AAAA	HH	MM	DIST°	ELONG°	MAG1	MAG2	OGGETTI
28	5	2054	15	0	0.900	15	1.4	8.7	ME Ceres
20	12	2054	16	41	0.402	17	-3.9	7.8	VE Vesta
6	3	2055	9	33	0.796	21	-0.2	7.9	ME Vesta
19	11	2055	20	1	0.345	43	-4.1	8.8	VE Pallas
22	12	2056	4	46	0.959	136	-0.9	6.8	MA Vesta
19	4	2060	12	11	0.277	46	7.9	8.2	NE Vesta
31	7	2060	22	55	0.022	9	-1.6	8.3	ME Vesta
3	1	2061	0	56	0.386	17	-3.9	8.8	VE Ceres
16	6	2063	8	36	0.849	8	-1.6	8.8	ME Ceres
24	7	2065	1	49	0.789	116	5.5	7.8	UR Ceres
23	1	2066	16	9	0.679	9	-1.1	7.9	ME Vesta
10	6	2067	12	2	0.924	3	4.3	8.4	ME Vesta
8	7	2067	17	20	0.241	12	8.0	8.4	NE Vesta
17	7	2067	15	11	0.546	17	-0.6	8.4	ME Vesta
21	3	2068	0	48	0.129	66	1.1	8.3	MA Ceres
19	6	2071	15	25	0.824	20	-0.2	8.3	ME Vesta
6	9	2072	16	22	0.329	68	-2.1	8.4	GI Ceres
14	6	2074	14	7	0.832	15	1.4	8.4	ME Vesta
27	6	2074	15	25	0.093	22	0.3	8.4	ME Vesta
5	11	2074	1	9	0.503	30	1.2	8.8	MA Ceres
8	12	2074	8	16	0.699	9	-0.8	8.9	ME Ceres
19	5	2077	15	13	0.128	18	-3.9	8.7	VE Ceres
13	6	2077	3	45	0.104	5	-1.8	8.7	ME Ceres
1	8	2078	1	58	0.197	18	-3.9	8.4	VE Vesta
19	8	2078	15	8	0.852	28	8.0	8.3	NE Vesta
2	7	2079	7	1	0.815	158	0.5	8.9	SA Eunomia
28	4	2080	13	47	0.184	84	0.7	7.1	SA Vesta
16	5	2080	17	40	0.738	96	-2.3	6.9	GI Vesta
22	6	2081	16	37	0.106	36	8.8	8.3	CerVesta
30	5	2082	7	17	0.441	38	-3.9	8.2	VE Vesta
16	7	2082	5	47	0.685	14	-0.9	8.2	ME Vesta
8	1	2084	5	8	0.601	20	-0.3	8.8	ME Ceres
3	2	2084	7	16	0.309	8	-0.8	7.8	ME Vesta
11	7	2086	11	20	0.403	23	-3.8	8.7	VE Ceres
2	11	2088	13	20	0.145	42	-4.0	8.8	VE Ceres
9	12	2088	18	22	0.891	19	-0.5	9.0	ME Ceres
22	2	2091	20	26	0.258	38	-3.9	7.7	VE Vesta
23	7	2092	23	46	0.593	46	-4.3	8.3	VE Vesta
15	8	2093	20	39	0.545	147	5.7	8.9	UR Nausika
25	12	2094	6	40	0.269	21	-3.9	7.8	VE Vesta
27	12	2094	10	6	0.364	20	-0.4	7.8	ME Vesta
16	6	2095	11	58	0.919	21	-0.2	8.8	ME Ceres
9	1	2098	15	17	0.990	12	-0.6	8.9	ME Ceres

CONGIUNZIONI LUNA-STELLE
CONJUNCTIONS MOON-STARS
2000-2100

GG MM AAAA : data nel formato giorno/mese/anno
HH MM : ore e minuti
DIST° : distanza minima in gradi tra i corpi
ELONG° : elongazione dal Sole dei corpi
MAG1 : magnitudine della Luna
MAG2 : magnitudine della stella
PIANETI : corpi coinvolti : MErcurio, VEnere, MArte, GIove,
                            SAturno, URano, NEttuno

Sono elencate tutte le congiunzioni in cui i corpi distano meno di 1°

La luna non è indicata in quanto è presente in tutte le congiunzioni di questa tabella

Stelle fino alla mag 2

GG MM AAAA : date in the format dd/mm/yyyy
HH MM : hours and minutes
DIST° : minima distance in ° between the bodies
ELONG° : elongation from the Sun of the bodies
MAG1 : magnitude of the Moon
MAG2 : magnitude of the star
PIANETI : planets : MErcury, VEnus, MArs, GI (Jupiter),
                    SAturn, URanus, NEptune

All the conjunctions are listed if the bodies have distance less then 1°

The Moon isn't indicated in the table because it is always present

Stars up to magnitude 2

GG	MM	AAAA	HH	MM	DIST°	ELONG°	MAG1	MAG2	STELLA
3	3	2005	11	49	0.820	93	-11.0	1.1	Antares
17	3	2005	10	8	0.872	86	-10.7	1.7	Elnath
30	3	2005	17	12	0.706	120	-11.7	1.1	Antares
13	4	2005	18	38	0.815	59	-10.0	1.7	Elnath
26	4	2005	23	38	0.713	147	-12.3	1.1	Antares
11	5	2005	3	1	0.868	32	-8.7	1.7	Elnath
24	5	2005	8	9	0.757	172	-12.7	1.1	Antares
7	6	2005	10	26	0.931	7	-5.5	1.7	Elnath
20	6	2005	18	14	0.732	160	-12.6	1.1	Antares
4	7	2005	16	40	0.904	21	-7.7	1.7	Elnath
18	7	2005	4	23	0.592	134	-12.0	1.1	Antares
31	7	2005	22	21	0.766	46	-9.4	1.7	Elnath
14	8	2005	13	7	0.388	108	-11.3	1.1	Antares
28	8	2005	4	29	0.582	72	-10.3	1.7	Elnath
10	9	2005	19	46	0.223	82	-10.7	1.1	Antares
24	9	2005	11	56	0.460	99	-11.0	1.7	Elnath
8	10	2005	1	12	0.175	55	-9.9	1.1	Antares
21	10	2005	20	43	0.466	126	-11.7	1.7	Elnath
4	11	2005	7	18	0.228	28	-8.6	1.1	Antares
18	11	2005	5	54	0.560	153	-12.4	1.7	Elnath
1	12	2005	15	36	0.276	4	-4.5	1.1	Antares
15	12	2005	14	10	0.620	175	-12.6	1.7	Elnath
25	12	2005	14	37	0.808	70	-10.4	1.1	Spica
29	12	2005	1	48	0.210	28	-8.6	1.1	Antares
11	1	2006	20	48	0.550	151	-12.3	1.7	Elnath
21	1	2006	22	44	0.532	98	-11.0	1.1	Spica
25	1	2006	12	7	0.024	56	-10.0	1.1	Antares
8	2	2006	2	25	0.380	123	-11.7	1.7	Elnath
18	2	2006	5	16	0.334	125	-11.7	1.1	Spica
21	2	2006	20	41	0.168	83	-10.8	1.1	Antares
7	3	2006	8	38	0.232	96	-11.0	1.7	Elnath
17	3	2006	11	5	0.273	153	-12.3	1.1	Spica
21	3	2006	3	5	0.250	110	-11.4	1.1	Antares
3	4	2006	16	35	0.208	69	-10.3	1.7	Elnath
13	4	2006	17	22	0.289	178	-12.6	1.1	Spica
17	4	2006	8	36	0.205	137	-12.0	1.1	Antares
1	5	2006	1	56	0.298	42	-9.4	1.7	Elnath
11	5	2006	0	42	0.262	154	-12.3	1.1	Spica
14	5	2006	14	57	0.122	163	-12.5	1.1	Antares
28	5	2006	11	19	0.402	16	-7.3	1.7	Elnath
7	6	2006	8	54	0.119	127	-11.7	1.1	Spica
10	6	2006	22	54	0.109	169	-12.6	1.1	Antares
24	6	2006	19	26	0.417	12	-6.6	1.7	Elnath
4	7	2006	17	15	0.113	101	-11.0	1.1	Spica
8	7	2006	8	7	0.212	144	-12.2	1.1	Antares
22	7	2006	1	53	0.321	37	-9.0	1.7	Elnath
1	8	2006	0	57	0.339	75	-10.4	1.1	Spica
4	8	2006	17	27	0.382	118	-11.5	1.1	Antares
18	8	2006	7	23	0.178	63	-10.1	1.7	Elnath
28	8	2006	7	38	0.466	49	-9.5	1.1	Spica
1	9	2006	1	41	0.512	91	-10.9	1.1	Antares
14	9	2006	13	24	0.095	89	-10.8	1.7	Elnath
24	9	2006	13	37	0.478	23	-7.9	1.1	Spica

GG	MM	AAAA	HH	MM	DIST°	ELONG°	MAG1	MAG2	STELLA
28	9	2006	8	15	0.523	65	-10.2	1.1	Antares
11	10	2006	21	15	0.138	116	-11.5	1.7	Elnath
21	10	2006	19	42	0.454	5	-4.7	1.1	Spica
25	10	2006	13	49	0.429	38	-9.1	1.1	Antares
8	11	2006	7	1	0.273	143	-12.2	1.7	Elnath
18	11	2006	2	36	0.512	32	-8.7	1.1	Spica
21	11	2006	19	57	0.335	12	-6.6	1.1	Antares
5	12	2006	17	23	0.380	170	-12.7	1.7	Elnath
15	12	2006	10	28	0.704	59	-10.0	1.1	Spica
19	12	2006	3	43	0.352	18	-7.5	1.1	Antares
2	1	2007	2	25	0.361	161	-12.6	1.7	Elnath
11	1	2007	18	46	0.961	87	-10.8	1.1	Spica
15	1	2007	12	52	0.491	45	-9.5	1.1	Antares
29	1	2007	9	10	0.240	133	-12.0	1.7	Elnath
11	2	2007	22	4	0.645	73	-10.4	1.1	Antares
25	2	2007	14	36	0.136	106	-11.3	1.7	Elnath
11	3	2007	6	2	0.691	100	-11.1	1.1	Antares
24	3	2007	20	53	0.152	79	-10.7	1.7	Elnath
30	3	2007	3	31	0.999	141	-12.0	1.4	Regulus
7	4	2007	12	30	0.606	127	-11.7	1.1	Antares
21	4	2007	5	20	0.282	52	-9.9	1.7	Elnath
26	4	2007	9	26	0.875	114	-11.4	1.4	Regulus
4	5	2007	18	16	0.479	154	-12.3	1.1	Antares
18	5	2007	15	25	0.428	26	-8.4	1.7	Elnath
23	5	2007	16	26	0.643	88	-10.7	1.4	Regulus
1	6	2007	0	27	0.422	175	-12.5	1.1	Antares
15	6	2007	1	34	0.486	5	-4.8	1.7	Elnath
20	6	2007	0	43	0.396	62	-10.0	1.4	Regulus
28	6	2007	7	41	0.482	153	-12.3	1.1	Antares
12	7	2007	10	15	0.432	27	-8.5	1.7	Elnath
17	7	2007	9	35	0.234	36	-8.9	1.4	Regulus
25	7	2007	15	53	0.609	127	-11.7	1.1	Antares
8	8	2007	16	54	0.335	53	-9.9	1.7	Elnath
13	8	2007	17	58	0.187	9	-6.1	1.4	Regulus
22	8	2007	0	21	0.701	101	-11.0	1.1	Antares
4	9	2007	22	21	0.296	79	-10.7	1.7	Elnath
10	9	2007	1	5	0.195	17	-7.4	1.4	Regulus
18	9	2007	8	11	0.675	75	-10.4	1.1	Antares
2	10	2007	4	24	0.378	106	-11.3	1.7	Elnath
7	10	2007	6	58	0.148	44	-9.4	1.4	Regulus
15	10	2007	14	54	0.542	48	-9.5	1.1	Antares
29	10	2007	12	43	0.550	133	-12.0	1.7	Elnath
3	11	2007	12	38	0.027	71	-10.4	1.4	Regulus
11	11	2007	20	51	0.402	21	-7.8	1.1	Antares
25	11	2007	23	20	0.700	160	-12.7	1.7	Elnath
30	11	2007	19	36	0.299	98	-11.1	1.4	Regulus
9	12	2007	2	59	0.369	8	-5.8	1.1	Antares
23	12	2007	10	31	0.728	170	-12.8	1.7	Elnath
28	12	2007	4	34	0.545	126	-11.8	1.4	Regulus
5	1	2008	10	2	0.459	35	-8.9	1.1	Antares
19	1	2008	19	59	0.653	143	-12.3	1.7	Elnath
24	1	2008	14	37	0.661	154	-12.4	1.4	Regulus
1	2	2008	18	2	0.572	62	-10.1	1.1	Antares

GG	MM	AAAA	HH	MM	DIST°	ELONG°	MAG1	MAG2	STELLA
16	2	2008	2	44	0.594	116	-11.6	1.7	Elnath
20	2	2008	23	55	0.667	178	-12.7	1.4	Regulus
29	2	2008	2	22	0.582	90	-10.8	1.1	Antares
14	3	2008	8	6	0.652	89	-10.9	1.7	Elnath
19	3	2008	7	14	0.682	151	-12.3	1.4	Regulus
27	3	2008	10	12	0.459	117	-11.4	1.1	Antares
10	4	2008	14	29	0.821	62	-10.2	1.7	Elnath
15	4	2008	12	54	0.807	124	-11.7	1.4	Regulus
23	4	2008	17	8	0.289	144	-12.0	1.1	Antares
20	5	2008	23	19	0.189	169	-12.5	1.1	Antares
17	6	2008	5	21	0.207	163	-12.4	1.1	Antares
14	7	2008	11	52	0.296	137	-11.9	1.1	Antares
10	8	2008	19	11	0.351	111	-11.2	1.1	Antares
7	9	2008	3	8	0.291	85	-10.6	1.1	Antares
4	10	2008	11	6	0.123	58	-9.9	1.1	Antares
31	10	2008	18	30	0.058	31	-8.6	1.1	Antares
28	11	2008	1	5	0.137	6	-5.0	1.1	Antares
25	12	2008	7	10	0.092	24	-8.1	1.1	Antares
21	1	2009	13	28	0.016	52	-9.7	1.1	Antares
17	2	2009	20	42	0.039	79	-10.6	1.1	Antares
17	3	2009	4	53	0.198	107	-11.2	1.1	Antares
13	4	2009	13	19	0.407	134	-11.9	1.1	Antares
10	5	2009	21	7	0.548	160	-12.4	1.1	Antares
7	6	2009	3	50	0.569	172	-12.5	1.1	Antares
4	7	2009	9	45	0.515	147	-12.1	1.1	Antares
31	7	2009	15	42	0.492	121	-11.5	1.1	Antares
27	8	2009	22	32	0.582	95	-10.9	1.1	Antares
24	9	2009	6	36	0.781	69	-10.3	1.1	Antares
21	10	2009	15	25	0.997	42	-9.3	1.1	Antares
21	8	2012	21	52	0.941	55	-10.0	1.1	Spica
18	9	2012	4	59	0.780	29	-8.6	1.1	Spica
15	10	2012	14	33	0.734	3	-3.9	1.1	Spica
12	11	2012	1	36	0.759	26	-8.5	1.1	Spica
9	12	2012	12	0	0.733	54	-10.0	1.1	Spica
5	1	2013	19	55	0.573	82	-10.8	1.1	Spica
2	2	2013	1	35	0.320	109	-11.4	1.1	Spica
1	3	2013	7	14	0.096	137	-12.1	1.1	Spica
28	3	2013	14	49	0.005	164	-12.6	1.1	Spica
25	4	2013	0	30	0.004	169	-12.7	1.1	Spica
22	5	2013	10	55	0.005	142	-12.2	1.1	Spica
18	6	2013	20	20	0.103	116	-11.5	1.1	Spica
16	7	2013	3	45	0.313	90	-10.9	1.1	Spica
12	8	2013	9	26	0.559	64	-10.2	1.1	Spica
8	9	2013	14	56	0.739	38	-9.1	1.1	Spica
5	10	2013	21	57	0.802	11	-6.6	1.1	Spica
2	11	2013	7	8	0.794	16	-7.4	1.1	Spica
29	11	2013	17	30	0.832	44	-9.5	1.1	Spica
25	2	2015	23	16	0.971	93	-11.0	1.0	Aldebaran
25	3	2015	7	9	0.874	66	-10.3	1.0	Aldebaran
21	4	2015	16	48	0.905	39	-9.2	1.0	Aldebaran
19	5	2015	2	44	0.977	13	-6.9	1.0	Aldebaran
15	6	2015	11	23	0.979	15	-7.1	1.0	Aldebaran
12	7	2015	18	9	0.868	40	-9.2	1.0	Aldebaran

GG	MM	AAAA	HH	MM	DIST°	ELONG°	MAG1	MAG2	STELLA
8	8	2015	23	38	0.690	66	-10.3	1.0	Aldebaran
5	9	2015	5	27	0.546	92	-11.0	1.0	Aldebaran
2	10	2015	13	9	0.518	119	-11.6	1.0	Aldebaran
29	10	2015	23	2	0.597	146	-12.3	1.0	Aldebaran
26	11	2015	9	49	0.677	172	-12.7	1.0	Aldebaran
23	12	2015	19	25	0.647	158	-12.6	1.0	Aldebaran
20	1	2016	2	34	0.499	130	-11.9	1.0	Aldebaran
16	2	2016	8	1	0.337	103	-11.3	1.0	Aldebaran
14	3	2016	14	5	0.279	76	-10.6	1.0	Aldebaran
10	4	2016	22	24	0.347	49	-9.8	1.0	Aldebaran
8	5	2016	8	38	0.457	22	-8.1	1.0	Aldebaran
4	6	2016	19	9	0.499	7	-5.5	1.0	Aldebaran
2	7	2016	4	15	0.427	31	-8.8	1.0	Aldebaran
29	7	2016	11	13	0.291	57	-10.0	1.0	Aldebaran
25	8	2016	16	43	0.192	83	-10.8	1.0	Aldebaran
21	9	2016	22	35	0.206	109	-11.4	1.0	Aldebaran
19	10	2016	6	37	0.323	136	-12.1	1.0	Aldebaran
15	11	2016	17	7	0.444	163	-12.7	1.0	Aldebaran
13	12	2016	4	31	0.458	167	-12.8	1.0	Aldebaran
18	12	2016	18	10	0.981	117	-11.6	1.4	Regulus
9	1	2017	14	27	0.355	140	-12.3	1.0	Aldebaran
15	1	2017	4	9	0.805	145	-12.3	1.4	Regulus
5	2	2017	21	36	0.239	113	-11.5	1.0	Aldebaran
11	2	2017	14	8	0.764	173	-12.7	1.4	Regulus
5	3	2017	3	0	0.227	85	-10.9	1.0	Aldebaran
10	3	2017	22	24	0.768	160	-12.5	1.4	Regulus
1	4	2017	9	9	0.337	58	-10.1	1.0	Aldebaran
7	4	2017	4	35	0.696	133	-11.9	1.4	Regulus
28	4	2017	17	36	0.487	32	-8.9	1.0	Aldebaran
4	5	2017	10	0	0.502	106	-11.2	1.4	Regulus
26	5	2017	3	58	0.565	7	-5.6	1.0	Aldebaran
31	5	2017	16	27	0.245	80	-10.6	1.4	Regulus
22	6	2017	14	38	0.530	22	-8.1	1.0	Aldebaran
28	6	2017	0	50	0.033	54	-9.9	1.4	Regulus
19	7	2017	23	55	0.433	48	-9.7	1.0	Aldebaran
25	7	2017	10	40	0.066	27	-8.5	1.4	Regulus
16	8	2017	6	58	0.379	74	-10.5	1.0	Aldebaran
21	8	2017	20	32	0.073	1	-1.8	1.4	Regulus
12	9	2017	12	28	0.437	100	-11.2	1.0	Aldebaran
18	9	2017	5	0	0.084	25	-8.3	1.4	Regulus
9	10	2017	18	21	0.594	126	-11.9	1.0	Aldebaran
15	10	2017	11	26	0.198	52	-9.8	1.4	Regulus
6	11	2017	2	31	0.753	153	-12.5	1.0	Aldebaran
11	11	2017	16	46	0.432	79	-10.7	1.4	Regulus
3	12	2017	13	12	0.807	175	-12.8	1.0	Aldebaran
8	12	2017	23	11	0.700	107	-11.4	1.4	Regulus
31	12	2017	0	37	0.744	150	-12.5	1.0	Aldebaran
5	1	2018	8	13	0.877	135	-12.1	1.4	Regulus
27	1	2018	10	23	0.670	122	-11.8	1.0	Aldebaran
1	2	2018	19	14	0.919	163	-12.7	1.4	Regulus
23	2	2018	17	21	0.702	95	-11.1	1.0	Aldebaran
1	3	2018	5	59	0.911	169	-12.7	1.4	Regulus
22	3	2018	22	44	0.857	68	-10.4	1.0	Aldebaran

GG	MM	AAAA	HH	MM	DIST°	ELONG°	MAG1	MAG2	STELLA
28	3	2018	14	31	0.977	142	-12.2	1.4	Regulus
21	9	2023	8	49	0.863	72	-10.4	1.1	Antares
4	10	2023	23	10	0.911	108	-11.3	1.7	Elnath
18	10	2023	14	14	0.815	45	-9.5	1.1	Antares
1	11	2023	8	26	0.912	136	-12.0	1.7	Elnath
14	11	2023	20	39	0.857	18	-7.6	1.1	Antares
28	11	2023	17	57	0.986	163	-12.5	1.7	Elnath
12	12	2023	5	13	0.872	10	-6.4	1.1	Antares
8	1	2024	15	18	0.762	38	-9.2	1.1	Antares
22	1	2024	8	34	0.891	141	-12.1	1.7	Elnath
5	2	2024	1	5	0.544	66	-10.3	1.1	Antares
18	2	2024	14	3	0.691	113	-11.4	1.7	Elnath
3	3	2024	9	3	0.341	93	-11.0	1.1	Antares
16	3	2024	20	32	0.534	86	-10.8	1.7	Elnath
30	3	2024	15	10	0.259	120	-11.6	1.1	Antares
13	4	2024	4	59	0.506	59	-10.1	1.7	Elnath
26	4	2024	20	47	0.295	147	-12.2	1.1	Antares
10	5	2024	14	44	0.581	33	-8.8	1.7	Elnath
24	5	2024	3	20	0.352	172	-12.6	1.1	Antares
7	6	2024	0	14	0.653	8	-5.7	1.7	Elnath
20	6	2024	11	20	0.328	160	-12.4	1.1	Antares
4	7	2024	8	14	0.628	20	-7.8	1.7	Elnath
14	7	2024	3	21	0.810	92	-10.8	1.1	Spica
17	7	2024	20	21	0.189	134	-11.9	1.1	Antares
31	7	2024	14	28	0.496	46	-9.5	1.7	Elnath
10	8	2024	10	53	0.585	66	-10.1	1.1	Spica
14	8	2024	5	18	0.004	108	-11.3	1.1	Antares
27	8	2024	19	54	0.333	72	-10.4	1.7	Elnath
6	9	2024	17	34	0.466	40	-9.1	1.1	Spica
10	9	2024	13	6	0.144	82	-10.6	1.1	Antares
24	9	2024	2	10	0.241	99	-11.1	1.7	Elnath
3	10	2024	23	39	0.456	13	-6.7	1.1	Spica
7	10	2024	19	26	0.160	55	-9.8	1.1	Antares
21	10	2024	10	35	0.278	125	-11.8	1.7	Elnath
31	10	2024	5	49	0.464	14	-6.9	1.1	Spica
4	11	2024	1	5	0.082	28	-8.5	1.1	Antares
17	11	2024	20	54	0.391	153	-12.5	1.7	Elnath
27	11	2024	12	40	0.375	42	-9.2	1.1	Spica
1	12	2024	7	27	0.023	5	-4.6	1.1	Antares
15	12	2024	7	28	0.455	175	-12.8	1.7	Elnath
24	12	2024	20	22	0.153	69	-10.3	1.1	Spica
28	12	2024	15	16	0.086	28	-8.5	1.1	Antares
11	1	2025	16	15	0.389	151	-12.4	1.7	Elnath
21	1	2025	4	32	0.114	97	-11.0	1.1	Spica
25	1	2025	0	10	0.262	55	-9.9	1.1	Antares
7	2	2025	22	38	0.236	123	-11.8	1.7	Elnath
17	2	2025	12	29	0.293	125	-11.6	1.1	Spica
21	2	2025	8	54	0.432	83	-10.7	1.1	Antares
7	3	2025	4	1	0.122	96	-11.1	1.7	Elnath
16	3	2025	19	42	0.335	152	-12.3	1.1	Spica
20	3	2025	16	31	0.481	110	-11.3	1.1	Antares
3	4	2025	10	42	0.133	69	-10.4	1.7	Elnath
13	4	2025	2	6	0.311	178	-12.5	1.1	Spica

GG	MM	AAAA	HH	MM	DIST°	ELONG°	MAG1	MAG2	STELLA
16	4	2025	22	54	0.409	137	-11.9	1.1	Antares
30	4	2025	19	39	0.247	42	-9.5	1.7	Elnath
10	5	2025	8	9	0.341	154	-12.3	1.1	Spica
14	5	2025	4	47	0.311	163	-12.4	1.1	Antares
28	5	2025	6	3	0.359	17	-7.5	1.7	Elnath
6	6	2025	14	32	0.489	128	-11.7	1.1	Spica
10	6	2025	11	3	0.294	169	-12.5	1.1	Antares
24	6	2025	16	11	0.374	12	-6.7	1.7	Elnath
3	7	2025	21	42	0.718	102	-11.0	1.1	Spica
7	7	2025	18	13	0.391	144	-12.1	1.1	Antares
22	7	2025	0	37	0.285	37	-9.1	1.7	Elnath
31	7	2025	5	36	0.928	76	-10.4	1.1	Spica
4	8	2025	2	13	0.545	118	-11.4	1.1	Antares
18	8	2025	7	0	0.166	63	-10.2	1.7	Elnath
31	8	2025	10	26	0.648	92	-10.8	1.1	Antares
14	9	2025	12	23	0.120	89	-10.9	1.7	Elnath
27	9	2025	18	6	0.629	65	-10.1	1.1	Antares
11	10	2025	18	47	0.197	116	-11.6	1.7	Elnath
25	10	2025	0	49	0.513	39	-9.1	1.1	Antares
8	11	2025	3	42	0.349	143	-12.3	1.7	Elnath
13	11	2025	0	23	0.931	81	-10.7	1.4	Regulus
21	11	2025	6	54	0.409	12	-6.6	1.1	Antares
5	12	2025	14	45	0.456	170	-12.8	1.7	Elnath
10	12	2025	7	49	0.658	108	-11.4	1.4	Regulus
18	12	2025	13	5	0.422	17	-7.4	1.1	Antares
2	1	2026	1	54	0.436	161	-12.7	1.7	Elnath
6	1	2026	17	23	0.431	136	-12.1	1.4	Regulus
14	1	2026	20	3	0.552	45	-9.4	1.1	Antares
29	1	2026	10	55	0.330	133	-12.1	1.7	Elnath
3	2	2026	3	47	0.339	164	-12.6	1.4	Regulus
11	2	2026	3	52	0.683	72	-10.4	1.1	Antares
25	2	2026	17	16	0.261	106	-11.4	1.7	Elnath
2	3	2026	12	59	0.341	168	-12.6	1.4	Regulus
10	3	2026	12	4	0.697	100	-11.0	1.1	Antares
24	3	2026	22	38	0.317	79	-10.7	1.7	Elnath
29	3	2026	19	59	0.314	141	-12.1	1.4	Regulus
6	4	2026	19	56	0.587	127	-11.7	1.1	Antares
21	4	2026	5	25	0.471	52	-9.9	1.7	Elnath
26	4	2026	1	29	0.171	114	-11.5	1.4	Regulus
4	5	2026	2	58	0.446	153	-12.2	1.1	Antares
18	5	2026	14	32	0.620	26	-8.4	1.7	Elnath
23	5	2026	7	19	0.070	88	-10.8	1.4	Regulus
31	5	2026	9	12	0.387	175	-12.5	1.1	Antares
15	6	2026	1	9	0.672	5	-4.8	1.7	Elnath
19	6	2026	14	56	0.312	62	-10.2	1.4	Regulus
27	6	2026	15	11	0.443	154	-12.2	1.1	Antares
12	7	2026	11	33	0.619	28	-8.6	1.7	Elnath
17	7	2026	0	24	0.463	36	-9.1	1.4	Regulus
24	7	2026	21	37	0.557	128	-11.6	1.1	Antares
8	8	2026	20	12	0.542	54	-9.9	1.7	Elnath
13	8	2026	10	35	0.501	9	-6.2	1.4	Regulus
21	8	2026	4	54	0.624	102	-11.0	1.1	Antares
5	9	2026	2	38	0.540	80	-10.7	1.7	Elnath

GG	MM	AAAA	HH	MM	DIST°	ELONG°	MAG1	MAG2	STELLA
9	9	2026	19	52	0.498	17	-7.5	1.4	Regulus
17	9	2026	12	54	0.570	76	-10.4	1.1	Antares
2	10	2026	8	0	0.658	106	-11.4	1.7	Elnath
7	10	2026	3	9	0.561	44	-9.5	1.4	Regulus
14	10	2026	21	4	0.415	49	-9.6	1.1	Antares
29	10	2026	14	29	0.846	133	-12.1	1.7	Elnath
3	11	2026	8	43	0.752	71	-10.5	1.4	Regulus
11	11	2026	4	39	0.268	22	-7.9	1.1	Antares
25	11	2026	23	37	0.991	160	-12.7	1.7	Elnath
8	12	2026	11	16	0.233	8	-5.7	1.1	Antares
4	1	2027	17	15	0.316	34	-8.9	1.1	Antares
19	1	2027	22	2	0.943	143	-12.3	1.7	Elnath
31	1	2027	23	29	0.408	62	-10.1	1.1	Antares
16	2	2027	6	54	0.916	115	-11.6	1.7	Elnath
28	2	2027	6	50	0.388	89	-10.8	1.1	Antares
27	3	2027	15	18	0.239	116	-11.4	1.1	Antares
24	4	2027	0	1	0.055	143	-12.1	1.1	Antares
21	5	2027	7	55	0.048	169	-12.5	1.1	Antares
17	6	2027	14	33	0.032	163	-12.4	1.1	Antares
14	7	2027	20	21	0.044	138	-11.9	1.1	Antares
11	8	2027	2	17	0.075	112	-11.3	1.1	Antares
7	9	2027	9	20	0.013	86	-10.7	1.1	Antares
4	10	2027	17	48	0.203	59	-10.0	1.1	Antares
1	11	2027	3	2	0.392	32	-8.8	1.1	Antares
28	11	2027	11	43	0.473	6	-5.1	1.1	Antares
25	12	2027	18	51	0.435	24	-8.2	1.1	Antares
22	1	2028	0	36	0.381	51	-9.8	1.1	Antares
18	2	2028	6	27	0.434	79	-10.6	1.1	Antares
16	3	2028	13	58	0.618	106	-11.3	1.1	Antares
12	4	2028	23	13	0.841	133	-11.9	1.1	Antares
10	5	2028	8	58	0.986	160	-12.5	1.1	Antares
4	7	2028	0	42	0.968	147	-12.2	1.1	Antares
31	7	2028	6	22	0.969	121	-11.6	1.1	Antares
11	3	2031	21	0	0.928	147	-12.3	1.1	Spica
8	4	2031	4	53	0.861	173	-12.7	1.1	Spica
5	5	2031	14	34	0.883	159	-12.5	1.1	Spica
2	6	2031	0	39	0.884	133	-11.9	1.1	Spica
29	6	2031	9	35	0.779	107	-11.3	1.1	Spica
26	7	2031	16	34	0.567	81	-10.6	1.1	Spica
22	8	2031	22	7	0.333	55	-9.9	1.1	Spica
19	9	2031	3	47	0.177	28	-8.5	1.1	Spica
16	10	2031	11	6	0.140	3	-3.4	1.1	Spica
12	11	2031	20	22	0.159	26	-8.4	1.1	Spica
10	12	2031	6	26	0.111	54	-9.9	1.1	Spica
6	1	2032	15	26	0.076	82	-10.7	1.1	Spica
2	2	2032	22	21	0.347	109	-11.3	1.1	Spica
1	3	2032	3	59	0.568	137	-12.0	1.1	Spica
28	3	2032	9	59	0.659	164	-12.5	1.1	Spica
24	4	2032	17	24	0.655	169	-12.6	1.1	Spica
22	5	2032	2	6	0.667	143	-12.1	1.1	Spica
18	6	2032	11	7	0.785	116	-11.4	1.1	Spica
14	9	2033	18	57	0.997	102	-11.2	1.0	Aldebaran
12	10	2033	3	11	0.966	129	-11.9	1.0	Aldebaran

GG	MM	AAAA	HH	MM	DIST°	ELONG°	MAG1	MAG2	STELLA
2	1	2034	9	56	0.996	148	-12.4	1.0	Aldebaran
29	1	2034	16	39	0.813	120	-11.7	1.0	Aldebaran
25	2	2034	22	0	0.638	93	-11.0	1.0	Aldebaran
25	3	2034	4	26	0.578	66	-10.4	1.0	Aldebaran
21	4	2034	13	15	0.635	39	-9.3	1.0	Aldebaran
18	5	2034	23	47	0.716	13	-7.0	1.0	Aldebaran
15	6	2034	10	15	0.716	15	-7.2	1.0	Aldebaran
12	7	2034	19	5	0.605	40	-9.3	1.0	Aldebaran
9	8	2034	1	43	0.445	66	-10.3	1.0	Aldebaran
5	9	2034	7	7	0.337	93	-11.0	1.0	Aldebaran
2	10	2034	13	17	0.346	119	-11.7	1.0	Aldebaran
29	10	2034	21	52	0.446	146	-12.4	1.0	Aldebaran
26	11	2034	8	48	0.529	172	-12.8	1.0	Aldebaran
23	12	2034	20	10	0.493	158	-12.6	1.0	Aldebaran
20	1	2035	5	37	0.350	130	-12.0	1.0	Aldebaran
16	2	2035	12	17	0.220	103	-11.3	1.0	Aldebaran
15	3	2035	17	38	0.204	75	-10.6	1.0	Aldebaran
12	4	2035	0	8	0.303	49	-9.8	1.0	Aldebaran
9	5	2035	8	59	0.421	22	-8.1	1.0	Aldebaran
5	6	2035	19	29	0.457	7	-5.6	1.0	Aldebaran
3	7	2035	5	58	0.382	31	-8.8	1.0	Aldebaran
30	7	2035	14	52	0.260	57	-10.1	1.0	Aldebaran
5	8	2035	0	45	0.940	18	-7.6	1.4	Regulus
26	8	2035	21	32	0.196	83	-10.8	1.0	Aldebaran
1	9	2035	10	42	0.939	8	-6.0	1.4	Regulus
23	9	2035	2	57	0.250	110	-11.4	1.0	Aldebaran
28	9	2035	18	57	0.916	35	-9.0	1.4	Regulus
20	10	2035	9	9	0.392	136	-12.1	1.0	Aldebaran
26	10	2035	1	6	0.780	62	-10.2	1.4	Regulus
16	11	2035	17	48	0.515	163	-12.7	1.0	Aldebaran
22	11	2035	6	26	0.531	89	-11.0	1.4	Regulus
14	12	2035	4	42	0.521	167	-12.8	1.0	Aldebaran
19	12	2035	13	20	0.268	117	-11.7	1.4	Regulus
10	1	2036	15	51	0.420	140	-12.3	1.0	Aldebaran
15	1	2036	23	1	0.111	145	-12.4	1.4	Regulus
7	2	2036	1	0	0.330	112	-11.5	1.0	Aldebaran
12	2	2036	10	20	0.081	173	-12.8	1.4	Regulus
5	3	2036	7	29	0.360	85	-10.8	1.0	Aldebaran
10	3	2036	20	54	0.079	159	-12.6	1.4	Regulus
1	4	2036	12	51	0.505	58	-10.1	1.0	Aldebaran
7	4	2036	5	1	0.012	132	-12.0	1.4	Regulus
28	4	2036	19	17	0.666	32	-8.8	1.0	Aldebaran
4	5	2036	10	52	0.218	106	-11.3	1.4	Regulus
26	5	2036	3	49	0.740	7	-5.5	1.0	Aldebaran
31	5	2036	16	17	0.468	79	-10.7	1.4	Regulus
22	6	2036	13	51	0.701	22	-8.0	1.0	Aldebaran
27	6	2036	23	16	0.660	53	-9.9	1.4	Regulus
19	7	2036	23	56	0.617	48	-9.7	1.0	Aldebaran
25	7	2036	8	31	0.737	27	-8.6	1.4	Regulus
16	8	2036	8	35	0.593	74	-10.5	1.0	Aldebaran
21	8	2036	19	14	0.737	2	-2.3	1.4	Regulus
12	9	2036	15	9	0.690	100	-11.1	1.0	Aldebaran
18	9	2036	5	40	0.758	26	-8.4	1.4	Regulus

GG	MM	AAAA	HH	MM	DIST°	ELONG°	MAG1	MAG2	STELLA
9	10	2036	20	34	0.875	127	-11.8	1.0	Aldebaran
15	10	2036	14	9	0.890	53	-9.9	1.4	Regulus
27	1	2037	7	52	0.978	122	-11.7	1.0	Aldebaran
10	4	2042	2	44	0.926	130	-11.8	1.1	Antares
23	4	2042	18	6	0.984	50	-9.7	1.7	Elnath
7	5	2042	8	29	0.953	156	-12.4	1.1	Antares
3	6	2042	15	11	0.986	175	-12.6	1.1	Antares
30	6	2042	23	9	0.926	151	-12.3	1.1	Antares
28	7	2042	7	55	0.755	125	-11.6	1.1	Antares
11	8	2042	3	32	0.855	56	-9.9	1.7	Elnath
24	8	2042	16	29	0.542	99	-11.0	1.1	Antares
7	9	2042	8	57	0.673	82	-10.7	1.7	Elnath
20	9	2042	23	57	0.396	72	-10.4	1.1	Antares
4	10	2042	15	35	0.576	108	-11.4	1.7	Elnath
18	10	2042	6	9	0.377	46	-9.4	1.1	Antares
1	11	2042	0	36	0.606	135	-12.1	1.7	Elnath
14	11	2042	11	57	0.439	19	-7.6	1.1	Antares
28	11	2042	11	25	0.694	163	-12.7	1.7	Elnath
11	12	2042	18	28	0.462	10	-6.3	1.1	Antares
25	12	2042	22	1	0.714	168	-12.7	1.7	Elnath
8	1	2043	2	15	0.353	37	-9.1	1.1	Antares
22	1	2043	6	27	0.602	141	-12.2	1.7	Elnath
31	1	2043	14	19	0.812	107	-11.2	1.1	Spica
4	2	2043	10	50	0.146	65	-10.2	1.1	Antares
18	2	2043	12	28	0.423	113	-11.5	1.7	Elnath
27	2	2043	22	25	0.645	135	-11.9	1.1	Spica
3	3	2043	19	12	0.034	93	-10.9	1.1	Antares
17	3	2043	17	55	0.301	86	-10.9	1.7	Elnath
27	3	2043	5	45	0.611	162	-12.4	1.1	Spica
31	3	2043	2	37	0.087	120	-11.5	1.1	Antares
14	4	2043	1	2	0.307	59	-10.1	1.7	Elnath
23	4	2043	12	8	0.624	171	-12.5	1.1	Spica
27	4	2043	9	1	0.027	146	-12.1	1.1	Antares
11	5	2043	10	27	0.403	33	-8.9	1.7	Elnath
20	5	2043	18	5	0.569	145	-12.1	1.1	Spica
24	5	2043	15	0	0.041	172	-12.5	1.1	Antares
7	6	2043	21	4	0.478	8	-5.9	1.7	Elnath
17	6	2043	0	23	0.396	119	-11.4	1.1	Spica
20	6	2043	21	17	0.019	160	-12.4	1.1	Antares
5	7	2043	7	6	0.452	21	-7.9	1.7	Elnath
14	7	2043	7	36	0.152	93	-10.8	1.1	Spica
18	7	2043	4	20	0.114	135	-11.8	1.1	Antares
1	8	2043	15	14	0.328	46	-9.6	1.7	Elnath
10	8	2043	15	41	0.060	67	-10.2	1.1	Spica
14	8	2043	12	9	0.291	109	-11.2	1.1	Antares
28	8	2043	21	20	0.190	72	-10.5	1.7	Elnath
7	9	2043	0	0	0.161	40	-9.2	1.1	Spica
10	9	2043	20	13	0.404	82	-10.6	1.1	Antares
25	9	2043	2	44	0.138	99	-11.2	1.7	Elnath
4	10	2043	7	44	0.158	14	-6.9	1.1	Spica
8	10	2043	3	51	0.392	56	-9.8	1.1	Antares
22	10	2043	9	34	0.207	126	-11.9	1.7	Elnath
31	10	2043	14	24	0.150	14	-6.9	1.1	Spica

GG	MM	AAAA	HH	MM	DIST°	ELONG°	MAG1	MAG2	STELLA
4	11	2043	10	39	0.294	29	-8.5	1.1	Antares
18	11	2043	19	4	0.334	153	-12.5	1.7	Elnath
27	11	2043	20	15	0.247	41	-9.2	1.1	Spica
1	12	2043	16	50	0.228	5	-4.6	1.1	Antares
16	12	2043	6	26	0.396	175	-12.8	1.7	Elnath
25	12	2043	2	18	0.473	69	-10.3	1.1	Spica
28	12	2043	23	1	0.290	27	-8.3	1.1	Antares
12	1	2044	17	23	0.327	151	-12.5	1.7	Elnath
21	1	2044	9	43	0.731	97	-11.0	1.1	Spica
25	1	2044	5	51	0.455	55	-9.8	1.1	Antares
9	2	2044	1	53	0.192	123	-11.8	1.7	Elnath
17	2	2044	18	37	0.891	124	-11.7	1.1	Spica
21	2	2044	13	34	0.600	82	-10.6	1.1	Antares
7	3	2044	7	51	0.115	96	-11.1	1.7	Elnath
16	3	2044	3	52	0.914	152	-12.3	1.1	Spica
19	3	2044	21	49	0.620	109	-11.2	1.1	Antares
3	4	2044	13	20	0.166	69	-10.4	1.7	Elnath
12	4	2044	12	5	0.883	177	-12.6	1.1	Spica
16	4	2044	5	49	0.524	136	-11.9	1.1	Antares
30	4	2044	20	31	0.302	42	-9.5	1.7	Elnath
9	5	2044	18	41	0.918	154	-12.3	1.1	Spica
13	5	2044	12	56	0.415	162	-12.4	1.1	Antares
28	5	2044	5	59	0.415	16	-7.5	1.7	Elnath
1	6	2044	20	40	0.887	79	-10.6	1.4	Regulus
9	6	2044	19	10	0.396	170	-12.5	1.1	Antares
24	6	2044	16	40	0.424	12	-6.7	1.7	Elnath
29	6	2044	4	45	0.658	52	-9.9	1.4	Regulus
7	7	2044	1	5	0.490	144	-12.0	1.1	Antares
22	7	2044	2	50	0.337	37	-9.2	1.7	Elnath
26	7	2044	14	38	0.529	26	-8.4	1.4	Regulus
3	8	2044	7	26	0.629	119	-11.4	1.1	Antares
18	8	2044	11	5	0.241	63	-10.3	1.7	Elnath
23	8	2044	0	59	0.505	1	-1.3	1.4	Regulus
30	8	2044	14	46	0.706	92	-10.8	1.1	Antares
14	9	2044	17	12	0.234	89	-10.9	1.7	Elnath
19	9	2044	10	9	0.506	27	-8.5	1.4	Regulus
26	9	2044	22	59	0.659	66	-10.2	1.1	Antares
11	10	2044	22	36	0.346	116	-11.6	1.7	Elnath
16	10	2044	17	8	0.425	54	-9.9	1.4	Regulus
24	10	2044	7	25	0.522	39	-9.1	1.1	Antares
8	11	2044	5	31	0.513	143	-12.3	1.7	Elnath
12	11	2044	22	32	0.217	81	-10.7	1.4	Regulus
20	11	2044	15	10	0.411	12	-6.7	1.1	Antares
5	12	2044	15	6	0.616	170	-12.8	1.7	Elnath
10	12	2044	4	33	0.055	108	-11.4	1.4	Regulus
17	12	2044	21	45	0.423	17	-7.4	1.1	Antares
2	1	2045	2	27	0.589	161	-12.7	1.7	Elnath
6	1	2045	13	9	0.265	136	-12.2	1.4	Regulus
14	1	2045	3	35	0.543	44	-9.4	1.1	Antares
29	1	2045	13	12	0.494	133	-12.1	1.7	Elnath
3	2	2045	0	8	0.342	164	-12.7	1.4	Regulus
10	2	2045	9	48	0.650	72	-10.4	1.1	Antares
25	2	2045	21	26	0.460	105	-11.3	1.7	Elnath

GG	MM	AAAA	HH	MM	DIST°	ELONG°	MAG1	MAG2	STELLA
2	3	2045	11	21	0.340	168	-12.7	1.4	Regulus
9	3	2045	17	25	0.634	99	-11.1	1.1	Antares
25	3	2045	3	18	0.557	78	-10.7	1.7	Elnath
29	3	2045	20	36	0.385	141	-12.2	1.4	Regulus
6	4	2045	2	17	0.498	126	-11.7	1.1	Antares
21	4	2045	8	48	0.736	52	-9.8	1.7	Elnath
26	4	2045	3	13	0.548	114	-11.5	1.4	Regulus
3	5	2045	11	15	0.344	153	-12.3	1.1	Antares
18	5	2045	15	51	0.888	25	-8.4	1.7	Elnath
23	5	2045	8	33	0.792	88	-10.9	1.4	Regulus
30	5	2045	19	11	0.281	175	-12.6	1.1	Antares
15	6	2045	1	0	0.932	5	-4.7	1.7	Elnath
27	6	2045	1	42	0.333	154	-12.3	1.1	Antares
12	7	2045	11	19	0.880	28	-8.5	1.7	Elnath
24	7	2045	7	21	0.431	128	-11.7	1.1	Antares
8	8	2045	21	12	0.821	54	-9.9	1.7	Elnath
20	8	2045	13	21	0.471	102	-11.1	1.1	Antares
5	9	2045	5	16	0.854	80	-10.7	1.7	Elnath
16	9	2045	20	44	0.388	76	-10.5	1.1	Antares
14	10	2045	5	41	0.212	49	-9.7	1.1	Antares
10	11	2045	15	18	0.055	22	-8.0	1.1	Antares
8	12	2045	0	3	0.017	7	-5.7	1.1	Antares
4	1	2046	6	57	0.089	34	-8.9	1.1	Antares
31	1	2046	12	31	0.156	61	-10.1	1.1	Antares
27	2	2046	18	34	0.103	89	-10.9	1.1	Antares
27	3	2046	2	35	0.072	116	-11.5	1.1	Antares
23	4	2046	12	18	0.269	143	-12.2	1.1	Antares
20	5	2046	22	14	0.375	169	-12.6	1.1	Antares
17	6	2046	6	53	0.365	164	-12.5	1.1	Antares
14	7	2046	13	39	0.306	138	-12.0	1.1	Antares
10	8	2046	19	10	0.303	112	-11.4	1.1	Antares
7	9	2046	1	3	0.420	86	-10.8	1.1	Antares
4	10	2046	8	47	0.628	59	-10.1	1.1	Antares
31	10	2046	18	40	0.822	32	-8.9	1.1	Antares
28	11	2046	5	23	0.902	6	-5.2	1.1	Antares
25	12	2046	14	53	0.873	24	-8.3	1.1	Antares
21	1	2047	21	55	0.845	52	-9.9	1.1	Antares
18	2	2047	3	19	0.931	79	-10.7	1.1	Antares
25	10	2049	23	42	1.000	9	-6.0	1.1	Spica
19	12	2049	18	37	0.977	64	-10.2	1.1	Spica
16	1	2050	3	3	0.782	92	-10.9	1.1	Spica
12	2	2050	9	39	0.522	119	-11.5	1.1	Spica
11	3	2050	15	19	0.329	147	-12.2	1.1	Spica
7	4	2050	21	31	0.268	173	-12.6	1.1	Spica
5	5	2050	4	59	0.287	160	-12.4	1.1	Spica
1	6	2050	13	29	0.273	133	-11.8	1.1	Spica
28	6	2050	22	8	0.146	107	-11.2	1.1	Spica
26	7	2050	6	0	0.081	81	-10.6	1.1	Spica
22	8	2050	12	37	0.319	55	-9.8	1.1	Spica
18	9	2050	18	26	0.468	29	-8.4	1.1	Spica
16	10	2050	0	25	0.499	2	-3.0	1.1	Spica
12	11	2050	7	28	0.485	26	-8.2	1.1	Spica
9	12	2050	15	37	0.549	53	-9.8	1.1	Spica

GG	MM	AAAA	HH	MM	DIST°	ELONG°	MAG1	MAG2	STELLA
6	1	2051	0	9	0.753	81	-10.6	1.1	Spica
22	7	2052	10	0	0.965	50	-9.8	1.0	Aldebaran
18	8	2052	16	19	0.783	76	-10.6	1.0	Aldebaran
14	9	2052	21	41	0.668	102	-11.2	1.0	Aldebaran
12	10	2052	4	13	0.673	129	-11.9	1.0	Aldebaran
8	11	2052	13	21	0.754	156	-12.6	1.0	Aldebaran
6	12	2052	0	35	0.796	174	-12.8	1.0	Aldebaran
2	1	2053	11	46	0.710	148	-12.4	1.0	Aldebaran
29	1	2053	20	40	0.534	120	-11.7	1.0	Aldebaran
26	2	2053	2	53	0.392	93	-11.0	1.0	Aldebaran
25	3	2053	8	17	0.373	65	-10.3	1.0	Aldebaran
21	4	2053	15	9	0.458	39	-9.3	1.0	Aldebaran
19	5	2053	0	19	0.544	13	-7.0	1.0	Aldebaran
15	6	2053	10	51	0.537	15	-7.3	1.0	Aldebaran
12	7	2053	21	5	0.423	41	-9.4	1.0	Aldebaran
9	8	2053	5	32	0.279	67	-10.3	1.0	Aldebaran
5	9	2053	11	52	0.206	93	-11.0	1.0	Aldebaran
2	10	2053	17	15	0.254	119	-11.6	1.0	Aldebaran
29	10	2053	23	49	0.377	146	-12.3	1.0	Aldebaran
26	11	2053	8	53	0.460	172	-12.8	1.0	Aldebaran
23	12	2053	19	52	0.417	158	-12.6	1.0	Aldebaran
20	1	2054	6	36	0.281	130	-12.0	1.0	Aldebaran
16	2	2054	15	6	0.178	102	-11.3	1.0	Aldebaran
15	3	2054	21	12	0.205	75	-10.6	1.0	Aldebaran
12	4	2054	2	38	0.336	48	-9.7	1.0	Aldebaran
17	4	2054	19	40	0.974	123	-11.8	1.4	Regulus
9	5	2054	9	22	0.465	22	-8.0	1.0	Aldebaran
15	5	2054	1	17	0.754	96	-11.1	1.4	Regulus
5	6	2054	18	4	0.497	7	-5.5	1.0	Aldebaran
11	6	2054	6	51	0.507	70	-10.4	1.4	Regulus
3	7	2054	4	0	0.422	31	-8.8	1.0	Aldebaran
8	7	2054	14	14	0.331	44	-9.5	1.4	Regulus
30	7	2054	13	44	0.315	57	-10.0	1.0	Aldebaran
4	8	2054	23	52	0.267	18	-7.6	1.4	Regulus
26	8	2054	21	53	0.283	83	-10.7	1.0	Aldebaran
1	9	2054	10	44	0.269	9	-6.1	1.4	Regulus
23	9	2054	4	8	0.375	110	-11.3	1.0	Aldebaran
28	9	2054	21	0	0.229	35	-9.1	1.4	Regulus
20	10	2054	9	35	0.544	136	-12.0	1.0	Aldebaran
26	10	2054	5	3	0.071	62	-10.3	1.4	Regulus
16	11	2054	16	6	0.673	163	-12.6	1.0	Aldebaran
22	11	2054	10	50	0.186	90	-11.0	1.4	Regulus
14	12	2054	0	46	0.678	167	-12.7	1.0	Aldebaran
19	12	2054	16	21	0.430	117	-11.7	1.4	Regulus
10	1	2055	10	57	0.585	140	-12.2	1.0	Aldebaran
16	1	2055	0	4	0.559	145	-12.4	1.4	Regulus
6	2	2055	20	45	0.522	112	-11.5	1.0	Aldebaran
12	2	2055	10	31	0.573	173	-12.8	1.4	Regulus
6	3	2055	4	39	0.589	85	-10.8	1.0	Aldebaran
11	3	2055	21	57	0.583	159	-12.6	1.4	Regulus
2	4	2055	10	40	0.766	58	-10.0	1.0	Aldebaran
8	4	2055	8	1	0.695	132	-12.0	1.4	Regulus
29	4	2055	16	12	0.941	31	-8.7	1.0	Aldebaran

GG	MM	AAAA	HH	MM	DIST°	ELONG°	MAG1	MAG2	STELLA
5	5	2055	15	31	0.917	105	-11.3	1.4	Regulus
23	6	2055	6	43	0.979	22	-7.9	1.0	Aldebaran
20	7	2055	15	46	0.910	48	-9.6	1.0	Aldebaran
17	8	2055	0	41	0.914	74	-10.4	1.0	Aldebaran
17	1	2061	12	43	0.950	47	-9.5	1.1	Antares
31	1	2061	20	54	0.992	131	-12.0	1.7	Elnath
13	2	2061	21	0	0.717	75	-10.4	1.1	Antares
28	2	2061	2	37	0.792	103	-11.3	1.7	Elnath
13	3	2061	5	8	0.532	102	-11.1	1.1	Antares
27	3	2061	8	14	0.666	76	-10.6	1.7	Elnath
9	4	2061	12	29	0.478	129	-11.7	1.1	Antares
23	4	2061	15	49	0.668	50	-9.8	1.7	Elnath
6	5	2061	18	58	0.525	156	-12.3	1.1	Antares
21	5	2061	1	38	0.743	23	-8.2	1.7	Elnath
3	6	2061	1	1	0.564	175	-12.5	1.1	Antares
17	6	2061	12	21	0.783	6	-5.2	1.7	Elnath
30	6	2061	7	15	0.505	151	-12.2	1.1	Antares
14	7	2061	22	13	0.714	30	-8.7	1.7	Elnath
27	7	2061	14	12	0.338	125	-11.6	1.1	Antares
11	8	2061	6	0	0.558	56	-10.0	1.7	Elnath
20	8	2061	2	14	0.885	57	-9.9	1.1	Spica
23	8	2061	21	53	0.142	99	-11.0	1.1	Antares
7	9	2061	11	50	0.404	82	-10.8	1.7	Elnath
16	9	2061	10	50	0.793	31	-8.6	1.1	Spica
20	9	2061	5	55	0.022	73	-10.3	1.1	Antares
4	10	2061	17	20	0.347	108	-11.4	1.7	Elnath
13	10	2061	18	42	0.795	4	-4.2	1.1	Spica
17	10	2061	13	37	0.028	46	-9.4	1.1	Antares
1	11	2061	0	39	0.408	135	-12.1	1.7	Elnath
10	11	2061	1	17	0.784	23	-8.1	1.1	Spica
13	11	2061	20	34	0.106	19	-7.6	1.1	Antares
28	11	2061	10	40	0.506	163	-12.7	1.7	Elnath
7	12	2061	6	58	0.655	51	-9.7	1.1	Spica
11	12	2061	2	47	0.132	10	-6.2	1.1	Antares
25	12	2061	22	13	0.520	168	-12.8	1.7	Elnath
3	1	2062	13	6	0.405	79	-10.6	1.1	Spica
7	1	2062	8	53	0.025	37	-9.0	1.1	Antares
22	1	2062	8	49	0.405	141	-12.3	1.7	Elnath
30	1	2062	20	55	0.143	107	-11.3	1.1	Spica
3	2	2062	15	37	0.172	65	-10.1	1.1	Antares
18	2	2062	16	45	0.244	113	-11.6	1.7	Elnath
27	2	2062	6	17	0.008	134	-12.0	1.1	Spica
2	3	2062	23	23	0.329	92	-10.9	1.1	Antares
17	3	2062	22	25	0.162	86	-10.9	1.7	Elnath
26	3	2062	15	46	0.028	161	-12.5	1.1	Spica
30	3	2062	7	49	0.353	119	-11.5	1.1	Antares
14	4	2062	4	6	0.207	59	-10.1	1.7	Elnath
22	4	2062	23	55	0.013	171	-12.6	1.1	Spica
26	4	2062	15	59	0.272	146	-12.1	1.1	Antares
11	5	2062	11	41	0.321	33	-8.9	1.7	Elnath
20	5	2062	6	18	0.076	145	-12.1	1.1	Spica
23	5	2062	23	11	0.196	171	-12.5	1.1	Antares
7	6	2062	21	24	0.396	8	-5.9	1.7	Elnath

GG	MM	AAAA	HH	MM	DIST°	ELONG°	MAG1	MAG2	STELLA
16	6	2062	11	48	0.256	119	-11.5	1.1	Spica
20	6	2062	5	21	0.218	161	-12.4	1.1	Antares
5	7	2062	8	3	0.362	21	-8.0	1.7	Elnath
13	7	2062	17	51	0.495	93	-10.9	1.1	Spica
17	7	2062	11	9	0.347	135	-11.8	1.1	Antares
1	8	2062	17	55	0.242	47	-9.7	1.7	Elnath
10	8	2062	1	34	0.691	67	-10.3	1.1	Spica
13	8	2062	17	30	0.508	109	-11.2	1.1	Antares
29	8	2062	1	44	0.129	73	-10.5	1.7	Elnath
6	9	2062	10	53	0.772	41	-9.3	1.1	Spica
10	9	2062	1	0	0.595	83	-10.6	1.1	Antares
25	9	2062	7	34	0.117	99	-11.2	1.7	Elnath
3	10	2062	20	40	0.757	14	-7.0	1.1	Spica
7	10	2062	9	33	0.555	56	-9.9	1.1	Antares
22	10	2062	13	6	0.221	126	-11.8	1.7	Elnath
31	10	2062	5	24	0.749	14	-7.0	1.1	Spica
3	11	2062	18	17	0.439	29	-8.6	1.1	Antares
18	11	2062	20	27	0.361	153	-12.5	1.7	Elnath
27	11	2062	12	9	0.852	41	-9.3	1.1	Spica
1	12	2062	2	9	0.368	5	-4.8	1.1	Antares
16	12	2062	6	25	0.418	175	-12.8	1.7	Elnath
20	12	2062	19	8	0.896	118	-11.7	1.4	Regulus
28	12	2062	8	36	0.427	27	-8.4	1.1	Antares
12	1	2063	17	41	0.345	151	-12.5	1.7	Elnath
17	1	2063	4	21	0.712	146	-12.4	1.4	Regulus
24	1	2063	14	16	0.581	54	-9.8	1.1	Antares
9	2	2063	3	54	0.224	123	-11.8	1.7	Elnath
13	2	2063	15	40	0.660	174	-12.8	1.4	Regulus
20	2	2063	20	37	0.701	82	-10.7	1.1	Antares
8	3	2063	11	31	0.184	95	-11.1	1.7	Elnath
13	3	2063	2	43	0.665	158	-12.6	1.4	Regulus
20	3	2063	4	38	0.690	109	-11.3	1.1	Antares
4	4	2063	17	9	0.276	69	-10.4	1.7	Elnath
9	4	2063	11	30	0.605	131	-12.0	1.4	Regulus
16	4	2063	13	54	0.569	136	-12.0	1.1	Antares
1	5	2063	22	50	0.435	42	-9.4	1.7	Elnath
6	5	2063	17	46	0.427	104	-11.3	1.4	Regulus
13	5	2063	23	5	0.449	162	-12.5	1.1	Antares
29	5	2063	6	11	0.551	16	-7.4	1.7	Elnath
2	6	2063	23	5	0.180	78	-10.7	1.4	Regulus
10	6	2063	6	58	0.427	170	-12.5	1.1	Antares
25	6	2063	15	27	0.555	12	-6.7	1.7	Elnath
30	6	2063	5	34	0.034	52	-9.9	1.4	Regulus
7	7	2063	13	18	0.514	145	-12.1	1.1	Antares
23	7	2063	1	36	0.471	37	-9.1	1.7	Elnath
27	7	2063	14	19	0.143	26	-8.5	1.4	Regulus
3	8	2063	18	52	0.634	119	-11.5	1.1	Antares
19	8	2063	11	4	0.397	63	-10.2	1.7	Elnath
24	8	2063	0	53	0.158	0	0.6	1.4	Regulus
31	8	2063	1	0	0.682	93	-10.9	1.1	Antares
15	9	2063	18	41	0.427	90	-10.9	1.7	Elnath
20	9	2063	11	39	0.167	27	-8.5	1.4	Regulus
27	9	2063	8	49	0.605	66	-10.3	1.1	Antares

GG	MM	AAAA	HH	MM	DIST°	ELONG°	MAG1	MAG2	STELLA
13	10	2063	0	28	0.576	116	-11.5	1.7	Elnath
17	10	2063	20	45	0.273	54	-10.0	1.4	Regulus
24	10	2063	18	19	0.448	40	-9.3	1.1	Antares
9	11	2063	6	3	0.760	143	-12.2	1.7	Elnath
14	11	2063	3	19	0.500	81	-10.8	1.4	Regulus
21	11	2063	4	15	0.330	13	-6.9	1.1	Antares
6	12	2063	13	18	0.863	170	-12.7	1.7	Elnath
11	12	2063	8	37	0.767	109	-11.4	1.4	Regulus
18	12	2063	12	56	0.337	17	-7.4	1.1	Antares
2	1	2064	22	46	0.835	161	-12.6	1.7	Elnath
7	1	2064	15	14	0.952	136	-12.2	1.4	Regulus
14	1	2064	19	31	0.442	44	-9.5	1.1	Antares
30	1	2064	9	11	0.754	133	-12.0	1.7	Elnath
11	2	2064	0	58	0.519	71	-10.5	1.1	Antares
26	2	2064	18	33	0.751	105	-11.3	1.7	Elnath
9	3	2064	7	21	0.469	99	-11.1	1.1	Antares
25	3	2064	1	45	0.885	78	-10.6	1.7	Elnath
5	4	2064	15	55	0.307	126	-11.8	1.1	Antares
3	5	2064	2	2	0.143	152	-12.4	1.1	Antares
30	5	2064	12	3	0.077	175	-12.7	1.1	Antares
26	6	2064	20	31	0.121	154	-12.4	1.1	Antares
24	7	2064	3	1	0.198	128	-11.8	1.1	Antares
20	8	2064	8	27	0.206	102	-11.2	1.1	Antares
16	9	2064	14	35	0.092	76	-10.6	1.1	Antares
13	10	2064	22	53	0.100	49	-9.8	1.1	Antares
10	11	2064	9	18	0.260	22	-8.2	1.1	Antares
7	12	2064	20	11	0.298	7	-5.7	1.1	Antares
4	1	2065	5	24	0.239	34	-9.0	1.1	Antares
31	1	2065	12	0	0.205	62	-10.2	1.1	Antares
27	2	2065	17	21	0.293	89	-11.0	1.1	Antares
26	3	2065	23	53	0.490	116	-11.6	1.1	Antares
23	4	2065	8	51	0.689	143	-12.3	1.1	Antares
20	5	2065	19	28	0.790	169	-12.7	1.1	Antares
17	6	2065	5	59	0.781	164	-12.6	1.1	Antares
14	7	2065	14	48	0.740	138	-12.1	1.1	Antares
10	8	2065	21	23	0.770	112	-11.5	1.1	Antares
7	9	2065	2	45	0.916	86	-10.8	1.1	Antares
8	7	2068	8	35	0.998	98	-10.9	1.1	Spica
4	8	2068	16	11	0.774	72	-10.3	1.1	Spica
31	8	2068	22	44	0.555	46	-9.4	1.1	Spica
28	9	2068	4	39	0.434	19	-7.6	1.1	Spica
25	10	2068	10	46	0.427	8	-5.8	1.1	Spica
21	11	2068	17	48	0.447	35	-8.9	1.1	Spica
19	12	2068	1	46	0.372	63	-10.1	1.1	Spica
15	1	2069	10	4	0.159	91	-10.8	1.1	Spica
11	2	2069	17	54	0.107	119	-11.5	1.1	Spica
11	3	2069	0	52	0.294	146	-12.1	1.1	Spica
7	4	2069	7	9	0.348	173	-12.5	1.1	Spica
4	5	2069	13	18	0.332	160	-12.4	1.1	Spica
31	5	2069	19	53	0.361	134	-11.8	1.1	Spica
28	6	2069	3	12	0.505	108	-11.2	1.1	Spica
25	7	2069	11	2	0.742	82	-10.5	1.1	Spica
21	8	2069	18	53	0.977	55	-9.8	1.1	Spica

GG	MM	AAAA	HH	MM	DIST°	ELONG°	MAG1	MAG2	STELLA
9	2	2071	11	27	0.898	110	-11.5	1.0	Aldebaran
8	3	2071	17	19	0.749	83	-10.8	1.0	Aldebaran
4	4	2071	22	50	0.728	56	-10.0	1.0	Aldebaran
2	5	2071	6	5	0.798	29	-8.7	1.0	Aldebaran
29	5	2071	15	29	0.850	5	-5.0	1.0	Aldebaran
26	6	2071	1	57	0.801	24	-8.3	1.0	Aldebaran
23	7	2071	11	50	0.652	50	-9.8	1.0	Aldebaran
19	8	2071	19	50	0.487	76	-10.6	1.0	Aldebaran
16	9	2071	1	51	0.408	102	-11.2	1.0	Aldebaran
13	10	2071	7	19	0.450	129	-11.9	1.0	Aldebaran
9	11	2071	14	15	0.551	156	-12.5	1.0	Aldebaran
6	12	2071	23	40	0.592	174	-12.8	1.0	Aldebaran
3	1	2072	10	34	0.500	148	-12.4	1.0	Aldebaran
30	1	2072	20	46	0.332	120	-11.7	1.0	Aldebaran
27	2	2072	4	38	0.220	92	-11.0	1.0	Aldebaran
25	3	2072	10	27	0.242	65	-10.3	1.0	Aldebaran
21	4	2072	16	1	0.356	39	-9.2	1.0	Aldebaran
18	5	2072	23	2	0.451	13	-6.9	1.0	Aldebaran
15	6	2072	7	49	0.441	15	-7.2	1.0	Aldebaran
12	7	2072	17	34	0.330	41	-9.3	1.0	Aldebaran
9	8	2072	2	52	0.204	67	-10.3	1.0	Aldebaran
5	9	2072	10	34	0.164	93	-10.9	1.0	Aldebaran
2	10	2072	16	34	0.249	119	-11.6	1.0	Aldebaran
29	10	2072	22	7	0.396	146	-12.2	1.0	Aldebaran
26	11	2072	4	56	0.485	172	-12.6	1.0	Aldebaran
2	12	2072	1	21	0.781	100	-11.2	1.4	Regulus
23	12	2072	13	45	0.444	158	-12.5	1.0	Aldebaran
29	12	2072	7	8	0.549	128	-11.9	1.4	Regulus
19	1	2073	23	39	0.320	130	-11.9	1.0	Aldebaran
25	1	2073	15	22	0.442	155	-12.6	1.4	Regulus
16	2	2073	8	52	0.247	102	-11.2	1.0	Aldebaran
22	2	2073	2	4	0.436	177	-12.8	1.4	Regulus
15	3	2073	16	16	0.309	75	-10.5	1.0	Aldebaran
21	3	2073	13	17	0.412	149	-12.4	1.4	Regulus
11	4	2073	22	10	0.469	48	-9.6	1.0	Aldebaran
17	4	2073	22	50	0.276	122	-11.8	1.4	Regulus
9	5	2073	3	50	0.611	22	-7.9	1.0	Aldebaran
15	5	2073	5	50	0.039	96	-11.1	1.4	Regulus
5	6	2073	10	29	0.645	7	-5.3	1.0	Aldebaran
11	6	2073	11	16	0.203	70	-10.4	1.4	Regulus
2	7	2073	18	28	0.576	31	-8.6	1.0	Aldebaran
8	7	2073	17	3	0.357	44	-9.5	1.4	Regulus
30	7	2073	3	15	0.489	57	-9.9	1.0	Aldebaran
5	8	2073	0	44	0.400	18	-7.6	1.4	Regulus
26	8	2073	11	48	0.486	83	-10.6	1.0	Aldebaran
1	9	2073	10	30	0.395	9	-6.1	1.4	Regulus
22	9	2073	19	13	0.609	110	-11.3	1.0	Aldebaran
28	9	2073	21	9	0.450	36	-9.1	1.4	Regulus
20	10	2073	1	22	0.797	136	-11.9	1.0	Aldebaran
26	10	2073	6	48	0.630	63	-10.2	1.4	Regulus
16	11	2073	7	10	0.933	163	-12.5	1.0	Aldebaran
22	11	2073	14	6	0.896	90	-11.0	1.4	Regulus
13	12	2073	13	46	0.940	168	-12.5	1.0	Aldebaran

GG	MM	AAAA	HH	MM	DIST°	ELONG°	MAG1	MAG2	STELLA
9	1	2074	21	41	0.860	141	-12.1	1.0	Aldebaran
6	2	2074	6	21	0.823	113	-11.4	1.0	Aldebaran
5	3	2074	14	43	0.919	85	-10.7	1.0	Aldebaran
6	8	2079	23	56	0.950	116	-11.4	1.1	Antares
21	8	2079	20	48	0.967	65	-10.3	1.7	Elnath
3	9	2079	7	37	0.738	90	-10.8	1.1	Antares
18	9	2079	2	25	0.801	92	-11.0	1.7	Elnath
30	9	2079	15	44	0.614	63	-10.1	1.1	Antares
15	10	2079	8	6	0.741	118	-11.7	1.7	Elnath
27	10	2079	23	37	0.616	36	-9.0	1.1	Antares
11	11	2079	15	55	0.792	145	-12.4	1.7	Elnath
24	11	2079	6	41	0.673	10	-6.1	1.1	Antares
9	12	2079	2	24	0.859	172	-12.8	1.7	Elnath
21	12	2079	12	53	0.658	19	-7.6	1.1	Antares
5	1	2080	13	56	0.824	158	-12.7	1.7	Elnath
17	1	2080	18	51	0.508	47	-9.5	1.1	Antares
2	2	2080	0	4	0.667	131	-12.0	1.7	Elnath
14	2	2080	1	34	0.286	74	-10.4	1.1	Antares
29	2	2080	7	26	0.486	103	-11.3	1.7	Elnath
8	3	2080	18	40	0.950	144	-12.2	1.1	Spica
12	3	2080	9	32	0.123	102	-11.1	1.1	Antares
27	3	2080	12	54	0.400	76	-10.6	1.7	Elnath
5	4	2080	4	18	0.935	171	-12.6	1.1	Spica
8	4	2080	18	14	0.095	129	-11.7	1.1	Antares
23	4	2080	18	49	0.438	49	-9.8	1.7	Elnath
2	5	2080	12	17	0.936	162	-12.5	1.1	Spica
6	5	2080	2	35	0.159	155	-12.3	1.1	Antares
21	5	2080	2	46	0.529	23	-8.2	1.7	Elnath
29	5	2080	18	27	0.848	136	-11.9	1.1	Spica
2	6	2080	9	47	0.203	175	-12.5	1.1	Antares
17	6	2080	12	40	0.565	6	-5.3	1.7	Elnath
25	6	2080	23	52	0.647	110	-11.3	1.1	Spica
29	6	2080	15	51	0.142	152	-12.2	1.1	Antares
14	7	2080	23	11	0.489	30	-8.7	1.7	Elnath
23	7	2080	6	10	0.399	84	-10.7	1.1	Spica
26	7	2080	21	33	0.020	126	-11.6	1.1	Antares
11	8	2080	8	40	0.337	56	-10.0	1.7	Elnath
19	8	2080	14	20	0.206	57	-10.0	1.1	Spica
23	8	2080	3	57	0.200	100	-11.0	1.1	Antares
7	9	2080	16	3	0.210	82	-10.8	1.7	Elnath
16	9	2080	0	8	0.131	31	-8.8	1.1	Spica
19	9	2080	11	46	0.294	73	-10.4	1.1	Antares
4	10	2080	21	40	0.193	109	-11.4	1.7	Elnath
13	10	2080	10	9	0.141	4	-4.6	1.1	Spica
16	10	2080	20	43	0.261	47	-9.5	1.1	Antares
1	11	2080	3	24	0.286	136	-12.1	1.7	Elnath
9	11	2080	18	46	0.124	23	-8.2	1.1	Spica
13	11	2080	5	46	0.169	20	-7.7	1.1	Antares
28	11	2080	11	12	0.395	163	-12.7	1.7	Elnath
7	12	2080	1	12	0.014	51	-9.8	1.1	Spica
10	12	2080	13	38	0.140	10	-6.2	1.1	Antares
25	12	2080	21	25	0.404	168	-12.7	1.7	Elnath
3	1	2081	6	32	0.263	79	-10.7	1.1	Spica

GG	MM	AAAA	HH	MM	DIST°	ELONG°	MAG1	MAG2	STELLA
6	1	2081	19	52	0.245	37	-9.0	1.1	Antares
22	1	2081	8	26	0.287	140	-12.2	1.7	Elnath
30	1	2081	13	5	0.507	106	-11.4	1.1	Spica
3	2	2081	1	26	0.428	64	-10.2	1.1	Antares
18	2	2081	18	2	0.144	113	-11.5	1.7	Elnath
26	2	2081	22	12	0.632	134	-12.1	1.1	Spica
2	3	2081	8	2	0.557	92	-10.9	1.1	Antares
18	3	2081	1	6	0.099	86	-10.8	1.7	Elnath
26	3	2081	8	57	0.636	161	-12.6	1.1	Spica
29	3	2081	16	32	0.552	119	-11.6	1.1	Antares
14	4	2081	6	36	0.182	59	-10.1	1.7	Elnath
22	4	2081	19	18	0.620	171	-12.7	1.1	Spica
26	4	2081	2	13	0.449	145	-12.2	1.1	Antares
11	5	2081	12	30	0.318	33	-8.8	1.7	Elnath
20	5	2081	3	38	0.691	145	-12.3	1.1	Spica
23	5	2081	11	31	0.364	171	-12.6	1.1	Antares
7	6	2081	20	6	0.396	8	-5.8	1.7	Elnath
16	6	2081	9	48	0.873	119	-11.6	1.1	Spica
19	6	2081	19	17	0.383	161	-12.5	1.1	Antares
5	7	2081	5	24	0.359	21	-7.9	1.7	Elnath
9	7	2081	20	33	0.933	43	-9.5	1.4	Regulus
17	7	2081	1	25	0.504	135	-11.9	1.1	Antares
1	8	2081	15	18	0.246	47	-9.6	1.7	Elnath
6	8	2081	5	40	0.847	17	-7.5	1.4	Regulus
13	8	2081	6	54	0.644	110	-11.3	1.1	Antares
29	8	2081	0	20	0.157	73	-10.5	1.7	Elnath
2	9	2081	16	25	0.845	10	-6.4	1.4	Regulus
9	9	2081	13	17	0.700	83	-10.7	1.1	Antares
25	9	2081	7	29	0.182	99	-11.1	1.7	Elnath
30	9	2081	3	0	0.830	37	-9.2	1.4	Regulus
6	10	2081	21	38	0.631	57	-10.0	1.1	Antares
22	10	2081	13	8	0.321	126	-11.7	1.7	Elnath
27	10	2081	11	39	0.704	64	-10.3	1.4	Regulus
3	11	2081	7	39	0.497	30	-8.7	1.1	Antares
18	11	2081	18	55	0.477	153	-12.4	1.7	Elnath
23	11	2081	17	49	0.463	91	-11.0	1.4	Regulus
30	11	2081	17	48	0.420	5	-5.0	1.1	Antares
16	12	2081	2	29	0.535	175	-12.7	1.7	Elnath
20	12	2081	23	10	0.203	119	-11.7	1.4	Regulus
28	12	2081	2	17	0.474	27	-8.5	1.1	Antares
12	1	2082	11	58	0.465	151	-12.4	1.7	Elnath
17	1	2082	6	15	0.042	147	-12.4	1.4	Regulus
24	1	2082	8	33	0.609	54	-9.9	1.1	Antares
8	2	2082	21	58	0.363	123	-11.7	1.7	Elnath
13	2	2082	16	3	0.006	174	-12.8	1.4	Regulus
20	2	2082	13	58	0.695	81	-10.7	1.1	Antares
8	3	2082	6	44	0.357	96	-11.0	1.7	Elnath
13	3	2082	3	16	0.006	158	-12.6	1.4	Regulus
19	3	2082	20	46	0.650	109	-11.4	1.1	Antares
4	4	2082	13	31	0.484	69	-10.3	1.7	Elnath
9	4	2082	13	37	0.078	131	-12.0	1.4	Regulus
16	4	2082	5	52	0.506	136	-12.1	1.1	Antares
1	5	2082	19	8	0.665	42	-9.3	1.7	Elnath

GG	MM	AAAA	HH	MM	DIST°	ELONG°	MAG1	MAG2	STELLA
6	5	2082	21	37	0.281	104	-11.3	1.4	Regulus
13	5	2082	16	19	0.378	162	-12.6	1.1	Antares
29	5	2082	1	0	0.787	16	-7.2	1.7	Elnath
3	6	2082	3	28	0.535	78	-10.6	1.4	Regulus
10	6	2082	2	19	0.354	170	-12.7	1.1	Antares
25	6	2082	8	8	0.792	12	-6.5	1.7	Elnath
30	6	2082	8	52	0.735	52	-9.8	1.4	Regulus
7	7	2082	10	33	0.432	145	-12.2	1.1	Antares
22	7	2082	16	35	0.718	37	-9.0	1.7	Elnath
27	7	2082	15	38	0.823	26	-8.4	1.4	Regulus
3	8	2082	16	46	0.526	119	-11.6	1.1	Antares
19	8	2082	1	35	0.668	63	-10.1	1.7	Elnath
24	8	2082	0	34	0.827	1	-0.1	1.4	Regulus
30	8	2082	22	11	0.539	93	-11.0	1.1	Antares
15	9	2082	9	57	0.728	89	-10.8	1.7	Elnath
20	9	2082	10	59	0.846	27	-8.5	1.4	Regulus
27	9	2082	4	40	0.432	66	-10.4	1.1	Antares
12	10	2082	16	55	0.905	116	-11.4	1.7	Elnath
17	10	2082	21	11	0.974	54	-10.0	1.4	Regulus
24	10	2082	13	33	0.260	40	-9.4	1.1	Antares
21	11	2082	0	25	0.140	13	-7.0	1.1	Antares
18	12	2082	11	18	0.148	17	-7.6	1.1	Antares
14	1	2083	20	7	0.235	44	-9.6	1.1	Antares
11	2	2083	2	20	0.276	72	-10.5	1.1	Antares
10	3	2083	7	44	0.189	99	-11.2	1.1	Antares
6	4	2083	14	43	0.007	126	-11.9	1.1	Antares
4	5	2083	0	7	0.159	153	-12.5	1.1	Antares
31	5	2083	10	54	0.219	176	-12.8	1.1	Antares
27	6	2083	21	15	0.178	154	-12.5	1.1	Antares
25	7	2083	5	43	0.123	128	-11.9	1.1	Antares
21	8	2083	11	59	0.151	102	-11.2	1.1	Antares
17	9	2083	17	20	0.296	76	-10.6	1.1	Antares
14	10	2083	23	54	0.501	49	-9.8	1.1	Antares
11	11	2083	9	5	0.654	22	-8.2	1.1	Antares
8	12	2083	20	20	0.683	7	-5.8	1.1	Antares
5	1	2084	7	25	0.633	34	-9.1	1.1	Antares
1	2	2084	16	10	0.631	62	-10.3	1.1	Antares
28	2	2084	22	16	0.757	89	-11.0	1.1	Antares
27	3	2084	3	40	0.975	116	-11.6	1.1	Antares
25	1	2087	19	48	0.991	101	-11.1	1.1	Spica
22	2	2087	3	42	0.743	129	-11.7	1.1	Spica
21	3	2087	10	47	0.588	156	-12.3	1.1	Spica
17	4	2087	17	6	0.562	176	-12.5	1.1	Spica
14	5	2087	23	10	0.589	151	-12.2	1.1	Spica
11	6	2087	5	40	0.557	124	-11.6	1.1	Spica
8	7	2087	12	56	0.406	98	-10.9	1.1	Spica
4	8	2087	20	53	0.171	72	-10.3	1.1	Spica
1	9	2087	4	55	0.048	46	-9.4	1.1	Spica
28	9	2087	12	23	0.163	20	-7.6	1.1	Spica
25	10	2087	18	59	0.168	8	-5.6	1.1	Spica
22	11	2087	0	59	0.159	35	-8.9	1.1	Spica
19	12	2087	7	10	0.254	63	-10.1	1.1	Spica
15	1	2088	14	28	0.485	90	-10.9	1.1	Spica

GG	MM	AAAA	HH	MM	DIST°	ELONG°	MAG1	MAG2	STELLA
11	2	2088	23	1	0.756	118	-11.5	1.1	Spica
10	3	2088	7	55	0.938	146	-12.2	1.1	Spica
6	4	2088	15	59	0.987	173	-12.6	1.1	Spica
3	5	2088	22	39	0.976	160	-12.4	1.1	Spica
29	8	2089	9	41	0.879	86	-10.8	1.0	Aldebaran
25	9	2089	15	27	0.795	112	-11.4	1.0	Aldebaran
22	10	2089	21	3	0.830	139	-12.1	1.0	Aldebaran
19	11	2089	4	23	0.907	166	-12.7	1.0	Aldebaran
16	12	2089	14	1	0.904	165	-12.7	1.0	Aldebaran
13	1	2090	0	41	0.767	138	-12.1	1.0	Aldebaran
9	2	2090	10	16	0.572	110	-11.4	1.0	Aldebaran
8	3	2090	17	33	0.454	82	-10.7	1.0	Aldebaran
4	4	2090	23	12	0.470	56	-9.9	1.0	Aldebaran
2	5	2090	4	58	0.565	29	-8.6	1.0	Aldebaran
29	5	2090	12	11	0.625	5	-4.9	1.0	Aldebaran
25	6	2090	20	58	0.574	24	-8.2	1.0	Aldebaran
23	7	2090	6	27	0.430	50	-9.7	1.0	Aldebaran
19	8	2090	15	19	0.285	76	-10.5	1.0	Aldebaran
15	9	2090	22	36	0.239	102	-11.1	1.0	Aldebaran
13	10	2090	4	27	0.315	129	-11.8	1.0	Aldebaran
9	11	2090	10	11	0.437	156	-12.4	1.0	Aldebaran
6	12	2090	17	16	0.483	174	-12.6	1.0	Aldebaran
3	1	2091	2	4	0.396	148	-12.3	1.0	Aldebaran
30	1	2091	11	35	0.244	120	-11.6	1.0	Aldebaran
26	2	2091	20	16	0.162	93	-10.9	1.0	Aldebaran
26	3	2091	3	18	0.219	65	-10.2	1.0	Aldebaran
22	4	2091	9	9	0.358	39	-9.1	1.0	Aldebaran
19	5	2091	14	58	0.463	13	-6.8	1.0	Aldebaran
15	6	2091	21	42	0.457	15	-7.0	1.0	Aldebaran
22	6	2091	1	8	0.778	60	-10.1	1.4	Regulus
13	7	2091	5	35	0.355	40	-9.2	1.0	Aldebaran
19	7	2091	7	9	0.640	34	-8.9	1.4	Regulus
9	8	2091	14	6	0.250	66	-10.2	1.0	Aldebaran
15	8	2091	15	8	0.610	8	-5.9	1.4	Regulus
5	9	2091	22	20	0.240	93	-10.8	1.0	Aldebaran
12	9	2091	1	1	0.612	18	-7.7	1.4	Regulus
3	10	2091	5	32	0.354	119	-11.5	1.0	Aldebaran
9	10	2091	11	27	0.537	45	-9.6	1.4	Regulus
30	10	2091	11	42	0.519	146	-12.1	1.0	Aldebaran
5	11	2091	20	35	0.332	73	-10.5	1.4	Regulus
26	11	2091	17	39	0.614	172	-12.5	1.0	Aldebaran
3	12	2091	3	24	0.058	100	-11.2	1.4	Regulus
24	12	2091	0	20	0.577	158	-12.4	1.0	Aldebaran
30	12	2091	8	48	0.161	128	-11.8	1.4	Regulus
20	1	2092	8	7	0.469	131	-11.8	1.0	Aldebaran
26	1	2092	15	2	0.245	156	-12.5	1.4	Regulus
16	2	2092	16	30	0.424	103	-11.1	1.0	Aldebaran
22	2	2092	23	25	0.241	177	-12.7	1.4	Regulus
15	3	2092	0	37	0.517	76	-10.4	1.0	Aldebaran
21	3	2092	9	24	0.274	149	-12.4	1.4	Regulus
11	4	2092	7	52	0.696	49	-9.5	1.0	Aldebaran
17	4	2092	19	17	0.429	122	-11.7	1.4	Regulus
8	5	2092	14	12	0.845	22	-7.9	1.0	Aldebaran

GG	MM	AAAA	HH	MM	DIST°	ELONG°	MAG1	MAG2	STELLA
15	5	2092	3	36	0.676	96	-11.0	1.4	Regulus
4	6	2092	20	9	0.880	6	-5.1	1.0	Aldebaran
11	6	2092	10	1	0.913	70	-10.3	1.4	Regulus
2	7	2092	2	23	0.817	31	-8.5	1.0	Aldebaran
29	7	2092	9	23	0.749	56	-9.8	1.0	Aldebaran
25	8	2092	17	9	0.773	82	-10.6	1.0	Aldebaran
22	9	2092	1	11	0.920	109	-11.2	1.0	Aldebaran
23	2	2098	11	53	0.902	84	-10.7	1.1	Antares
10	3	2098	21	50	0.907	93	-11.0	1.7	Elnath
22	3	2098	20	10	0.737	112	-11.3	1.1	Antares
7	4	2098	3	13	0.820	66	-10.3	1.7	Elnath
19	4	2098	5	11	0.708	138	-12.0	1.1	Antares
4	5	2098	9	24	0.850	40	-9.3	1.7	Elnath
16	5	2098	13	41	0.755	165	-12.5	1.1	Antares
31	5	2098	17	40	0.917	14	-7.1	1.7	Elnath
12	6	2098	20	50	0.768	168	-12.5	1.1	Antares
28	6	2098	3	39	0.915	14	-7.1	1.7	Elnath
10	7	2098	2	45	0.671	143	-12.0	1.1	Antares
25	7	2098	13	58	0.800	39	-9.3	1.7	Elnath
6	8	2098	8	23	0.479	117	-11.4	1.1	Antares
21	8	2098	23	0	0.620	66	-10.3	1.7	Elnath
2	9	2098	14	58	0.284	90	-10.8	1.1	Antares
18	9	2098	5	57	0.481	92	-11.0	1.7	Elnath
29	9	2098	23	11	0.186	64	-10.2	1.1	Antares
15	10	2098	11	26	0.459	119	-11.6	1.7	Elnath
27	10	2098	8	36	0.211	37	-9.1	1.1	Antares
11	11	2098	17	26	0.540	146	-12.3	1.7	Elnath
23	11	2098	17	53	0.278	10	-6.3	1.1	Antares
9	12	2098	1	38	0.615	172	-12.7	1.7	Elnath
17	12	2098	14	41	0.902	61	-10.2	1.1	Spica
21	12	2098	1	39	0.265	19	-7.7	1.1	Antares
5	1	2099	11	57	0.575	158	-12.6	1.7	Elnath
13	1	2099	20	3	0.637	89	-10.9	1.1	Spica
17	1	2099	7	38	0.117	46	-9.6	1.1	Antares
1	2	2099	22	36	0.418	130	-12.0	1.7	Elnath
10	2	2099	3	6	0.397	116	-11.6	1.1	Spica
13	2	2099	13	11	0.090	74	-10.5	1.1	Antares
1	3	2099	7	32	0.257	103	-11.2	1.7	Elnath
9	3	2099	12	47	0.284	144	-12.3	1.1	Spica
12	3	2099	20	9	0.226	101	-11.2	1.1	Antares
28	3	2099	14	8	0.207	76	-10.5	1.7	Elnath
5	4	2099	23	47	0.281	171	-12.7	1.1	Spica
9	4	2099	5	11	0.225	128	-11.8	1.1	Antares
24	4	2099	19	36	0.281	49	-9.7	1.7	Elnath
3	5	2099	9	59	0.277	162	-12.6	1.1	Spica
6	5	2099	15	11	0.142	155	-12.4	1.1	Antares
22	5	2099	1	43	0.390	23	-8.1	1.7	Elnath
30	5	2099	17	58	0.176	136	-12.0	1.1	Spica
3	6	2099	0	32	0.093	175	-12.6	1.1	Antares
18	6	2099	9	30	0.429	6	-5.2	1.7	Elnath
26	6	2099	23	52	0.029	109	-11.4	1.1	Spica
30	6	2099	8	7	0.152	152	-12.3	1.1	Antares
15	7	2099	18	45	0.353	30	-8.6	1.7	Elnath

GG	MM	AAAA	HH	MM	DIST°	ELONG°	MAG1	MAG2	STELLA
24	7	2099	5	15	0.264	84	-10.8	1.1	Spica
27	7	2099	14	2	0.305	126	-11.7	1.1	Antares
12	8	2099	4	21	0.211	56	-9.9	1.7	Elnath
20	8	2099	12	4	0.430	57	-10.1	1.1	Spica
23	8	2099	19	31	0.461	100	-11.1	1.1	Antares
8	9	2099	12	54	0.110	82	-10.7	1.7	Elnath
16	9	2099	21	15	0.480	31	-8.8	1.1	Spica
20	9	2099	2	15	0.523	74	-10.5	1.1	Antares
5	10	2099	19	41	0.129	109	-11.3	1.7	Elnath
14	10	2099	8	10	0.462	5	-4.8	1.1	Spica
17	10	2099	11	9	0.463	47	-9.7	1.1	Antares
2	11	2099	1	16	0.254	136	-12.0	1.7	Elnath
10	11	2099	18	54	0.487	24	-8.3	1.1	Spica
13	11	2099	21	39	0.356	20	-7.9	1.1	Antares
29	11	2099	7	19	0.377	163	-12.5	1.7	Elnath
8	12	2099	3	28	0.638	51	-9.9	1.1	Spica
11	12	2099	7	53	0.324	10	-6.3	1.1	Antares
26	12	2099	15	6	0.388	168	-12.6	1.7	Elnath

CONGIUNZIONI LUNA-M44-M45
CONJUNCTIONS MOON-M44-M45
2000-2100

GG MM AAAA : data nel formato giorno/mese/anno
HH MM : ore e minuti
DIST° : distanza minima in gradi tra i corpi
ELONG° : elongazione dal Sole dei corpi
MAG1 : magnitudine della Luna
MAG2 : magnitudine dell'oggetto
PIANETI : corpi coinvolti : MErcurio, VEnere, MArte, GIove,
　　　　　　　　　　　　　 SAturno, URano, NEttuno

Sono elencate tutte le congiunzioni in cui i corpi distano meno di 3°

La luna non è indicata in quanto è presente in tutte le congiunzioni di questa tabella

GG MM AAAA : date in the format dd/mm/yyyy
HH MM : hours and minutes
DIST° : minima distance in ° between the bodies
ELONG° : elongation from the Sun of the bodies
MAG1 : magnitude of the Moon
MAG2 : magnitude of the object
PIANETI : planets : MErcury, VEnus, MArs, GI (Jupiter),
　　　　　　　　　　 SAturn, URanus, NEptune

All the conjunctions are listed if the bodies have distance less then 3°

The Moon isn't indicated in the table because it is always present

GG	MM	AAAA	HH	MM	DIST°	ELONG°	MAG1	MAG2	OGGETTO
21	1	2000	15	48	1.232	174	-12.8	3.7	M44
18	2	2000	2	15	1.229	159	-12.6	3.7	M44
16	3	2000	10	8	1.133	131	-12.0	3.7	M44
12	4	2000	15	49	0.919	104	-11.3	3.7	M44
9	5	2000	21	21	0.666	78	-10.6	3.7	M44
6	6	2000	4	40	0.478	51	-9.8	3.7	M44
3	7	2000	14	13	0.407	25	-8.4	3.7	M44
31	7	2000	0	55	0.409	1	-2.2	3.7	M44
27	8	2000	11	2	0.384	27	-8.5	3.7	M44
23	9	2000	19	6	0.249	54	-10.0	3.7	M44
21	10	2000	1	0	0.012	81	-10.8	3.7	M44
17	11	2000	6	26	0.234	108	-11.4	3.7	M44
14	12	2000	13	50	0.377	136	-12.1	3.7	M44
11	1	2001	0	5	0.398	164	-12.7	3.7	M44
7	2	2001	11	42	0.392	168	-12.8	3.7	M44
6	3	2001	22	10	0.479	141	-12.3	3.7	M44
3	4	2001	5	57	0.685	114	-11.5	3.7	M44
30	4	2001	11	36	0.927	87	-10.9	3.7	M44
27	5	2001	17	10	1.097	61	-10.2	3.7	M44
24	6	2001	0	32	1.150	35	-9.0	3.7	M44
21	7	2001	10	6	1.132	9	-6.1	3.7	M44
17	8	2001	20	50	1.144	18	-7.7	3.7	M44
14	9	2001	6	58	1.266	44	-9.6	3.7	M44
11	10	2001	15	0	1.487	71	-10.5	3.7	M44
7	11	2001	20	51	1.711	98	-11.2	3.7	M44
5	12	2001	2	22	1.830	126	-11.9	3.7	M44
1	1	2002	9	54	1.827	154	-12.5	3.7	M44
28	1	2002	20	4	1.796	176	-12.8	3.7	M44
25	2	2002	7	16	1.861	150	-12.5	3.7	M44
24	3	2002	17	15	2.049	123	-11.8	3.7	M44
21	4	2002	0	45	2.272	96	-11.1	3.7	M44
18	5	2002	6	23	2.417	70	-10.4	3.7	M44
14	6	2002	12	0	2.441	44	-9.5	3.7	M44
11	7	2002	19	13	2.395	18	-7.6	3.7	M44
8	8	2002	4	24	2.379	9	-6.2	3.7	M44
4	9	2002	14	40	2.474	35	-9.0	3.7	M44
2	10	2002	0	23	2.668	62	-10.2	3.7	M44
29	10	2002	8	8	2.863	89	-10.9	3.7	M44
25	11	2002	13	57	2.951	116	-11.5	3.7	M44
22	12	2002	19	36	2.912	143	-12.2	3.7	M44
19	1	2003	3	2	2.843	170	-12.7	3.7	M44
15	2	2003	12	33	2.869	160	-12.6	3.7	M44
31	1	2004	1	43	2.910	110	-11.3	1.6	M45
27	2	2004	9	44	2.638	82	-10.6	1.6	M45
25	3	2004	17	54	2.441	55	-9.8	1.6	M45
22	4	2004	1	28	2.377	28	-8.4	1.6	M45
19	5	2004	8	6	2.390	2	-2.9	1.6	M45
15	6	2004	14	2	2.370	25	-8.1	1.6	M45
12	7	2004	20	1	2.240	51	-9.6	1.6	M45
9	8	2004	2	47	2.012	77	-10.4	1.6	M45
5	9	2004	10	37	1.776	103	-11.1	1.6	M45
2	10	2004	19	6	1.633	130	-11.8	1.6	M45
30	10	2004	3	22	1.613	157	-12.4	1.6	M45

GG	MM	AAAA	HH	MM	DIST°	ELONG°	MAG1	MAG2	OGGETTO
26	11	2004	10	37	1.636	175	-12.6	1.6	M45
23	12	2004	16	43	1.578	148	-12.2	1.6	M45
19	1	2005	22	32	1.384	120	-11.5	1.6	M45
16	2	2005	5	24	1.127	92	-10.9	1.6	M45
15	3	2005	13	48	0.940	65	-10.2	1.6	M45
11	4	2005	22	58	0.887	38	-9.1	1.6	M45
9	5	2005	7	32	0.918	12	-6.6	1.6	M45
5	6	2005	14	39	0.919	15	-7.1	1.6	M45
2	7	2005	20	28	0.812	41	-9.2	1.6	M45
30	7	2005	2	3	0.608	67	-10.2	1.6	M45
26	8	2005	8	42	0.393	93	-10.9	1.6	M45
22	9	2005	17	6	0.269	120	-11.6	1.6	M45
20	10	2005	2	44	0.270	147	-12.3	1.6	M45
16	11	2005	12	10	0.319	173	-12.7	1.6	M45
13	12	2005	20	0	0.295	158	-12.5	1.6	M45
19	12	2005	5	3	2.896	140	-12.0	3.7	M44
10	1	2006	1	57	0.136	130	-11.9	1.6	M45
15	1	2006	12	18	2.774	167	-12.5	3.7	M44
6	2	2006	7	30	0.091	103	-11.2	1.6	M45
11	2	2006	18	38	2.786	164	-12.5	3.7	M44
5	3	2006	14	34	0.254	75	-10.6	1.6	M45
11	3	2006	0	41	2.860	137	-11.9	3.7	M44
1	4	2006	23	46	0.281	48	-9.7	1.6	M45
7	4	2006	7	18	2.869	110	-11.3	3.7	M44
29	4	2006	9	54	0.221	21	-8.0	1.6	M45
4	5	2006	14	58	2.750	83	-10.6	3.7	M44
26	5	2006	19	16	0.187	7	-5.5	1.6	M45
31	5	2006	23	19	2.549	57	-9.9	3.7	M44
23	6	2006	2	46	0.261	32	-8.8	1.6	M45
28	6	2006	7	32	2.373	31	-8.6	3.7	M44
20	7	2006	8	35	0.430	58	-10.0	1.6	M45
25	7	2006	14	52	2.302	6	-5.1	3.7	M44
16	8	2006	14	3	0.609	84	-10.7	1.6	M45
21	8	2006	21	10	2.333	22	-7.8	3.7	M44
12	9	2006	20	55	0.699	110	-11.4	1.6	M45
18	9	2006	2	56	2.378	48	-9.5	3.7	M44
10	10	2006	6	3	0.667	137	-12.1	1.6	M45
15	10	2006	9	11	2.328	74	-10.4	3.7	M44
6	11	2006	16	44	0.582	164	-12.7	1.6	M45
11	11	2006	16	48	2.147	102	-11.1	3.7	M44
4	12	2006	3	3	0.566	167	-12.7	1.6	M45
9	12	2006	1	48	1.908	129	-11.8	3.7	M44
31	12	2006	11	14	0.681	140	-12.2	1.6	M45
5	1	2007	11	4	1.742	157	-12.4	3.7	M44
27	1	2007	17	7	0.864	112	-11.5	1.6	M45
1	2	2007	19	13	1.713	174	-12.6	3.7	M44
23	2	2007	22	39	0.987	85	-10.9	1.6	M45
1	3	2007	1	41	1.753	147	-12.2	3.7	M44
23	3	2007	6	4	0.977	58	-10.1	1.6	M45
28	3	2007	7	18	1.734	120	-11.6	3.7	M44
19	4	2007	15	48	0.880	31	-8.8	1.6	M45
24	4	2007	13	36	1.587	93	-10.9	3.7	M44
17	5	2007	2	32	0.809	6	-5.4	1.6	M45

GG	MM	AAAA	HH	MM	DIST°	ELONG°	MAG1	MAG2	OGGETTO
21	5	2007	21	31	1.356	67	-10.3	3.7	M44
13	6	2007	12	22	0.845	23	-8.1	1.6	M45
18	6	2007	6	42	1.148	41	-9.3	3.7	M44
10	7	2007	20	9	0.974	48	-9.7	1.6	M45
15	7	2007	15	58	1.045	15	-7.1	3.7	M44
7	8	2007	2	0	1.110	74	-10.5	1.6	M45
12	8	2007	0	7	1.045	12	-6.6	3.7	M44
3	9	2007	7	29	1.157	100	-11.2	1.6	M45
8	9	2007	6	38	1.062	38	-9.1	3.7	M44
30	9	2007	14	34	1.086	127	-11.9	1.6	M45
5	10	2007	12	8	0.990	65	-10.2	3.7	M44
28	10	2007	0	12	0.963	154	-12.5	1.6	M45
1	11	2007	18	13	0.789	92	-10.9	3.7	M44
24	11	2007	11	30	0.905	175	-12.8	1.6	M45
29	11	2007	2	20	0.526	119	-11.6	3.7	M44
21	12	2007	22	16	0.976	150	-12.5	1.6	M45
26	12	2007	12	28	0.329	147	-12.3	3.7	M44
18	1	2008	6	32	1.114	122	-11.8	1.6	M45
22	1	2008	22	56	0.268	175	-12.7	3.7	M44
14	2	2008	12	21	1.191	95	-11.1	1.6	M45
19	2	2008	7	44	0.282	157	-12.5	3.7	M44
12	3	2008	17	56	1.137	68	-10.4	1.6	M45
17	3	2008	14	12	0.242	130	-11.9	3.7	M44
9	4	2008	1	28	0.999	41	-9.4	1.6	M45
13	4	2008	19	35	0.079	103	-11.2	3.7	M44
6	5	2008	11	19	0.890	15	-7.2	1.6	M45
11	5	2008	1	54	0.169	77	-10.6	3.7	M44
2	6	2008	22	8	0.889	14	-7.1	1.6	M45
7	6	2008	10	18	0.395	50	-9.8	3.7	M44
30	6	2008	8	6	0.981	39	-9.3	1.6	M45
4	7	2008	20	18	0.516	24	-8.2	3.7	M44
27	7	2008	15	59	1.074	65	-10.3	1.6	M45
1	8	2008	6	27	0.534	2	-3.2	3.7	M44
23	8	2008	21	52	1.076	91	-11.0	1.6	M45
28	8	2008	15	13	0.535	28	-8.6	3.7	M44
20	9	2008	3	21	0.963	117	-11.6	1.6	M45
24	9	2008	21	52	0.619	55	-9.9	3.7	M44
17	10	2008	10	30	0.801	144	-12.3	1.6	M45
22	10	2008	3	14	0.828	82	-10.8	3.7	M44
13	11	2008	20	16	0.703	171	-12.8	1.6	M45
18	11	2008	9	25	1.096	109	-11.4	3.7	M44
11	12	2008	7	38	0.733	160	-12.7	1.6	M45
15	12	2008	18	11	1.304	137	-12.2	3.7	M44
7	1	2009	18	17	0.829	132	-12.1	1.6	M45
12	1	2009	5	15	1.379	165	-12.7	3.7	M44
4	2	2009	2	20	0.863	105	-11.3	1.6	M45
8	2	2009	16	24	1.376	167	-12.7	3.7	M44
3	3	2009	8	4	0.763	77	-10.7	1.6	M45
8	3	2009	1	27	1.425	140	-12.2	3.7	M44
30	3	2009	13	40	0.581	50	-9.8	1.6	M45
4	4	2009	7	51	1.595	113	-11.5	3.7	M44
26	4	2009	21	6	0.433	24	-8.2	1.6	M45
1	5	2009	13	10	1.846	86	-10.9	3.7	M44

GG	MM	AAAA	HH	MM	DIST°	ELONG°	MAG1	MAG2	OGGETTO
24	5	2009	6	38	0.396	6	-5.1	1.6	M45
28	5	2009	19	36	2.072	60	-10.1	3.7	M44
20	6	2009	17	5	0.453	30	-8.7	1.6	M45
25	6	2009	4	19	2.193	33	-9.0	3.7	M44
18	7	2009	2	47	0.510	56	-10.0	1.6	M45
22	7	2009	14	46	2.213	7	-5.7	3.7	M44
14	8	2009	10	31	0.471	82	-10.7	1.6	M45
19	8	2009	1	23	2.217	19	-7.8	3.7	M44
10	9	2009	16	22	0.315	108	-11.3	1.6	M45
15	9	2009	10	27	2.304	46	-9.6	3.7	M44
7	10	2009	21	51	0.114	135	-12.0	1.6	M45
12	10	2009	17	8	2.510	72	-10.5	3.7	M44
4	11	2009	4	57	0.023	161	-12.6	1.6	M45
8	11	2009	22	27	2.771	100	-11.2	3.7	M44
1	12	2009	14	28	0.033	170	-12.7	1.6	M45
6	12	2009	4	49	2.970	127	-11.9	3.7	M44
29	12	2009	1	18	0.026	142	-12.3	1.6	M45
25	1	2010	11	16	0.024	115	-11.5	1.6	M45
21	2	2010	18	51	0.115	87	-10.9	1.6	M45
21	3	2010	0	31	0.340	60	-10.1	1.6	M45
17	4	2010	6	9	0.528	33	-8.8	1.6	M45
14	5	2010	13	18	0.599	7	-5.6	1.6	M45
10	6	2010	22	11	0.574	20	-7.8	1.6	M45
8	7	2010	7	51	0.548	46	-9.5	1.6	M45
4	8	2010	16	55	0.618	72	-10.4	1.6	M45
1	9	2010	0	19	0.805	98	-11.0	1.6	M45
28	9	2010	6	8	1.040	125	-11.7	1.6	M45
25	10	2010	11	44	1.211	152	-12.3	1.6	M45
21	11	2010	18	42	1.255	177	-12.7	1.6	M45
19	12	2010	3	33	1.225	153	-12.4	1.6	M45
15	1	2011	13	19	1.251	125	-11.7	1.6	M45
11	2	2011	22	15	1.415	97	-11.0	1.6	M45
11	3	2011	5	22	1.670	70	-10.3	1.6	M45
7	4	2011	11	10	1.890	43	-9.3	1.6	M45
4	5	2011	16	56	1.990	16	-7.2	1.6	M45
31	5	2011	23	43	1.988	11	-6.3	1.6	M45
28	6	2011	7	43	1.981	36	-9.0	1.6	M45
25	7	2011	16	21	2.068	63	-10.1	1.6	M45
22	8	2011	0	38	2.272	89	-10.8	1.6	M45
18	9	2011	7	49	2.526	115	-11.4	1.6	M45
15	10	2011	13	55	2.718	142	-12.0	1.6	M45
11	11	2011	19	49	2.784	169	-12.5	1.6	M45
9	12	2011	2	31	2.772	163	-12.5	1.6	M45
5	1	2012	10	23	2.807	135	-11.9	1.6	M45
1	2	2012	18	52	2.979	107	-11.2	1.6	M45
13	10	2017	20	3	2.892	73	-10.5	3.7	M44
10	11	2017	1	36	2.637	100	-11.2	3.7	M44
7	12	2017	9	15	2.392	128	-11.9	3.7	M44
3	1	2018	19	38	2.262	156	-12.6	3.7	M44
31	1	2018	7	8	2.247	176	-12.8	3.7	M44
27	2	2018	17	16	2.235	149	-12.4	3.7	M44
27	3	2018	0	41	2.118	121	-11.7	3.7	M44
23	4	2018	6	10	1.892	95	-11.1	3.7	M44

GG	MM	AAAA	HH	MM	DIST°	ELONG°	MAG1	MAG2	OGGETTO
20	5	2018	11	55	1.643	68	-10.4	3.7	M44
16	6	2018	19	39	1.471	42	-9.4	3.7	M44
14	7	2018	5	33	1.414	16	-7.4	3.7	M44
10	8	2018	16	21	1.416	10	-6.5	3.7	M44
7	9	2018	2	16	1.373	37	-9.2	3.7	M44
4	10	2018	9	56	1.213	64	-10.3	3.7	M44
31	10	2018	15	34	0.959	91	-11.0	3.7	M44
27	11	2018	21	12	0.719	118	-11.7	3.7	M44
25	12	2018	5	9	0.591	146	-12.4	3.7	M44
21	1	2019	15	49	0.577	174	-12.8	3.7	M44
18	2	2019	3	22	0.566	158	-12.6	3.7	M44
17	3	2019	13	21	0.448	131	-12.0	3.7	M44
13	4	2019	20	36	0.220	104	-11.3	3.7	M44
11	5	2019	2	3	0.025	77	-10.6	3.7	M44
7	6	2019	7	50	0.186	51	-9.8	3.7	M44
4	7	2019	15	33	0.233	25	-8.3	3.7	M44
1	8	2019	1	20	0.223	2	-3.0	3.7	M44
28	8	2019	12	2	0.260	28	-8.6	3.7	M44
24	9	2019	21	49	0.414	54	-10.0	3.7	M44
22	10	2019	5	22	0.659	81	-10.8	3.7	M44
18	11	2019	10	57	0.887	108	-11.4	3.7	M44
15	12	2019	16	42	0.998	136	-12.1	3.7	M44
12	1	2020	0	41	0.996	164	-12.7	3.7	M44
8	2	2020	11	2	0.989	168	-12.7	3.7	M44
6	3	2020	21	57	1.092	141	-12.2	3.7	M44
3	4	2020	7	20	1.310	113	-11.5	3.7	M44
30	4	2020	14	19	1.543	87	-10.8	3.7	M44
27	5	2020	19	49	1.687	60	-10.1	3.7	M44
24	6	2020	1	37	1.711	34	-8.9	3.7	M44
21	7	2020	9	5	1.679	9	-6.0	3.7	M44
17	8	2020	18	22	1.694	18	-7.6	3.7	M44
14	9	2020	4	27	1.825	45	-9.5	3.7	M44
11	10	2020	13	42	2.048	71	-10.5	3.7	M44
7	11	2020	20	56	2.254	99	-11.1	3.7	M44
5	12	2020	2	35	2.341	126	-11.8	3.7	M44
1	1	2021	8	28	2.309	154	-12.4	3.7	M44
28	1	2021	16	12	2.269	176	-12.7	3.7	M44
25	2	2021	1	41	2.338	150	-12.4	3.7	M44
24	3	2021	11	29	2.526	123	-11.7	3.7	M44
20	4	2021	20	4	2.735	96	-11.0	3.7	M44
18	5	2021	2	51	2.853	70	-10.3	3.7	M44
14	6	2021	8	31	2.847	44	-9.4	3.7	M44
11	7	2021	14	21	2.781	18	-7.5	3.7	M44
7	8	2021	21	24	2.760	9	-6.1	3.7	M44
4	9	2021	5	52	2.854	35	-8.9	3.7	M44
19	8	2022	13	1	2.937	86	-10.7	1.6	M45
15	9	2022	21	8	2.699	113	-11.3	1.6	M45
13	10	2022	5	59	2.565	139	-12.0	1.6	M45
9	11	2022	14	28	2.548	167	-12.5	1.6	M45
6	12	2022	21	40	2.556	166	-12.5	1.6	M45
3	1	2023	3	34	2.466	138	-12.0	1.6	M45
30	1	2023	9	22	2.243	110	-11.3	1.6	M45
26	2	2023	16	31	1.977	83	-10.7	1.6	M45

GG	MM	AAAA	HH	MM	DIST°	ELONG°	MAG1	MAG2	OGGETTO
26	3	2023	1	22	1.796	55	-9.9	1.6	M45
22	4	2023	10	51	1.748	28	-8.5	1.6	M45
19	5	2023	19	28	1.768	3	-3.6	1.6	M45
16	6	2023	2	26	1.743	24	-8.1	1.6	M45
13	7	2023	8	5	1.606	50	-9.7	1.6	M45
9	8	2023	13	42	1.379	76	-10.5	1.6	M45
5	9	2023	20	41	1.156	103	-11.2	1.6	M45
3	10	2023	5	36	1.035	129	-11.9	1.6	M45
30	10	2023	15	40	1.032	156	-12.5	1.6	M45
27	11	2023	1	13	1.060	175	-12.7	1.6	M45
24	12	2023	8	48	0.996	148	-12.3	1.6	M45
20	1	2024	14	30	0.801	120	-11.6	1.6	M45
16	2	2024	20	9	0.559	93	-11.0	1.6	M45
15	3	2024	3	43	0.397	65	-10.3	1.6	M45
11	4	2024	13	24	0.369	38	-9.2	1.6	M45
8	5	2024	23	46	0.412	12	-6.7	1.6	M45
5	6	2024	9	2	0.413	15	-7.2	1.6	M45
2	7	2024	16	16	0.303	41	-9.3	1.6	M45
7	7	2024	18	26	2.896	22	-7.9	3.7	M44
29	7	2024	21	54	0.107	67	-10.3	1.6	M45
4	8	2024	1	48	2.862	6	-5.2	3.7	M44
26	8	2024	3	29	0.084	93	-11.0	1.6	M45
31	8	2024	7	59	2.922	31	-8.6	3.7	M44
22	9	2024	10	48	0.177	120	-11.7	1.6	M45
27	9	2024	13	40	2.979	57	-9.9	3.7	M44
19	10	2024	20	31	0.152	146	-12.4	1.6	M45
24	10	2024	20	3	2.931	84	-10.7	3.7	M44
16	11	2024	7	33	0.093	173	-12.8	1.6	M45
21	11	2024	4	7	2.753	112	-11.4	3.7	M44
13	12	2024	17	46	0.122	158	-12.6	1.6	M45
18	12	2024	13	38	2.536	139	-12.1	3.7	M44
10	1	2025	1	31	0.279	130	-12.0	1.6	M45
14	1	2025	23	9	2.410	167	-12.6	3.7	M44
6	2	2025	7	7	0.483	102	-11.3	1.6	M45
11	2	2025	7	12	2.417	164	-12.6	3.7	M44
5	3	2025	12	52	0.609	75	-10.6	1.6	M45
10	3	2025	13	24	2.474	137	-12.0	3.7	M44
1	4	2025	20	47	0.604	48	-9.7	1.6	M45
6	4	2025	18	57	2.455	110	-11.3	3.7	M44
29	4	2025	6	56	0.528	21	-8.1	1.6	M45
4	5	2025	1	32	2.310	84	-10.7	3.7	M44
26	5	2025	17	43	0.495	7	-5.7	1.6	M45
31	5	2025	9	54	2.092	58	-10.0	3.7	M44
23	6	2025	3	20	0.572	32	-8.9	1.6	M45
27	6	2025	19	28	1.911	31	-8.7	3.7	M44
20	7	2025	10	45	0.733	58	-10.1	1.6	M45
25	7	2025	4	53	1.840	6	-5.2	3.7	M44
16	8	2025	16	24	0.883	84	-10.8	1.6	M45
21	8	2025	12	57	1.863	21	-7.9	3.7	M44
12	9	2025	22	2	0.935	110	-11.4	1.6	M45
17	9	2025	19	15	1.886	48	-9.6	3.7	M44
10	10	2025	5	35	0.873	137	-12.1	1.6	M45
15	10	2025	0	41	1.809	74	-10.5	3.7	M44

GG	MM	AAAA	HH	MM	DIST°	ELONG°	MAG1	MAG2	OGGETTO
6	11	2025	15	44	0.779	164	-12.7	1.6	M45
11	11	2025	7	6	1.605	101	-11.2	3.7	M44
4	12	2025	3	12	0.768	167	-12.8	1.6	M45
8	12	2025	15	51	1.357	129	-11.9	3.7	M44
31	12	2025	13	38	0.885	140	-12.3	1.6	M45
5	1	2026	2	30	1.193	157	-12.6	3.7	M44
27	1	2026	21	20	1.048	112	-11.5	1.6	M45
1	2	2026	13	2	1.164	174	-12.8	3.7	M44
24	2	2026	2	54	1.131	85	-10.9	1.6	M45
28	2	2026	21	31	1.188	147	-12.3	3.7	M44
23	3	2026	8	43	1.083	58	-10.1	1.6	M45
28	3	2026	3	39	1.142	120	-11.6	3.7	M44
19	4	2026	16	42	0.968	31	-8.8	1.6	M45
24	4	2026	9	2	0.972	93	-11.0	3.7	M44
17	5	2026	2	47	0.898	6	-5.4	1.6	M45
21	5	2026	15	44	0.731	67	-10.3	3.7	M44
13	6	2026	13	31	0.941	23	-8.2	1.6	M45
18	6	2026	0	36	0.527	41	-9.4	3.7	M44
10	7	2026	23	8	1.065	49	-9.7	1.6	M45
15	7	2026	10	56	0.433	15	-7.2	3.7	M44
7	8	2026	6	35	1.174	75	-10.6	1.6	M45
11	8	2026	21	7	0.431	12	-6.7	3.7	M44
3	9	2026	12	15	1.181	101	-11.2	1.6	M45
8	9	2026	5	38	0.430	38	-9.2	3.7	M44
30	9	2026	17	54	1.077	127	-11.9	1.6	M45
5	10	2026	11	59	0.332	65	-10.3	3.7	M44
28	10	2026	1	30	0.942	154	-12.5	1.6	M45
1	11	2026	17	19	0.113	92	-11.0	3.7	M44
24	11	2026	11	37	0.890	175	-12.8	1.6	M45
28	11	2026	23	56	0.148	119	-11.7	3.7	M44
21	12	2026	22	56	0.965	150	-12.5	1.6	M45
26	12	2026	9	20	0.330	147	-12.4	3.7	M44
18	1	2027	9	3	1.088	122	-11.8	1.6	M45
22	1	2027	20	44	0.380	175	-12.8	3.7	M44
14	2	2027	16	30	1.127	95	-11.1	1.6	M45
19	2	2027	7	43	0.375	157	-12.6	3.7	M44
13	3	2027	22	1	1.032	67	-10.4	1.6	M45
18	3	2027	16	17	0.439	130	-12.0	3.7	M44
10	4	2027	3	51	0.872	40	-9.3	1.6	M45
14	4	2027	22	20	0.625	103	-11.3	3.7	M44
7	5	2027	11	36	0.761	14	-7.1	1.6	M45
12	5	2027	3	42	0.876	76	-10.6	3.7	M44
3	6	2027	21	13	0.766	14	-7.0	1.6	M45
8	6	2027	10	30	1.087	50	-9.8	3.7	M44
1	7	2027	7	27	0.853	39	-9.3	1.6	M45
5	7	2027	19	36	1.189	24	-8.3	3.7	M44
28	7	2027	16	42	0.923	65	-10.3	1.6	M45
2	8	2027	6	15	1.199	2	-3.2	3.7	M44
25	8	2027	0	0	0.888	91	-10.9	1.6	M45
29	8	2027	16	46	1.212	29	-8.7	3.7	M44
21	9	2027	5	40	0.740	118	-11.5	1.6	M45
26	9	2027	1	27	1.321	55	-10.0	3.7	M44
18	10	2027	11	20	0.561	144	-12.2	1.6	M45

GG	MM	AAAA	HH	MM	DIST°	ELONG°	MAG1	MAG2	OGGETTO
23	10	2027	7	46	1.546	82	-10.8	3.7	M44
14	11	2027	18	47	0.465	171	-12.7	1.6	M45
19	11	2027	13	5	1.809	110	-11.5	3.7	M44
12	12	2027	4	27	0.496	160	-12.6	1.6	M45
16	12	2027	19	54	1.991	137	-12.2	3.7	M44
8	1	2028	15	0	0.578	132	-12.0	1.6	M45
13	1	2028	5	34	2.045	165	-12.7	3.7	M44
5	2	2028	0	21	0.579	105	-11.3	1.6	M45
9	2	2028	17	2	2.042	167	-12.8	3.7	M44
3	3	2028	7	24	0.441	77	-10.6	1.6	M45
8	3	2028	3	51	2.111	139	-12.2	3.7	M44
30	3	2028	12	57	0.235	50	-9.7	1.6	M45
4	4	2028	12	11	2.304	112	-11.5	3.7	M44
26	4	2028	18	47	0.081	24	-8.1	1.6	M45
1	5	2028	18	9	2.559	85	-10.8	3.7	M44
24	5	2028	2	7	0.046	5	-4.8	1.6	M45
28	5	2028	23	31	2.767	59	-10.1	3.7	M44
20	6	2028	10	57	0.097	30	-8.6	1.6	M45
25	6	2028	6	19	2.862	33	-8.9	3.7	M44
17	7	2028	20	20	0.133	56	-9.9	1.6	M45
22	7	2028	15	18	2.868	7	-5.6	3.7	M44
14	8	2028	4	57	0.064	82	-10.6	1.6	M45
19	8	2028	1	46	2.877	19	-7.8	3.7	M44
10	9	2028	11	59	0.120	108	-11.2	1.6	M45
15	9	2028	12	7	2.983	46	-9.6	3.7	M44
7	10	2028	17	43	0.337	135	-11.9	1.6	M45
3	11	2028	23	30	0.474	161	-12.5	1.6	M45
1	12	2028	6	41	0.484	170	-12.6	1.6	M45
28	12	2028	15	30	0.437	143	-12.2	1.6	M45
25	1	2029	0	51	0.464	115	-11.5	1.6	M45
21	2	2029	9	16	0.632	87	-10.8	1.6	M45
20	3	2029	16	7	0.874	60	-10.0	1.6	M45
16	4	2029	21	56	1.064	33	-8.8	1.6	M45
14	5	2029	3	50	1.132	7	-5.5	1.6	M45
10	6	2029	10	39	1.110	20	-7.6	1.6	M45
7	7	2029	18	31	1.100	46	-9.4	1.6	M45
4	8	2029	2	53	1.192	72	-10.3	1.6	M45
31	8	2029	10	54	1.398	98	-11.0	1.6	M45
27	9	2029	17	57	1.640	125	-11.6	1.6	M45
25	10	2029	0	7	1.806	152	-12.2	1.6	M45
21	11	2029	6	9	1.845	178	-12.6	1.6	M45
18	12	2029	12	54	1.822	153	-12.3	1.6	M45
14	1	2030	20	36	1.867	125	-11.7	1.6	M45
11	2	2030	4	49	2.049	98	-11.0	1.6	M45
10	3	2030	12	50	2.313	70	-10.3	1.6	M45
6	4	2030	20	3	2.529	43	-9.3	1.6	M45
4	5	2030	2	28	2.620	16	-7.2	1.6	M45
31	5	2030	8	29	2.616	10	-6.1	1.6	M45
27	6	2030	14	44	2.620	36	-8.9	1.6	M45
24	7	2030	21	41	2.724	62	-10.0	1.6	M45
21	8	2030	5	21	2.941	88	-10.7	1.6	M45
2	5	2036	20	41	2.853	85	-10.8	3.7	M44
30	5	2036	2	41	2.616	59	-10.1	3.7	M44

GG	MM	AAAA	HH	MM	DIST°	ELONG°	MAG1	MAG2	OGGETTO
26	6	2036	10	50	2.466	33	-8.9	3.7	M44
23	7	2036	21	1	2.427	6	-5.4	3.7	M44
20	8	2036	7	49	2.430	20	-7.9	3.7	M44
16	9	2036	17	26	2.371	47	-9.7	3.7	M44
14	10	2036	0	41	2.190	73	-10.6	3.7	M44
10	11	2036	6	8	1.929	101	-11.2	3.7	M44
7	12	2036	12	3	1.700	128	-11.9	3.7	M44
3	1	2037	20	32	1.595	156	-12.6	3.7	M44
31	1	2037	7	28	1.589	176	-12.8	3.7	M44
27	2	2037	18	48	1.563	148	-12.4	3.7	M44
27	3	2037	4	13	1.420	121	-11.7	3.7	M44
23	4	2037	10	59	1.177	94	-11.0	3.7	M44
20	5	2037	16	20	0.935	68	-10.4	3.7	M44
16	6	2037	22	21	0.787	42	-9.4	3.7	M44
14	7	2037	6	23	0.750	16	-7.3	3.7	M44
10	8	2037	16	20	0.754	11	-6.5	3.7	M44
7	9	2037	2	54	0.694	37	-9.2	3.7	M44
4	10	2037	12	15	0.512	64	-10.3	3.7	M44
31	10	2037	19	19	0.251	91	-11.0	3.7	M44
28	11	2037	0	44	0.026	118	-11.6	3.7	M44
25	12	2037	6	47	0.073	146	-12.3	3.7	M44
21	1	2038	15	9	0.071	174	-12.7	3.7	M44
18	2	2038	1	33	0.087	158	-12.6	3.7	M44
17	3	2038	12	3	0.222	131	-11.9	3.7	M44
13	4	2038	20	49	0.462	104	-11.2	3.7	M44
11	5	2038	3	22	0.700	77	-10.6	3.7	M44
7	6	2038	8	48	0.838	51	-9.7	3.7	M44
4	7	2038	14	48	0.861	25	-8.2	3.7	M44
31	7	2038	22	30	0.841	3	-3.4	3.7	M44
28	8	2038	7	48	0.884	28	-8.5	3.7	M44
24	9	2038	17	36	1.049	54	-9.9	3.7	M44
22	10	2038	2	20	1.295	81	-10.7	3.7	M44
18	11	2038	9	9	1.506	108	-11.3	3.7	M44
15	12	2038	14	44	1.588	136	-12.0	3.7	M44
11	1	2039	20	53	1.563	164	-12.6	3.7	M44
8	2	2039	4	49	1.552	168	-12.6	3.7	M44
7	3	2039	14	7	1.659	141	-12.1	3.7	M44
3	4	2039	23	26	1.877	114	-11.4	3.7	M44
1	5	2039	7	31	2.096	87	-10.7	3.7	M44
28	5	2039	14	2	2.214	61	-10.0	3.7	M44
24	6	2039	19	42	2.213	35	-8.8	3.7	M44
22	7	2039	1	42	2.166	9	-6.0	3.7	M44
18	8	2039	8	50	2.178	18	-7.5	3.7	M44
14	9	2039	17	12	2.309	44	-9.4	3.7	M44
12	10	2039	2	0	2.523	71	-10.3	3.7	M44
8	11	2039	10	8	2.707	98	-11.0	3.7	M44
5	12	2039	17	0	2.763	126	-11.7	3.7	M44
1	1	2040	23	0	2.707	153	-12.3	3.7	M44
29	1	2040	5	13	2.657	176	-12.6	3.7	M44
25	2	2040	12	23	2.723	151	-12.3	3.7	M44
23	3	2040	20	27	2.904	124	-11.6	3.7	M44
8	3	2041	4	19	2.904	73	-10.5	1.6	M45
4	4	2041	13	39	2.735	46	-9.5	1.6	M45

GG	MM	AAAA	HH	MM	DIST°	ELONG°	MAG1	MAG2	OGGETTO
1	5	2041	23	22	2.694	19	-7.6	1.6	M45
29	5	2041	7	57	2.705	8	-5.7	1.6	M45
25	6	2041	14	43	2.657	34	-8.8	1.6	M45
22	7	2041	20	13	2.494	60	-10.0	1.6	M45
19	8	2041	1	57	2.251	86	-10.8	1.6	M45
15	9	2041	9	22	2.026	112	-11.4	1.6	M45
12	10	2041	18	51	1.911	139	-12.1	1.6	M45
9	11	2041	5	18	1.907	166	-12.7	1.6	M45
6	12	2041	14	49	1.914	166	-12.6	1.6	M45
2	1	2042	22	4	1.814	138	-12.1	1.6	M45
30	1	2042	3	32	1.590	110	-11.4	1.6	M45
26	2	2042	9	26	1.339	83	-10.8	1.6	M45
25	3	2042	17	32	1.183	55	-10.0	1.6	M45
22	4	2042	3	40	1.156	29	-8.6	1.6	M45
19	5	2042	14	9	1.183	3	-4.0	1.6	M45
15	6	2042	23	14	1.152	25	-8.3	1.6	M45
13	7	2042	6	11	1.010	51	-9.8	1.6	M45
9	8	2042	11	38	0.792	77	-10.6	1.6	M45
5	9	2042	17	25	0.594	103	-11.2	1.6	M45
3	10	2042	1	15	0.502	129	-11.9	1.6	M45
30	10	2042	11	30	0.520	156	-12.6	1.6	M45
26	11	2042	22	46	0.551	174	-12.8	1.6	M45
24	12	2042	8	45	0.479	148	-12.4	1.6	M45
20	1	2043	16	1	0.285	120	-11.7	1.6	M45
25	1	2043	11	50	2.928	175	-12.7	3.7	M44
16	2	2043	21	26	0.066	92	-11.0	1.6	M45
21	2	2043	19	39	2.973	154	-12.4	3.7	M44
16	3	2043	3	28	0.060	65	-10.3	1.6	M45
12	4	2043	11	54	0.059	38	-9.3	1.6	M45
9	5	2043	22	20	0.005	12	-6.8	1.6	M45
14	5	2043	14	7	2.889	74	-10.5	3.7	M44
6	6	2043	9	5	0.009	16	-7.4	1.6	M45
10	6	2043	22	58	2.690	48	-9.7	3.7	M44
3	7	2043	18	23	0.125	41	-9.4	1.6	M45
8	7	2043	8	52	2.541	22	-8.0	3.7	M44
31	7	2043	1	26	0.312	67	-10.4	1.6	M45
4	8	2043	18	22	2.506	6	-5.2	3.7	M44
27	8	2043	6	55	0.473	93	-11.0	1.6	M45
1	9	2043	2	15	2.553	31	-8.7	3.7	M44
23	9	2043	12	46	0.528	120	-11.7	1.6	M45
28	9	2043	8	19	2.584	57	-10.0	3.7	M44
20	10	2043	20	50	0.477	147	-12.4	1.6	M45
25	10	2043	13	45	2.504	84	-10.8	3.7	M44
17	11	2043	7	24	0.414	173	-12.8	1.6	M45
21	11	2043	20	37	2.303	111	-11.5	3.7	M44
14	12	2043	18	53	0.451	157	-12.6	1.6	M45
19	12	2043	6	1	2.079	139	-12.2	3.7	M44
11	1	2044	4	51	0.611	130	-12.0	1.6	M45
15	1	2044	17	5	1.955	167	-12.7	3.7	M44
7	2	2044	12	0	0.794	102	-11.3	1.6	M45
12	2	2044	3	32	1.959	164	-12.7	3.7	M44
5	3	2044	17	25	0.880	75	-10.6	1.6	M45
10	3	2044	11	37	1.994	137	-12.1	3.7	M44

GG	MM	AAAA	HH	MM	DIST°	ELONG°	MAG1	MAG2	OGGETTO
1	4	2044	23	32	0.839	48	-9.7	1.6	M45
6	4	2044	17	27	1.944	110	-11.4	3.7	M44
29	4	2044	7	53	0.749	21	-8.0	1.6	M45
3	5	2044	22	57	1.773	84	-10.8	3.7	M44
26	5	2044	18	7	0.720	7	-5.7	1.6	M45
31	5	2044	6	4	1.546	58	-10.1	3.7	M44
23	6	2044	4	40	0.804	32	-8.9	1.6	M45
27	6	2044	15	23	1.370	31	-8.8	3.7	M44
20	7	2044	13	52	0.958	58	-10.1	1.6	M45
25	7	2044	1	56	1.306	6	-5.2	3.7	M44
16	8	2044	20	54	1.081	84	-10.8	1.6	M45
21	8	2044	12	3	1.323	21	-8.0	3.7	M44
13	9	2044	2	25	1.093	110	-11.4	1.6	M45
17	9	2044	20	17	1.323	48	-9.7	3.7	M44
10	10	2044	8	18	1.000	137	-12.1	1.6	M45
15	10	2044	2	20	1.214	74	-10.6	3.7	M44
6	11	2044	16	19	0.896	164	-12.7	1.6	M45
11	11	2044	7	43	0.991	102	-11.3	3.7	M44
4	12	2044	2	42	0.891	167	-12.7	1.6	M45
8	12	2044	14	51	0.746	129	-12.0	3.7	M44
31	12	2044	13	46	1.011	140	-12.2	1.6	M45
5	1	2045	0	49	0.597	157	-12.6	3.7	M44
27	1	2045	23	16	1.156	112	-11.5	1.6	M45
1	2	2045	12	24	0.574	174	-12.8	3.7	M44
24	2	2045	6	10	1.200	84	-10.8	1.6	M45
28	2	2045	23	5	0.584	147	-12.4	3.7	M44
23	3	2045	11	36	1.113	57	-10.0	1.6	M45
28	3	2045	7	8	0.508	120	-11.7	3.7	M44
19	4	2045	17	42	0.977	31	-8.7	1.6	M45
24	4	2045	12	53	0.313	93	-11.0	3.7	M44
17	5	2045	1	42	0.907	6	-5.3	1.6	M45
21	5	2045	18	23	0.068	67	-10.4	3.7	M44
13	6	2045	11	18	0.952	23	-8.1	1.6	M45
18	6	2045	1	33	0.122	41	-9.4	3.7	M44
10	7	2045	21	13	1.069	49	-9.7	1.6	M45
15	7	2045	11	0	0.200	15	-7.2	3.7	M44
7	8	2045	6	1	1.152	75	-10.5	1.6	M45
11	8	2045	21	45	0.199	12	-6.8	3.7	M44
3	9	2045	12	54	1.122	101	-11.1	1.6	M45
8	9	2045	8	4	0.218	38	-9.3	3.7	M44
30	9	2045	18	28	0.985	127	-11.8	1.6	M45
5	10	2045	16	20	0.345	65	-10.3	3.7	M44
28	10	2045	0	22	0.834	154	-12.4	1.6	M45
1	11	2045	22	18	0.584	92	-11.0	3.7	M44
24	11	2045	8	8	0.782	175	-12.7	1.6	M45
29	11	2045	3	42	0.840	120	-11.7	3.7	M44
21	12	2045	17	50	0.854	150	-12.4	1.6	M45
26	12	2045	11	0	0.999	147	-12.4	3.7	M44
18	1	2046	3	57	0.958	122	-11.7	1.6	M45
22	1	2046	21	5	1.034	175	-12.8	3.7	M44
14	2	2046	12	40	0.962	95	-11.0	1.6	M45
19	2	2046	8	29	1.034	157	-12.6	3.7	M44
13	3	2046	19	19	0.832	67	-10.3	1.6	M45

```
GG MM AAAA    HH MM  DIST°   ELONG°  MAG1  MAG2  OGGETTO

18  3 2046    18 49  1.124    129   -12.0   3.7  M44
10  4 2046     0 52  0.649     40    -9.2   1.6  M45
15  4 2046     2 35  1.334    102   -11.2   3.7  M44
 7  5 2046     6 54  0.532     14    -7.0   1.6  M45
12  5 2046     8 16  1.591     76   -10.6   3.7  M44
 3  6 2046    14 21  0.536     13    -6.9   1.6  M45
 8  6 2046    13 46  1.786     50    -9.7   3.7  M44
30  6 2046    23  3  0.613     39    -9.1   1.6  M45
 5  7 2046    20 52  1.867     24    -8.2   3.7  M44
28  7 2046     8  5  0.659     65   -10.2   1.6  M45
 2  8 2046     6  5  1.869      2    -3.3   3.7  M44
24  8 2046    16 18  0.593     91   -10.8   1.6  M45
29  8 2046    16 32  1.891     29    -8.6   3.7  M44
20  9 2046    23  3  0.417    118   -11.5   1.6  M45
26  9 2046     2 31  2.023     56   -10.0   3.7  M44
18 10 2046     4 48  0.225    144   -12.1   1.6  M45
23 10 2046    10 30  2.267     83   -10.8   3.7  M44
14 11 2046    10 47  0.126    171   -12.6   1.6  M45
19 11 2046    16 22  2.526    110   -11.4   3.7  M44
11 12 2046    18  6  0.153    160   -12.5   1.6  M45
16 12 2046    21 52  2.685    137   -12.1   3.7  M44
 8  1 2047     2 46  0.218    133   -11.9   1.6  M45
13  1 2047     5 11  2.717    165   -12.7   3.7  M44
 4  2 2047    11 42  0.191    105   -11.2   1.6  M45
 9  2 2047    14 49  2.713    167   -12.7   3.7  M44
 3  3 2047    19 43  0.026     77   -10.5   1.6  M45
 9  3 2047     1 24  2.797    139   -12.2   3.7  M44
31  3 2047     2 25  0.197     50    -9.6   1.6  M45
27  4 2047     8 19  0.353     24    -8.0   1.6  M45
24  5 2047    14 19  0.387      5    -4.5   1.6  M45
20  6 2047    21  7  0.343     29    -8.5   1.6  M45
18  7 2047     4 50  0.327     55    -9.8   1.6  M45
14  8 2047    12 58  0.421     81   -10.5   1.6  M45
10  9 2047    20 50  0.624    108   -11.2   1.6  M45
 8 10 2047     3 51  0.848    134   -11.8   1.6  M45
 4 11 2047    10  8  0.982    161   -12.4   1.6  M45
 1 12 2047    16 16  0.991    171   -12.5   1.6  M45
28 12 2047    22 58  0.955    143   -12.1   1.6  M45
25  1 2048     6 30  1.006    115   -11.4   1.6  M45
21  2 2048    14 36  1.194     88   -10.8   1.6  M45
19  3 2048    22 36  1.445     60   -10.0   1.6  M45
16  4 2048     5 56  1.634     34    -8.8   1.6  M45
13  5 2048    12 24  1.696      7    -5.5   1.6  M45
 9  6 2048    18 24  1.677     19    -7.6   1.6  M45
 7  7 2048     0 34  1.682     45    -9.4   1.6  M45
 3  8 2048     7 27  1.794     71   -10.3   1.6  M45
30  8 2048    15 12  2.015     98   -10.9   1.6  M45
26  9 2048    23 24  2.261    124   -11.6   1.6  M45
24 10 2048     7 20  2.420    151   -12.3   1.6  M45
20 11 2048    14 26  2.455    178   -12.6   1.6  M45
17 12 2048    20 39  2.439    154   -12.3   1.6  M45
14  1 2049     2 40  2.502    126   -11.7   1.6  M45
10  2 2049     9 30  2.703     98   -11.0   1.6  M45
```

GG	MM	AAAA	HH	MM	DIST°	ELONG°	MAG1	MAG2	OGGETTO
9	3	2049	17	38	2.974	71	-10.3	1.6	M45
20	11	2054	20	35	2.884	111	-11.5	3.7	M44
18	12	2054	2	51	2.676	138	-12.2	3.7	M44
14	1	2055	11	49	2.596	166	-12.7	3.7	M44
10	2	2055	22	54	2.600	166	-12.7	3.7	M44
10	3	2055	9	51	2.561	138	-12.2	3.7	M44
6	4	2055	18	40	2.399	111	-11.5	3.7	M44
4	5	2055	1	2	2.150	85	-10.8	3.7	M44
31	5	2055	6	22	1.918	58	-10.0	3.7	M44
27	6	2055	12	38	1.787	32	-8.8	3.7	M44
24	7	2055	20	57	1.762	6	-5.3	3.7	M44
21	8	2055	6	58	1.762	20	-7.9	3.7	M44
17	9	2055	17	17	1.683	47	-9.6	3.7	M44
15	10	2055	2	9	1.478	74	-10.5	3.7	M44
11	11	2055	8	45	1.208	101	-11.2	3.7	M44
8	12	2055	14	8	0.993	128	-11.9	3.7	M44
4	1	2056	20	31	0.911	156	-12.5	3.7	M44
1	2	2056	5	12	0.914	176	-12.7	3.7	M44
28	2	2056	15	28	0.878	148	-12.4	3.7	M44
27	3	2056	1	28	0.716	121	-11.7	3.7	M44
23	4	2056	9	39	0.462	94	-11.0	3.7	M44
20	5	2056	15	52	0.226	68	-10.3	3.7	M44
16	6	2056	21	19	0.098	42	-9.3	3.7	M44
14	7	2056	3	32	0.079	16	-7.2	3.7	M44
10	8	2056	11	23	0.087	11	-6.4	3.7	M44
6	9	2056	20	37	0.018	37	-9.1	3.7	M44
4	10	2056	6	4	0.175	64	-10.2	3.7	M44
31	10	2056	14	18	0.437	91	-10.9	3.7	M44
27	11	2056	20	46	0.645	118	-11.5	3.7	M44
25	12	2056	2	24	0.720	146	-12.2	3.7	M44
21	1	2057	8	49	0.701	173	-12.6	3.7	M44
17	2	2057	16	49	0.717	158	-12.5	3.7	M44
17	3	2057	1	52	0.859	131	-11.8	3.7	M44
13	4	2057	10	43	1.099	104	-11.2	3.7	M44
10	5	2057	18	22	1.322	77	-10.5	3.7	M44
7	6	2057	0	43	1.437	51	-9.6	3.7	M44
4	7	2057	6	28	1.439	25	-8.2	3.7	M44
31	7	2057	12	35	1.410	3	-3.6	3.7	M44
27	8	2057	19	46	1.454	27	-8.3	3.7	M44
24	9	2057	3	57	1.619	54	-9.8	3.7	M44
21	10	2057	12	27	1.855	81	-10.6	3.7	M44
17	11	2057	20	18	2.044	108	-11.2	3.7	M44
15	12	2057	3	5	2.100	136	-11.9	3.7	M44
11	1	2058	9	13	2.056	163	-12.5	3.7	M44
7	2	2058	15	31	2.039	168	-12.5	3.7	M44
6	3	2058	22	35	2.147	141	-12.0	3.7	M44
3	4	2058	6	26	2.357	114	-11.4	3.7	M44
30	4	2058	14	31	2.557	87	-10.7	3.7	M44
27	5	2058	22	13	2.649	61	-10.0	3.7	M44
24	6	2058	5	7	2.626	35	-8.8	3.7	M44
21	7	2058	11	19	2.568	10	-6.1	3.7	M44
17	8	2058	17	18	2.578	18	-7.4	3.7	M44
13	9	2058	23	45	2.708	44	-9.3	3.7	M44

GG	MM	AAAA	HH	MM	DIST°	ELONG°	MAG1	MAG2	OGGETTO
11	10	2058	7	3	2.910	70	-10.3	3.7	M44
28	1	2059	13	40	2.966	175	-12.6	3.7	M44
25	9	2059	22	45	2.971	122	-11.7	1.6	M45
23	10	2059	8	47	2.867	149	-12.4	1.6	M45
19	11	2059	19	31	2.864	176	-12.8	1.6	M45
17	12	2059	4	52	2.849	156	-12.5	1.6	M45
13	1	2060	11	44	2.717	128	-11.9	1.6	M45
9	2	2060	17	4	2.471	100	-11.2	1.6	M45
7	3	2060	23	18	2.220	73	-10.5	1.6	M45
4	4	2060	7	57	2.075	46	-9.6	1.6	M45
1	5	2060	18	26	2.051	19	-7.8	1.6	M45
29	5	2060	4	56	2.063	8	-5.9	1.6	M45
25	6	2060	13	46	2.004	34	-9.0	1.6	M45
22	7	2060	20	24	1.833	60	-10.1	1.6	M45
19	8	2060	1	45	1.599	86	-10.8	1.6	M45
15	9	2060	7	48	1.399	112	-11.5	1.6	M45
12	10	2060	16	11	1.312	139	-12.2	1.6	M45
9	11	2060	2	55	1.324	166	-12.7	1.6	M45
6	12	2060	14	15	1.327	165	-12.7	1.6	M45
2	1	2061	23	51	1.214	138	-12.2	1.6	M45
30	1	2061	6	39	0.990	110	-11.5	1.6	M45
26	2	2061	11	57	0.762	82	-10.8	1.6	M45
25	3	2061	18	22	0.641	55	-10.0	1.6	M45
22	4	2061	3	14	0.640	28	-8.7	1.6	M45
19	5	2061	13	52	0.672	4	-4.3	1.6	M45
16	6	2061	0	29	0.632	25	-8.4	1.6	M45
13	7	2061	9	25	0.481	51	-9.8	1.6	M45
9	8	2061	16	6	0.271	77	-10.6	1.6	M45
5	9	2061	21	29	0.103	103	-11.3	1.6	M45
3	10	2061	3	37	0.047	130	-11.9	1.6	M45
30	10	2061	12	11	0.088	157	-12.6	1.6	M45
26	11	2061	23	4	0.119	174	-12.8	1.6	M45
1	12	2061	10	44	2.858	121	-11.8	3.7	M44
24	12	2061	10	24	0.034	147	-12.4	1.6	M45
28	12	2061	20	47	2.665	149	-12.5	3.7	M44
20	1	2062	19	48	0.163	120	-11.7	1.6	M45
25	1	2062	8	6	2.585	175	-12.8	3.7	M44
17	2	2062	2	26	0.361	92	-11.0	1.6	M45
21	2	2062	18	19	2.623	154	-12.5	3.7	M44
16	3	2062	7	47	0.448	65	-10.3	1.6	M45
21	3	2062	1	57	2.670	127	-11.9	3.7	M44
12	4	2062	14	14	0.414	38	-9.2	1.6	M45
17	4	2062	7	34	2.618	101	-11.2	3.7	M44
9	5	2062	22	55	0.350	12	-6.8	1.6	M45
14	5	2062	13	14	2.451	74	-10.6	3.7	M44
6	6	2062	9	11	0.360	16	-7.4	1.6	M45
10	6	2062	20	48	2.245	48	-9.7	3.7	M44
3	7	2062	19	27	0.484	42	-9.4	1.6	M45
8	7	2062	6	30	2.101	22	-8.1	3.7	M44
31	7	2062	4	12	0.664	68	-10.4	1.6	M45
4	8	2062	17	12	2.070	6	-5.2	3.7	M44
27	8	2062	10	51	0.797	94	-11.0	1.6	M45
1	9	2062	3	10	2.108	31	-8.8	3.7	M44

GG	MM	AAAA	HH	MM	DIST°	ELONG°	MAG1	MAG2	OGGETTO
23	9	2062	16	17	0.814	120	-11.6	1.6	M45
28	9	2062	11	2	2.110	57	-10.1	3.7	M44
20	10	2062	22	27	0.735	147	-12.3	1.6	M45
25	10	2062	16	49	1.995	84	-10.8	3.7	M44
17	11	2062	6	52	0.664	173	-12.7	1.6	M45
21	11	2062	22	22	1.775	112	-11.5	3.7	M44
14	12	2062	17	21	0.708	157	-12.6	1.6	M45
19	12	2062	6	2	1.554	139	-12.2	3.7	M44
11	1	2063	4	2	0.868	130	-11.9	1.6	M45
15	1	2063	16	30	1.443	167	-12.8	3.7	M44
7	2	2063	12	53	1.031	102	-11.2	1.6	M45
12	2	2063	4	6	1.449	164	-12.7	3.7	M44
6	3	2063	19	19	1.079	75	-10.5	1.6	M45
11	3	2063	14	21	1.465	137	-12.2	3.7	M44
3	4	2063	0	46	1.002	48	-9.6	1.6	M45
7	4	2063	21	53	1.380	110	-11.5	3.7	M44
30	4	2063	7	7	0.894	21	-7.9	1.6	M45
5	5	2063	3	26	1.182	83	-10.8	3.7	M44
27	5	2063	15	17	0.864	8	-5.7	1.6	M45
1	6	2063	9	6	0.951	57	-10.0	3.7	M44
24	6	2063	0	47	0.949	32	-8.8	1.6	M45
28	6	2063	16	39	0.787	31	-8.8	3.7	M44
21	7	2063	10	21	1.093	58	-10.0	1.6	M45
26	7	2063	2	22	0.735	5	-5.1	3.7	M44
17	8	2063	18	41	1.188	84	-10.7	1.6	M45
22	8	2063	13	8	0.750	21	-8.1	3.7	M44
14	9	2063	1	13	1.164	110	-11.3	1.6	M45
18	9	2063	23	9	0.727	48	-9.7	3.7	M44
11	10	2063	6	45	1.041	137	-12.0	1.6	M45
16	10	2063	6	58	0.586	75	-10.6	3.7	M44
7	11	2063	12	55	0.923	164	-12.5	1.6	M45
12	11	2063	12	39	0.342	102	-11.3	3.7	M44
4	12	2063	20	55	0.917	167	-12.6	1.6	M45
9	12	2063	18	14	0.101	130	-11.9	3.7	M44
1	1	2064	6	30	1.029	140	-12.1	1.6	M45
6	1	2064	2	1	0.030	157	-12.6	3.7	M44
28	1	2064	16	8	1.152	112	-11.4	1.6	M45
2	2	2064	12	22	0.043	174	-12.8	3.7	M44
25	2	2064	0	17	1.161	85	-10.7	1.6	M45
29	2	2064	23	34	0.045	147	-12.4	3.7	M44
23	3	2064	6	39	1.040	58	-9.9	1.6	M45
28	3	2064	9	20	0.151	120	-11.7	3.7	M44
19	4	2064	12	16	0.886	31	-8.6	1.6	M45
24	4	2064	16	34	0.372	93	-11.0	3.7	M44
16	5	2064	18	29	0.809	6	-5.2	1.6	M45
21	5	2064	22	4	0.623	66	-10.3	3.7	M44
13	6	2064	1	57	0.851	23	-8.0	1.6	M45
18	6	2064	3	44	0.801	40	-9.3	3.7	M44
10	7	2064	10	28	0.954	48	-9.6	1.6	M45
15	7	2064	11	8	0.863	14	-7.1	3.7	M44
6	8	2064	19	10	1.011	74	-10.4	1.6	M45
11	8	2064	20	29	0.859	12	-6.7	3.7	M44
3	9	2064	3	2	0.949	101	-11.0	1.6	M45

GG	MM	AAAA	HH	MM	DIST°	ELONG°	MAG1	MAG2	OGGETTO
8	9	2064	6	48	0.893	38	-9.2	3.7	M44
30	9	2064	9	37	0.786	127	-11.7	1.6	M45
5	10	2064	16	22	1.046	65	-10.3	3.7	M44
27	10	2064	15	27	0.624	154	-12.3	1.6	M45
1	11	2064	23	50	1.303	92	-11.0	3.7	M44
23	11	2064	21	37	0.569	175	-12.6	1.6	M45
29	11	2064	5	28	1.556	120	-11.6	3.7	M44
21	12	2064	4	58	0.633	150	-12.3	1.6	M45
26	12	2064	11	11	1.696	148	-12.3	3.7	M44
17	1	2065	13	24	0.715	123	-11.6	1.6	M45
22	1	2065	18	51	1.716	175	-12.7	3.7	M44
13	2	2065	21	58	0.690	95	-10.9	1.6	M45
19	2	2065	4	32	1.721	157	-12.5	3.7	M44
13	3	2065	5	45	0.532	68	-10.2	1.6	M45
18	3	2065	14	43	1.829	129	-11.9	3.7	M44
9	4	2065	12	25	0.335	41	-9.2	1.6	M45
14	4	2065	23	38	2.057	102	-11.2	3.7	M44
6	5	2065	18	24	0.216	15	-7.0	1.6	M45
12	5	2065	6	32	2.316	76	-10.5	3.7	M44
3	6	2065	0	27	0.219	13	-6.7	1.6	M45
8	6	2065	12	7	2.498	50	-9.6	3.7	M44
30	6	2065	7	11	0.284	38	-9.0	1.6	M45
5	7	2065	17	51	2.560	24	-8.1	3.7	M44
27	7	2065	14	45	0.308	64	-10.1	1.6	M45
2	8	2065	0	56	2.553	3	-3.3	3.7	M44
23	8	2065	22	46	0.215	91	-10.8	1.6	M45
29	8	2065	9	35	2.581	29	-8.5	3.7	M44
20	9	2065	6	35	0.020	117	-11.4	1.6	M45
25	9	2065	18	59	2.726	55	-9.9	3.7	M44
17	10	2065	13	41	0.179	144	-12.1	1.6	M45
23	10	2065	3	45	2.977	82	-10.7	3.7	M44
13	11	2065	20	5	0.276	170	-12.5	1.6	M45
11	12	2065	2	15	0.252	161	-12.4	1.6	M45
7	1	2066	8	51	0.203	133	-11.9	1.6	M45
3	2	2066	16	16	0.256	106	-11.2	1.6	M45
3	3	2066	0	23	0.444	78	-10.5	1.6	M45
30	3	2066	8	32	0.677	51	-9.6	1.6	M45
26	4	2066	15	59	0.832	24	-8.1	1.6	M45
23	5	2066	22	29	0.864	4	-4.2	1.6	M45
20	6	2066	4	24	0.828	29	-8.4	1.6	M45
17	7	2066	10	30	0.831	55	-9.7	1.6	M45
13	8	2066	17	25	0.948	81	-10.5	1.6	M45
10	9	2066	1	22	1.168	107	-11.2	1.6	M45
7	10	2066	9	52	1.397	134	-11.9	1.6	M45
3	11	2066	18	2	1.527	161	-12.4	1.6	M45
1	12	2066	1	9	1.536	171	-12.6	1.6	M45
28	12	2066	7	13	1.513	144	-12.1	1.6	M45
24	1	2067	13	9	1.586	116	-11.5	1.6	M45
20	2	2067	20	11	1.795	88	-10.8	1.6	M45
20	3	2067	4	43	2.056	61	-10.1	1.6	M45
16	4	2067	13	51	2.243	34	-8.9	1.6	M45
13	5	2067	22	18	2.302	8	-5.6	1.6	M45
10	6	2067	5	18	2.288	19	-7.6	1.6	M45

GG	MM	AAAA	HH	MM	DIST°	ELONG°	MAG1	MAG2	OGGETTO
7	7	2067	11	5	2.309	45	-9.4	1.6	M45
3	8	2067	16	45	2.442	71	-10.3	1.6	M45
30	8	2067	23	34	2.678	97	-11.0	1.6	M45
27	9	2067	8	7	2.925	124	-11.7	1.6	M45
9	6	2073	20	1	2.885	49	-9.7	3.7	M44
7	7	2073	2	34	2.777	23	-8.1	3.7	M44
3	8	2073	11	6	2.766	3	-4.0	3.7	M44
30	8	2073	21	6	2.764	30	-8.7	3.7	M44
27	9	2073	7	5	2.669	56	-10.0	3.7	M44
24	10	2073	15	26	2.448	83	-10.8	3.7	M44
20	11	2073	21	39	2.177	111	-11.4	3.7	M44
18	12	2073	3	6	1.980	138	-12.1	3.7	M44
14	1	2074	9	49	1.918	166	-12.6	3.7	M44
10	2	2074	18	40	1.924	166	-12.6	3.7	M44
10	3	2074	4	43	1.871	138	-12.1	3.7	M44
6	4	2074	14	10	1.688	111	-11.4	3.7	M44
3	5	2074	21	50	1.427	85	-10.7	3.7	M44
31	5	2074	3	49	1.201	58	-9.9	3.7	M44
27	6	2074	9	20	1.087	32	-8.7	3.7	M44
24	7	2074	15	45	1.074	6	-5.2	3.7	M44
20	8	2074	23	41	1.073	20	-7.7	3.7	M44
17	9	2074	8	46	0.981	47	-9.5	3.7	M44
14	10	2074	17	49	0.765	73	-10.4	3.7	M44
11	11	2074	1	37	0.494	101	-11.1	3.7	M44
8	12	2074	7	53	0.295	128	-11.8	3.7	M44
4	1	2075	13	38	0.232	156	-12.4	3.7	M44
31	1	2075	20	15	0.245	176	-12.6	3.7	M44
28	2	2075	4	13	0.204	149	-12.2	3.7	M44
27	3	2075	12	57	0.034	121	-11.6	3.7	M44
23	4	2075	21	22	0.220	94	-10.9	3.7	M44
21	5	2075	4	45	0.442	68	-10.2	3.7	M44
17	6	2075	11	2	0.550	42	-9.2	3.7	M44
14	7	2075	16	52	0.553	16	-7.1	3.7	M44
10	8	2075	23	5	0.541	10	-6.3	3.7	M44
7	9	2075	6	13	0.614	37	-9.0	3.7	M44
4	10	2075	14	14	0.809	63	-10.1	3.7	M44
31	10	2075	22	29	1.062	90	-10.8	3.7	M44
28	11	2075	6	11	1.250	118	-11.5	3.7	M44
25	12	2075	13	1	1.301	146	-12.1	3.7	M44
21	1	2076	19	15	1.270	173	-12.5	3.7	M44
18	2	2076	1	34	1.286	159	-12.4	3.7	M44
16	3	2076	8	30	1.430	131	-11.8	3.7	M44
12	4	2076	16	10	1.663	104	-11.1	3.7	M44
10	5	2076	0	10	1.869	78	-10.5	3.7	M44
6	6	2076	7	54	1.961	52	-9.6	3.7	M44
3	7	2076	14	53	1.945	26	-8.2	3.7	M44
30	7	2076	21	8	1.909	4	-3.9	3.7	M44
27	8	2076	3	6	1.954	27	-8.3	3.7	M44
23	9	2076	9	27	2.120	53	-9.7	3.7	M44
20	10	2076	16	44	2.345	80	-10.6	3.7	M44
17	11	2076	0	55	2.511	107	-11.2	3.7	M44
14	12	2076	9	22	2.542	135	-11.9	3.7	M44
10	1	2077	17	11	2.482	163	-12.5	3.7	M44

GG	MM	AAAA	HH	MM	DIST°	ELONG°	MAG1	MAG2	OGGETTO
6	2	2077	23	51	2.464	169	-12.5	3.7	M44
6	3	2077	5	46	2.573	142	-12.0	3.7	M44
2	4	2077	11	57	2.776	115	-11.4	3.7	M44
29	4	2077	19	16	2.957	88	-10.7	3.7	M44
23	6	2077	12	16	2.979	36	-8.9	3.7	M44
20	7	2077	20	9	2.911	10	-6.3	3.7	M44
17	8	2077	2	49	2.922	17	-7.4	3.7	M44
6	7	2078	4	30	2.936	43	-9.5	1.6	M45
2	8	2078	10	50	2.742	69	-10.4	1.6	M45
29	8	2078	16	9	2.497	96	-11.1	1.6	M45
25	9	2078	22	32	2.302	122	-11.8	1.6	M45
23	10	2078	7	28	2.224	149	-12.4	1.6	M45
19	11	2078	18	35	2.231	176	-12.8	1.6	M45
17	12	2078	5	51	2.207	155	-12.6	1.6	M45
13	1	2079	14	58	2.057	128	-11.9	1.6	M45
9	2	2079	21	18	1.809	100	-11.2	1.6	M45
9	3	2079	2	37	1.581	72	-10.6	1.6	M45
5	4	2079	9	26	1.468	45	-9.6	1.6	M45
2	5	2079	18	41	1.465	19	-7.8	1.6	M45
30	5	2079	5	24	1.477	8	-6.0	1.6	M45
26	6	2079	15	47	1.404	34	-9.0	1.6	M45
24	7	2079	0	19	1.222	60	-10.2	1.6	M45
20	8	2079	6	39	0.995	86	-10.9	1.6	M45
16	9	2079	12	0	0.824	113	-11.5	1.6	M45
13	10	2079	18	29	0.771	139	-12.2	1.6	M45
10	11	2079	3	30	0.800	166	-12.7	1.6	M45
7	12	2079	14	35	0.798	165	-12.7	1.6	M45
4	1	2080	1	36	0.670	137	-12.2	1.6	M45
31	1	2080	10	23	0.441	110	-11.5	1.6	M45
27	2	2080	16	34	0.235	82	-10.8	1.6	M45
25	3	2080	21	58	0.151	55	-10.0	1.6	M45
22	4	2080	4	45	0.177	28	-8.6	1.6	M45
19	5	2080	13	39	0.216	4	-4.5	1.6	M45
24	5	2080	3	49	2.981	65	-10.3	3.7	M44
15	6	2080	23	52	0.168	25	-8.3	1.6	M45
20	6	2080	11	48	2.800	39	-9.3	3.7	M44
13	7	2080	9	47	0.009	51	-9.8	1.6	M45
17	7	2080	21	50	2.694	13	-7.0	3.7	M44
9	8	2080	18	4	0.194	77	-10.6	1.6	M45
14	8	2080	8	36	2.698	15	-7.2	3.7	M44
6	9	2080	0	21	0.335	103	-11.2	1.6	M45
10	9	2080	18	19	2.757	41	-9.4	3.7	M44
3	10	2080	5	47	0.355	130	-11.9	1.6	M45
8	10	2080	1	47	2.763	67	-10.4	3.7	M44
30	10	2080	12	16	0.290	157	-12.5	1.6	M45
4	11	2080	7	21	2.646	94	-11.1	3.7	M44
26	11	2080	21	1	0.255	174	-12.7	1.6	M45
1	12	2080	13	9	2.435	122	-11.8	3.7	M44
24	12	2080	7	27	0.346	147	-12.4	1.6	M45
28	12	2080	21	23	2.245	149	-12.5	3.7	M44
20	1	2081	17	38	0.541	120	-11.7	1.6	M45
25	1	2081	8	12	2.177	176	-12.8	3.7	M44
17	2	2081	1	50	0.717	92	-11.0	1.6	M45

GG	MM	AAAA	HH	MM	DIST°	ELONG°	MAG1	MAG2	OGGETTO
21	2	2081	19	40	2.213	154	-12.6	3.7	M44
16	3	2081	7	56	0.768	65	-10.2	1.6	M45
21	3	2081	5	24	2.235	127	-11.9	3.7	M44
12	4	2081	13	28	0.703	38	-9.1	1.6	M45
17	4	2081	12	26	2.146	100	-11.2	3.7	M44
9	5	2081	20	4	0.624	12	-6.7	1.6	M45
14	5	2081	17	50	1.951	74	-10.5	3.7	M44
6	6	2081	4	19	0.634	16	-7.3	1.6	M45
10	6	2081	23	45	1.739	48	-9.7	3.7	M44
3	7	2081	13	38	0.757	42	-9.3	1.6	M45
8	7	2081	7	39	1.606	22	-8.0	3.7	M44
30	7	2081	22	48	0.924	68	-10.3	1.6	M45
4	8	2081	17	35	1.584	6	-5.1	3.7	M44
27	8	2081	6	40	1.030	94	-10.9	1.6	M45
1	9	2081	4	16	1.614	31	-8.8	3.7	M44
23	9	2081	12	57	1.012	120	-11.5	1.6	M45
28	9	2081	13	54	1.589	58	-10.1	3.7	M44
20	10	2081	18	33	0.906	147	-12.2	1.6	M45
25	10	2081	21	13	1.438	85	-10.8	3.7	M44
17	11	2081	0	58	0.824	173	-12.6	1.6	M45
22	11	2081	2	42	1.196	112	-11.5	3.7	M44
14	12	2081	9	6	0.865	157	-12.5	1.6	M45
19	12	2081	8	34	0.977	140	-12.2	3.7	M44
10	1	2082	18	27	1.015	130	-11.8	1.6	M45
15	1	2082	16	47	0.881	167	-12.7	3.7	M44
7	2	2082	3	34	1.153	102	-11.1	1.6	M45
12	2	2082	3	16	0.891	164	-12.7	3.7	M44
6	3	2082	11	15	1.167	75	-10.5	1.6	M45
11	3	2082	14	7	0.888	137	-12.1	3.7	M44
2	4	2082	17	28	1.060	48	-9.5	1.6	M45
7	4	2082	23	17	0.771	110	-11.4	3.7	M44
29	4	2082	23	12	0.936	22	-7.8	1.6	M45
5	5	2082	6	3	0.546	83	-10.7	3.7	M44
27	5	2082	5	32	0.901	7	-5.5	1.6	M45
1	6	2082	11	27	0.308	57	-10.0	3.7	M44
23	6	2082	12	58	0.981	32	-8.7	1.6	M45
28	6	2082	17	20	0.154	31	-8.7	3.7	M44
20	7	2082	21	16	1.108	58	-9.9	1.6	M45
26	7	2082	0	58	0.113	5	-4.8	3.7	M44
17	8	2082	5	39	1.175	84	-10.6	1.6	M45
22	8	2082	10	24	0.125	22	-8.0	3.7	M44
13	9	2082	13	16	1.120	110	-11.2	1.6	M45
18	9	2082	20	30	0.082	48	-9.7	3.7	M44
10	10	2082	19	49	0.974	137	-11.9	1.6	M45
16	10	2082	5	34	0.087	75	-10.5	3.7	M44
7	11	2082	1	45	0.846	163	-12.4	1.6	M45
12	11	2082	12	34	0.350	102	-11.2	3.7	M44
4	12	2082	8	3	0.836	167	-12.5	1.6	M45
9	12	2082	18	4	0.589	130	-11.9	3.7	M44
31	12	2082	15	21	0.938	140	-12.0	1.6	M45
6	1	2083	0	4	0.705	158	-12.5	3.7	M44
27	1	2083	23	32	1.036	113	-11.4	1.6	M45
2	2	2083	8	0	0.710	175	-12.7	3.7	M44

GG	MM	AAAA	HH	MM	DIST°	ELONG°	MAG1	MAG2	OGGETTO
24	2	2083	7	51	1.015	85	-10.7	1.6	M45
1	3	2083	17	36	0.722	147	-12.3	3.7	M44
23	3	2083	15	32	0.869	58	-9.9	1.6	M45
29	3	2083	3	19	0.849	120	-11.6	3.7	M44
19	4	2083	22	15	0.701	31	-8.6	1.6	M45
25	4	2083	11	40	1.088	93	-10.9	3.7	M44
17	5	2083	4	19	0.623	7	-5.2	1.6	M45
22	5	2083	18	14	1.342	66	-10.2	3.7	M44
13	6	2083	10	21	0.662	22	-7.8	1.6	M45
18	6	2083	23	47	1.508	40	-9.2	3.7	M44
10	7	2083	17	0	0.750	48	-9.5	1.6	M45
16	7	2083	5	42	1.556	14	-7.0	3.7	M44
7	8	2083	0	27	0.782	74	-10.3	1.6	M45
12	8	2083	12	55	1.549	12	-6.6	3.7	M44
3	9	2083	8	27	0.693	100	-11.0	1.6	M45
8	9	2083	21	30	1.593	38	-9.1	3.7	M44
30	9	2083	16	21	0.511	127	-11.6	1.6	M45
6	10	2083	6	36	1.761	65	-10.2	3.7	M44
27	10	2083	23	37	0.342	153	-12.3	1.6	M45
2	11	2083	14	55	2.025	92	-10.9	3.7	M44
24	11	2083	6	6	0.287	175	-12.6	1.6	M45
29	11	2083	21	44	2.271	120	-11.5	3.7	M44
21	12	2083	12	13	0.345	151	-12.3	1.6	M45
27	12	2083	3	35	2.393	147	-12.2	3.7	M44
17	1	2084	18	42	0.407	123	-11.6	1.6	M45
23	1	2084	9	44	2.400	175	-12.6	3.7	M44
14	2	2084	2	8	0.353	96	-10.9	1.6	M45
19	2	2084	17	4	2.407	157	-12.4	3.7	M44
12	3	2084	10	25	0.172	68	-10.3	1.6	M45
18	3	2084	1	26	2.524	130	-11.8	3.7	M44
8	4	2084	18	47	0.036	41	-9.2	1.6	M45
14	4	2084	9	57	2.758	103	-11.1	3.7	M44
6	5	2084	2	21	0.155	15	-7.1	1.6	M45
2	6	2084	8	49	0.154	12	-6.6	1.6	M45
29	6	2084	14	37	0.100	38	-9.0	1.6	M45
26	7	2084	20	40	0.098	64	-10.1	1.6	M45
23	8	2084	3	45	0.217	90	-10.8	1.6	M45
19	9	2084	12	1	0.430	116	-11.4	1.6	M45
16	10	2084	20	53	0.636	143	-12.1	1.6	M45
13	11	2084	5	14	0.732	170	-12.6	1.6	M45
10	12	2084	12	17	0.712	161	-12.5	1.6	M45
6	1	2085	18	9	0.682	134	-11.9	1.6	M45
3	2	2085	0	5	0.762	106	-11.2	1.6	M45
2	3	2085	7	28	0.972	79	-10.6	1.6	M45
29	3	2085	16	28	1.215	51	-9.8	1.6	M45
26	4	2085	1	53	1.371	25	-8.2	1.6	M45
23	5	2085	10	21	1.403	3	-3.9	1.6	M45
19	6	2085	17	10	1.377	28	-8.5	1.6	M45
16	7	2085	22	49	1.401	54	-9.8	1.6	M45
13	8	2085	4	33	1.542	80	-10.6	1.6	M45
9	9	2085	11	45	1.777	107	-11.3	1.6	M45
6	10	2085	20	50	2.009	133	-12.0	1.6	M45
3	11	2085	6	56	2.136	161	-12.6	1.6	M45

GG	MM	AAAA	HH	MM	DIST°	ELONG°	MAG1	MAG2	OGGETTO
30	11	2085	16	21	2.146	172	-12.7	1.6	M45
27	12	2085	23	45	2.140	144	-12.2	1.6	M45
24	1	2086	5	22	2.237	116	-11.5	1.6	M45
20	2	2086	11	9	2.464	89	-10.9	1.6	M45
19	3	2086	18	57	2.728	61	-10.2	1.6	M45
16	4	2086	4	47	2.907	34	-9.0	1.6	M45
13	5	2086	15	8	2.961	8	-5.7	1.6	M45
10	6	2086	0	16	2.954	19	-7.7	1.6	M45
7	7	2086	7	20	2.994	45	-9.5	1.6	M45
28	12	2091	15	34	2.951	148	-12.3	3.7	M44
24	1	2092	22	36	2.912	176	-12.7	3.7	M44
21	2	2092	7	30	2.922	156	-12.5	3.7	M44
19	3	2092	17	12	2.855	129	-11.8	3.7	M44
16	4	2092	2	7	2.659	102	-11.1	3.7	M44
13	5	2092	9	21	2.399	75	-10.4	3.7	M44
9	6	2092	15	13	2.187	49	-9.6	3.7	M44
6	7	2092	20	51	2.091	23	-8.0	3.7	M44
3	8	2092	3	25	2.087	3	-3.7	3.7	M44
30	8	2092	11	23	2.079	29	-8.5	3.7	M44
26	9	2092	20	15	1.968	56	-9.9	3.7	M44
24	10	2092	4	54	1.735	83	-10.7	3.7	M44
20	11	2092	12	21	1.464	111	-11.3	3.7	M44
17	12	2092	18	32	1.280	138	-12.0	3.7	M44
14	1	2093	0	28	1.233	166	-12.5	3.7	M44
10	2	2093	7	12	1.242	166	-12.5	3.7	M44
9	3	2093	15	3	1.179	139	-12.0	3.7	M44
5	4	2093	23	26	0.986	112	-11.3	3.7	M44
3	5	2093	7	33	0.725	85	-10.7	3.7	M44
30	5	2093	14	46	0.511	59	-9.9	3.7	M44
26	6	2093	21	5	0.413	33	-8.7	3.7	M44
24	7	2093	3	1	0.411	7	-5.2	3.7	M44
20	8	2093	9	16	0.410	20	-7.6	3.7	M44
16	9	2093	16	19	0.310	46	-9.4	3.7	M44
14	10	2093	0	9	0.090	73	-10.4	3.7	M44
10	11	2093	8	16	0.173	100	-11.0	3.7	M44
7	12	2093	15	59	0.354	128	-11.7	3.7	M44
3	1	2094	22	55	0.398	156	-12.3	3.7	M44
31	1	2094	5	14	0.378	176	-12.6	3.7	M44
27	2	2094	11	29	0.424	149	-12.2	3.7	M44
26	3	2094	18	16	0.600	122	-11.5	3.7	M44
23	4	2094	1	51	0.849	95	-10.9	3.7	M44
20	5	2094	9	55	1.056	69	-10.2	3.7	M44
16	6	2094	17	46	1.143	42	-9.2	3.7	M44
14	7	2094	0	52	1.133	16	-7.2	3.7	M44
10	8	2094	7	7	1.118	10	-6.2	3.7	M44
6	9	2094	13	0	1.196	36	-8.9	3.7	M44
3	10	2094	19	18	1.394	63	-10.1	3.7	M44
31	10	2094	2	40	1.637	90	-10.8	3.7	M44
27	11	2094	11	8	1.804	117	-11.5	3.7	M44
24	12	2094	19	53	1.834	145	-12.2	3.7	M44
21	1	2095	3	49	1.792	172	-12.6	3.7	M44
17	2	2095	10	22	1.810	159	-12.4	3.7	M44
16	3	2095	16	7	1.958	132	-11.8	3.7	M44

GG	MM	AAAA	HH	MM	DIST°	ELONG°	MAG1	MAG2	OGGETTO
12	4	2095	22	20	2.185	105	-11.2	3.7	M44
10	5	2095	5	54	2.373	79	-10.5	3.7	M44
6	6	2095	14	38	2.441	52	-9.7	3.7	M44
3	7	2095	23	30	2.407	26	-8.3	3.7	M44
31	7	2095	7	26	2.365	4	-4.2	3.7	M44
27	8	2095	13	59	2.413	26	-8.3	3.7	M44
23	9	2095	19	36	2.577	53	-9.8	3.7	M44
21	10	2095	1	34	2.789	80	-10.6	3.7	M44
17	11	2095	9	11	2.930	107	-11.3	3.7	M44
14	12	2095	18	39	2.933	134	-12.0	3.7	M44
11	1	2096	4	40	2.858	162	-12.6	3.7	M44
7	2	2096	13	25	2.836	169	-12.6	3.7	M44
5	3	2096	20	5	2.944	142	-12.1	3.7	M44
23	1	2097	5	57	2.976	117	-11.7	1.6	M45
19	2	2097	11	54	2.713	90	-11.0	1.6	M45
18	3	2097	17	19	2.491	63	-10.3	1.6	M45
15	4	2097	0	32	2.390	36	-9.1	1.6	M45
12	5	2097	10	5	2.387	9	-6.2	1.6	M45
8	6	2097	20	47	2.381	18	-7.6	1.6	M45
6	7	2097	6	52	2.279	44	-9.5	1.6	M45
2	8	2097	14	58	2.071	70	-10.4	1.6	M45
29	8	2097	20	59	1.832	96	-11.1	1.6	M45
26	9	2097	2	22	1.664	122	-11.7	1.6	M45
23	10	2097	9	14	1.615	149	-12.4	1.6	M45
19	11	2097	18	39	1.635	176	-12.8	1.6	M45
17	12	2097	5	47	1.600	155	-12.6	1.6	M45
13	1	2098	16	21	1.433	127	-11.9	1.6	M45
10	2	2098	0	29	1.181	100	-11.2	1.6	M45
9	3	2098	6	19	0.973	72	-10.5	1.6	M45
5	4	2098	11	51	0.893	45	-9.5	1.6	M45
2	5	2098	18	56	0.912	19	-7.7	1.6	M45
30	5	2098	4	0	0.927	9	-6.0	1.6	M45
26	6	2098	14	3	0.844	34	-9.0	1.6	M45
23	7	2098	23	34	0.654	60	-10.1	1.6	M45
20	8	2098	7	22	0.434	87	-10.8	1.6	M45
16	9	2098	13	22	0.290	113	-11.4	1.6	M45
13	10	2098	18	53	0.268	140	-12.1	1.6	M45
10	11	2098	1	42	0.317	166	-12.6	1.6	M45
7	12	2098	10	40	0.316	165	-12.6	1.6	M45
12	12	2098	3	58	2.946	132	-12.0	3.7	M44
3	1	2099	20	54	0.182	137	-12.1	1.6	M45
8	1	2099	12	44	2.795	159	-12.7	3.7	M44
31	1	2099	6	31	0.043	110	-11.4	1.6	M45
4	2	2099	23	47	2.772	171	-12.8	3.7	M44
27	2	2099	14	8	0.227	82	-10.7	1.6	M45
4	3	2099	10	57	2.837	144	-12.3	3.7	M44
26	3	2099	20	1	0.279	55	-9.9	1.6	M45
31	3	2099	20	6	2.866	117	-11.6	3.7	M44
23	4	2099	1	41	0.226	28	-8.5	1.6	M45
28	4	2099	2	41	2.776	91	-11.0	3.7	M44
20	5	2099	8	28	0.177	5	-4.5	1.6	M45
25	5	2099	8	3	2.589	64	-10.2	3.7	M44
16	6	2099	16	43	0.225	25	-8.2	1.6	M45

GG	MM	AAAA	HH	MM	DIST°	ELONG°	MAG1	MAG2	OGGETTO
21	6	2099	14	13	2.402	38	-9.2	3.7	M44
14	7	2099	1	47	0.382	51	-9.7	1.6	M45
18	7	2099	22	26	2.304	13	-6.9	3.7	M44
10	8	2099	10	33	0.570	77	-10.5	1.6	M45
15	8	2099	8	29	2.313	15	-7.2	3.7	M44
6	9	2099	18	2	0.683	103	-11.1	1.6	M45
11	9	2099	18	59	2.360	41	-9.4	3.7	M44
4	10	2099	0	9	0.671	130	-11.8	1.6	M45
9	10	2099	4	9	2.335	68	-10.4	3.7	M44
31	10	2099	5	53	0.584	156	-12.4	1.6	M45
5	11	2099	11	1	2.180	95	-11.1	3.7	M44
27	11	2099	12	31	0.541	174	-12.6	1.6	M45
2	12	2099	16	24	1.946	122	-11.7	3.7	M44
24	12	2099	20	40	0.628	148	-12.2	1.6	M45
29	12	2099	22	36	1.759	150	-12.4	3.7	M44

CONGIUNZIONI LUNA-ASTEROIDI
CONJUNCTIONS MOON-ASTEROIDS
2000-2100

GG MM AAAA : data nel formato giorno/mese/anno
HH MM : ore e minuti
DIST° : distanza minima in gradi tra i corpi
ELONG° : elongazione dal Sole dei corpi
MAG1 : magnitudine della Luna
MAG2 : magnitudine dell'asteroide
PIANETI : corpi coinvolti : MErcurio, VEnere, MArte, GIove,
                            SAturno, URano, NEttuno

Sono elencate tutte le congiunzioni in cui i corpi distano meno
di 1°, magnitudine minima dell'asteroide 9

La luna non è indicata in quanto è presente in tutte le
congiunzioni di questa tabella

GG MM AAAA : date in the format dd/mm/yyyy
HH MM : hours and minutes
DIST° : minima distance in ° between the bodies
ELONG° : elongation from the Sun of the bodies
MAG1 : magnitude of the Moon
MAG2 : magnitude of the asteroid
PIANETI : planets : MErcury, VEnus, MArs, GI (Jupiter),
                    SAturn, URanus, NEptune

All the conjunctions are listed if the bodies have distance less
then 1°, magnitude of the asteroid up to 9

The Moon isn't indicated in the table because it is always
present

GG	MM	AAAA	HH	MM	DIST°	ELONG°	MAG1	MAG2	ASTEROIDE
3	1	2000	11	45	0.158	36	-8.9	7.7	Vesta
31	1	2000	23	48	0.401	50	-9.6	7.5	Vesta
19	6	2000	19	34	0.035	149	-12.1	5.8	Vesta
27	1	2001	10	12	0.733	31	-8.7	8.0	Vesta
20	2	2002	12	49	0.622	90	-10.9	7.7	Vesta
20	3	2002	9	58	0.467	70	-10.3	8.0	Vesta
29	11	2002	3	6	0.040	71	-10.5	7.7	Vesta
12	5	2004	22	59	0.982	71	-10.4	7.5	Vesta
31	5	2006	12	3	0.826	52	-9.7	8.0	Vesta
3	12	2006	8	11	0.391	157	-12.6	7.0	Iris
12	12	2007	21	30	0.382	36	-9.0	7.8	Vesta
29	5	2010	22	3	0.091	157	-12.4	7.4	Ceres
25	6	2010	18	43	0.972	172	-12.5	7.3	Ceres
28	2	2011	0	10	0.863	54	-9.8	7.5	Vesta
7	10	2012	4	24	0.882	102	-11.1	7.9	Ceres
18	2	2013	21	31	0.343	101	-11.1	7.5	Vesta
28	9	2014	15	33	0.534	51	-9.7	7.5	Vesta
18	10	2017	22	28	0.930	11	-6.4	7.9	Vesta
16	11	2017	8	32	0.399	25	-8.2	7.8	Vesta
14	12	2017	18	29	0.194	39	-9.1	7.7	Vesta
12	1	2018	4	11	0.370	54	-9.8	7.6	Vesta
9	2	2018	12	58	0.929	69	-10.3	7.4	Vesta
27	6	2018	9	19	0.251	170	-12.5	5.6	Vesta
15	6	2019	15	41	0.913	159	-12.4	7.3	Ceres
2	2	2020	8	9	0.516	93	-10.9	7.7	Vesta
1	3	2020	6	13	0.092	72	-10.4	8.0	Vesta
7	12	2020	22	53	0.492	91	-11.0	7.5	Vesta
9	2	2022	10	34	0.033	99	-11.0	7.9	Ceres
19	6	2022	8	35	0.674	112	-11.4	6.6	Vesta
27	5	2024	5	12	0.928	135	-12.0	7.7	Ceres
23	6	2024	5	12	0.945	164	-12.6	7.4	Ceres
16	2	2026	17	20	0.715	10	-6.2	7.9	Vesta
31	10	2026	15	32	0.480	106	-11.4	7.7	Ceres
23	10	2027	11	52	0.585	80	-10.7	7.8	Vesta
31	5	2029	4	32	0.034	135	-12.0	6.0	Vesta
4	11	2032	22	23	0.178	20	-7.8	7.7	Vesta
14	1	2033	3	39	0.157	163	-12.5	7.6	Iris
4	7	2036	7	32	0.295	133	-11.8	6.0	Vesta
13	4	2037	2	24	0.656	29	-8.4	8.0	Vesta
11	5	2037	11	41	0.568	43	-9.3	8.0	Vesta
8	6	2037	19	11	0.880	59	-9.9	7.9	Vesta
10	2	2038	23	37	0.011	75	-10.4	7.9	Vesta
17	12	2038	11	34	0.497	114	-11.5	7.1	Vesta
25	7	2039	9	47	0.566	48	-9.6	7.8	Vesta
22	8	2039	15	33	0.423	35	-8.9	7.8	Vesta
19	9	2039	23	17	0.641	21	-8.0	7.8	Vesta
24	7	2040	12	55	0.200	172	-12.7	5.7	Vesta
28	10	2040	8	32	0.056	86	-10.7	8.0	Ceres
11	11	2040	3	17	0.874	83	-10.8	7.4	Vesta
9	12	2040	2	47	0.487	66	-10.4	7.7	Vesta
6	1	2041	6	27	0.470	49	-9.8	7.9	Vesta
26	3	2044	5	8	0.344	39	-9.2	7.8	Vesta
25	12	2045	21	10	0.186	155	-12.6	6.7	Vesta

GG	MM	AAAA	HH	MM	DIST°	ELONG°	MAG1	MAG2	ASTEROIDE
21	1	2046	20	37	0.567	170	-12.8	6.5	Vesta
26	9	2047	2	16	0.472	86	-10.9	7.1	Vesta
13	12	2050	10	27	0.307	10	-6.3	7.7	Vesta
19	8	2052	8	56	0.333	67	-10.3	8.0	Vesta
16	9	2052	4	1	0.532	86	-10.8	7.8	Vesta
13	10	2052	18	12	0.531	108	-11.4	7.4	Vesta
10	11	2052	2	43	0.569	134	-12.1	7.0	Vesta
17	1	2054	23	23	0.054	101	-11.2	8.0	Ceres
10	8	2054	0	37	0.827	85	-10.8	7.0	Vesta
5	4	2056	17	54	0.077	107	-11.3	7.9	Ceres
3	5	2056	4	11	0.701	132	-12.0	7.6	Ceres
25	12	2056	14	47	0.077	140	-12.1	6.8	Vesta
6	7	2057	3	28	0.724	46	-9.5	7.9	.Vesta
3	8	2057	9	25	0.193	33	-8.7	7.9	Vesta
31	8	2057	16	56	0.027	19	-7.7	7.9	Vesta
29	9	2057	2	1	0.080	7	-5.6	7.9	Vesta
27	10	2057	12	31	0.514	9	-6.2	7.9	Vesta
2	8	2058	1	50	0.424	147	-12.4	5.9	Vesta
29	8	2058	11	1	0.668	121	-11.7	6.4	Vesta
26	9	2058	2	51	0.743	99	-11.2	6.9	Vesta
23	10	2058	23	34	0.317	80	-10.7	7.3	Vesta
21	11	2058	0	3	0.193	63	-10.3	7.6	Vesta
19	12	2058	3	52	0.528	48	-9.8	7.8	Vesta
28	12	2058	7	59	0.331	163	-12.5	7.1	Ceres
16	1	2059	10	31	0.565	32	-9.0	8.0	Vesta
16	11	2060	19	24	0.666	69	-10.3	7.8	Vesta
3	5	2062	8	48	0.075	72	-10.4	7.4	Vesta
22	4	2064	20	14	0.703	70	-10.4	7.9	Vesta
20	5	2064	19	39	0.653	53	-9.8	8.0	Vesta
17	2	2069	9	19	0.388	56	-9.9	7.5	Vesta
12	1	2071	15	6	0.121	131	-12.0	7.1	Vesta
18	8	2072	17	9	0.675	65	-10.3	7.4	Vesta
3	7	2074	22	10	0.266	114	-11.5	7.7	Ceres
15	9	2074	12	21	0.839	68	-10.2	8.0	Vesta
7	12	2074	11	21	0.596	138	-12.0	6.9	Vesta
27	8	2075	12	36	0.054	160	-12.5	8.0	Melpomene
10	9	2075	17	35	0.073	6	-5.0	8.0	Vesta
9	10	2075	3	30	0.121	12	-6.6	8.0	Vesta
6	11	2075	14	23	0.170	25	-8.3	7.9	Vesta
5	12	2075	1	25	0.847	39	-9.3	7.8	Vesta
9	8	2076	21	36	0.042	114	-11.5	6.5	Vesta
6	9	2076	17	1	0.621	94	-11.0	6.9	Vesta
4	10	2076	16	44	0.529	76	-10.6	7.3	Vesta
1	11	2076	19	13	0.059	61	-10.2	7.5	Vesta
30	11	2076	0	2	0.489	45	-9.6	7.7	Vesta
28	12	2076	7	5	0.910	31	-8.8	7.8	Vesta
23	2	2077	1	42	0.965	5	-5.0	8.0	Vesta
23	3	2077	10	59	0.523	14	-7.1	8.0	Vesta
24	12	2078	5	24	0.981	111	-11.4	7.1	Vesta
7	8	2079	9	30	0.782	120	-11.5	7.9	Ceres
8	6	2080	15	40	0.753	113	-11.3	6.6	Vesta
8	1	2084	2	26	0.393	5	-5.1	7.8	Vesta
24	4	2087	2	37	0.904	113	-11.3	6.5	Vesta

GG	MM	AAAA	HH	MM	DIST°	ELONG°	MAG1	MAG2	ASTEROIDE
21	5	2087	11	55	0.023	137	-11.9	6.0	Vesta
30	6	2088	1	39	0.589	137	-11.9	7.5	Ceres
17	2	2089	20	37	0.510	84	-10.8	7.8	Vesta
26	9	2090	2	8	0.395	34	-9.0	7.7	Vesta
5	12	2090	15	54	0.069	163	-12.5	7.2	Ceres
30	11	2091	1	43	0.968	136	-12.0	7.7	Iris
26	12	2091	22	54	0.883	168	-12.6	7.5	Iris
24	9	2092	5	52	0.746	85	-10.7	7.8	Vesta
15	12	2092	5	2	0.076	166	-12.5	6.7	Vesta
18	10	2093	4	33	0.047	26	-8.3	8.0	Vesta
15	11	2093	15	2	0.214	41	-9.3	7.9	Vesta
14	12	2093	0	42	0.832	56	-10.0	7.7	Vesta
22	7	2094	5	28	0.749	108	-11.3	6.6	Vesta
19	8	2094	3	53	0.501	89	-10.8	7.0	Vesta
16	9	2094	6	31	0.918	72	-10.4	7.3	Vesta
14	10	2094	11	26	0.751	57	-10.0	7.5	Vesta
11	11	2094	17	53	0.259	43	-9.4	7.7	Vesta
10	12	2094	1	52	0.337	29	-8.6	7.8	Vesta
7	1	2095	11	20	0.867	15	-7.2	7.8	Vesta
1	5	2095	0	5	0.409	43	-9.5	7.9	Vesta
29	5	2095	3	30	0.650	58	-10.1	7.8	Vesta
15	11	2095	21	34	0.620	125	-11.8	7.5	Ceres
1	1	2097	11	19	0.690	137	-12.1	6.8	Vesta
14	6	2097	16	46	0.992	64	-10.2	7.7	Vesta
9	8	2098	16	5	0.987	153	-12.2	5.9	Vesta
5	9	2098	19	17	0.281	126	-11.6	6.4	Vesta
3	10	2098	10	25	0.046	103	-11.1	6.9	Vesta
31	10	2098	10	43	0.189	84	-10.7	7.3	Vesta
28	11	2098	16	36	0.681	66	-10.2	7.6	Vesta

CONGIUNZIONI MULTIPLE LUNA-STELLE-PIANETI
MULTIPLE CONJUNCTIONS MOON-STARS-PLANETS
2000-2100

```
GG MM AAAA : data nel formato giorno/mese/anno
HH MM : ore e minuti
DIST° : distanza minima in gradi tra i corpi
ELONG° : elongazione dal Sole dei corpi
MAG : magnitudine del corpo più debole
PIANETI : corpi coinvolti : MErcurio, VEnere, MArte, GIove,
                            SAturno, URano, NEttuno
```

Sono elencate tutte le congiunzioni in cui i corpi distano meno di 5°

La luna non è indicata in quanto è presente in tutte le congiunzioni di questa tabella

Stelle fino alla mag 2


```
GG MM AAAA : date in the format dd/mm/yyyy
HH MM : hours and minutes
DIST° : minima distance in ° between the bodies
ELONG° : elongation from the Sun of the bodies
MAG : magnitude of the less bright body
PIANETI : planets : MErcury, VEnus, MArs, GI (Jupiter),
                    SAturn, URanus, NEptune
```

All the conjunctions are listed if the bodies have distance less then 5°

The Moon isn't indicated in the table because it is always present

Stars up to magnitude 2

GG	MM	AAAA	HH	MM	DIST°	ELONG°	MAG	PIANETA	STELLA
23	8	2000	11	16	4.646	81	1.0	GI	Aldebaran
19	9	2000	18	36	4.728	106	1.0	GI	Aldebaran
16	10	2000	23	56	4.619	133	1.0	GI	Aldebaran
13	11	2000	5	25	4.826	162	1.0	GI	Aldebaran
19	6	2001	23	38	4.372	20	1.0	SA	Aldebaran
17	7	2001	13	53	4.527	42	1.0	VE	Aldebaran
17	7	2001	12	19	3.898	44	1.0	SA	Aldebaran
13	8	2001	23	34	5.092	68	1.0	SA	Aldebaran
1	12	2001	0	9	4.052	177	1.0	SA	Aldebaran
28	12	2001	7	49	3.871	153	1.0	SA	Aldebaran
24	1	2002	16	45	4.072	124	1.0	SA	Aldebaran
21	2	2002	1	33	4.212	96	1.0	SA	Aldebaran
20	3	2002	9	34	4.433	70	1.0	SA	Aldebaran
16	4	2002	17	25	4.793	44	1.0	SA	Aldebaran
14	5	2002	22	53	4.934	29	1.7	VE	Elnath
14	5	2002	20	55	5.022	27	1.7	MA	Elnath
13	7	2002	11	31	4.678	40	1.4	VE	Regulus
6	9	2002	7	44	5.090	9	1.7	MA	Regulus
31	7	2003	2	55	4.575	23	1.4	ME	Regulus
27	8	2003	10	25	4.524	4	1.4	GI	Regulus
23	4	2004	21	51	4.336	47	1.7	MA	Elnath
21	5	2004	9	6	3.827	24	1.7	VE	Elnath
16	8	2004	17	31	4.496	9	1.7	MA	Regulus
13	9	2004	0	5	4.351	17	1.4	ME	Regulus
14	10	2004	10	29	4.298	4	1.1	ME	Spica
14	11	2004	0	5	3.655	19	1.1	ME	Antares
7	1	2005	19	13	4.720	38	1.4	MA	Antares
7	6	2005	9	41	4.219	5	1.7	ME	Elnath
2	9	2005	17	26	3.659	12	1.4	ME	Regulus
7	9	2005	7	25	1.890	40	1.1	VE	Spica
4	10	2005	12	13	2.024	12	1.1	ME	Spica
4	10	2005	13	47	3.417	13	1.1	GI	Spica
4	11	2005	3	35	4.983	24	1.1	ME	Antares
3	4	2006	17	46	3.960	70	1.7	MA	Elnath
27	7	2006	14	32	3.139	27	1.7	MA	Regulus
21	10	2006	21	53	4.321	2	1.1	VE	Spica
10	12	2006	16	45	4.919	111	1.4	SA	Regulus
19	12	2006	3	4	4.764	18	1.4	MA	Antares
17	7	2007	10	43	2.561	36	1.4	VE	Regulus
13	8	2007	15	38	2.595	7	1.4	SA	Regulus
10	9	2007	1	57	1.309	16	1.4	SA	Regulus
7	10	2007	6	41	3.132	44	1.4	VE	Regulus
7	10	2007	10	52	4.301	40	1.4	SA	Regulus
9	12	2007	4	51	4.582	5	1.1	ME	Antares
19	1	2008	21	51	2.861	144	1.7	MA	Elnath
16	2	2008	5	15	3.725	117	1.7	MA	Elnath
19	3	2008	10	13	3.654	152	1.4	SA	Regulus
15	4	2008	14	38	2.520	125	1.4	SA	Regulus
12	5	2008	20	6	2.644	98	1.4	SA	Regulus
9	6	2008	4	13	3.165	73	1.4	SA	Regulus
6	7	2008	13	6	3.017	46	1.5	MA	Regulus
2	8	2008	17	29	4.316	15	1.4	VE	Regulus
30	9	2008	13	13	3.748	13	1.1	ME	Spica

GG	MM	AAAA	HH	MM	DIST°	ELONG°	MAG	PIANETA	STELLA
27	11	2008	23	19	4.509	2	1.1	ME	Antares
27	11	2008	23	54	4.447	2	1.3	MA	Antares
16	9	2009	20	16	4.508	26	1.4	VE	Regulus
16	5	2010	7	0	4.831	28	1.7	VE	Elnath
11	9	2010	2	16	5.099	38	1.4	MA	Spica
7	11	2010	23	50	4.504	22	1.2	MA	Antares
18	6	2012	1	30	5.020	17	1.0	VE	Aldebaran
15	7	2012	12	7	5.094	41	1.0	VE	Aldebaran
28	11	2012	23	32	5.029	175	1.0	GI	Aldebaran
26	12	2012	2	14	5.001	154	1.0	GI	Aldebaran
18	3	2013	2	14	5.041	72	1.0	GI	Aldebaran
8	9	2013	17	23	3.354	39	1.1	VE	Spica
6	7	2014	5	0	3.831	96	1.1	MA	Spica
26	9	2014	6	37	4.935	23	1.1	ME	Spica
19	7	2015	1	5	3.232	34	1.4	VE	Regulus
18	7	2015	20	33	5.018	29	1.4	GI	Regulus
15	8	2015	9	9	3.519	9	1.4	GI	Regulus
8	10	2015	20	20	3.184	45	1.4	VE	Regulus
4	8	2016	6	41	2.952	16	1.4	VE	Regulus
25	7	2017	10	2	1.118	27	1.4	ME	Regulus
18	9	2017	3	14	2.443	26	1.4	VE	Regulus
8	9	2018	17	30	4.859	11	1.4	ME	Regulus
30	8	2019	0	40	3.106	5	1.4	ME	Regulus
19	6	2020	12	4	4.856	21	1.0	VE	Aldebaran
17	7	2020	2	53	3.999	42	1.0	VE	Aldebaran
19	8	2020	7	15	4.083	2	1.4	ME	Regulus
9	8	2021	11	47	4.868	8	1.4	ME	Regulus
24	10	2022	19	34	4.490	8	1.1	ME	Spica
11	11	2022	11	58	4.680	144	1.7	MA	Elnath
24	11	2022	13	46	3.230	9	1.1	ME	Antares
24	11	2022	13	7	4.466	8	1.1	VE	Antares
28	2	2023	8	43	5.006	99	1.7	MA	Elnath
14	11	2023	18	3	4.317	15	1.1	ME	Antares
12	12	2023	7	12	5.035	7	1.3	MA	Antares
5	8	2024	22	40	2.672	17	1.4	VE	Regulus
14	1	2025	0	52	4.228	175	1.2	MA	Pollux
5	4	2025	18	12	4.457	98	1.2	MA	Pollux
19	9	2025	12	46	1.185	27	1.4	VE	Regulus
21	11	2025	8	46	4.553	13	1.3	MA	Antares
7	11	2026	11	8	2.185	22	1.1	VE	Spica
30	11	2026	15	36	3.086	97	1.4	MA	Regulus
30	11	2026	11	26	3.454	100	1.4	GI	Regulus
27	12	2026	19	24	3.566	128	1.4	GI	Regulus
13	5	2027	17	41	2.995	97	1.4	MA	Regulus
7	7	2027	4	50	3.974	41	1.4	GI	Regulus
3	8	2027	19	11	2.847	20	1.4	GI	Regulus
1	11	2027	4	31	4.027	33	1.2	MA	Antares
11	10	2029	13	33	4.219	53	1.1	MA	Antares
25	11	2030	19	25	5.018	7	1.1	VE	Antares
24	4	2031	17	57	4.799	33	1.0	SA	Aldebaran
22	5	2031	4	29	4.337	10	1.0	SA	Aldebaran
21	9	2033	2	50	4.585	26	1.4	VE	Regulus
25	9	2033	15	2	3.581	22	1.1	ME	Spica

GG	MM	AAAA	HH	MM	DIST°	ELONG°	MAG	PIANETA	STELLA
14	8	2034	22	7	3.729	10	1.4	ME	Regulus
4	8	2035	23	53	2.075	16	1.4	ME	Regulus
22	6	2036	13	56	4.837	22	1.0	GI	Aldebaran
20	7	2036	2	52	3.926	44	1.0	VE	Aldebaran
18	9	2036	3	5	3.399	27	1.4	SA	Regulus
15	10	2036	13	52	0.906	53	1.4	SA	Regulus
11	11	2036	21	41	1.855	78	1.4	SA	Regulus
9	12	2036	3	47	2.700	105	1.4	SA	Regulus
5	1	2037	10	31	2.297	133	1.4	SA	Regulus
1	2	2037	19	13	1.564	162	1.4	SA	Regulus
1	3	2037	5	1	2.126	168	1.4	SA	Regulus
28	3	2037	14	4	3.772	138	1.4	SA	Regulus
24	4	2037	21	21	4.489	111	1.4	SA	Regulus
22	5	2037	3	34	3.958	85	1.4	SA	Regulus
18	6	2037	10	30	2.440	61	1.4	SA	Regulus
15	7	2037	19	42	2.314	37	1.4	SA	Regulus
12	8	2037	7	31	3.953	12	1.4	SA	Regulus
8	9	2037	13	44	2.559	17	1.4	ME	Regulus
30	6	2038	2	38	4.195	29	1.0	VE	Aldebaran
23	10	2038	15	52	4.123	62	1.4	GI	Regulus
20	11	2038	2	38	3.989	88	1.4	GI	Regulus
17	12	2038	9	39	4.117	114	1.4	GI	Regulus
13	1	2039	14	10	4.040	143	1.4	GI	Regulus
9	2	2039	18	37	4.275	171	1.4	GI	Regulus
27	5	2039	8	54	4.609	45	1.2	VE	Pollux
26	6	2039	12	52	4.588	53	1.4	GI	Regulus
23	7	2039	23	9	4.548	31	1.4	GI	Regulus
13	8	2039	12	50	4.984	71	1.0	MA	Aldebaran
4	12	2039	10	26	4.898	140	1.2	MA	Pollux
14	12	2039	20	32	4.804	12	1.1	ME	Antares
19	4	2040	0	33	4.596	84	1.2	MA	Pollux
3	11	2040	9	15	4.751	18	1.1	ME	Spica
30	11	2040	19	39	4.715	45	1.1	GI	Spica
28	12	2040	9	9	5.097	69	1.1	GI	Spica
28	12	2040	4	30	4.633	73	1.1	SA	Spica
24	1	2041	13	10	4.590	100	1.1	SA	Spica
20	2	2041	18	55	4.719	128	1.1	SA	Spica
19	3	2041	23	14	5.088	156	1.1	SA	Spica
16	4	2041	10	5	4.365	178	1.1	GI	Spica
13	5	2041	15	8	3.964	150	1.1	GI	Spica
9	6	2041	22	22	4.226	122	1.1	GI	Spica
7	7	2041	7	18	3.885	97	1.1	GI	Spica
3	8	2041	17	6	3.437	73	1.1	GI	Spica
22	9	2041	19	56	4.954	25	1.4	VE	Regulus
27	9	2041	4	34	4.324	20	1.1	SA	Spica
13	12	2041	10	13	4.743	113	1.4	MA	Regulus
26	5	2042	5	59	4.006	83	1.4	MA	Regulus
4	10	2043	9	19	3.534	14	1.1	VE	Spica
27	10	2043	2	46	4.773	65	1.4	MA	Regulus
26	6	2044	16	27	4.805	18	1.2	ME	Pollux
26	7	2044	13	11	3.914	24	1.4	ME	Regulus
16	10	2044	13	15	4.520	56	5.5	UR	Regulus
12	11	2044	19	18	3.733	82	5.5	UR	Regulus

GG	MM	AAAA	HH	MM	DIST°	ELONG°	MAG	PIANETA	STELLA
10	12	2044	1	29	3.603	110	5.4	UR	Regulus
6	1	2045	9	45	4.140	138	5.4	UR	Regulus
16	7	2045	19	32	5.027	31	1.4	VE	Regulus
13	8	2045	6	31	3.641	6	5.6	UR	Regulus
9	9	2045	18	40	1.949	18	5.6	UR	Regulus
7	10	2045	3	53	2.406	45	1.5	MA	Regulus
7	10	2045	5	18	1.483	44	5.5	UR	Regulus
14	10	2045	3	41	2.864	47	1.1	VE	Antares
3	11	2045	13	12	1.813	70	5.5	UR	Regulus
30	11	2045	18	57	2.183	97	5.4	UR	Regulus
28	12	2045	0	57	2.361	125	5.4	UR	Regulus
24	1	2046	9	13	2.331	154	5.3	UR	Regulus
20	2	2046	19	29	2.285	177	5.3	UR	Regulus
20	3	2046	5	45	2.417	149	5.3	UR	Regulus
16	4	2046	14	12	2.856	121	5.4	UR	Regulus
13	5	2046	20	36	2.965	94	5.4	UR	Regulus
10	6	2046	2	23	2.983	69	5.5	UR	Regulus
7	7	2046	9	32	2.988	44	5.5	UR	Regulus
11	7	2046	8	44	4.676	97	1.1	MA	Spica
3	8	2046	19	7	3.043	19	5.5	UR	Regulus
31	8	2046	1	53	4.789	10	1.4	VE	Regulus
31	8	2046	6	44	3.306	6	5.6	UR	Regulus
27	9	2046	18	51	3.805	31	5.5	UR	Regulus
25	10	2046	5	24	4.910	57	5.5	UR	Regulus
11	2	2047	8	19	4.669	168	5.3	UR	Regulus
10	3	2047	18	2	4.359	161	5.3	UR	Regulus
7	4	2047	3	50	4.268	134	5.3	UR	Regulus
29	4	2047	4	6	3.269	43	1.7	VE	Elnath
4	5	2047	12	8	4.389	107	5.4	UR	Regulus
31	5	2047	18	46	4.599	81	5.4	UR	Regulus
28	6	2047	0	54	4.825	55	5.5	UR	Regulus
17	9	2047	20	46	4.906	26	1.6	MA	Regulus
21	9	2047	15	43	2.862	26	1.1	ME	Spica
24	6	2048	8	8	3.341	154	1.1	MA	Antares
21	7	2048	16	29	4.240	127	1.1	MA	Antares
18	8	2048	5	56	4.143	106	1.1	MA	Antares
22	11	2049	7	24	4.351	37	1.6	MA	Spica
5	10	2051	23	7	2.158	12	1.1	ME	Spica
2	11	2051	2	34	3.935	16	1.6	MA	Spica
24	9	2052	17	5	5.019	17	1.1	ME	Spica
18	11	2052	10	45	3.851	32	1.1	GI	Spica
28	5	2053	17	17	4.886	138	1.1	GI	Spica
24	6	2053	21	58	4.981	111	1.1	GI	Spica
18	7	2053	2	58	3.698	32	1.4	VE	Regulus
18	7	2053	1	9	4.999	30	1.7	MA	Regulus
26	8	2054	20	50	4.615	84	1.0	MA	Aldebaran
26	8	2054	19	2	5.022	85	7.9	NE	Aldebaran
1	9	2054	9	2	2.672	10	1.4	VE	Regulus
23	9	2054	1	14	5.001	111	7.8	NE	Aldebaran
23	6	2055	6	53	3.175	21	1.0	ME	Aldebaran
23	6	2055	4	31	4.679	23	7.9	NE	Aldebaran
28	6	2055	23	18	4.438	49	1.5	MA	Regulus
20	7	2055	14	20	4.259	48	7.9	NE	Aldebaran

GG	MM	AAAA	HH	MM	DIST°	ELONG°	MAG	PIANETA	STELLA
16	8	2055	23	46	4.045	74	7.9	NE	Aldebaran
13	9	2055	7	39	3.973	100	7.9	NE	Aldebaran
10	10	2055	13	40	4.011	127	7.8	NE	Aldebaran
6	11	2055	18	46	4.195	154	7.8	NE	Aldebaran
4	12	2055	0	31	4.552	175	7.8	NE	Aldebaran
31	12	2055	7	50	4.987	148	7.8	NE	Aldebaran
18	4	2056	15	39	4.783	39	7.9	NE	Aldebaran
15	5	2056	22	24	4.332	13	7.9	NE	Aldebaran
12	6	2056	5	41	4.020	12	7.9	NE	Aldebaran
9	7	2056	13	49	3.936	37	7.9	NE	Aldebaran
5	8	2056	22	33	4.011	63	7.9	NE	Aldebaran
2	9	2056	7	6	4.088	89	7.9	NE	Aldebaran
29	9	2056	14	38	4.058	115	7.8	NE	Aldebaran
26	10	2056	20	53	3.938	143	7.8	NE	Aldebaran
23	11	2056	2	18	3.853	171	7.8	NE	Aldebaran
20	12	2056	7	51	3.912	161	7.8	NE	Aldebaran
16	1	2057	14	19	4.075	132	7.8	NE	Aldebaran
12	2	2057	21	53	4.192	104	7.9	NE	Aldebaran
12	3	2057	6	10	4.167	77	7.9	NE	Aldebaran
8	4	2057	14	28	4.041	50	7.9	NE	Aldebaran
5	5	2057	22	14	3.965	25	7.9	NE	Aldebaran
2	6	2057	5	26	4.088	2	7.9	NE	Aldebaran
8	6	2057	19	11	4.058	70	1.4	MA	Regulus
29	6	2057	12	26	4.426	26	7.9	NE	Aldebaran
26	7	2057	19	42	4.844	51	7.9	NE	Aldebaran
16	10	2057	19	30	5.074	130	7.8	NE	Aldebaran
13	11	2057	2	32	4.713	158	7.8	NE	Aldebaran
10	12	2057	8	30	4.347	172	7.8	NE	Aldebaran
6	1	2058	13	50	4.275	144	7.8	NE	Aldebaran
2	2	2058	19	39	4.364	117	7.8	NE	Aldebaran
2	3	2058	2	56	4.607	89	7.9	NE	Aldebaran
29	3	2058	11	44	4.890	62	7.9	NE	Aldebaran
9	11	2058	9	27	5.074	78	1.4	MA	Regulus
25	3	2059	23	19	4.626	145	1.4	MA	Regulus
22	4	2059	6	2	4.772	117	1.4	MA	Regulus
14	8	2059	0	1	4.624	60	1.1	MA	Spica
7	11	2059	14	28	3.789	25	1.1	VE	Antares
19	10	2060	7	43	4.049	56	1.4	MA	Regulus
19	7	2061	12	54	2.994	33	1.4	VE	Regulus
23	7	2061	18	56	1.872	84	1.1	MA	Spica
17	10	2061	14	22	1.261	46	1.1	VE	Antares
2	9	2062	15	27	1.491	10	1.4	VE	Regulus
30	9	2062	1	25	1.528	36	1.6	MA	Regulus
30	9	2062	0	22	1.493	37	1.4	GI	Regulus
27	10	2062	11	4	4.442	59	1.4	GI	Regulus
24	12	2062	15	22	4.745	70	1.2	MA	Spica
13	3	2063	4	32	2.493	159	1.4	GI	Regulus
9	4	2063	11	23	0.798	131	1.4	GI	Regulus
2	5	2063	0	36	3.463	43	1.7	VE	Elnath
(1) 6	5	2063	17	25	0.804	104	1.4	GI	Regulus
31	5	2063	10	15	4.082	45	1.2	VE	Pollux
3	6	2063	0	19	1.688	79	1.4	GI	Regulus
27	7	2063	14	57	1.333	26	1.4	ME	Regulus

GG	MM	AAAA	HH	MM	DIST°	ELONG°	MAG	PIANETA	STELLA
30	8	2063	23	27	2.994	91	1.1	MA	Antares
9	9	2064	20	47	2.628	17	1.7	MA	Regulus
10	11	2064	10	2	2.055	23	1.1	ME	Antares
1	10	2065	8	38	4.360	18	1.1	ME	Spica
24	10	2065	17	11	5.023	64	1.4	SA	Regulus
21	11	2065	2	38	4.652	91	1.4	SA	Regulus
18	12	2065	8	58	4.867	118	1.4	SA	Regulus
25	5	2066	21	18	4.037	19	1.7	ME	Elnath
21	9	2066	13	55	3.521	24	1.1	ME	Spica
22	10	2066	4	57	5.042	41	1.1	GI	Antares
8	2	2067	20	2	4.774	70	5.6	UR	Antares
8	3	2067	2	45	4.698	97	5.6	UR	Antares
4	4	2067	7	57	4.713	124	5.5	UR	Antares
1	5	2067	13	56	4.860	151	5.5	UR	Antares
8	10	2067	22	45	4.860	5	3.0	ME	Spica
9	11	2067	0	5	4.603	25	1.1	VE	Antares
8	11	2067	21	13	4.912	23	5.7	UR	Antares
6	12	2067	7	13	4.628	3	5.7	UR	Antares
2	1	2068	18	58	4.908	30	5.7	UR	Antares
25	10	2068	9	59	4.264	9	1.1	ME	Spica
25	10	2068	11	14	3.040	8	1.6	MA	Spica
17	6	2069	21	50	4.621	15	1.0	ME	Aldebaran
3	9	2070	23	48	4.995	9	1.4	VE	Regulus
5	10	2070	7	14	2.840	11	1.6	MA	Spica
1	11	2070	15	10	4.333	15	1.1	SA	Spica
8	6	2071	3	12	4.735	127	1.1	SA	Spica
5	7	2071	8	34	4.599	101	1.1	SA	Spica
1	8	2071	16	24	4.618	76	1.1	SA	Spica
20	6	2072	21	11	2.261	60	1.4	MA	Regulus
19	12	2073	22	27	3.987	115	1.4	MA	Regulus
2	6	2074	1	33	4.498	81	1.4	MA	Regulus
22	6	2074	16	30	1.449	21	1.0	ME	Aldebaran
19	9	2074	2	13	2.058	25	1.4	GI	Regulus
25	4	2075	20	28	3.856	117	1.4	GI	Regulus
23	5	2075	5	20	4.535	91	1.4	GI	Regulus
2	11	2075	21	26	3.807	67	1.4	MA	Regulus
23	5	2077	16	25	4.683	19	1.7	VE	Elnath
22	7	2077	20	1	4.927	32	1.4	VE	Regulus
12	10	2077	14	56	5.013	45	1.5	MA	Regulus
20	10	2077	23	55	3.852	45	1.1	VE	Antares
6	1	2078	21	28	4.917	83	1.1	MA	Spica
23	5	2078	14	4	4.669	144	1.1	MA	Spica
19	6	2078	20	41	4.536	118	1.1	MA	Spica
5	9	2078	10	39	4.680	8	1.4	VE	Regulus
13	9	2078	11	3	3.459	78	1.1	MA	Antares
2	6	2079	19	51	4.802	43	1.2	VE	Pollux
23	9	2079	0	5	4.013	25	1.7	MA	Regulus
27	9	2079	0	51	3.285	22	1.1	ME	Spica
17	12	2079	20	16	4.285	58	1.4	MA	Spica
21	5	2080	2	16	3.276	22	1.7	ME	Elnath
15	8	2080	23	18	4.585	9	1.4	ME	Regulus
15	9	2080	20	41	4.591	27	1.1	ME	Spica
16	9	2080	0	29	2.334	31	1.1	VE	Spica

GG	MM	AAAA	HH	MM	DIST°	ELONG°	MAG	PIANETA	STELLA
6	8	2081	6	7	1.046	17	1.4	ME	Regulus
2	9	2081	18	45	3.321	7	1.7	MA	Regulus
31	10	2081	4	19	4.831	12	1.1	VE	Spica
27	11	2081	15	36	5.045	37	1.6	MA	Spica
27	7	2082	12	53	3.947	22	1.4	ME	Regulus
21	11	2082	3	17	4.786	14	1.1	ME	Antares
21	4	2083	17	45	4.927	49	1.7	MA	Elnath
14	8	2083	3	9	4.581	5	1.4	VE	Regulus
14	8	2083	8	41	3.540	10	1.7	MA	Regulus
10	9	2083	14	27	2.506	18	1.4	ME	Regulus
11	11	2083	8	15	2.540	21	1.1	ME	Antares
26	9	2084	20	21	4.286	36	1.4	VE	Regulus
31	3	2085	11	32	4.329	72	1.7	MA	Elnath
25	5	2085	5	47	4.686	19	1.7	VE	Elnath
18	10	2085	18	16	4.939	2	1.6	MA	Spica
22	10	2085	8	49	4.750	43	1.1	VE	Antares
28	6	2087	15	44	5.086	22	1.0	ME	Aldebaran
28	9	2087	8	8	4.278	16	1.1	ME	Spica
28	9	2087	14	28	3.067	20	1.5	MA	Spica
17	9	2088	13	41	3.719	31	1.1	VE	Spica
17	9	2088	8	33	4.436	27	1.1	GI	Spica
14	10	2088	22	24	4.130	4	1.1	GI	Spica
13	6	2089	19	53	4.966	70	1.4	MA	Regulus
2	8	2089	0	19	4.128	61	1.0	SA	Aldebaran
29	8	2089	9	19	3.568	86	1.0	SA	Aldebaran
7	9	2089	14	42	3.578	40	1.3	MA	Spica
25	9	2089	15	33	3.504	112	1.0	SA	Aldebaran
22	10	2089	20	26	3.480	139	1.0	SA	Aldebaran
1	11	2089	11	50	4.858	11	1.1	VE	Spica
19	11	2089	2	11	4.169	167	1.0	SA	Aldebaran
2	5	2090	4	22	4.014	28	1.0	SA	Aldebaran
29	5	2090	14	39	4.964	5	1.0	SA	Aldebaran
28	7	2090	19	20	3.581	24	1.4	ME	Regulus
21	9	2090	13	51	4.763	30	8.0	NE	Regulus
18	10	2090	23	57	4.006	57	8.0	NE	Regulus
15	11	2090	12	48	3.530	80	1.4	MA	Regulus
15	11	2090	7	17	3.588	84	7.9	NE	Regulus
12	12	2090	12	38	3.583	112	7.9	NE	Regulus
8	1	2091	18	29	3.975	139	7.9	NE	Regulus
5	2	2091	2	44	4.650	168	7.8	NE	Regulus
19	7	2091	2	55	4.956	29	8.0	NE	Regulus
15	8	2091	13	40	2.337	6	1.4	VE	Regulus
15	8	2091	11	48	3.985	4	8.0	NE	Regulus
11	9	2091	22	32	2.984	20	8.0	NE	Regulus
9	10	2091	9	39	2.118	46	8.0	NE	Regulus
5	11	2091	19	14	1.537	73	7.9	NE	Regulus
3	12	2091	2	10	1.348	101	7.9	NE	Regulus
30	12	2091	7	22	1.574	129	7.9	NE	Regulus
26	1	2092	13	7	2.145	157	7.8	NE	Regulus
22	2	2092	20	53	2.893	174	7.8	NE	Regulus
21	3	2092	6	15	3.597	146	7.9	NE	Regulus
17	4	2092	15	40	4.052	118	7.9	NE	Regulus
14	5	2092	23	48	4.134	92	7.9	NE	Regulus

GG	MM	AAAA	HH	MM	DIST°	ELONG°	MAG	PIANETA	STELLA
11	6	2092	6	27	3.816	66	7.9	NE	Regulus
8	7	2092	12	33	3.151	41	8.0	NE	Regulus
4	8	2092	19	27	2.246	15	8.0	NE	Regulus
1	9	2092	3	58	1.241	9	8.0	NE	Regulus
28	9	2092	13	7	1.392	36	1.4	VE	Regulus
28	9	2092	13	56	1.134	36	8.0	NE	Regulus
26	10	2092	0	5	1.333	62	8.0	NE	Regulus
22	11	2092	8	51	1.642	89	7.9	NE	Regulus
19	12	2092	15	27	1.834	117	7.9	NE	Regulus
15	1	2093	20	43	1.877	145	7.9	NE	Regulus
12	2	2093	2	21	1.860	173	7.8	NE	Regulus
11	3	2093	9	22	1.945	158	7.8	NE	Regulus
7	4	2093	17	34	2.171	131	7.9	NE	Regulus
5	5	2093	2	2	2.435	104	7.9	NE	Regulus
1	6	2093	9	55	2.617	78	7.9	NE	Regulus
28	6	2093	16	56	2.656	52	8.0	NE	Regulus
25	7	2093	23	33	2.595	27	8.0	NE	Regulus
22	8	2093	6	33	2.563	2	8.0	NE	Regulus
18	9	2093	14	30	2.706	24	8.0	NE	Regulus
15	10	2093	23	23	3.037	50	8.0	NE	Regulus
12	11	2093	8	27	3.381	77	7.9	NE	Regulus
9	12	2093	16	37	3.582	104	7.9	NE	Regulus
5	1	2094	23	19	3.553	132	7.9	NE	Regulus
2	2	2094	4	56	3.373	161	7.9	NE	Regulus
1	3	2094	10	24	3.254	170	7.8	NE	Regulus
28	3	2094	16	34	3.298	143	7.9	NE	Regulus
24	4	2094	23	45	3.485	116	7.9	NE	Regulus
22	5	2094	7	43	3.683	89	7.9	NE	Regulus
18	6	2094	15	51	3.791	63	8.0	NE	Regulus
15	7	2094	23	38	3.816	38	8.0	NE	Regulus
12	8	2094	6	54	3.861	13	8.0	NE	Regulus
8	9	2094	13	56	4.044	12	8.0	NE	Regulus
5	10	2094	21	12	4.376	38	8.0	NE	Regulus
2	11	2094	5	5	4.841	64	8.0	NE	Regulus
26	12	2094	21	41	5.101	119	7.9	NE	Regulus
23	1	2095	5	4	4.759	148	7.9	NE	Regulus
19	2	2095	11	12	4.544	175	7.8	NE	Regulus
18	3	2095	16	32	4.452	154	7.9	NE	Regulus
14	4	2095	22	5	4.518	127	7.9	NE	Regulus
12	5	2095	4	49	4.647	100	7.9	NE	Regulus
8	6	2095	12	57	4.735	74	7.9	NE	Regulus
5	7	2095	21	54	4.768	49	8.0	NE	Regulus
26	7	2095	20	49	5.069	54	1.0	GI	Aldebaran
2	8	2095	4	54	4.801	22	1.4	ME	Regulus
2	8	2095	6	42	4.831	23	8.0	NE	Regulus
29	8	2095	5	22	4.921	9	1.4	SA	Regulus
29	8	2095	14	38	5.020	1	8.0	NE	Regulus
25	9	2095	14	34	4.499	33	1.4	SA	Regulus
22	10	2095	23	7	4.682	57	1.4	SA	Regulus
19	11	2095	7	44	5.044	83	1.4	SA	Regulus
13	1	2096	1	21	4.925	138	1.4	SA	Regulus
9	2	2096	8	36	4.589	168	1.4	SA	Regulus
7	3	2096	13	54	4.548	162	1.4	SA	Regulus

GG	MM	AAAA	HH	MM	DIST°	ELONG°	MAG	PIANETA	STELLA
3	4	2096	18	11	4.802	134	1.4	SA	Regulus
30	4	2096	23	24	4.998	107	1.4	SA	Regulus
23	5	2096	12	27	4.575	20	1.7	MA	Elnath
28	5	2096	7	5	4.935	81	1.4	SA	Regulus
24	6	2096	17	23	4.736	57	1.4	SA	Regulus
22	7	2096	5	16	4.774	32	1.4	SA	Regulus
14	9	2096	23	18	5.006	17	1.4	ME	Regulus
20	10	2096	3	7	4.419	40	1.1	VE	Antares
5	9	2097	2	14	4.112	13	1.4	ME	Regulus
6	10	2097	11	0	2.821	12	1.1	ME	Spica
6	11	2097	7	6	3.651	23	1.1	ME	Antares
3	12	2097	15	34	5.090	3	1.1	VE	Antares
4	5	2098	9	18	4.283	40	1.7	MA	Elnath
31	5	2098	17	46	3.537	14	1.7	ME	Elnath
2	6	2098	17	52	5.053	40	1.2	VE	Pollux
29	7	2098	22	9	3.731	20	1.4	GI	Regulus
26	8	2098	8	47	4.955	6	1.4	ME	Regulus
26	8	2098	13	32	3.314	1	1.4	GI	Regulus
26	9	2098	11	29	3.848	18	1.1	ME	Spica
17	1	2099	7	22	4.737	46	1.3	MA	Antares
16	8	2099	20	57	1.786	7	1.4	VE	Regulus
8	12	2099	2	3	4.994	52	1.1	SA	Spica

(1) Raggruppamento stretto tra Giove, Luna e Regolo
(1) Close grouping between Jupiter, Moon and Regulus

(1) Giove, Luna e Regolo
(1) Jupiter, Moon and Regulus
    (C) Skychart

CONGIUNZIONI MULTIPLE LUNA-STELLE-2 PIANETI
MULTIPLE CONJUNCTIONS MOON-STARS-2 PLANETS
2000-2100

GG MM AAAA : data nel formato giorno/mese/anno
HH MM : ore e minuti
DIST° : distanza minima in gradi tra i corpi
ELONG° : elongazione dal Sole dei corpi
MAG : magnitudine del corpo più debole
PIANETI : corpi coinvolti : MErcurio, VEnere, MArte, GIove,
              SAturno, URano, NEttuno

Sono elencate tutte le congiunzioni in cui i corpi distano meno di 5°

La luna non è indicata in quanto è presente in tutte le congiunzioni di questa tabella

Stelle fino alla mag 2

GG MM AAAA : date in the format dd/mm/yyyy
HH MM : hours and minutes
DIST° : minima distance in ° between the bodies
ELONG° : elongation from the Sun of the bodies
MAG : magnitude of the less bright body
PIANETI : planets : MErcury, VEnus, MArs, GI (Jupiter),
              SAturn, URanus, NEptune

All the conjunctions are listed if the bodies have distance less then 5°

The Moon isn't indicated in the table because it is always present

Stars up to magnitude 2

	GG	MM	AAAA	HH	MM	DIST°	ELONG°	MAG	PIANETI		STELLA
	17	7	2001	13	38	4.519	42	1.0	VE	SA	Aldebaran
	14	5	2002	21	32	4.971	27	1.7	VE	MA	Elnath
	4	10	2005	13	17	3.416	12	1.1	ME	GI	Spica
	24	11	2022	13	32	4.467	8	1.1	ME	VE	Antares
(1)	28	12	2040	7	8	5.089	69	1.1	GI	SA	Spica
	7	10	2045	4	17	2.412	44	5.5	MA	UR	Regulus
	18	7	2053	0	58	5.004	30	1.7	VE	MA	Regulus
	26	8	2054	19	11	5.022	85	7.9	MA	NE	Aldebaran
	23	6	2055	5	5	4.678	21	7.9	ME	NE	Aldebaran
	30	9	2062	0	55	1.479	36	1.6	MA	GI	Regulus
	8	11	2067	22	31	4.911	22	5.7	VE	UR	Antares
	25	10	2068	10	41	4.327	8	1.6	ME	MA	Spica
	15	8	2091	11	45	3.985	4	8.0	VE	NE	Regulus
	28	9	2092	13	22	1.379	36	8.0	VE	NE	Regulus
	2	8	2095	7	1	4.902	23	8.0	ME	NE	Regulus

(1) Raggruppamento multiplo
(1) Multiple grouping

(1) Giove, Saturno, Luna e Spica
(1) Jupiter, Saturn, the Moon and Spica
(C) Skychart

CONGIUNZIONI MULTIPLE LUNA-STELLE-M44-M45
MULTIPLE CONJUNCTIONS MOON-STARS-M44-M45
2000-2100

GG MM AAAA : data nel formato giorno/mese/anno
HH MM : ore e minuti
DIST° : distanza minima in gradi tra i corpi
ELONG° : elongazione dal Sole dei corpi
MAG : magnitudine del corpo più debole
PIANETI : corpi coinvolti : MErcurio, VEnere, MArte, GIove,
          SAturno, URano, NEttuno

Sono elencate tutte le congiunzioni in cui i corpi distano meno di 5°

La luna non è indicata in quanto è presente in tutte le congiunzioni di questa tabella

Stelle fino alla mag 2

GG MM AAAA : date in the format dd/mm/yyyy
HH MM : hours and minutes
DIST° : minima distance in ° between the bodies
ELONG° : elongation from the Sun of the bodies
MAG : magnitude of the less bright body
PIANETI : planets : MErcury, VEnus, MArs, GI (Jupiter),
          SAturn, URanus, NEptune

All the conjunctions are listed if the bodies have distance less then 5°

The Moon isn't indicated in the table because it is always present.

Stars up to magnitude 2

GG	MM	AAAA	HH	MM	DIST°	ELONG°	MAG	PIANETI		OGGETTO
4	9	2002	14	37	3.640	35	3.7	GI		M44
15	2	2003	16	8	4.224	162	3.7	GI		M44
15	3	2003	0	3	3.818	134	3.7	GI		M44
11	4	2003	8	44	3.970	106	3.7	GI		M44
8	5	2003	17	30	4.348	81	3.7	GI		M44
25	3	2004	20	22	4.195	56	1.6	MA		M45
9	5	2005	6	24	4.314	10	1.6	VE		M45
31	8	2005	20	48	4.520	32	3.7	SA		M44
28	9	2005	6	28	4.443	57	3.7	SA		M44
25	10	2005	16	8	4.552	82	3.7	SA		M44
22	11	2005	1	5	4.464	109	3.7	SA		M44
19	12	2005	8	28	4.087	137	3.7	SA		M44
15	1	2006	13	55	3.695	166	3.7	SA		M44
11	2	2006	18	2	3.684	164	3.7	SA		M44
10	3	2006	22	20	3.970	135	3.7	SA		M44
7	4	2006	4	24	4.091	107	3.7	SA		M44
4	5	2006	12	52	3.824	81	3.7	SA		M44
31	5	2006	23	8	3.370	57	3.7	SA		M44
28	6	2006	10	4	3.304	32	3.7	SA		M44
22	8	2006	0	30	4.019	18	3.7	VE		M44
18	6	2007	10	21	4.540	43	3.7	VE		M44
1	8	2008	9	39	5.049	1	3.7	ME		M44
26	4	2009	18	49	3.393	20	1.6	ME		M45
22	7	2009	16	7	2.966	8	3.7	ME		M44
9	11	2009	1	0	3.623	96	3.7	MA		M44
22	4	2010	5	9	4.443	96	3.7	MA		M44
12	7	2010	23	29	3.978	16	3.7	ME		M44
17	6	2012	6	29	5.003	25	1.6	GI		M45
16	6	2018	16	43	4.233	38	3.7	VE		M44
4	7	2019	12	28	4.819	22	3.7	ME		M44
31	7	2019	23	26	2.738	3	3.7	VE		M44
14	9	2020	5	15	4.405	43	3.7	VE		M44
2	5	2022	13	24	3.461	19	1.6	ME		M45
25	5	2023	1	3	5.008	59	3.7	MA		M44
7	7	2024	19	15	3.142	22	3.7	ME		M44
21	11	2024	1	22	3.116	113	3.7	MA		M44
18	12	2024	11	24	2.897	140	3.7	MA		M44
4	5	2025	1	1	2.326	83	3.7	MA		M44
26	5	2025	18	30	4.700	4	1.6	ME		M45
26	5	2025	15	40	4.944	8	5.8	UR		M45
26	5	2025	16	26	5.030	4	5.8	ME	UR	M45
23	6	2025	2	28	4.868	33	5.8	UR		M45
20	7	2025	10	53	5.038	57	5.8	UR		M45
21	8	2025	15	26	3.886	18	3.7	ME		M44
6	11	2025	15	29	5.072	164	5.6	UR		M45
4	12	2025	2	4	5.082	166	5.6	UR		M45
17	5	2026	2	14	4.450	3	1.6	ME		M45
17	6	2026	22	54	2.383	39	3.7	VE		M44
15	7	2026	7	36	4.442	10	3.7	GI		M44
11	8	2026	18	29	4.301	13	3.7	ME		M44
11	8	2026	22	37	2.095	10	3.7	GI		M44
5	10	2026	9	20	3.384	66	3.7	MA		M44
7	5	2027	9	19	4.748	10	1.6	ME		M45

	GG	MM	AAAA	HH	MM	DIST°	ELONG°	MAG	PIANETI		OGGETTO
	2	8	2027	5	55	1.219	3	3.7	VE		M44
	30	3	2028	9	25	4.318	46	1.6	VE		M45
	15	9	2028	14	30	3.839	43	3.7	VE		M44
	15	9	2028	11	32	3.003	46	3.7	MA		M44
(1)	15	9	2028	13	14	4.160	43	3.7	VE	MA	M44
	6	7	2035	23	51	4.159	21	3.7	SA		M44
	3	8	2035	13	10	4.067	2	3.7	VE		M44
	3	8	2035	13	11	4.069	2	3.7	SA		M44
	3	8	2035	13	34	4.118	2	3.7	VE	SA	M44
	31	8	2035	1	27	5.085	25	3.7	SA		M44
	5	4	2036	19	11	4.690	114	3.7	SA		M44
	3	5	2036	0	49	5.004	87	3.7	SA		M44
	26	6	2036	8	30	3.121	29	3.7	MA		M44
	7	6	2038	6	44	2.429	49	3.7	MA		M44
	4	7	2038	15	25	2.227	25	3.7	ME		M44
	4	7	2038	11	53	3.418	22	3.7	GI		M44
	4	7	2038	13	0	4.104	22	3.7	ME	GI	M44
	1	8	2038	0	47	2.933	2	3.7	GI		M44
	11	10	2039	21	23	4.796	73	5.5	UR		M44
	8	11	2039	5	47	4.448	100	5.5	UR		M44
	5	12	2039	12	15	4.755	128	5.4	UR		M44
	17	5	2040	12	34	3.184	70	3.7	MA		M44
	10	7	2040	20	28	5.089	14	5.6	UR		M44
	7	8	2040	8	22	3.293	7	3.7	ME		M44
	7	8	2040	4	8	4.279	10	5.6	UR		M44
	7	8	2040	5	2	4.473	7	5.6	ME	UR	M44
	3	9	2040	12	13	4.177	35	5.6	UR		M44
	30	9	2040	20	52	4.289	61	5.5	UR		M44
	28	10	2040	5	39	4.433	87	5.5	UR		M44
	24	11	2040	13	47	4.442	115	5.4	UR		M44
	21	12	2040	20	39	4.322	143	5.4	UR		M44
	18	1	2041	2	13	4.252	170	5.4	UR		M44
	14	2	2041	7	11	4.388	159	5.4	UR		M44
	13	3	2041	12	39	4.668	131	5.4	UR		M44
	9	4	2041	19	30	4.889	104	5.5	UR		M44
	1	5	2041	22	36	2.728	18	1.6	ME		M45
	7	5	2041	3	49	4.903	77	5.5	UR		M44
	3	6	2041	12	55	4.719	52	5.6	UR		M44
	30	6	2041	21	55	4.484	27	5.6	UR		M44
	28	7	2041	4	7	3.672	2	3.7	ME		M44
	28	7	2041	6	14	4.395	3	5.6	UR		M44
	28	7	2041	5	23	4.436	2	5.6	ME	UR	M44
	24	8	2041	13	53	4.553	22	5.6	UR		M44
	20	9	2041	21	19	4.874	47	5.6	UR		M44
	17	10	2041	21	57	4.320	78	3.7	MA		M44
	11	12	2041	22	2	5.020	128	5.4	UR		M44
	8	1	2042	5	45	4.691	156	5.4	UR		M44
	4	2	2042	11	57	4.453	172	5.4	UR		M44
	3	3	2042	17	10	3.610	145	3.7	MA		M44
	3	3	2042	16	56	4.426	145	5.4	UR		M44
	3	3	2042	17	38	4.375	145	5.4	MA	UR	M44
	30	3	2042	22	21	3.653	118	3.7	MA		M44
	30	3	2042	22	7	4.511	118	5.4	UR		M44

GG	MM	AAAA	HH	MM	DIST°	ELONG°	MAG	PIANETI		OGGETTO
30	3	2042	22	35	4.492	118	5.4	MA	UR	M44
22	4	2042	2	13	3.910	27	1.6	VE		M45
27	4	2042	4	54	4.543	91	5.5	UR		M44
24	5	2042	13	43	4.480	65	5.5	UR		M44
20	6	2042	22	49	3.455	39	3.7	VE		M44
20	6	2042	23	47	4.442	40	5.6	UR		M44
21	6	2042	0	4	4.398	40	5.6	VE	UR	M44
18	7	2042	9	47	4.593	15	5.6	UR		M44
4	8	2043	21	16	3.883	1	3.7	VE		M44
28	9	2043	9	24	3.023	56	3.7	MA		M44
1	4	2044	21	35	2.563	45	1.6	VE		M45
8	9	2045	9	59	2.560	36	3.7	MA		M44
19	8	2047	22	55	3.681	17	3.7	MA		M44
23	4	2050	12	22	4.974	27	1.6	VE		M45
19	6	2053	6	10	4.954	39	3.7	MA		M44
31	5	2055	7	36	2.047	59	3.7	MA		M44
25	7	2055	0	7	4.818	8	3.7	ME		M44
14	7	2056	4	18	1.057	16	3.7	ME		M44
14	7	2056	1	41	2.370	13	3.7	VE		M44
14	7	2056	2	39	3.255	13	3.7	ME	VE	M44
31	10	2056	10	44	3.947	93	3.7	MA		M44
28	11	2056	1	16	4.813	114	3.7	MA		M44
21	1	2057	6	43	3.695	174	3.7	MA		M44
13	4	2057	6	9	5.076	99	3.7	MA		M44
4	7	2057	3	13	4.178	21	3.7	ME		M44
27	8	2057	17	3	3.492	29	3.7	VE		M44
11	10	2058	10	12	3.818	67	3.7	MA		M44
4	4	2060	6	48	2.779	44	1.6	VE		M45
4	4	2060	7	4	4.770	45	1.6	GI		M45
29	5	2060	3	17	3.726	9	1.6	VE		M45
7	10	2061	19	36	4.685	68	3.7	GI		M44
4	11	2061	3	34	4.235	94	3.7	GI		M44
1	12	2061	11	28	3.951	121	3.7	GI		M44
28	12	2061	20	3	3.749	150	3.7	GI		M44
25	1	2062	4	37	4.414	176	3.7	GI		M44
10	6	2062	20	0	3.265	47	3.7	GI		M44
8	7	2062	9	56	4.453	24	3.7	GI		M44
15	7	2064	11	4	0.864	14	3.7	VE		M44
12	8	2064	0	22	4.968	7	3.7	MA		M44
11	8	2064	18	31	2.766	13	3.7	SA		M44
8	9	2064	7	34	1.396	38	3.7	SA		M44
5	10	2064	19	27	3.668	62	3.7	SA		M44
26	12	2064	15	28	4.775	143	3.7	SA		M44
22	1	2065	21	20	2.875	173	3.7	SA		M44
19	2	2065	5	6	1.752	157	3.7	SA		M44
18	3	2065	13	56	1.879	129	3.7	SA		M44
14	4	2065	22	34	2.137	101	3.7	SA		M44
12	5	2065	6	23	2.318	76	3.7	SA		M44
8	6	2065	13	58	2.686	51	3.7	SA		M44
5	7	2065	15	32	4.560	21	3.7	ME		M44
5	7	2065	22	23	4.935	26	3.7	SA		M44
29	8	2065	9	11	2.591	29	3.7	VE		M44
30	3	2066	5	35	4.778	47	1.6	MA		M45

GG	MM	AAAA	HH	MM	DIST°	ELONG°	MAG	PIANETI	OGGETTO
23	7	2066	5	51	4.580	9	3.7	MA	M44
9	3	2068	5	33	3.679	71	1.6	MA	M45
5	4	2068	13	53	4.525	43	1.6	VE	M45
3	5	2068	3	20	4.157	18	1.6	ME	M45
16	7	2072	18	43	4.409	15	3.7	VE	M44
13	8	2072	2	34	4.381	14	3.7	ME	M44
30	8	2073	22	18	2.851	28	3.7	VE	M44
27	9	2073	6	40	2.680	57	3.7	GI	M44
24	10	2073	19	10	4.454	79	3.7	MA	M44
24	10	2073	18	20	3.572	80	3.7	GI	M44
24	10	2073	19	52	4.468	79	3.7	MA GI	M44
18	12	2073	7	22	4.863	134	3.7	GI	M44
14	1	2074	11	39	2.302	164	3.7	GI	M44
10	2	2074	17	19	2.069	164	3.7	GI	M44
10	3	2074	0	58	4.158	134	3.7	GI	M44
6	4	2074	9	54	4.671	107	3.7	GI	M44
3	5	2074	19	7	2.956	82	3.7	GI	M44
31	5	2074	4	27	1.246	59	3.7	GI	M44
22	5	2077	1	11	4.739	1	1.6	MA	M45
5	4	2079	6	8	5.017	41	1.6	VE	M45
2	5	2079	17	50	3.766	18	1.6	MA	M45
19	5	2080	12	18	4.809	0	1.6	VE	M45
18	7	2080	0	43	4.168	15	3.7	VE	M44
7	10	2080	23	15	5.007	69	7.9	NE	M44
4	11	2080	4	59	4.845	96	7.9	NE	M44
1	12	2080	10	41	4.679	123	7.9	NE	M44
28	12	2080	18	34	4.625	151	7.8	NE	M44
25	1	2081	4	52	4.761	176	7.8	NE	M44
12	4	2081	13	12	4.074	38	1.6	MA	M45
10	6	2081	19	52	5.102	43	8.0	NE	M44
8	7	2081	4	36	4.277	18	8.0	NE	M44
4	8	2081	15	23	3.832	7	8.0	NE	M44
1	9	2081	7	6	4.072	27	3.7	VE	M44
1	9	2081	2	50	3.648	32	8.0	NE	M44
28	9	2081	13	2	3.493	58	7.9	NE	M44
25	10	2081	20	41	3.285	85	7.9	NE	M44
22	11	2081	2	10	3.041	112	7.9	NE	M44
19	12	2081	7	43	2.879	140	7.8	NE	M44
15	1	2082	15	24	2.911	168	7.8	NE	M44
12	2	2082	1	16	3.105	162	7.8	NE	M44
11	3	2082	11	34	3.631	134	7.9	NE	M44
7	4	2082	20	22	3.896	106	7.9	NE	M44
5	5	2082	3	10	3.805	80	7.9	NE	M44
1	6	2082	9	0	3.375	54	7.9	NE	M44
28	6	2082	15	37	2.722	29	8.0	NE	M44
26	7	2082	0	8	2.063	4	8.0	NE	M44
22	8	2082	10	26	1.854	21	8.0	NE	M44
18	9	2082	21	16	1.874	47	8.0	NE	M44
16	10	2082	6	53	2.169	74	7.9	NE	M44
12	11	2082	14	5	2.292	101	7.9	NE	M44
9	12	2082	19	24	2.151	128	7.9	NE	M44
6	1	2083	0	51	1.860	157	7.8	NE	M44
2	2	2083	8	6	1.705	175	7.8	NE	M44

GG	MM	AAAA	HH	MM	DIST°	ELONG°	MAG	PIANETI		OGGETTO
1	3	2083	17	4	1.847	146	7.8	NE		M44
23	3	2083	17	3	3.896	59	1.6	MA		M45
29	3	2083	2	21	2.068	119	7.9	NE		M44
25	4	2083	10	36	2.112	92	7.9	NE		M44
22	5	2083	17	27	1.930	66	7.9	NE		M44
18	6	2083	23	40	1.696	40	8.0	NE		M44
16	7	2083	6	26	1.781	15	8.0	NE		M44
12	8	2083	14	35	2.329	10	8.0	NE		M44
9	9	2083	0	3	3.063	36	8.0	NE		M44
6	10	2083	9	51	3.693	62	7.9	NE		M44
2	11	2083	18	37	4.034	88	7.9	NE		M44
30	11	2083	1	28	4.001	116	7.9	NE		M44
27	12	2083	6	53	3.615	144	7.8	NE		M44
23	1	2084	12	20	3.013	173	7.8	NE		M44
14	2	2084	3	4	5.076	96	1.6	GI		M45
19	2	2084	18	55	2.591	158	7.8	NE		M44
18	3	2084	2	42	2.609	130	7.9	NE		M44
8	4	2084	17	42	1.665	40	1.6	VE		M45
14	4	2084	10	59	2.807	103	7.9	NE		M44
6	5	2084	3	13	1.197	15	1.6	VE		M45
11	5	2084	18	56	3.069	77	7.9	NE		M44
8	6	2084	2	12	3.288	51	7.9	NE		M44
5	7	2084	8	15	3.337	25	3.7	ME		M44
5	7	2084	9	1	3.458	25	8.0	NE		M44
5	7	2084	9	26	3.540	25	8.0	ME	NE	M44
1	8	2084	15	58	3.732	1	8.0	NE		M44
28	8	2084	23	35	4.644	24	8.0	NE		M44
8	2	2085	19	20	4.588	169	7.8	NE		M44
8	3	2085	1	10	4.480	142	7.8	NE		M44
4	4	2085	7	59	4.592	114	7.9	NE		M44
1	5	2085	15	49	4.807	88	7.9	NE		M44
29	5	2085	0	9	5.011	62	7.9	NE		M44
14	9	2085	23	44	4.837	43	3.7	GI		M44
6	4	2087	10	29	4.708	42	1.6	VE		M45
3	5	2087	23	16	4.659	17	1.6	ME		M45
26	6	2093	18	16	3.349	29	3.7	VE		M44
16	9	2093	12	7	4.343	48	3.7	SA		M44
13	10	2093	22	9	2.303	74	3.7	SA		M44
10	11	2093	7	20	1.500	101	3.7	SA		M44
7	12	2093	14	44	1.632	128	3.7	SA		M44
3	1	2094	20	7	2.872	157	3.7	SA		M44
31	1	2094	0	13	4.930	172	3.7	SA		M44
16	6	2094	14	43	3.167	39	3.7	SA		M44
14	7	2094	1	1	2.100	17	3.7	SA		M44
10	8	2094	3	15	4.625	12	3.7	VE		M44
10	8	2094	10	45	3.849	6	3.7	SA		M44
24	4	2096	15	46	4.335	27	1.6	MA		M45
7	8	2097	1	13	4.973	10	3.7	GI		M44
3	9	2097	15	7	4.759	31	3.7	GI		M44
14	3	2098	4	16	4.915	137	3.7	GI		M44
5	4	2098	14	52	5.047	47	1.6	MA		M45
10	4	2098	10	18	4.532	109	3.7	GI		M44

(1) Raggruppamento multiplo
(1) Multiple grouping

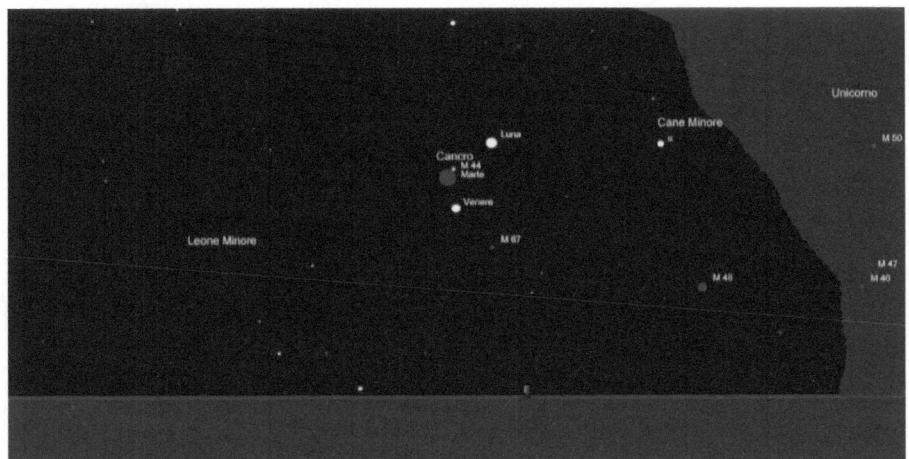

(1) Venere, Marte e la Luna nel Presepe
(1) Venus, Mars, the Moon and M44
(C) Skychart

CONGIUNZIONI MULTIPLE LUNA-PIANETI-ASTEROIDI
MULTIPLE CONJUNCTIONS MOON-PLANETS-ASTEROIDS
2000-2100

GG MM AAAA : data nel formato giorno/mese/anno
HH MM : ore e minuti
DIST° : distanza minima in gradi tra i corpi
ELONG° : elongazione dal Sole dei corpi
MAG : magnitudine del corpo più debole
PIANETI : corpi coinvolti : MErcurio, VEnere, MArte, GIove,
           SAturno, URano, NEttuno

Sono elencate tutte le congiunzioni in cui i corpi distano meno di 5°, magnitudine minima dell'asteroide 9

La luna non è indicata in quanto è presente in tutte le congiunzioni di questa tabella

GG MM AAAA : date in the format dd/mm/yyyy
HH MM : hours and minutes
DIST° : minima distance in ° between the bodies
ELONG° : elongation from the Sun of the bodies
MAG : magnitude of the less bright body
PIANETI : planets : MErcury, VEnus, MArs, GI (Jupiter),
           SAturn, URanus, NEptune

All the conjunctions are listed if the bodies have distance less then 5°, magnitude of the asteroid up to 9

The Moon isn't indicated in the table because it is always present

GG	MM	AAAA	HH	MM	DIST°	ELONG°	MAG	PIANETA	ASTEROIDE
3	1	2000	8	52	3.825	36	7.7	VE	Vesta
13	8	2000	17	13	4.271	163	8.8	NE	Flora
30	9	2000	4	8	4.933	29	8.7	VE	Ceres
30	12	2000	0	35	3.405	46	7.9	VE	Vesta
18	6	2001	1	54	3.571	43	8.2	VE	Vesta
20	3	2002	9	46	0.476	70	8.0	SA	Vesta
12	6	2002	14	10	2.489	18	8.3	MA	Vesta
10	7	2002	22	11	2.868	6	8.3	GI	Vesta
11	7	2002	0	56	3.499	6	8.3	MA	Vesta
20	9	2003	5	8	4.747	73	8.3	SA	Ceres
25	11	2003	0	23	4.888	14	7.7	ME	Vesta
24	1	2005	8	3	4.983	167	8.8	SA	Flora
31	5	2006	8	37	4.192	48	8.0	MA	Vesta
28	6	2006	15	50	4.613	33	8.1	SA	Vesta
28	6	2006	21	14	3.101	37	8.1	MA	Vesta
7	2	2008	13	8	4.473	3	8.0	NE	Vesta
15	7	2012	4	12	3.716	45	8.7	GI	Ceres
15	7	2012	10	11	4.718	41	8.7	VE	Ceres
11	8	2012	20	52	4.555	67	8.0	GI	Vesta
22	1	2013	6	51	4.107	124	7.1	GI	Vesta
18	2	2013	16	34	4.799	97	7.5	GI	Vesta
28	9	2014	2	50	2.202	43	8.7	SA	Ceres
23	11	2014	4	50	4.227	7	8.8	VE	Ceres
14	12	2017	17	40	4.319	39	7.7	GI	Vesta
17	9	2018	14	13	5.010	95	6.9	SA	Vesta
1	1	2019	19	12	4.169	47	8.5	VE	Ceres
6	3	2019	16	56	3.518	1	8.1	NE	Vesta
2	5	2019	13	35	3.629	28	8.1	VE	Vesta
3	10	2019	17	48	4.877	65	8.6	GI	Ceres
31	10	2019	15	48	4.212	45	8.8	GI	Ceres
28	11	2019	20	41	3.729	27	8.9	VE	Ceres
24	5	2020	13	39	3.652	20	8.4	ME	Vesta
27	2	2022	9	21	5.099	44	7.6	MA	Vesta
24	4	2022	20	11	4.667	71	7.3	SA	Vesta
22	5	2022	11	2	4.693	92	7.0	SA	Vesta
8	11	2022	16	37	4.681	175	9.0	UR	Euterpe
25	1	2023	8	12	4.724	48	8.0	NE	Vesta
22	3	2023	21	55	4.580	15	8.3	GI	Vesta
7	7	2024	19	37	3.112	22	8.2	ME	Vesta
5	12	2024	1	27	4.909	44	8.9	VE	Ceres
19	1	2026	4	23	2.245	3	7.8	VE	Vesta
16	2	2026	17	47	1.507	9	7.9	MA	Vesta
11	2	2029	0	44	4.708	26	8.9	ME	Ceres
28	2	2031	11	47	2.598	82	7.8	SA	Vesta
24	4	2031	16	8	2.277	33	8.6	SA	Ceres
25	4	2031	13	5	4.624	42	8.2	VE	Vesta
25	4	2031	16	20	2.089	45	8.2	UR	Vesta
23	5	2031	0	58	3.057	19	8.7	UR	Ceres
7	10	2032	12	4	4.128	33	7.7	VE	Vesta
1	12	2032	7	8	2.948	19	8.7	ME	Ceres
17	12	2032	14	57	3.815	170	8.7	SA	Massalia
13	1	2033	11	21	4.733	155	8.8	UR	Massalia
13	1	2033	14	34	3.743	157	8.8	SA	Massalia

GG	MM	AAAA	HH	MM	DIST°	ELONG°	MAG	PIANETA	ASTEROIDE
4	8	2035	21	42	4.614	16	8.1	ME	Vesta
1	2	2037	18	19	3.197	162	8.9	SA	Massalia
21	5	2037	23	31	3.277	84	8.2	SA	Pallas
7	12	2037	4	32	3.414	1	8.9	ME	Ceres
4	1	2038	2	15	4.928	16	8.9	ME	Ceres
30	7	2038	6	59	1.142	21	8.4	VE	Vesta
27	8	2038	12	51	1.680	37	8.3	UR	Vesta
19	11	2038	23	47	3.940	87	7.6	GI	Vesta
17	12	2038	11	6	3.667	114	7.1	GI	Vesta
11	1	2040	17	50	3.956	33	7.7	VE	Vesta
17	2	2040	13	8	3.309	63	8.6	NE	Ceres
12	5	2040	6	5	3.421	12	8.8	ME	Ceres
28	10	2040	7	6	4.566	86	8.0	UR	Ceres
6	1	2041	5	11	4.850	47	7.9	VE	Vesta
18	1	2041	3	38	4.423	169	8.9	UR	Flora
27	5	2041	15	30	4.886	27	8.3	NE	Vesta
22	5	2042	3	40	4.437	34	8.2	VE	Vesta
17	7	2042	19	57	3.305	6	8.3	ME	Vesta
15	8	2042	2	21	4.131	7	8.2	UR	Vesta
14	12	2042	1	52	4.154	16	9.0	MA	Ceres
14	12	2042	5	33	3.183	18	9.0	ME	Ceres
31	12	2043	17	33	4.784	3	7.8	GI	Vesta
16	6	2045	12	12	4.930	17	8.6	ME	Ceres
19	2	2047	19	56	3.068	58	8.6	SA	Ceres
26	9	2047	1	51	2.556	86	7.1	SA	Vesta
9	3	2049	3	15	5.069	62	8.1	NE	Vesta
4	5	2049	13	23	3.846	28	8.3	MA	Vesta
2	6	2049	3	7	4.427	15	8.4	MA	Vesta
30	6	2049	8	30	3.040	1	8.4	GI	Vesta
26	7	2049	5	0	3.150	38	8.7	VE	Ceres
28	7	2049	9	0	4.204	14	8.4	GI	Vesta
13	12	2050	15	48	4.792	5	7.7	ME	Vesta
11	1	2051	1	48	3.983	20	7.7	ME	Vesta
24	6	2052	6	19	1.637	35	8.3	VE	Vesta
24	6	2052	9	14	3.823	32	8.3	NE	Vesta
22	7	2052	13	44	4.980	45	8.2	VE	Vesta
11	4	2054	13	35	4.635	41	8.6	NE	Ceres
5	10	2054	9	48	4.795	51	7.5	GI	Vesta
10	1	2055	3	38	3.881	135	7.8	NE	Iris
18	6	2055	9	12	4.699	76	7.6	SA	Vesta
15	11	2055	20	17	3.357	41	8.8	VE	Pallas
16	11	2055	2	29	4.732	36	8.8	UR	Pallas
15	5	2056	16	49	4.404	10	8.4	NE	Vesta
28	11	2056	7	42	2.010	112	7.3	MA	Vesta
25	12	2056	14	10	0.985	140	6.8	MA	Vesta
21	1	2057	8	3	3.531	171	6.5	MA	Vesta
16	3	2057	6	58	4.474	120	6.9	MA	Vesta
13	4	2057	0	45	3.458	99	7.3	MA	Vesta
27	10	2057	11	34	4.509	9	7.9	UR	Vesta
20	5	2058	23	26	4.083	16	8.9	SA	Ceres
18	6	2058	5	29	4.509	31	8.9	MA	Ceres
13	8	2058	7	40	4.224	65	8.5	NE	Ceres
24	1	2059	4	38	4.905	130	7.8	NE	Ceres

GG	MM	AAAA	HH	MM	DIST°	ELONG°	MAG	PIANETA	ASTEROIDE
13	2	2059	19	2	4.974	17	8.1	ME	Vesta
9	2	2060	2	59	4.881	92	7.7	GI	Vesta
9	2	2060	7	9	4.858	94	7.7	SA	Vesta
7	3	2060	20	42	4.747	70	8.0	SA	Vesta
31	5	2060	9	47	4.504	22	8.3	ME	Vesta
31	8	2060	3	15	4.585	57	8.5	UR	Ceres
19	10	2060	12	3	4.681	52	8.0	MA	Vesta
16	11	2060	20	21	2.631	68	7.8	MA	Vesta
18	9	2063	3	23	3.547	58	8.4	SA	Ceres
20	5	2064	22	7	3.505	53	8.0	SA	Vesta
10	8	2065	1	4	4.872	99	8.1	UR	Ceres
26	1	2066	8	56	5.002	7	7.9	VE	Vesta
11	6	2067	23	24	3.019	1	8.4	ME	Vesta
10	7	2067	6	15	0.654	13	8.4	NE	Vesta
9	3	2068	8	54	3.537	71	8.3	MA	Ceres
6	4	2068	17	13	4.551	56	8.4	MA	Ceres
22	12	2068	8	17	3.993	27	7.7	MA	Vesta
19	1	2069	19	22	4.270	41	7.6	UR	Vesta
9	1	2070	18	34	4.249	29	8.7	UR	Ceres
6	6	2070	10	36	3.815	32	8.2	VE	Vesta
17	5	2072	19	26	4.411	1	8.9	VE	Ceres
10	8	2072	12	33	5.067	47	8.6	GI	Ceres
7	9	2072	9	44	4.393	68	8.4	GI	Ceres
15	9	2072	20	52	3.931	47	7.5	SA	Vesta
5	10	2072	9	11	4.944	85	8.1	NE	Ceres
10	12	2072	14	22	4.839	10	7.7	UR	Vesta
8	1	2073	2	6	4.643	2	7.8	MA	Vesta
29	3	2074	19	55	4.884	23	8.3	VE	Vesta
22	6	2074	18	12	1.593	20	8.4	ME	Vesta
13	10	2074	11	16	1.591	87	7.9	NE	Vesta
23	10	2074	1	31	3.998	35	8.8	SA	Ceres
3	1	2075	5	31	2.632	170	7.8	NE	Vesta
15	1	2075	18	40	3.369	14	8.9	UR	Ceres
30	1	2075	4	58	4.931	156	7.8	NE	Vesta
22	4	2075	10	1	4.852	77	7.9	NE	Vesta
10	9	2075	19	36	4.170	5	8.0	GI	Vesta
6	9	2076	21	12	4.835	94	6.9	SA	Vesta
4	10	2076	12	35	4.783	72	7.3	SA	Vesta
28	12	2076	8	14	3.064	31	7.8	MA	Vesta
23	2	2077	1	55	3.184	3	8.0	ME	Vesta
23	5	2077	11	30	3.096	16	8.7	VE	Ceres
18	7	2077	17	43	3.729	14	8.6	MA	Ceres
16	8	2077	3	50	4.544	27	8.6	NE	Ceres
16	8	2077	4	58	3.994	25	8.6	MA	Ceres
6	8	2078	8	15	4.902	16	8.3	VE	Vesta
25	12	2079	3	10	4.938	20	9.0	GI	Ceres
11	5	2080	15	46	4.090	93	7.0	SA	Vesta
11	5	2080	21	9	3.464	91	7.0	GI	Vesta
8	6	2080	11	50	4.321	113	6.6	GI	Vesta
17	9	2081	19	31	2.795	176	8.6	GI	Pallas
14	10	2081	15	59	4.617	143	8.7	GI	Pallas
30	5	2082	20	51	3.451	37	8.5	VE	Ceres
30	5	2082	22	2	1.749	38	8.2	VE	Vesta

GG	MM	AAAA	HH	MM	DIST°	ELONG°	MAG	PIANETA	ASTEROIDE
9	12	2083	6	58	5.051	2	8.8	ME	Ceres
6	1	2084	7	49	3.933	19	8.8	ME	Ceres
5	2	2084	15	16	3.429	6	7.8	ME	Vesta
2	3	2084	13	24	1.302	54	8.7	MA	Ceres
4	3	2084	20	0	4.841	23	7.8	UR	Vesta
9	7	2086	2	37	1.929	21	8.7	VE	Ceres
30	1	2088	22	7	3.714	86	8.7	SA	Iris
10	8	2088	15	5	4.839	82	7.7	SA	Vesta
21	1	2089	6	10	3.055	107	7.4	SA	Vesta
17	2	2089	17	44	3.336	81	7.8	SA	Vesta
17	1	2091	23	39	4.531	20	7.7	GI	Vesta
6	5	2092	4	22	4.340	5	8.4	ME	Vesta
6	5	2092	5	57	4.790	3	8.4	MA	Vesta
30	7	2092	4	47	3.744	46	8.2	VE	Vesta
28	10	2092	17	32	3.678	27	8.9	VE	Pallas
1	5	2093	10	47	5.086	62	8.0	SA	Vesta
29	5	2093	6	55	4.349	42	8.1	SA	Vesta
26	6	2093	15	55	2.169	29	8.2	VE	Vesta
9	8	2093	19	59	3.833	141	9.0	UR	Nausikaa
22	8	2093	8	2	3.352	2	8.1	NE	Vesta
7	1	2095	8	53	4.184	12	7.8	ME	Vesta
5	3	2095	7	26	2.482	14	7.9	ME	Vesta
4	5	2095	9	59	4.453	5	8.9	GI	Ceres
1	6	2095	10	30	3.152	13	8.9	GI	Ceres
18	8	2095	16	33	4.476	137	8.8	UR	Pallas
24	4	2096	14	55	4.746	25	8.4	MA	Vesta
20	6	2096	3	39	4.439	1	8.4	GI	Vesta
18	7	2096	4	4	4.587	19	8.4	GI	Vesta
15	6	2097	7	56	4.199	71	8.6	NE	Pallas
12	7	2097	20	35	4.996	47	8.0	NE	Vesta
31	12	2098	5	15	4.658	94	8.4	UR	Iris

CONGIUNZIONI MULTIPLE PIANETI-ASTEROIDI-STELLE
MULTIPLE CONJUNCTIONS PLANETS-ASTEROIDS-STARS
2000-2100

```
GG MM AAAA : data nel formato giorno/mese/anno
HH MM : ore e minuti
DIST° : distanza minima in gradi tra i corpi
ELONG° : elongazione dal Sole dei corpi
MAG : magnitudine del corpo più debole
PIANETI : corpi coinvolti : MErcurio, VEnere, MArte, GIove,
                            SAturno, URano, NEttuno

Sono elencate tutte le congiunzioni in cui i corpi distano meno
di 5°, magnitudine minima dell'asteroide 9

Stelle fino alla mag 2
```

```
GG MM AAAA : date in the format dd/mm/yyyy
HH MM : hours and minutes
DIST° : minima distance in ° between the bodies
ELONG° : elongation from the Sun of the bodies
MAG : magnitude of the less bright body
PIANETI : planets : MErcury, VEnus, MArs, GI (Jupiter),
                    SAturn, URanus, NEptune


All the conjunctions are listed if the bodies have distance less
then 5°, magnitude of the asteroid up to 9

Stars up to magnitude 2
```

GG	MM	AAAA	HH	MM	DIST°	ELONG°	MAG	PIANETA	ASTEROIDE	STELLA
17	6	2003	22	27	4.700	17	8.8	VE	Ceres	Aldebaran
18	6	2003	20	55	4.012	18	8.8	ME	Ceres	Aldebaran
16	10	2005	18	35	4.615	45	8.8	VE	Ceres	Antares
23	5	2008	6	34	4.473	19	8.7	ME	Ceres	Elnath
12	7	2012	10	22	4.285	39	8.7	VE	Ceres	Aldebaran
20	7	2012	19	57	4.997	49	8.7	GI	Ceres	Aldebaran
5	8	2012	22	42	4.822	63	8.1	GI	Vesta	Aldebaran
12	7	2023	10	31	3.742	41	8.7	MA	Pallas	Regulus
13	7	2023	20	59	4.634	36	8.7	VE	Pallas	Regulus
5	8	2035	10	55	4.081	16	8.1	ME	Vesta	Regulus
27	1	2037	1	38	2.814	156	8.9	SA	Massali	Regulus
2	6	2037	7	37	3.401	75	8.4	SA	Pallas	Regulus
2	12	2038	12	20	2.861	99	7.4	GI	Vesta	Regulus
21	7	2046	1	54	4.770	31	8.7	UR	Pallas	Regulus
18	6	2049	11	38	4.043	18	8.8	ME	Ceres	Aldebaran
16	7	2052	11	44	2.512	44	8.2	VE	Vesta	Aldebaran
27	5	2054	6	5	4.879	15	8.7	ME	Ceres	Elnath
30	9	2060	16	55	4.045	38	8.1	VE	Vesta	Regulus
20	6	2074	14	9	2.173	19	8.4	ME	Vesta	Aldebaran
2	11	2074	18	40	4.419	30	8.8	MA	Ceres	Antares
30	7	2081	17	43	1.382	57	8.6	Vesta	Ceres	Aldebaran
17	6	2082	11	0	4.738	28	8.5	Vesta	Ceres	Pollux
14	8	2093	18	28	3.932	7	8.2	ME	Vesta	Regulus
19	8	2093	16	47	3.295	4	8.1	NE	Vesta	Regulus

CONGIUNZIONI MULTIPLE PIANETI-ASTEROIDI-M44-M45
MULTIPLE CONJUNCTIONS PLANETS-ASTEROIDS-M44-M45
2000-2100

GG MM AAAA : data nel formato giorno/mese/anno
HH MM : ore e minuti
DIST° : distanza minima in gradi tra i corpi
ELONG° : elongazione dal Sole dei corpi
MAG : magnitudine del corpo più debole
PIANETI : corpi coinvolti : MErcurio, VEnere, MArte, GIove,
                            SAturno, URano, NEttuno

Sono elencate tutte le congiunzioni in cui i corpi distano meno
di 5°, magnitudine minima dell'asteroide 9

GG MM AAAA : date in the format dd/mm/yyyy
HH MM : hours and minutes
DIST° : minima distance in ° between the bodies
ELONG° : elongation from the Sun of the bodies
MAG : magnitude of the less bright body
PIANETI : planets : MErcury, VEnus, MArs, GI (Jupiter),
                    SAturn, URanus, NEptune

All the conjunctions are listed if the bodies have distance less
then 5°, magnitude of the asteroid up to 9

GG	MM	AAAA	HH	MM	DIST°	ELONG°	MAG	PIANETA	ASTEROIDE	OGG
15	6	2006	1	23	3.052	44	8.0	SA	Vesta	M44
15	6	2006	11	59	2.449	43	8.0	MA	Vesta	M44
7	7	2024	1	32	1.388	22	8.2	ME	Vesta	M44
15	7	2036	20	7	4.965	14	8.5	ME	Ceres	M44
20	10	2040	7	36	3.973	80	8.1	UR	Ceres	M44
23	1	2041	14	34	2.529	176	8.9	UR	Flora	M44
20	7	2042	9	30	3.594	7	8.3	ME	Vesta	M44
30	8	2049	13	37	1.683	30	8.3	VE	Vesta	M44
15	1	2057	14	14	3.644	165	6.5	MA	Vesta	M44
27	4	2057	7	18	4.712	88	7.5	MA	Vesta	M44
4	7	2064	19	3	4.400	25	8.1	ME	Vesta	M44
10	3	2068	4	12	4.759	71	8.3	MA	Ceres	M45
16	7	2082	8	28	4.706	14	8.5	ME	Ceres	M44
16	7	2082	13	6	1.097	13	8.2	ME	Vesta	M44
18	7	2082	16	51	4.496	12	8.5	Vesta	Ceres	M44
29	6	2093	10	15	1.684	29	8.2	VE	Vesta	M44

CONGIUNZIONI ASTEROIDI-STELLE CONJUNCTIONS ASTEROIDS-STARS 2000-2100

```
GG MM AAAA : data nel formato giorno/mese/anno
HH MM : ore e minuti
DIST° : distanza minima in gradi tra i corpi
ELONG° : elongazione dal Sole dei corpi
MAG : magnitudine dell'asteroide
PIANETI : corpi coinvolti : MErcurio, VEnere, MArte, GIove,
                            SAturno, URano, NEttuno
```

Sono elencate tutte le congiunzioni in cui i corpi distano meno di 5°, magnitudine minima dell'asteroide 9

Stelle fino alla mag 2


```
GG MM AAAA : date in the format dd/mm/yyyy
HH MM : hours and minutes
DIST° : minima distance in ° between the bodies
ELONG° : elongation from the Sun of the bodies
MAG : magnitude of the asteroid
PIANETI : planets : MErcury, VEnus, MArs, GI (Jupiter),
                    SAturn, URanus, NEptune
```

All the conjunctions are listed if the bodies have distance less then 5°, magnitude of the asteroid up to 9

Stars up magnitude 2

GG	MM	AAAA	HH	MM	DIST°	ELONG°	MAG	ASTEROIDE	STELLA
26	6	2000	1	48	1.324	56	8.6	Pallas	Regulus
27	9	2000	13	47	3.152	149	8.6	Nausikaa	Hamal
27	8	2001	12	40	4.737	124	7.9	Ceres	Kaus Austr
5	9	2001	1	13	1.266	93	7.6	Vesta	Aldebaran
10	11	2001	22	11	2.160	158	6.7	Vesta	Aldebaran
9	1	2002	2	49	0.231	172	8.7	Metis	Pollux
22	1	2002	1	56	2.743	166	8.7	Metis	Castor
19	3	2002	11	3	3.961	71	8.0	Vesta	Aldebaran
26	9	2002	21	34	2.466	34	8.1	Vesta	Regulus
20	6	2003	1	37	3.052	19	8.8	Ceres	Aldebaran
19	12	2003	9	33	0.260	153	7.0	Ceres	Pollux
26	12	2003	23	46	3.013	155	8.7	Hebe	Procyon
5	1	2004	11	43	2.403	171	6.9	Ceres	Castor
19	4	2004	3	14	1.499	81	8.0	Ceres	Castor
29	4	2004	10	26	1.770	74	8.1	Ceres	Pollux
4	6	2004	7	4	0.356	26	8.7	Pallas	Alnilam
6	6	2004	6	1	1.206	26	8.7	Pallas	Alnitak
21	9	2004	9	36	3.891	36	8.6	Pallas	Alphard
24	6	2005	11	43	1.844	24	8.4	Vesta	Aldebaran
10	10	2005	5	41	0.673	115	8.1	Juno	Bellatrix
22	10	2005	7	19	4.118	41	8.8	Ceres	Antares
15	11	2005	0	43	3.184	143	7.5	Juno	Alnitak
15	11	2005	9	15	1.832	144	7.5	Juno	Alnilam
27	2	2006	22	59	2.682	100	8.8	Juno	Bellatrix
9	5	2006	17	56	3.325	64	7.9	Vesta	Pollux
29	7	2006	16	51	3.804	88	8.8	Iris	Hamal
3	8	2006	21	14	3.657	19	8.1	Vesta	Regulus
20	12	2007	18	23	3.961	154	8.5	Eunomia	Pollux
26	5	2008	4	19	4.145	18	8.7	Ceres	Elnath
5	8	2008	0	43	3.293	20	8.6	Ceres	Pollux
12	9	2008	23	8	3.935	96	8.3	Pallas	Rigel
15	3	2009	6	42	3.989	86	8.0	Pallas	Rigel
3	5	2009	13	53	3.271	27	8.4	Vesta	Aldebaran
28	5	2009	4	12	1.367	52	8.5	Pallas	Procyon
17	11	2009	22	15	2.416	86	7.6	Vesta	Regulus
2	12	2011	2	38	2.046	148	9.0	Amphitrit	Hamal
20	7	2012	7	42	1.524	48	8.7	Ceres	Aldebaran
5	8	2012	23	25	0.174	64	8.1	Vesta	Aldebaran
9	1	2013	7	8	2.280	153	7.1	Ceres	Elnath
10	1	2013	0	28	2.166	141	6.9	Vesta	Aldebaran
7	3	2013	1	42	0.377	96	7.8	Ceres	Elnath
31	5	2013	2	2	4.134	41	8.4	Ceres	Castor
7	6	2013	1	2	0.652	37	8.5	Ceres	Pollux
21	6	2013	21	36	4.998	23	8.3	Vesta	Pollux
10	7	2013	10	25	0.397	35	8.8	Pallas	Alnilam
12	7	2013	16	39	0.265	35	8.8	Pallas	Alnitak
9	9	2013	23	20	2.761	18	8.2	Vesta	Regulus
4	3	2014	6	20	3.503	156	6.7	Pallas	Alphard
13	5	2014	4	55	1.308	97	8.0	Pallas	Regulus
8	6	2016	13	27	2.338	9	8.4	Vesta	Aldebaran
8	2	2017	0	9	3.003	153	6.6	Vesta	Pollux
7	4	2017	18	13	2.155	95	7.4	Vesta	Pollux
23	5	2017	4	11	4.381	8	8.8	Ceres	Aldebaran

GG	MM	AAAA	HH	MM	DIST°	ELONG°	MAG	ASTEROIDE	STELLA
18	7	2017	1	41	4.213	35	8.0	Vesta	Regulus
27	8	2017	15	2	1.921	116	8.0	Iris	Hamal
7	9	2017	17	32	4.232	51	8.5	Ceres	Pollux
23	10	2017	4	49	1.407	168	6.9	Iris	Hamal
27	4	2018	15	3	4.906	46	8.6	Pallas	Rigel
11	5	2018	0	16	0.503	41	8.6	Pallas	Alnilam
12	5	2018	18	9	0.472	40	8.6	Pallas	Alnitak
6	7	2018	3	17	3.335	23	8.6	Pallas	Procyon
20	1	2019	12	38	2.356	148	8.7	Hebe	Betelgeuse
5	4	2019	18	5	4.626	152	7.6	Pallas	Arcturus
18	9	2019	8	38	2.835	75	8.5	Ceres	Antares
16	4	2020	5	20	3.629	43	8.3	Vesta	Aldebaran
22	10	2020	1	43	2.247	59	8.0	Vesta	Regulus
12	9	2021	23	31	0.881	100	8.1	Ceres	Aldebaran
3	11	2021	8	37	0.115	151	7.3	Ceres	Aldebaran
27	4	2022	20	42	2.654	46	8.5	Ceres	Elnath
9	7	2022	10	8	2.216	8	8.6	Ceres	Pollux
13	8	2022	2	45	3.384	65	8.7	Pallas	Rigel
19	8	2022	10	47	4.964	68	8.7	Pallas	Alnilam
22	8	2022	4	10	4.657	69	8.7	Pallas	Alnitak
30	9	2022	15	18	4.548	87	8.2	Pallas	Mirzam
9	10	2022	13	50	0.108	91	8.1	Pallas	Sirius
14	11	2022	16	28	1.086	108	7.7	Pallas	Wezea
4	12	2022	17	38	3.398	116	7.4	Pallas	Adhara
4	1	2023	18	10	3.081	126	7.2	Pallas	Adhara
21	2	2023	11	45	2.300	117	7.3	Pallas	Mirzam
27	2	2023	10	36	2.647	115	7.3	Pallas	Sirius
27	4	2023	3	5	2.666	82	8.0	Pallas	Procyon
12	7	2023	18	20	3.210	41	8.7	Pallas	Regulus
17	7	2023	14	22	1.040	45	8.2	Vesta	Aldebaran
23	3	2024	8	45	3.554	147	8.8	Herculina	Arcturus
5	6	2024	2	34	4.368	39	8.2	Vesta	Pollux
25	8	2024	2	30	3.106	4	8.2	Vesta	Regulus
25	8	2024	21	34	3.911	124	7.9	Ceres	Kaus Austr
22	12	2024	6	56	4.848	166	8.1	Eunomia	Elnath
22	6	2026	9	28	2.963	21	8.8	Ceres	Aldebaran
10	12	2026	14	25	1.472	145	7.1	Ceres	Pollux
28	12	2026	19	19	3.320	166	6.9	Ceres	Castor
24	4	2027	5	35	1.755	77	8.0	Ceres	Castor
3	5	2027	21	34	1.543	71	8.1	Ceres	Pollux
24	5	2027	23	28	2.776	7	8.4	Vesta	Aldebaran
17	6	2027	1	57	0.302	24	8.8	Pallas	Alnilam
19	6	2027	3	4	1.095	24	8.8	Pallas	Alnitak
5	10	2027	9	29	0.923	48	8.5	Pallas	Alphard
25	10	2027	9	50	0.404	95	8.7	Juno	Procyon
21	1	2028	14	18	2.685	161	7.9	Juno	Procyon
29	6	2028	15	47	4.961	52	7.8	Vesta	Regulus
24	10	2028	22	25	4.204	38	8.8	Ceres	Antares
24	9	2030	0	44	2.178	111	7.3	Vesta	Aldebaran
27	3	2031	17	11	3.935	63	8.1	Vesta	Aldebaran
29	5	2031	9	34	4.228	15	8.7	Ceres	Elnath
8	8	2031	6	45	3.347	22	8.6	Ceres	Pollux
3	10	2031	7	5	2.418	40	8.1	Vesta	Regulus

GG	MM	AAAA	HH	MM	DIST°	ELONG°	MAG	ASTEROIDE	STELLA
28	3	2032	0	14	0.047	72	8.2	Pallas	Rigel
12	4	2032	17	9	3.664	66	8.3	Pallas	Alnilam
14	4	2032	1	56	2.519	65	8.3	Pallas	Alnitak
9	6	2032	3	38	1.632	41	8.5	Pallas	Procyon
31	8	2032	2	43	2.664	75	8.9	Iris	Elnath
24	9	2033	22	16	2.769	101	8.8	Hebe	Bellatrix
8	11	2033	16	21	1.256	136	8.2	Hebe	Alnitak
12	11	2033	7	3	0.046	139	8.2	Hebe	Alnilam
30	6	2034	1	6	1.689	28	8.4	Vesta	Aldebaran
3	12	2034	6	53	4.118	169	8.6	Metis	Elnath
17	5	2035	15	34	3.598	57	8.0	Vesta	Pollux
24	7	2035	14	51	1.407	51	8.7	Ceres	Aldebaran
9	8	2035	20	22	3.518	14	8.1	Vesta	Regulus
29	12	2035	8	41	3.385	165	7.0	Ceres	Elnath
15	3	2036	9	33	0.572	88	8.0	Ceres	Elnath
3	6	2036	13	58	4.296	38	8.5	Ceres	Castor
10	6	2036	10	22	0.804	34	8.5	Ceres	Pollux
19	7	2036	23	30	1.129	42	8.8	Pallas	Alnilam
22	7	2036	8	11	0.529	43	8.8	Pallas	Alnitak
10	1	2037	21	58	2.466	171	8.9	Amphitrit	Pollux
21	1	2037	11	12	1.269	166	9.0	Amphitrit	Castor
27	1	2037	22	30	1.639	158	8.9	Massalia	Regulus
4	6	2037	9	37	0.951	76	8.4	Pallas	Regulus
27	12	2037	11	12	3.280	155	8.7	Hebe	Procyon
9	5	2038	0	25	3.180	22	8.4	Vesta	Aldebaran
1	12	2038	18	13	2.857	100	7.4	Vesta	Regulus
25	5	2040	23	13	4.296	5	8.8	Ceres	Aldebaran
11	9	2040	19	57	4.251	55	8.4	Ceres	Pollux
15	9	2040	8	14	2.968	83	8.8	Juno	Betelgeuse
20	5	2041	7	26	0.049	34	8.7	Pallas	Alnilam
22	5	2041	3	17	0.879	34	8.7	Pallas	Alnitak
15	7	2041	2	4	4.150	21	8.6	Pallas	Procyon
13	8	2041	19	54	0.150	71	8.0	Vesta	Aldebaran
16	10	2041	14	52	0.852	162	8.5	Nausikaa	Hamal
21	12	2041	13	54	0.465	160	6.7	Vesta	Aldebaran
22	2	2042	9	22	3.877	96	7.6	Vesta	Aldebaran
15	9	2042	14	53	2.684	23	8.2	Vesta	Regulus
22	9	2042	18	22	2.893	71	8.5	Ceres	Antares
22	9	2043	6	33	1.872	96	8.4	Iris	Elnath
19	12	2043	19	29	0.894	161	8.3	Flora	Aldebaran
10	10	2044	0	53	1.577	114	9.0	Melpomene	Bellatrix
19	10	2044	10	17	0.827	136	7.5	Ceres	Aldebaran
17	11	2044	19	44	2.652	148	8.4	Melpomene	Bellatrix
30	4	2045	20	8	2.759	43	8.5	Ceres	Elnath
13	6	2045	18	53	2.216	13	8.4	Vesta	Aldebaran
12	7	2045	1	21	2.286	6	8.6	Ceres	Pollux
23	8	2045	18	45	1.581	75	8.6	Pallas	Rigel
11	10	2045	19	40	0.353	99	8.0	Pallas	Mirzam
15	11	2045	12	59	4.559	162	8.6	Metis	Aldebaran
19	11	2045	2	16	4.416	115	7.6	Pallas	Adhara
20	1	2046	1	54	4.369	173	6.5	Vesta	Pollux
20	4	2046	23	23	2.543	83	7.6	Vesta	Pollux
8	5	2046	11	3	1.584	70	8.2	Pallas	Procyon

GG	MM	AAAA	HH	MM	DIST°	ELONG°	MAG	ASTEROIDE	STELLA
21	7	2046	7	1	4.344	33	8.7	Pallas	Regulus
23	7	2046	18	27	4.038	30	8.0	Vesta	Regulus
25	8	2047	18	17	3.615	123	7.9	Ceres	Kaus Austr
22	4	2049	0	41	3.555	38	8.3	Vesta	Aldebaran
24	6	2049	19	11	2.886	24	8.8	Ceres	Aldebaran
29	10	2049	10	11	2.270	66	7.9	Vesta	Regulus
2	12	2049	2	12	3.051	138	7.2	Ceres	Pollux
20	12	2049	2	23	4.445	159	7.0	Ceres	Castor
28	4	2050	18	30	2.028	72	8.1	Ceres	Castor
7	5	2050	21	6	1.298	67	8.2	Ceres	Pollux
24	6	2050	12	30	0.164	26	8.8	Pallas	Alnilam
26	6	2050	14	57	0.920	26	8.8	Pallas	Alnitak
13	10	2050	21	27	1.266	56	8.4	Pallas	Alphard
25	12	2050	20	32	4.904	158	8.5	Eunomia	Pollux
29	10	2051	9	35	4.309	35	8.8	Ceres	Antares
9	12	2051	12	33	2.096	158	8.5	Melpomene	Betelgeuse
5	1	2052	1	56	1.245	153	8.8	Melpomene	Bellatrix
22	7	2052	15	19	0.830	50	8.2	Vesta	Aldebaran
22	1	2053	5	24	3.289	147	8.7	Hebe	Betelgeuse
10	6	2053	13	29	4.544	34	8.2	Vesta	Pollux
30	8	2053	1	21	3.012	8	8.2	Vesta	Regulus
2	10	2053	12	47	0.967	107	8.3	Juno	Bellatrix
19	10	2053	23	11	4.416	119	8.0	Juno	Betelgeuse
27	11	2053	19	34	1.019	149	7.5	Juno	Alnitak
1	12	2053	12	26	0.098	152	7.4	Juno	Alnilam
20	2	2054	7	33	1.645	108	8.6	Juno	Bellatrix
1	6	2054	0	54	4.317	13	8.7	Ceres	Elnath
11	8	2054	4	42	3.398	25	8.6	Ceres	Pollux
27	10	2054	10	10	4.828	135	7.4	Iris	Elnath
5	2	2055	12	59	2.966	114	8.3	Iris	Aldebaran
6	4	2055	20	47	1.971	64	8.3	Pallas	Rigel
21	4	2055	20	12	2.368	58	8.4	Pallas	Alnilam
23	4	2055	8	21	1.277	57	8.4	Pallas	Alnitak
17	6	2055	20	41	1.942	35	8.6	Pallas	Procyon
20	1	2056	23	40	3.463	173	7.8	Eros	Pollux
8	2	2056	17	26	2.355	154	8.2	Eros	Procyon
29	5	2056	3	26	2.667	3	8.4	Vesta	Aldebaran
5	7	2057	15	28	4.722	47	7.9	Vesta	Regulus
28	7	2058	23	10	1.246	56	8.6	Ceres	Aldebaran
16	12	2058	15	19	4.727	177	7.0	Ceres	Elnath
11	1	2059	22	28	2.271	155	8.9	Melpomene	Betelgeuse
24	3	2059	8	54	0.828	80	8.1	Ceres	Elnath
8	6	2059	14	41	4.487	34	8.5	Ceres	Castor
15	6	2059	8	4	0.984	30	8.5	Ceres	Pollux
28	7	2059	16	45	1.881	48	8.8	Pallas	Alnilam
31	7	2059	3	44	1.338	49	8.8	Pallas	Alnitak
30	9	2059	7	32	4.688	120	7.2	Vesta	Aldebaran
2	4	2060	20	53	3.884	56	8.2	Vesta	Aldebaran
17	6	2060	9	58	0.070	64	8.6	Pallas	Regulus
8	10	2060	9	59	2.379	45	8.1	Vesta	Regulus
28	11	2060	16	34	2.004	150	8.9	Amphitrit	Hamal
15	1	2061	15	49	0.675	172	8.7	Metis	Pollux
28	1	2061	22	19	2.440	160	8.8	Metis	Castor

GG	MM	AAAA	HH	MM	DIST°	ELONG°	MAG	ASTEROIDE	STELLA
30	5	2063	5	25	4.192	2	8.8	Ceres	Aldebaran
5	7	2063	13	5	1.522	33	8.3	Vesta	Aldebaran
17	9	2063	14	55	4.273	60	8.4	Ceres	Pollux
23	5	2064	4	50	3.826	51	8.1	Vesta	Pollux
28	5	2064	13	40	0.205	29	8.7	Pallas	Alnilam
30	5	2064	11	14	1.092	29	8.7	Pallas	Alnitak
23	7	2064	4	21	4.989	21	8.7	Pallas	Procyon
14	8	2064	4	13	3.401	9	8.1	Vesta	Regulus
23	7	2065	16	31	4.194	83	8.9	Iris	Hamal
26	9	2065	12	38	2.948	67	8.6	Ceres	Antares
4	3	2066	2	39	3.248	87	9.0	Iris	Aldebaran
14	5	2067	9	59	3.079	17	8.4	Vesta	Aldebaran
24	9	2067	8	43	2.474	100	8.9	Hebe	Bellatrix
6	10	2067	22	8	2.122	124	7.7	Ceres	Aldebaran
12	11	2067	23	40	1.119	139	8.2	Hebe	Alnitak
17	11	2067	14	7	0.048	143	8.2	Hebe	Alnilam
16	12	2067	1	21	4.179	116	7.1	Vesta	Regulus
27	12	2067	14	6	3.834	163	8.2	Eunomia	Elnath
4	5	2068	3	36	2.880	39	8.5	Ceres	Elnath
14	7	2068	23	33	2.371	4	8.6	Ceres	Pollux
4	9	2068	5	17	1.108	86	8.5	Pallas	Rigel
20	5	2069	1	43	1.166	59	8.4	Pallas	Procyon
7	8	2070	16	14	3.985	139	7.7	Ceres	Kaus Austr
23	8	2070	4	9	0.566	80	7.8	Vesta	Aldebaran
12	9	2070	8	49	3.870	106	8.2	Ceres	Kaus Austr
3	12	2070	23	54	0.864	174	6.7	Vesta	Aldebaran
8	3	2071	22	7	4.046	82	7.8	Vesta	Aldebaran
21	9	2071	17	17	2.617	28	8.2	Vesta	Regulus
30	11	2071	14	22	4.852	138	9.0	Metis	Pollux
30	12	2071	19	29	3.921	158	8.7	Hebe	Procyon
27	6	2072	7	19	2.818	26	8.8	Ceres	Aldebaran
26	11	2072	0	43	4.934	134	7.3	Ceres	Pollux
3	5	2073	7	45	2.307	68	8.2	Ceres	Castor
11	5	2073	23	19	1.044	63	8.2	Ceres	Pollux
3	7	2073	16	49	0.153	30	8.8	Pallas	Alnilam
5	7	2073	21	19	0.554	31	8.8	Pallas	Alnitak
25	10	2073	11	1	4.652	67	8.2	Pallas	Alphard
11	12	2073	3	37	4.461	171	8.8	Massalia	Aldebaran
20	4	2074	9	46	0.870	121	7.5	Pallas	Regulus
19	6	2074	2	37	2.080	18	8.4	Vesta	Aldebaran
1	11	2074	10	54	4.389	32	8.8	Ceres	Antares
1	5	2075	7	50	2.895	73	7.8	Vesta	Pollux
29	7	2075	20	40	3.872	24	8.1	Vesta	Regulus
18	10	2075	7	20	1.549	88	8.8	Juno	Procyon
4	2	2076	17	3	0.157	156	8.1	Juno	Procyon
15	8	2076	14	8	2.724	105	8.4	Iris	Hamal
13	11	2076	1	49	3.731	167	6.9	Iris	Hamal
3	6	2077	17	23	4.401	10	8.7	Ceres	Elnath
14	8	2077	6	19	3.447	28	8.6	Ceres	Pollux
19	4	2078	4	31	3.909	53	8.5	Pallas	Rigel
27	4	2078	21	28	3.469	33	8.3	Vesta	Aldebaran
3	5	2078	5	33	1.100	48	8.5	Pallas	Alnilam
4	5	2078	21	21	0.078	47	8.5	Pallas	Alnitak

GG	MM	AAAA	HH	MM	DIST°	ELONG°	MAG	ASTEROIDE	STELLA
28	6	2078	19	51	2.616	27	8.6	Pallas	Procyon
7	11	2078	11	45	2.356	75	7.8	Vesta	Regulus
12	4	2079	23	51	1.262	148	7.8	Pallas	Arcturus
4	8	2079	11	37	4.992	123	7.8	Ceres	Antares
12	11	2080	10	21	4.800	124	8.7	Eunomia	Castor
29	7	2081	6	27	0.587	56	8.1	Vesta	Aldebaran
1	8	2081	21	33	1.086	60	8.6	Ceres	Aldebaran
29	3	2082	19	40	1.033	74	8.2	Ceres	Elnath
11	6	2082	15	16	4.633	31	8.5	Ceres	Castor
16	6	2082	13	47	4.724	29	8.2	Vesta	Pollux
18	6	2082	6	24	1.122	27	8.5	Ceres	Pollux
3	8	2082	2	19	4.467	56	8.8	Pallas	Rigel
10	8	2082	18	36	3.606	60	8.8	Pallas	Alnilam
13	8	2082	9	46	3.187	61	8.7	Pallas	Alnitak
4	9	2082	20	7	2.922	12	8.2	Vesta	Regulus
28	9	2082	15	37	4.221	81	8.3	Pallas	Sirius
26	1	2083	21	27	4.629	131	7.0	Pallas	Adhara
30	1	2083	7	18	1.537	131	7.0	Pallas	Wezea
16	4	2083	5	7	4.328	94	7.8	Pallas	Procyon
5	7	2083	9	52	1.976	48	8.7	Pallas	Regulus
18	3	2084	20	30	4.275	145	8.8	Herculina	Arcturus
3	6	2085	6	22	2.558	4	8.4	Vesta	Aldebaran
16	1	2086	3	36	2.263	171	8.9	Amphitrit	Pollux
26	1	2086	6	35	1.557	163	9.0	Amphitrit	Castor
13	3	2086	12	43	2.125	122	6.9	Vesta	Pollux
1	6	2086	21	40	4.098	2	8.8	Ceres	Aldebaran
12	7	2086	1	11	4.492	41	7.9	Vesta	Regulus
21	9	2086	11	38	4.291	64	8.3	Ceres	Pollux
23	1	2087	14	21	3.887	147	8.7	Hebe	Betelgeuse
10	6	2087	20	44	0.278	25	8.8	Pallas	Alnilam
12	6	2087	20	47	1.106	24	8.8	Pallas	Alnitak
29	9	2087	8	10	2.625	42	8.5	Pallas	Alphard
10	9	2088	20	13	3.460	79	8.9	Juno	Betelgeuse
29	9	2088	11	20	3.015	64	8.6	Ceres	Antares
9	4	2089	12	6	3.822	50	8.2	Vesta	Aldebaran
14	10	2089	19	10	2.351	51	8.0	Vesta	Regulus
4	10	2090	9	38	3.768	124	7.7	Ceres	Aldebaran
7	5	2091	19	1	2.985	37	8.6	Ceres	Elnath
18	7	2091	5	53	2.445	4	8.6	Ceres	Pollux
28	8	2091	18	16	2.867	72	9.0	Iris	Elnath
21	3	2092	20	42	1.645	79	8.1	Pallas	Rigel
7	4	2092	3	51	4.754	71	8.2	Pallas	Alnilam
8	4	2092	9	28	3.565	71	8.2	Pallas	Alnitak
4	6	2092	4	49	1.322	46	8.5	Pallas	Procyon
10	7	2092	5	0	1.352	38	8.3	Vesta	Aldebaran
21	12	2092	19	55	0.517	159	8.3	Flora	Aldebaran
29	5	2093	11	9	4.036	46	8.1	Vesta	Pollux
27	7	2093	9	46	4.446	150	7.6	Ceres	Kaus Austr
19	8	2093	7	56	3.291	5	8.1	Vesta	Regulus
21	9	2093	1	40	4.109	97	8.3	Ceres	Kaus Austr
9	12	2093	12	51	3.418	175	8.5	Metis	Elnath
13	11	2094	17	56	3.766	160	9.0	Euterpe	Aldebaran
30	6	2095	16	28	2.747	28	8.8	Ceres	Aldebaran

GG	MM	AAAA	HH	MM	DIST°	ELONG°	MAG	ASTEROIDE	STELLA
7	5	2096	8	2	2.550	64	8.2	Ceres	Castor
15	5	2096	15	20	0.821	59	8.3	Ceres	Pollux
18	5	2096	12	53	2.985	13	8.4	Vesta	Aldebaran
16	7	2096	1	59	0.927	38	8.8	Pallas	Alnilam
18	7	2096	9	40	0.295	39	8.8	Pallas	Alnitak
1	3	2097	8	15	4.726	150	6.8	Pallas	Alphard
29	5	2097	12	33	1.569	81	8.3	Pallas	Regulus
4	11	2097	1	25	4.460	29	8.8	Ceres	Antares
24	11	2097	19	24	4.629	156	8.9	Amphitrit	Elnath
2	9	2099	23	40	1.055	90	7.7	Vesta	Aldebaran
17	11	2099	4	2	1.829	163	6.7	Vesta	Aldebaran

CONGIUNZIONI ASTEROIDI-M44-M45-M42
CONJUNCTIONS ASTEROIDS-M44-M45-M42
2000-2100

```
GG MM AAAA : data nel formato giorno/mese/anno
HH MM : ore e minuti
DIST° : distanza minima in gradi tra i corpi
ELONG° : elongazione dal Sole dei corpi
MAG : magnitudine dell'asteroide
PIANETI : corpi coinvolti : MErcurio, VEnere, MArte, GIove,
                            SAturno, URano, NEttuno
```

Sono elencate tutte le congiunzioni in cui i corpi distano meno di 5°, magnitudine minima dell'asteroide 9

```
GG MM AAAA : date in the format dd/mm/yyyy
HH MM : hours and minutes
DIST° : minima distance in ° between the bodies
ELONG° : elongation from the Sun of the bodies
MAG : magnitude of the asteroid
PIANETI : planets : MErcury, VEnus, MArs, GI (Jupiter),
                    SAturn, URanus, NEptune
```

All the conjunctions are listed if the bodies have distance less then 5°, magnitude of the asteroid up to 9

GG	MM	AAAA	HH	MM	DIST°	ELONG°	MAG	ASTEROIDE	MESSIER
7	8	2002	17	36	0.189	8	8.3	Vesta	M44
2	6	2004	22	23	4.492	26	8.8	Pallas	M42
24	11	2005	16	30	4.882	150	7.4	Juno	M42
14	6	2006	7	9	2.118	44	8.0	Vesta	M44
12	10	2006	2	54	4.025	141	7.3	Iris	M45
7	2	2007	10	29	2.835	169	8.8	Massalia	M44
30	3	2008	15	53	4.664	50	8.5	Ceres	M45
5	9	2008	10	51	2.985	36	8.5	Ceres	M44
26	3	2009	18	24	3.087	80	8.0	Pallas	M42
15	9	2009	13	29	0.876	45	8.2	Vesta	M44
7	11	2010	0	37	3.667	98	8.7	Iris	M44
31	1	2012	10	22	3.814	111	8.9	Eunomia	M45
9	7	2013	2	28	4.812	21	8.5	Ceres	M44
10	7	2013	9	28	3.801	35	8.8	Pallas	M42
22	7	2013	19	59	0.693	8	8.3	Vesta	M44
4	12	2016	19	5	1.997	127	7.0	Vesta	M44
24	5	2017	21	0	3.035	64	7.8	Vesta	M44
14	10	2017	23	28	2.834	75	8.2	Ceres	M44
8	5	2018	16	7	3.508	42	8.6	Pallas	M42
28	8	2020	17	49	0.411	28	8.3	Vesta	M44
20	12	2020	22	2	2.218	141	8.8	Eunomia	M44
15	2	2022	6	25	3.768	95	8.0	Ceres	M45
9	8	2022	0	37	3.691	11	8.6	Ceres	M44
21	8	2022	21	51	0.929	69	8.7	Pallas	M42
7	7	2024	0	6	1.241	22	8.2	Vesta	M44
16	6	2027	3	10	4.471	24	8.8	Pallas	M42
16	10	2027	1	59	1.401	75	7.9	Vesta	M44
11	2	2028	15	11	4.350	165	6.4	Vesta	M44
25	4	2028	13	27	4.470	92	7.4	Vesta	M44
3	4	2031	8	59	4.727	47	8.6	Ceres	M45
13	8	2031	9	0	0.062	13	8.3	Vesta	M44
8	9	2031	21	10	2.967	39	8.5	Ceres	M44
8	4	2032	18	22	0.003	67	8.3	Pallas	M42
18	11	2033	16	0	3.994	145	8.1	Hebe	M42
20	6	2035	20	29	1.892	38	8.1	Vesta	M44
12	7	2036	6	17	4.705	18	8.5	Ceres	M44
20	7	2036	8	51	3.065	42	8.8	Pallas	M42
22	9	2038	6	32	0.985	52	8.1	Vesta	M44
20	10	2040	15	48	3.010	81	8.1	Ceres	M44
21	1	2041	21	4	1.108	174	8.9	Flora	M44
18	5	2041	8	32	4.019	35	8.7	Pallas	M42
28	7	2042	6	15	0.554	3	8.3	Vesta	M44
4	8	2043	20	26	0.105	72	9.0	Iris	M45
21	2	2045	7	53	3.698	88	8.1	Ceres	M45
11	8	2045	16	56	3.653	13	8.6	Ceres	M44
31	8	2045	14	42	3.144	79	8.5	Pallas	M42
1	6	2046	2	56	2.736	57	7.9	Vesta	M44
3	9	2049	7	28	0.524	33	8.3	Vesta	M44
23	6	2050	20	2	4.348	26	8.8	Pallas	M42
12	7	2053	1	48	1.088	18	8.2	Vesta	M44
6	12	2053	11	24	3.910	154	7.4	Juno	M42
6	4	2054	8	38	4.792	44	8.6	Ceres	M45
22	8	2054	4	41	1.078	89	8.6	Iris	M45

GG	MM	AAAA	HH	MM	DIST°	ELONG°	MAG	ASTEROIDE	MESSIER
12	9	2054	3	26	2.966	42	8.5	Ceres	M44
29	1	2055	4	31	4.035	114	8.9	Eunomia	M45
18	4	2055	10	42	1.435	59	8.4	Pallas	M42
24	10	2056	21	16	1.449	84	7.8	Vesta	M44
23	1	2057	14	22	3.037	174	6.5	Vesta	M44
6	5	2057	12	40	3.970	82	7.5	Vesta	M44
12	12	2058	21	49	4.986	160	8.9	Massalia	M45
16	7	2059	21	2	4.577	15	8.5	Ceres	M44
29	7	2059	11	54	2.300	48	8.8	Pallas	M42
17	8	2060	16	20	0.059	18	8.3	Vesta	M44
28	10	2063	12	37	3.272	88	8.0	Ceres	M44
30	12	2063	19	4	3.475	149	8.8	Eunomia	M44
26	5	2064	22	16	4.312	29	8.7	Pallas	M42
25	6	2064	12	46	1.700	33	8.1	Vesta	M44
20	9	2065	22	5	2.523	118	7.8	Iris	M45
10	11	2065	4	6	1.177	167	6.9	Iris	M45
29	9	2067	3	45	1.094	58	8.1	Vesta	M44
21	11	2067	18	17	4.129	146	8.1	Hebe	M42
28	2	2068	9	29	3.680	82	8.2	Ceres	M45
14	8	2068	15	52	3.602	16	8.6	Ceres	M44
31	10	2069	6	52	3.569	91	8.9	Iris	M44
2	8	2071	21	53	0.416	3	8.3	Vesta	M44
3	7	2073	8	31	4.042	30	8.8	Pallas	M42
8	6	2075	6	34	2.458	51	8.0	Vesta	M44
9	4	2077	6	34	4.853	41	8.6	Ceres	M45
15	9	2077	14	50	2.972	46	8.5	Ceres	M44
2	1	2078	21	43	2.872	154	8.8	Massalia	M44
30	4	2078	11	25	2.839	49	8.5	Pallas	M42
9	9	2078	12	30	0.639	39	8.2	Vesta	M44
17	7	2082	19	34	0.932	13	8.2	Vesta	M44
19	7	2082	13	45	4.478	12	8.5	Ceres	M44
12	8	2082	10	56	0.515	60	8.7	Pallas	M42
8	11	2085	10	35	1.359	98	7.5	Vesta	M44
3	1	2086	4	1	1.370	154	6.6	Vesta	M44
16	5	2086	6	49	3.533	73	7.7	Vesta	M44
3	11	2086	5	37	3.549	94	7.9	Ceres	M44
9	6	2087	15	47	4.429	25	8.8	Pallas	M42
23	8	2089	2	14	0.179	22	8.3	Vesta	M44
23	1	2090	21	44	1.329	175	8.9	Flora	M44
5	3	2091	0	33	3.702	77	8.2	Ceres	M45
17	8	2091	22	8	3.555	18	8.5	Ceres	M44
2	4	2092	16	51	1.241	74	8.2	Pallas	M42
11	2	2093	12	52	2.830	165	8.8	Massalia	M44
1	7	2093	1	19	1.522	29	8.2	Vesta	M44
16	7	2096	6	9	3.271	39	8.8	Pallas	M42
5	10	2096	7	35	1.187	64	8.0	Vesta	M44
25	1	2098	23	34	4.763	118	8.8	Eunomia	M45

CONGIUNZIONI MULTIPLE LUNA-ASTEROIDI-STELLE
MULTIPLE CONJUNCTIONS MOON-ASTEROIDS-STARS
2000-2100

GG MM AAAA : data nel formato giorno/mese/anno
HH MM : ore e minuti
DIST° : distanza minima in gradi tra i corpi
ELONG° : elongazione dal Sole dei corpi
MAG : magnitudine dell'asteroide
PIANETI : corpi coinvolti : MErcurio, VEnere, MArte, GIove,
                            SAturno, URano, NEttuno

Sono elencate tutte le congiunzioni in cui i corpi distano meno di 5°, magnitudine minima dell'asteroide 9

La luna non è indicata in quanto è presente in tutte le congiunzioni di questa tabella

Stelle fino alla mag 2

GG MM AAAA : date in the format dd/mm/yyyy
HH MM : hours and minutes
DIST° : minima distance in ° between the bodies
ELONG° : elongation from the Sun of the bodies
MAG : magnitude of the asteroid
PIANETI : planets : MErcury, VEnus, MArs, GI (Jupiter),
                    SAturn, URanus, NEptune

All the conjunctions are listed if the bodies have distance less then 5°, magnitude of the asteroid up to 9

The Moon isn't indicated in the table because it is always present

Stars up to magnitude 2

GG	MM	AAAA	HH	MM	DIST°	ELONG°	MAG	ASTEROIDE	STELLA
5	7	2000	6	10	4.313	48	8.7	Pallas	Regulus
10	9	2001	4	0	4.901	97	7.6	Vesta	Aldebaran
31	12	2001	13	19	4.481	163	8.7	Metis	Pollux
20	3	2002	9	44	4.434	70	8.0	Vesta	Aldebaran
3	10	2002	16	48	4.726	38	8.1	Vesta	Regulus
14	11	2003	18	27	3.587	117	7.5	Ceres	Pollux
11	12	2003	23	35	2.087	145	7.1	Ceres	Pollux
8	1	2004	0	31	4.421	172	6.9	Ceres	Pollux
26	4	2004	12	13	3.509	76	8.1	Ceres	Pollux
3	5	2006	9	18	3.988	68	7.8	Vesta	Pollux
27	7	2006	8	5	5.078	22	8.1	Vesta	Regulus
28	11	2007	5	7	4.642	128	8.8	Eunomia	Pollux
25	12	2007	12	48	4.089	159	8.5	Eunomia	Pollux
31	7	2008	5	35	4.480	16	8.6	Ceres	Pollux
15	7	2012	7	35	5.018	44	8.7	Ceres	Aldebaran
11	8	2012	19	7	4.826	68	8.0	Vesta	Aldebaran
26	12	2012	7	47	4.507	157	6.7	Vesta	Aldebaran
22	1	2013	10	49	4.029	127	7.1	Vesta	Aldebaran
18	2	2013	20	5	4.331	101	7.5	Vesta	Aldebaran
8	5	2014	5	0	5.085	101	7.9	Pallas	Regulus
4	6	2016	17	46	2.867	7	8.4	Vesta	Aldebaran
26	5	2017	4	43	4.558	6	8.8	Ceres	Aldebaran
13	10	2020	1	56	4.587	52	8.0	Vesta	Regulus
4	5	2022	11	34	3.709	40	8.5	Ceres	Elnath
30	6	2022	7	58	4.576	12	8.6	Ceres	Pollux
22	1	2024	10	25	2.014	142	8.9	Metis	Elnath
9	6	2024	9	11	4.718	36	8.2	Vesta	Pollux
2	9	2024	7	48	4.962	7	8.1	Vesta	Regulus
31	10	2026	16	16	4.449	105	7.7	Ceres	Pollux
28	11	2026	0	40	4.134	132	7.3	Ceres	Pollux
25	12	2026	7	50	4.591	162	6.9	Ceres	Pollux
21	10	2028	3	58	4.444	41	8.8	Ceres	Antares
28	3	2031	12	27	4.476	63	8.1	Vesta	Aldebaran
30	7	2035	16	30	2.537	55	8.6	Ceres	Aldebaran
4	8	2035	23	9	4.733	16	8.1	Vesta	Regulus
1	2	2037	17	55	3.143	163	8.9	Massalia	Regulus
22	5	2037	2	48	4.939	84	8.2	Pallas	Regulus
6	5	2038	12	29	3.353	23	8.4	Vesta	Aldebaran
19	11	2038	23	53	4.282	89	7.6	Vesta	Regulus
17	12	2038	10	4	4.153	114	7.1	Vesta	Regulus
12	9	2042	13	34	3.484	20	8.2	Vesta	Regulus
20	9	2042	23	33	2.941	72	8.5	Ceres	Antares
25	9	2043	3	29	2.161	98	8.4	Iris	Elnath
21	4	2045	6	0	4.625	48	8.5	Ceres	Elnath
14	7	2045	13	19	4.182	3	8.6	Ceres	Pollux
21	1	2046	21	16	4.899	170	6.5	Vesta	Pollux
22	7	2052	9	54	0.967	50	8.2	Vesta	Aldebaran
10	1	2055	8	38	4.924	138	7.6	Iris	Aldebaran
6	2	2055	21	29	2.984	113	8.3	Iris	Aldebaran
6	7	2057	2	58	4.727	46	7.9	Vesta	Regulus
20	3	2059	9	41	3.265	83	8.1	Ceres	Elnath
12	6	2059	21	55	2.328	32	8.5	Ceres	Pollux
6	1	2061	17	29	2.387	168	8.7	Metis	Pollux

GG	MM	AAAA	HH	MM	DIST°	ELONG°	MAG	ASTEROIDE	STELLA
2	2	2061	18	46	5.095	154	8.9	Metis	Castor
2	2	2061	21	14	4.142	154	8.9	Metis	Pollux
18	9	2063	0	13	4.275	60	8.4	Ceres	Pollux
20	5	2064	20	8	4.564	53	8.0	Vesta	Pollux
25	7	2065	18	49	4.824	84	8.9	Iris	Hamal
4	10	2065	11	18	3.885	60	8.6	Ceres	Antares
29	8	2070	8	17	2.045	84	7.8	Vesta	Aldebaran
19	11	2070	7	53	3.824	162	6.7	Vesta	Aldebaran
16	12	2070	13	41	3.284	162	6.7	Vesta	Aldebaran
8	3	2071	16	38	4.046	82	7.8	Vesta	Aldebaran
13	12	2073	13	17	4.498	168	8.8	Massalia	Aldebaran
8	4	2074	6	53	4.855	132	7.3	Pallas	Regulus
5	5	2074	17	0	3.916	106	7.9	Pallas	Regulus
22	6	2074	17	57	2.593	20	8.4	Vesta	Aldebaran
16	8	2077	1	8	3.527	29	8.6	Ceres	Pollux
29	10	2078	16	8	4.766	67	7.9	Vesta	Regulus
7	8	2079	4	41	5.016	118	7.9	Ceres	Antares
4	4	2082	15	15	2.066	69	8.2	Ceres	Elnath
27	6	2082	19	25	4.331	20	8.5	Ceres	Pollux
29	1	2083	23	26	3.260	135	9.0	Metis	Elnath
14	4	2089	14	22	4.285	47	8.2	Vesta	Aldebaran
15	9	2090	18	30	4.698	104	8.0	Ceres	Aldebaran
13	10	2090	0	56	3.973	131	7.6	Ceres	Aldebaran
1	7	2092	23	11	3.631	32	8.3	Vesta	Aldebaran
12	12	2092	23	46	2.744	169	8.2	Flora	Aldebaran
9	1	2093	1	49	2.692	139	8.7	Flora	Aldebaran
22	8	2093	7	30	3.577	3	8.1	Vesta	Regulus
22	11	2094	22	17	4.262	171	8.9	Euterpe	Aldebaran
29	6	2095	15	30	4.715	28	8.8	Ceres	Aldebaran
25	5	2096	18	56	3.915	51	8.3	Ceres	Pollux
6	11	2097	10	53	4.560	27	8.8	Ceres	Antares

CONGIUNZIONI MULTIPLE LUNA-ASTEROIDI-M44-M45
MULTIPLE CONJUNCTIONS MOON-ASTEROIDS-M44-M45
2000-2100

```
GG MM AAAA : data nel formato giorno/mese/anno
HH MM : ore e minuti
DIST° : distanza minima in gradi tra i corpi
ELONG° : elongazione dal Sole dei corpi
MAG : magnitudine dell'asteroide
PIANETI : corpi coinvolti : MErcurio, VEnere, MArte, GIove,
                            SAturno, URano, NEttuno
```

Sono elencate tutte le congiunzioni in cui i corpi distano meno di 5°, magnitudine minima dell'asteroide 9

La luna non è indicata in quanto è presente in tutte le congiunzioni di questa tabella


```
GG MM AAAA : date in the format dd/mm/yyyy
HH MM : hours and minutes
DIST° : minima distance in ° between the bodies
ELONG° : elongation from the Sun of the bodies
MAG : magnitude of the asteroid
PIANETI : planets : MErcury, VEnus, MArs, GI (Jupiter),
                    SAturn, URanus, NEptune
```

All the conjunctions are listed if the bodies have distance less then 5°, magnitude of the asteroid up to 9

The Moon isn't indicated in the table because it is always present

GG	MM	AAAA	HH	MM	DIST°	ELONG°	MAG	ASTEROIDE	MESSIER
8	8	2002	4	33	2.381	8	8.3	Vesta	M44
10	10	2006	4	2	4.031	138	7.3	Iris	M45
1	2	2007	20	38	4.530	175	8.7	Massalia	M44
27	10	2007	23	40	3.953	154	8.9	Amphitrit	M45
28	8	2008	12	4	4.513	30	8.5	Ceres	M44
15	9	2009	10	30	2.305	45	8.2	Vesta	M44
30	10	2010	10	32	4.535	91	8.8	Iris	M44
19	11	2016	14	49	4.365	111	7.3	Vesta	M44
17	12	2016	0	9	4.192	139	6.8	Vesta	M44
17	8	2020	14	25	4.857	20	8.3	Vesta	M44
5	12	2020	4	34	3.369	124	9.0	Eunomia	M44
1	1	2021	7	37	5.089	154	8.7	Eunomia	M44
9	2	2022	11	4	3.933	99	7.9	Ceres	M45
7	7	2024	18	40	2.898	22	8.2	Vesta	M44
23	10	2027	9	44	2.579	80	7.8	Vesta	M44
24	9	2038	18	25	2.099	53	8.1	Vesta	M44
28	10	2040	6	55	3.708	86	8.0	Ceres	M44
18	1	2041	5	2	3.365	169	8.9	Flora	M44
18	7	2042	1	49	4.627	8	8.3	Vesta	M44
30	7	2043	23	24	2.582	69	9.0	Iris	M45
24	2	2045	7	21	4.763	85	8.1	Ceres	M45
11	8	2045	21	22	3.830	12	8.6	Ceres	M44
21	12	2045	20	26	4.078	151	8.7	Metis	M45
8	6	2046	15	58	5.010	51	7.9	Vesta	M44
31	10	2056	15	55	2.229	89	7.7	Vesta	M44
21	1	2057	10	8	3.090	171	6.5	Vesta	M44
10	5	2057	19	58	4.177	78	7.6	Vesta	M44
24	8	2060	3	40	3.721	21	8.3	Vesta	M44
16	10	2063	3	20	4.812	77	8.1	Ceres	M44
12	11	2063	14	17	4.870	100	7.8	Ceres	M44
6	1	2064	2	27	3.681	157	8.8	Eunomia	M44
18	6	2064	0	54	3.651	37	8.1	Vesta	M44
20	9	2065	6	15	2.526	117	7.9	Iris	M45
17	10	2065	16	14	3.479	141	7.3	Iris	M45
13	11	2065	18	50	1.432	171	6.9	Iris	M45
9	3	2068	8	41	4.610	73	8.3	Ceres	M45
17	6	2075	14	51	4.560	44	8.0	Vesta	M44
13	9	2077	7	29	3.117	44	8.5	Ceres	M44
3	9	2078	11	27	4.448	35	8.3	Vesta	M44
26	7	2082	3	57	3.886	7	8.2	Vesta	M44
10	2	2093	7	8	2.843	166	8.8	Massalia	M44
26	6	2093	19	24	2.410	31	8.2	Vesta	M44
10	10	2096	9	36	4.652	68	8.0	Vesta	M44

INDICE - INDEX

INTRODUZIONE	3
INTRODUCTION	5
CONGIUNZIONI TRA PIANETI CONJUNCTIONS BETWEEN PLANETS 2000-2100	7
CONGIUNZIONI TRA PIANETI CONJUNCTIONS BETWEEN PLANETS 2100-2200	40
CONGIUNZIONI MULTIPLE 3 PIANETI MULTIPLE CONJUNCTIONS 3 PLANETS 2000-2100	49
CONGIUNZIONI MULTIPLE 3 PIANETI MULTIPLE CONJUNCTIONS 3 PLANETS 2100-5000	54
CONGIUNZIONI MULTIPLE 4 PIANETI MULTIPLE CONJUNCTIONS 4 PLANETS 2000-2100	59
CONGIUNZIONI MULTIPLE 4 PIANETI MULTIPLE CONJUNCTIONS 4 PLANETS 2100-10000	61
CONGIUNZIONI MULTIPLE 5 PIANETI MULTIPLE CONJUNCTIONS 5 PLANETS 1900-10000	64
CONGIUNZIONI MULTIPLE 6 PIANETI MULTIPLE CONJUNCTIONS 6 PLANETS 1900-10000	68
CONGIUNZIONI PIANETI-LUNA CONJUNCTIONS PLANETS-MOON 2000-2100	70
CONGIUNZIONI MULTIPLE 2 PIANETI LUNA MULTIPLE CONJUNCTIONS 2 PLANETS MOON 2000-2100	95
CONGIUNZIONI MULTIPLE 3 PIANETI LUNA MULTIPLE CONJUNCTIONS 3 PLANETS MOON 1900-2500	107
CONGIUNZIONI MULTIPLE 4 PIANETI LUNA MULTIPLE CONJUNCTIONS 4 PLANETS MOON 1900-3000	112
CONGIUNZIONI PIANETI-STELLE CONJUNCTIONS PLANETS-STARS 2000-2100	114
CONGIUNZIONI MULTIPLE 2 PIANETI E STELLE MULTIPLE CONJUNCTIONS 2 PLANETS STARS 2000-2100	139
CONGIUNZIONI MULTIPLE 3 PIANETI E STELLE MULTIPLE CONJUNCTIONS 3 PLANETS STARS 1900-2500	154
CONGIUNZIONI MULTIPLE 4 PIANETI E STELLE MULTIPLE CONJUNCTIONS 4 PLANETS STARS 1900-10000	156
CONGIUNZIONI PIANETI MESSIER M44-M45 CONJUNCTIONS PLANETS M44-M45 2000-2100	166
CONGIUNZIONI MULTIPLE 2 PIANETI - M44-M45 MULTIPLE CONJUNCTIONS 2 PLANETS - M44-M45 1900-3000	178
CONGIUNZIONI MULTIPLE 3 PIANETI - M44-M45 MULTIPLE CONJUNCTIONS 3 PLANETS - M44-M45 1900-10000	183
CONGIUNZIONI MULTIPLE 4 PIANETI - M44-M45 MULTIPLE CONJUNCTIONS 4 PLANETS - M44-M45 1900-10000	185
CONGIUNZIONI PIANETI ASTEROIDI CONJUNCTIONS PLANETS ASTEROIDS 2000-2100	187
CONGIUNZIONI LUNA-STELLE CONJUNCTIONS MOON-STARS 2000-2100	190
CONGIUNZIONI LUNA-M44-M45 CONJUNCTIONS MOON-M44-M45 2000-2100	213

```
CONGIUNZIONI LUNA-ASTEROIDI
CONJUNCTIONS MOON-ASTEROIDS         2000-2100 ........................................237
CONGIUNZIONI MULTIPLE LUNA-STELLE-PIANETI
MULTIPLE CONJUNCTIONS MOON-STARS-PLANETS    2000-2100..................241
CONGIUNZIONI MULTIPLE LUNA-STELLE-2 PIANETI
MULTIPLE CONJUNCTIONS MOON-STARS-2 PLANETS 2000-2100..................251
CONGIUNZIONI MULTIPLE LUNA-STELLE-M44-M45
MULTIPLE CONJUNCTIONS MOON-STARS-M44-M45    2000-2100..................253
CONGIUNZIONI MULTIPLE LUNA-PIANETI-ASTEROIDI
MULTIPLE CONJUNCTIONS MOON-PLANETS-ASTEROIDS 2000-2100.............260
CONGIUNZIONI MULTIPLE PIANETI-ASTEROIDI-STELLE
MULTIPLE CONJUNCTIONS PLANETS-ASTEROIDS-STARS 2000-2100...........265
CONGIUNZIONI MULTIPLE PIANETI-ASTEROIDI-M44-M45
MULTIPLE CONJUNCTIONS PLANETS-ASTEROIDS-M44-M45 2000-2100......267
CONGIUNZIONI ASTEROIDI-STELLE
CONJUNCTIONS ASTEROIDS-STARS        2000-2100 ........................................269
CONGIUNZIONI ASTEROIDI-M44-M45-M42
CONJUNCTIONS ASTEROIDS-M44-M45-M42 2000-2100......................................277
CONGIUNZIONI MULTIPLE LUNA-ASTEROIDI-STELLE
MULTIPLE CONJUNCTIONS MOON-ASTEROIDS-STARS 2000-2100..................280
CONGIUNZIONI MULTIPLE LUNA-ASTEROIDI-M44-M45
MULTIPLE CONJUNCTIONS MOON-ASTEROIDS-M44-M45 2000-2100.............283
INDICE - INDEX ................................................................................................285
```

www.ingramcontent.com/pod-product-compliance
Lightning Source LLC
Chambersburg PA
CBHW031826170526
45157CB00001B/199